典型目标结构分析

朱宏伟　李邦杰　张大巧
武　健　李　冰　　编著

西北工业大学出版社
西　安

【内容简介】 本书围绕典型目标结构分析和受力计算编写。全书共分为两篇，其中第1篇为结构力学分析，主要介绍力学基本概念、原理和受力计算等，主要内容包括概述，结构的几何构造分析，平面基本力系，静结构的内力分析，结构的应力计算与强度分析等；第二篇为典型目标结构，主要介绍典型建筑目标结构的特点、受力特点等，主要内容包括建筑结构体系，地基与基础，钢筋混凝土结构，钢结构，砌体结构，高层建筑结构，工业厂房结构等。

本书可作为高等学校结构分析方面的教学用书，也可作为土建类、给排水工程等相关专业的参考用书。

图书在版编目(CIP)数据

典型目标结构分析 / 朱宏伟等编著. — 西安 ：西北工业大学出版社，2023.6

ISBN 978-7-5612-8760-6

Ⅰ. ①典… Ⅱ. ①朱… Ⅲ. ①建筑结构-结构分析 Ⅳ. ①TU31

中国国家版本馆 CIP 数据核字(2023)第095534号

DIANXING MUBIAO JIEGOU FENXI

典 型 目 标 结 构 分 析

朱宏伟 李邦杰 张大巧 武健 李冰 编著

责任编辑：孙 倩　　**策划编辑**：梁 卫
责任校对：张 潼　　**装帧设计**：李 飞
出版发行：西北工业大学出版社
通信地址：西安市友谊西路127号　　邮编：710072
电　　话：(029)88491757，88493844
网　　址：www.nwpup.com
印 刷 者：西安五星印刷有限公司
开　　本：787 mm×1 092 mm　　1/16
印　　张：16.5
字　　数：433千字
版　　次：2023年6月第1版　　2023年6月第1次印刷
书　　号：ISBN 978-7-5612-8760-6
定　　价：68.00元

前　　言

本书依据笔者多年的教学科研工作经验及教学改革的发展需要而编写。本书在内容上集理论力学、结构力学、材料力学、建筑结构等学科领域的主要理论为一体，旨在在教学学时有限的条件下，使学生具备结构组成分析、结构受力分析、典型结构特点分析等能力。在编写本书的过程中力求内容简明扼要、重点突出、明白易懂、理实结合，具有一定的广泛性和实用性。

全书共分为两篇，第 1 篇结构受力分析主要包括概述、结构的几何构造分析、平面基本力系、静定结构的内力分析、结构应力计算与强度分析，第 2 篇典型目标结构主要包括建筑结构体系、地基与基础、钢筋混凝土结构、钢结构、砌体结构、高层建筑结构和工业厂房结构。

在编写本书的过程中，笔者得到了所在学院很多同志的无私帮助和支持，同时参考了很多教材和相关规范，在此一并表示衷心的感谢。

由于水平有限，书中难免存在不妥之处，恳请广大读者批评指正，使其日臻完善。

编著者

2023 年 1 月

目　　录

第1篇　结构受力分析

第2篇 典型目标结构

第 1 篇　结构受力分析

第1章 概　　述

1.1 结构分析的主要任务和内容

结构通常是工程中各种结构的总称，包括土木工程结构、水利工程结构、机械工程结构和航空航天工程结构等。在土木工程结构中，一般把能承受荷载和传递荷载的骨架部分称为结构。在工程实际中，结构往往是由许多构件所组成的，如基础、梁、板、柱等，在受到荷载（如重力、风、吊车等）作用时，结构和构件将会产生内力和变形。为保证结构能够安全正常工作，就必须要确保结构和构件在荷载作用下不能被破坏，也不能产生过大的变形。

结构分析的主要任务就是研究结构的几何组成规律、结构的内力分布特点以及荷载作用下结构和构件的强度、刚度和稳定性问题，同时分析典型结构的承载力及破坏特点。

结构安全可靠的工作必须满足强度、刚度和稳定性的要求。强度是指构件抵抗破坏的能力，满足强度要求是指结构正常工作时构件不发生破坏；刚度是指构件抵抗变形的能力，满足刚度要求是指结构正常工作时构件的变形必须在要求范围内；稳定性是指结构或构件保持原有平衡状态的能力，满足稳定性要求是指结构在正常工作时构件不能突然改变原有的平衡状态，以免因变形过大而导致结构破坏。

典型目标结构分析主要研究以下几方面的内容：

(1)静力学基础。它指结构的受力分析、力系简化与平衡等静力学基础理论。

(2)结构的几何组成规律。它指结构的组成规律及合理形式。

(3)静定结构内力分析。它指典型静定结构的内力分析与内力图绘制。

(4)典型结构的强度分析。它指典型结构的应力计算和强度条件。

(5)典型结构承载力分析。它指典型结构承载力计算与破坏特点。

1.2 静力学基本公理

静力学公理是人们在长期的生活和生产实践中，经过反复的观察和实践总结出来的符合客观实际的普遍规律，是研究静力学的理论基础。

公理 1.1　力的平行四边形法则

作用在物体上同一点的两个力可以合成为作用于该点的一个合力，合力的大小和方向由此二力为邻边所构成的平行四边形的对角线矢量来表示，如图 1－1 所示。

公理 1.2　二力平衡公理

作用在同一刚体上的两个力，使刚体保持平衡的必要和充分条件是：这两个力的大小相等、方向相反，且作用在同一直线上，如图 1-2 所示。

在这两个力作用下处于平衡的物体称为二力体，若物体是构件，则称为二力构件；若构件为杆件，则称为二力杆。

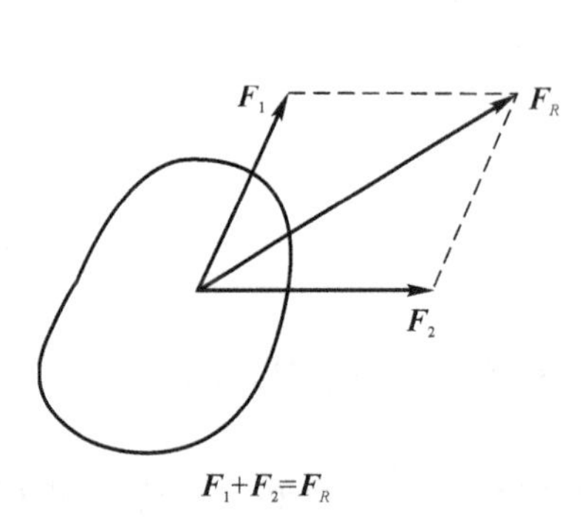

图 1-1　力的平行四边形

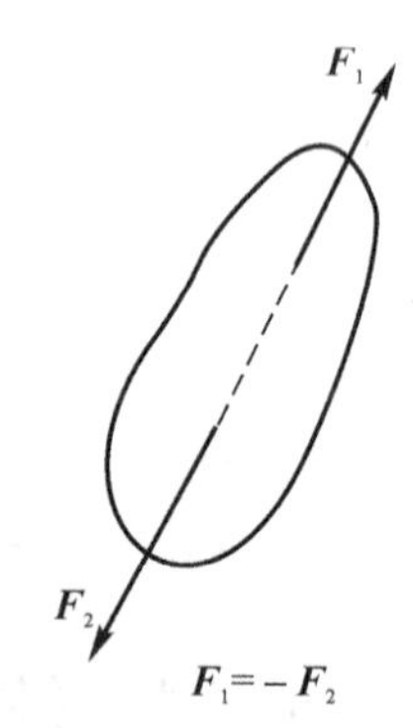

图 1-2　二力平衡

公理 1.3　加减平衡力系公理

在作用于刚体上的任意力系中，如果再加上或减去任一平衡力系，将不改变原力系对刚体的作用效应。

根据以上三个公理，可以推导出下面两个推论。

推论 1.1　力的可传性原理

作用在刚体上的力可以沿其作用线移至刚体内任意一点，而不改变其对刚体的作用效应，如图 1-3 所示。

推论 1.2　三力平衡汇交原理

作用在刚体上的三个力，若构成平衡力系，且其中两个力的作用线汇交于一点，则这三个力必在同一平面内，而且第三个力的作用线一定通过汇交点，如图 1-4 所示。

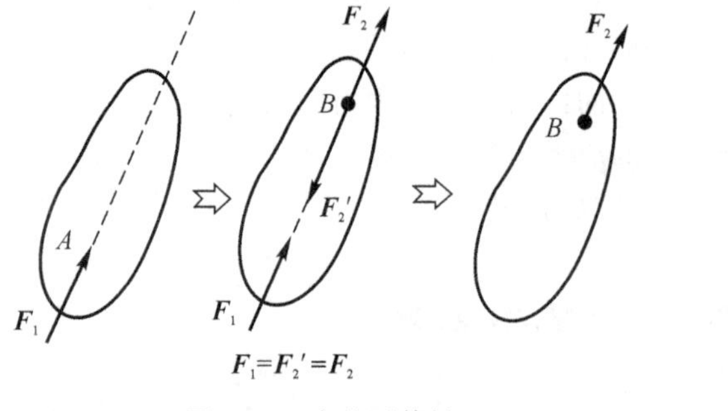

图 1-3　力的可传性

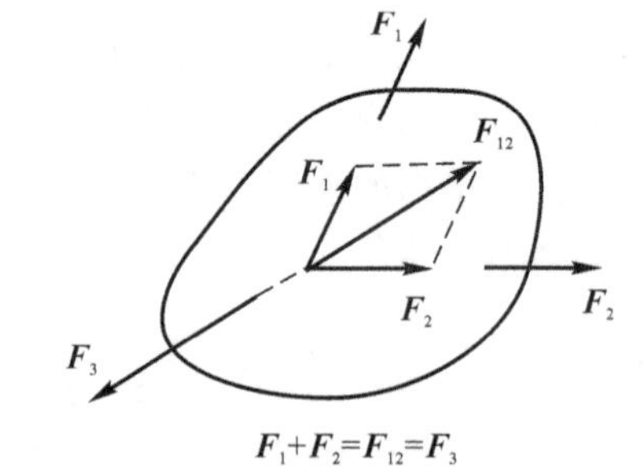

图 1-4　三力汇交

公理 1.4　作用力与反作用力公理

两个物体间的作用力和反作用力，总是大小相等、方向相反、沿同一直线，并且分别作用在这两个物体上。

该定理概括了任何两个物体间相互作用的关系，作用力和反作用力总是同时存在、同时消失。

公理1.5　刚化原理

当变形体在已知力系作用下处于平衡状态时，若将变形后的变形体换成刚体，则其平衡状态保持不变。

1.3　刚体、变形固体及其基本假设

1.3.1　刚体

刚体是指外力作用下其形状和尺寸都不会改变的物体。刚体是一种抽象化、理想化的力学模型，真正的刚体是不存在的。实际上，任何物体在外力作用下都会发生变形。在一些力学问题中，所研究的问题可以不考虑物体的变形，或者物体变形对研究结果的影响很小，这时可以将物体视为刚体，从而使要研究的复杂问题得以简化，如物体的平衡、结构的几何组成分析等问题。

1.3.2　变形固体及其基本假设

如果在所研究的问题中，物体的变形成为主要因素，此时就不能简化将物体视为刚体，而应视为变形固体模型。变形固体是指在外力作用下其形状和尺寸都会发生改变的物体。

实际变形固体的结构和性质都十分复杂，为了便于研究，得到实际工程应用的结果，一般需要对变形固体作如下假设。

1. 连续性假设

假设物体的材料结构是密实的，是由连续的介质组成的，物体内部没有任何空隙。根据该假设，物体内的受力、变形等力学量可以表示为各点坐标的连续函数，从而有利于建立相应的力学模型。

2. 均匀性假设

材料在外力作用下所表现出来的性能，称为材料的力学性能或机械性能。均匀性假设是指材料的力学性能处处相同，与其在物体中的位置无关，即认为物体是均匀的。

3. 各向同性假设

假设材料在所有方向上均具有相同的力学性能。这里的力学性能主要是指荷载和变形之间的关系。根据这一假设，可以用一个参数表示各点在同一方向上的某种力学性能。

4. 小变形假设

假设物体在外力作用下的变形量与物体本身的几何尺寸相比是很小的。根据这一假定，当研究物体的平衡问题时，一般可忽略物体变形的影响。

5. 完全弹性假设

物体在外力作用下，若外力消除后物体的变形消失，则物体可以恢复原状的变形称为弹性变形；若外力消除后物体的变形不会消失，则这种变形称为塑性变形。在工程中，当外力在一

定范围内时，物体的变形很小，可忽略不计，此时可认为只有弹性变形，这种只有弹性变形的变形固体称为完全弹性体。

符合上述假设的变形固体称为理想变形固体。采用这种力学模型，不仅大大简化了理论分析和计算，而且所得到的的结果能满足实际工程的需求。

1.4 静定和超静定结构

对于工程结构而言，必须是几何不变的体系。几何不变体系可分为无多余约束和有多余约束两类。无多余约束的几何不变体系称为静定结构[见图 1-5(a)]，有多余约束的几何不变体系称为超静定结构[见图 1-5(b)]。

对于静力特性方面，在外力作用下，静定结构的全部约束反力和内力都可以依据静力平衡条件求解，且解答唯一；但是对于超静定结构，仅仅依据静力平衡条件无法求出其全部约束反力和内力，如图 1-5(b)所示连续梁，其有 5 个支座反力，而只能列 3 个静力平衡方程，显然无法求得其全部支座反力和内力。超静定结构必须要借助变形条件才可求解。

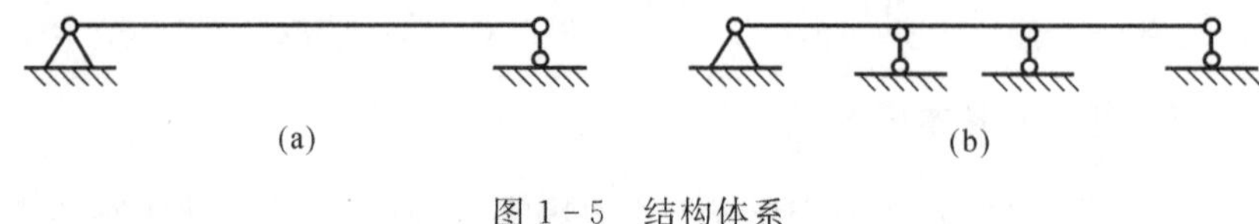

图 1-5 结构体系
(a)静定结构； (b)超静定结构

思 考 题

1. 试证明静力学公理。
2. 简述刚体、变形固体及其假设。
3. 什么是二力杆？二力杆与构件的形状有无关系？
4. 静定结构和超静定结构的区别是什么？
5. 结构分析的主要目的是什么？

第2章　结构的几何构造分析

结构的几何构造分析是结构分析的主要内容之一，而结构的计算简图是结构的几何构造分析的基础。本章主要对结构的计算简图、结构的计算自由度、结构的几何构造分析规则进行讨论分析。

2.1　结构的分类

所谓结构就是指工程中能承受、传递荷载而起骨架作用的体系。如房屋中由梁和楼板组成的梁板结构体系、由梁和柱组成的框架结构体系，在公路和铁路上的桥梁和隧洞等，都是工程结构的典型例子。本章主要以杆件结构为对象进行讨论。

按照不同的特征结构可以有不同的分类，常见的结构形式主要有以下六种。

1. 杆件结构

众所周知，杆件的几何特征是长条形的，横截面高、宽两个方向的尺寸要比杆长小得多。杆件结构是由杆件按照一定的方式联结起来组合而成的体系，故也称为杆件体系。

例如高层房屋的钢筋混凝土框架或钢框架、南京长江大桥等大跨度钢桁架桥以及各地崛起的钢筋混凝土电视塔(见图2-1)都是杆件结构。

图2-1　电视塔

2. 悬吊结构

悬吊结构的几何特征与杆件结构相类似，但悬吊结构主要由仅能承受拉力的细长线材，如钢索、铁索或其他缆索等柔性构件组成。这种结构的优点是节省材料，自重很轻，可以做成很大的跨度；缺点是刚度比较小。因此，它适用于大跨度的轻型屋盖，大跨度的公路桥，跨越大山谷或大河流的轻便人行索桥，以及用作山间交通运输的架空索道，等等。例如，我国西南地区建造在各大河流上的悬索桥，最近几年来全国各地修建的斜拉桥[见图2-2(a)]，以及北京、上海等城市建成的一些大型体育场馆建筑的顶盖[见图2-2(b)]等，它们都是悬吊结构。

3. 平板结构

平板结构的几何特征是平面形的，厚度要比长、宽两个方向的尺寸小得多。由于大多数平板的厚度都比较小，所以也叫作薄板结构。如一般工业与民用建筑中现浇或预制装配整体式的钢筋混凝土楼板都是薄板结构。当平板的厚度比较大时，则称为厚板结构。

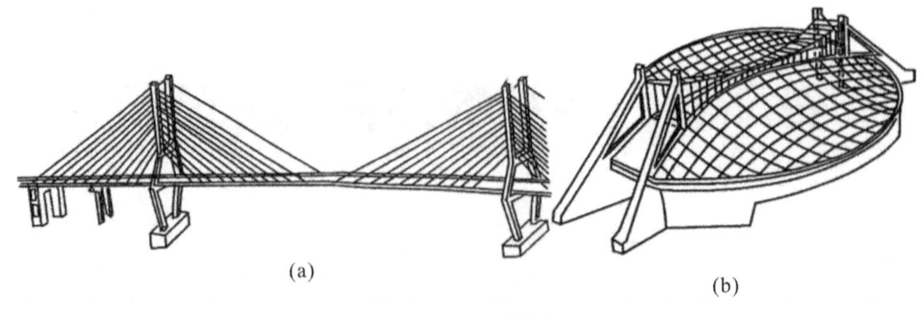

图 2-2 悬吊结构

(a)斜拉桥；(b)顶盖

4. 壳体结构

壳体结构的几何特征是曲面形的，其厚度也比长、宽两个方向的尺寸要小得多。由于大多数壳体的厚度比较小，所以也叫作薄壳结构。当壳体的厚度比较大时，则称为厚壳结构。

5. 块体结构

块体结构的几何特征是呈块状的，长、宽、高三个方向的尺寸大体相近，且内部大多为实体，故也叫作实体结构。如大型发电机和钢铁冶炼高炉的底座或基础都是块体结构。此外，重力式堤坝和港口码头边坡等处修筑的挡土墙等，就其几何特征看，有时也形似杆件，比较长，但其横截面的尺寸相当大，它的受力特性与块体结构基本相同，所以也把它归为块体结构。

6. 薄膜充气结构

众所周知，薄膜是只能承受拉力的面片材料。如果薄膜两侧所受到的气体压力不同，即产生压差，它将朝着气体密度小的方向鼓出而呈现出充气状态，直到它的位置和形状都稳定时为止。凡是充气受压的薄膜都能承受一定的外力，人们利用这种规律，可使薄膜和加压的气体介质变成能承受荷载的结构物件。用这样的方法做成的结构，就称为薄膜充气结构或简称充气结构。

按几何特征区分，若外形是敞开式的，如风筝、扬帆和降落伞等，则称为敞开式充气结构；若外形是封闭的，则称为封闭式充气结构。封闭式充气结构又有两种形式：一种是用单层薄膜做成的气承式充气结构，除了为人、货出入和供气、换气而开些孔洞外，全部是由充气薄膜与地面形成的封闭空间体；另一种是用双层薄膜做成的气垫式充气结构，除了为调节内部压力而开些小孔外，全部是由充气气垫形成的密封空间体。例如，日本东京市内的体育竞技馆，其顶盖结构是气垫式充气结构，四边长各为 180 m，顶高为 60 m，可同时容纳 5 万人。其他如各种气球和气垫船艇等，也都是气垫式充气结构。

人类利用充气加压稳定薄膜的原理，已有几千年的历史，但它被运用到建筑技术中，却只有 30 多年。据目前所知，充气建筑是最为轻巧的一种建筑物之一，例如密度仅为 1～2 kg/m^2 的大面积覆盖材料，覆盖跨度却可达到 100 m。因此，最近 20 多年来，国外充气建筑的发展速度非常迅速。例如，1963—1974 年美国纽约和 1970 年日本大阪举行的世界博览会，都大量地采用了各种形式的充气建筑。在其他场所，如展览馆、会议厅、剧场、餐厅、仓库、暖房等的顶盖，又如高空探测气球、充气帐篷、充气扶梯、充气桥梁、气垫船艇等，也都非常普遍地采用充气技术。最近几年来，国内也已开始从事这方面的试验研究和实际应用。

2.2　结构的计算简图

在对实际结构进行力学分析时，往往需要计算结构在荷载或其他因素作用下的内力和变形。但实际结构的组成、受力和变形情况常常很复杂，影响力学分析的因素很多，要完全按实际结构进行计算，通常很困难甚至不可能。因此，在对实际结构进行力学分析之前，必须把实际结构抽象和简化为既能反映结构实际受力情况而又便于计算的图形，这种简化的图形就是计算时用来代替实际结构的力学模型，一般简称为计算简图。

2.2.1　结构计算简图的简化原则

计算简图是对结构进行力学分析的依据，计算简图的选择，直接影响计算的工作量和精确度。如果计算简图不能准确地反映结构的实际受力情况或选择错误，就会使计算结果产生差错，甚至造成严重事故，所以必须缜密地选择计算简图。计算简图的选择应遵循下列两条基本原则：

(1)正确地反映结构的实际受力情况，使计算结果接近实际情况；

(2)保留主要因素，略去次要因素，便于分析和计算。

选取结构计算简图，不仅需要比较丰富的专业知识，还要具有一定的结构设计、实践经验。不同的情况选择的计算简图也有所不同，例如：对于重要的结构应当选用更加精确的计算简图，以此来提高计算的可靠性，反之，可以选择较为简略的计算简图；在结构设计的初始阶段可采用粗略的计算简图，在最后设计阶段就应当采用精确的计算简图；在进行结构静力分析时，可使用比较复杂的计算简图，而进行结构动力和稳定计算时，可采用比较简单的计算简图；使用先进的计算工具时，可选取更精确的计算简图，手算时则选用尽可能简单的计算简图。

2.2.2　结构计算简图的选取

在杆件结构中，根据杆件轴线和荷载作用线在空间所处的位置，可将结构划分为平面结构和空间结构。当结构中所有杆件的轴线和荷载作用线都处在同一平面内时，称它为平面结构；否则，就称为空间结构。严格说来，实际结构都是空间结构。然而，对于绝大多数的空间结构来说，它的主要承重结构和力的传递路线，大多是由若干平面组合形成的。由于平面力系的计算要比空间力系简单得多，所以通常总是尽可能地把它简化为平面结构来计算。

对于杆件结构来说，选取结构的计算简图主要有五方面的内容：①结构各部分联系的简化；②支座的简化；③结点的简化；④杆件的简化；⑤荷载的简化。为了具体说明结构计算简图选取的方法，下面举两个例子。

案例2.1　砖木结构民用房屋计算简图的选取。

图2-3(a)所示是一座比较典型的砖木结构民用房屋，下面就房屋顶盖结构的简化方法进行说明。

(1)结构各部分联系的简化。首先我们看到，这个房屋顶盖是一个空间结构，它的主要承重结构是由以下三个部分组成的：①平面的三角形屋(桁)架；②檩条；③铺设在檩条上的屋面板等。屋面的重量(荷载)通过屋面板传给檩条，檩条两端搁置在桁架的上弦杆上面，它把荷载传给桁架，再由桁架把荷载传到两边柱子或砖墙顶部的垫块上面。由此可见，该房屋顶盖结构虽是一个空间结构，但它的主要承重结构及力的传递路线，是由桁架、檩条和屋面板等三个竖直平面组成的。因此，可以把它分解为三个平面结构来处理，其中平面桁架的构造如图 2-3(b)所示。

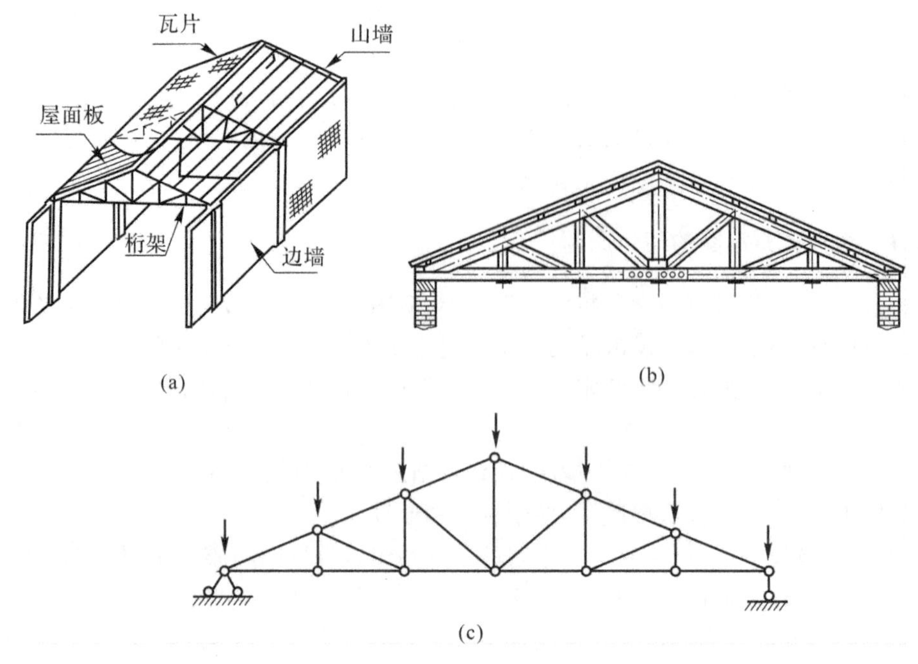

图 2-3　砖木结构民用房屋

(2)支座的简化。事实上，在屋面板与檩条之间、檩条与桁架上弦杆之间及桁架与支承垫块之间等各个相互接触的地方，都占有一定的接触面积，而且在这些面积上的压力也并不是均匀分布的。为了简化计算，通常可以假定每个接触面上的压力是均匀分布的，并且可由作用于该面积形心的合力来代替，例如图 2-3(b)所示构造中，桁架两端垫块上的反力可分别用一个竖向合力来表示[见图 2-3(c)]。

(3)结点的简化。在结构中的每个联结点上，各杆件轴线相交的几何中心称为结点。由图 2-3(b)所示构造可以看到，桁架的上、下两弦分别由两根杆件组成。其中，上弦的两根杆件在顶端相连，而下弦的两根杆件则在跨度中点用铁板和螺栓对头拼接起来。在每个结点上的各根杆件，实际上并不是用铰相连的，但在计算时可把所有结点近似地当作铰结点来处理。

(4)杆件的简化。桁架中的每根杆件都可用其轴线来代替，并且上、下弦杆在每个结点上都可看作是不连续的。

(5)荷载的简化。屋面板上的重量可以认为是均匀分布，按梁的计算理论可求出屋面板的反力，这样就得到每根檩条承受的荷载，再求出檩条两端的反力，便得到桁架所承受的荷载。对于在桁架各结点之间由檩条传来的压力，也可把它简化到其邻近的有关结点上。

经过上述简化以后，就可得到屋(桁)架的计算简图及其所承受的荷载，如图 2-3(c)所示。实践证明，按照这样的计算简图进行计算，不仅计算起来不太复杂，而且计算结果能够反映桁架的主要工作特性，因而是可靠的，其计算精度一般能满足实际需要。

案例 2.2　单层工业厂房计算简图的选取。

图 2-4(a)所示是一座比较典型的钢筋混凝土单层工业厂房横剖面图，下面就该厂房的主要承重结构的简化方法说明如下。

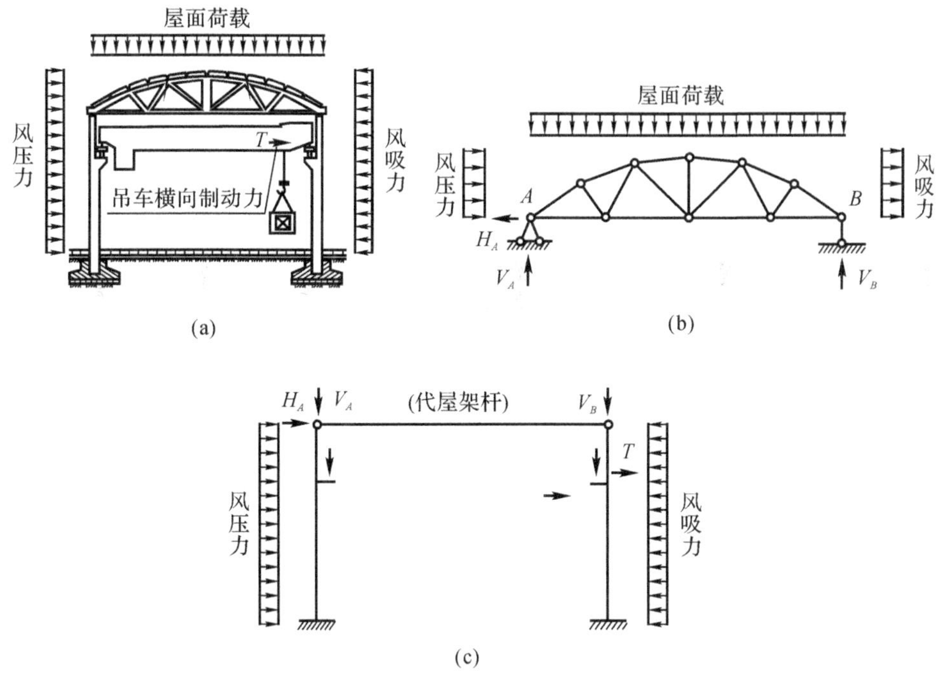

图 2-4　单层工业厂房计算简图

(1)结构各部分联系的简化。从整体上看，该厂房是一个空间结构，它的主要承重结构包括大型屋面板、预应力钢筋混凝土折线形屋架、阶形变截面柱和杯形基础等。其中，大型屋面板的两端搁置(焊牢)在屋架的上弦杆上面，屋面荷载通过大型屋面板传给屋架，屋架两端分别与两边柱子的顶端相连(焊牢或用螺栓联结)，柱子下端则插入基础杯口内且被固定。这样，大型屋面板及其所承受的荷载形成厂房纵向(水平或竖直)平面，而屋架、柱子、基础和它们所承受的荷载则形成横向平面。因此，该厂房的主要承重结构可分解为沿纵向(水平或竖直)和沿横向的平面结构来处理。左横向平面结构中，屋架实际上起着双重作用：一方面，它把大型屋面板传来的荷载，传递到两边柱子的顶端结点上去；另一方面，它又把两边柱子的顶端联结起来，从而使两边柱子能协同工作，把柱子顶端和柱子上所承受的荷载传到基础上去。因此，为了计算方便，常把这两部分分开计算，其计算简图分别如图 2-4(b)(c)所示。

(2)支座的简化。由于柱子下端插入基础杯口内，周围缝隙用细石混凝土填实，因此被嵌固在基础上，可作为固定支座处理。

(3)结点的简化。由于折线形屋架上弦杆所受的压力一般都比较大，因此用的截面也比较大。这对于钢筋混凝土材料来说，上弦杆通常是浇制成一个整体的，这样不但抗弯刚度大，而且结点刚性也很强。在这种情况下，上弦杆各个杆段的端部就不能再把它们当作是铰结的，而应当把它们看成是相互刚性联结或者是连续的。然而对于其他一些杆件，一般来说仍比较细长，抗弯刚度较小，由变形引起的弯曲应力不大，故腹杆和下弦杆各个杆段的两端均可把它们当作铰接来处理。

(4)杆件的简化。如同案例2.1所说,屋架中的每根杆件均可用其轴线来代替。考虑到上弦杆的抗弯刚度比较大,结点联结刚性比较强,故应把它看作连成一体的折线形杆(梁),然而腹杆和下弦杆的各个杆段,则仍可以把它们看作两端铰接的两力杆。

(5)荷载的简化。每榀屋架所承受的荷载,应当包括该榀屋架的左侧轴距中线到右侧轴距中线范围内的全部屋面荷载和屋盖自重。为了计算方便,屋盖自重可以作为均匀分布荷载处理。

根据以上几点简化,得出的结构计算简图分别如图2-4(b)(c)所示。

前面所举的两个例子,都可以分解为平面结构的空间结构。但是应当注意,并不是所有的空间结构都可以分解为平面结构来计算。例如:在大会议厅和体育场馆建筑中采用较多的屋顶空间网架结构、输电线路上的铁塔、电视塔、悬吊屋顶、起重机塔架等各种结构,它们或者根本不是由平面结构组成的;或者虽是由平面结构组成,但其工作状况主要是空间性质的,故对于该类型的结构,必须按空间结构的特点进行计算。

最后,应当指出,一个结构的计算简图并非永远不变的,它将随着人们认识的发展和计算技术的进步,不断放宽对简化的要求,从而更趋近于结构的实际工作情况。如何选取合适的计算简图,是结构设计中十分重要而又比较复杂的问题,它要求设计者不仅要掌握选取的原则,还要有较多的实践经验。对于新的结构型式,往往还需要通过反复试验和实践才能确定。不过,对于常用的结构型式,前人已积累了许多宝贵的经验,我们可以采用这些已为实践验证的常用的计算简图。

2.2.3 支座的简化

把结构与基础联系起来的装置叫作支座。支座的作用是把结构固定于基础上,同时,将结构所受的荷载通过支座传给基础和地基。支座对结构的反作用力称为支座反力。平面支座的支座构造形式很多,按约束效用区分,平面结构的支座主要有以下四种类型。

1. 可动铰支座

可动铰支座也称滚轴支座[见图2-5(a)],其特征是允许被支承的结构既可以绕铰中心(圆柱中轴)转动,也可以沿着支承面移动,但不允许沿着垂直于支承面的方向移动。这种支座的反力一定通过铰中心并与支承面垂直,因此支座反力的作用点和作用线均已知。如图2-5(b)所示,这种支座的计算简图常用一根链杆来表示,只有支座反力V。

图2-5(c)所示为一种构造较为简单的辊轴支座,它的约束效用与上述支座是相同的,因而也只能产生一个竖向反力。以上两种形式的支座,在大型钢桥中使用比较普遍,在中、小型结构中,大都采用比较简便的垫块式支座[见图2-5(d)],这种形式的支座与结构的接触面积虽然比以上两种情形要大一些,但与整个结构相比仍然是很小的,故在计算时可将其简化为点支座。由于结构可绕该支座转动,并能在水平方向沿垫块接触面滑移,所以也只能产生一个垂直于垫块接触面的竖向反力。

2. 固定铰支座

图2-6(a)所示结构为固定铰支座,其特征是允许被支承结构绕铰中心(圆柱中心轴)转动,但不允许其沿支承面移动,故其支座反力可分解为相互垂直的水平反力H和竖向反力V,计算简图如图2-6(b)所示。

在垫块式支座中，若用螺栓把结构锚在支座上[见图 2－6(c)]，则结构除可绕支座转动外，也不能有任何移动，所以这种支座也能产生两个反力。在钢筋混凝土结构中，如果地基土壤较为松软，在柱子与基础的联结处常采用交叉布筋的方法做成固定铰支座，如图 2－6(d)所示。在这种情况下，由于柱子下端不能移动而只可转动，所以亦只能产生两个反力[见图 2－6(e)]。

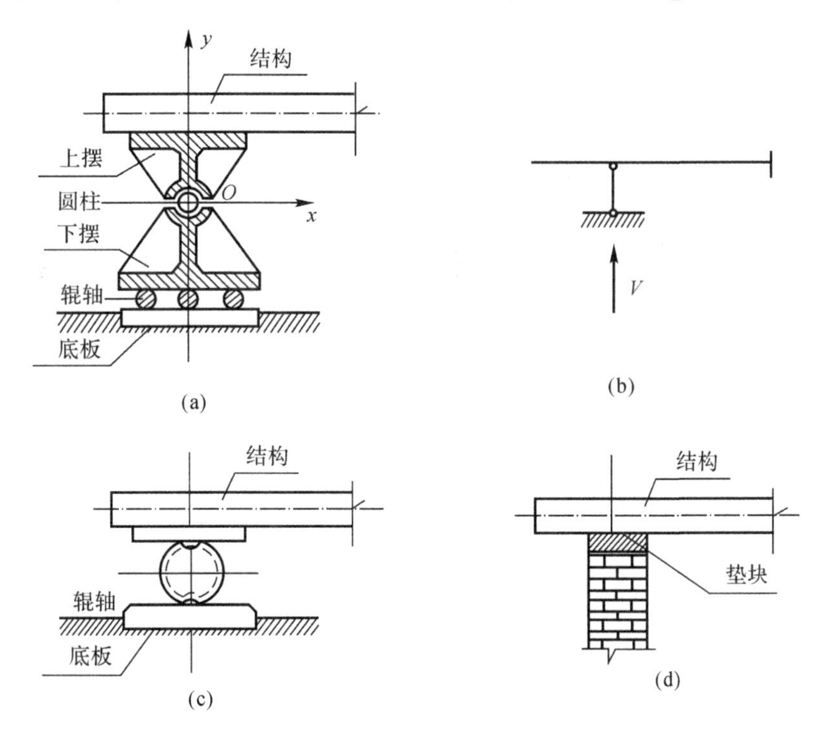

图 2－5　可动铰支座

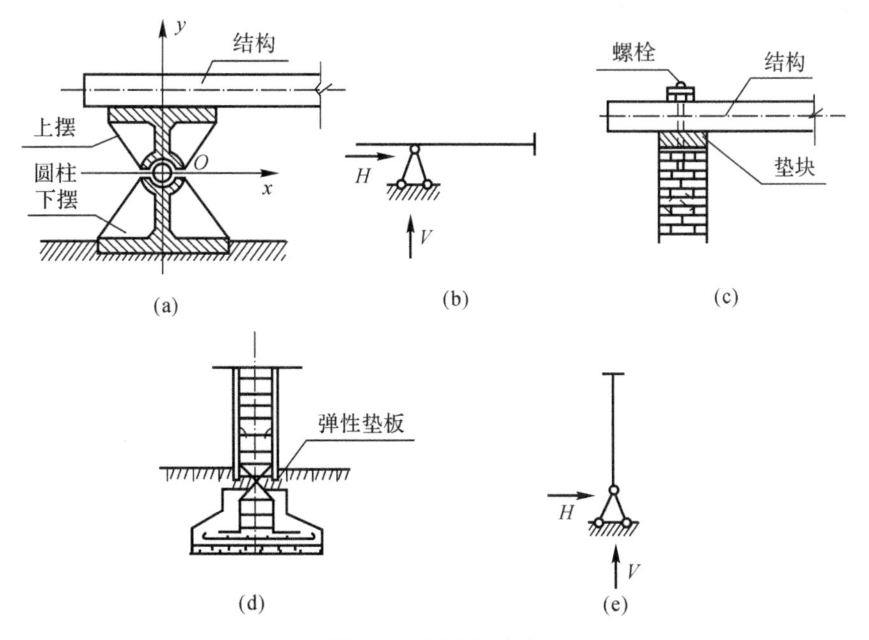

图 2－6　固定铰支座

3. 固定支座

固定支座也称固定端支座，如图 2-7 所示，其特征是结构与支座联结处既不允许转动，也不允许发生水平和竖向移动，故其支座反力可分解为互相垂直的水平反力 H、竖向反力 V 和反力偶 M，计算简图如图 2-7(b)(c)所示。

在钢筋混凝土结构中，柱子与基础的联结常采用固定支座的形式，习惯的做法有两种：一种是现场浇捣一次完成，另一种是柱子和基础先分别预制然后装配，将预制柱插入基础预留的杯口内，并在缝隙中灌以细石混凝土充实[见图 2-7(d)]，其计算简图如图 2-7(e)(f)所示。

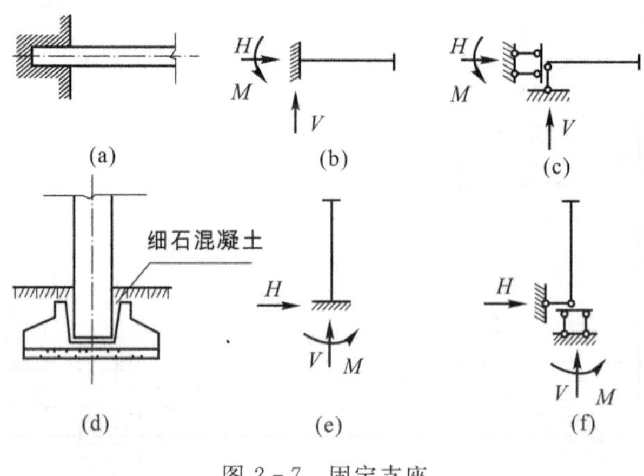

图 2-7　固定支座

4. 定向支座

定向支座也称滑移支座，如图 2-8(a)所示。其特征是允许被支承的结构沿支承面移动，但不允许有垂直支承面的移动和绕支承端的转动。故其支座反力可分解为一个竖向反力 V 和一个反力偶 M，计算简图如图 2-8(b)所示。

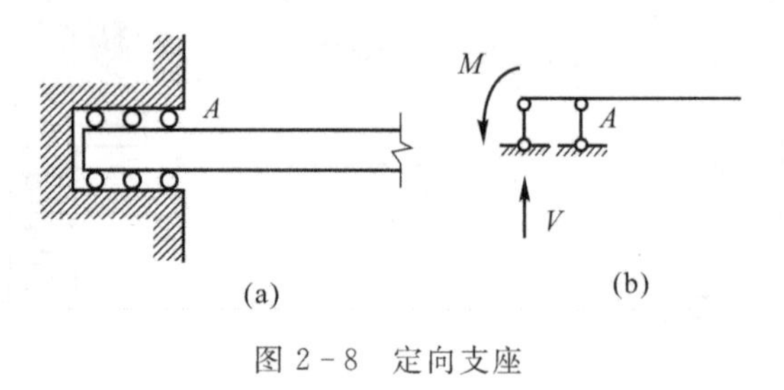

图 2-8　定向支座

2.2.4　结点的简化

结构中两个或两个以上的杆件共同连接处称为结点。钢结构、木结构和钢筋混凝土结构的结点构造方式很多，按各种联结的约束效用及其力学特性区分，平面杆件结构的结点一般可划分为以下几种类型。

1. 刚结点

各杆联结起来，相互之间不可能发生任何相对的移动或转动的结点，称为刚结点。图 2-9(a)所示为一钢筋混凝土结构的刚结点构造图，其计算简图如图 2-9(b)所示。由于两杆牢固地联结成一个整体，夹角 α 是不能改变的。这种仅联结两根杆件的刚结点，称为单刚结点。图 2－9(c)所示为钢筋混凝土结构的刚结点构造图，其计算简图如图 2－9(d)所示。这种联结两根以上杆件的刚结点，称为复刚结点。图 2－9(e)所示为钢结构梁柱刚结点构造图，柱子和横梁用电焊和螺钉牢固地联结起来，各杆之间也不能发生任何相对的移动或转动，其计算简图亦可取图 2－9(d)。

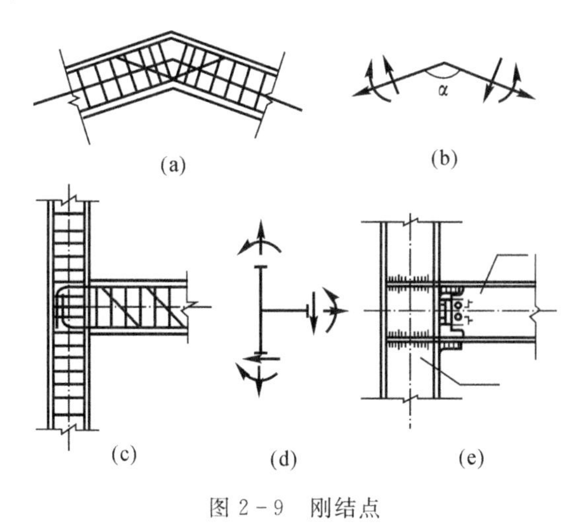

图 2－9　刚结点

2. 铰结点

铰结点的特征是各杆可以绕结点自由转动。理想的铰结点，在实际结构中是很难实现的，只有木屋架的结点比较接近，图 2－10(a)(b)分别表示一个木屋架的结点和它的计算简图。

当结构的几何构造与外部荷载符合一定条件时，结点刚性对结构受力状态的影响属于次要因素，这是为了简化和反映结构受力特点，可将结构的结点看作铰结点。图 2－10(c)表示钢桁架的一个结点，虽然各杆件是用铆钉铆在联结板上牢间地连在一起，但为了简化和反映结点荷载下桁架受力特点，在计算简图中也可取作铰结点，如图 2－10(d)所示。

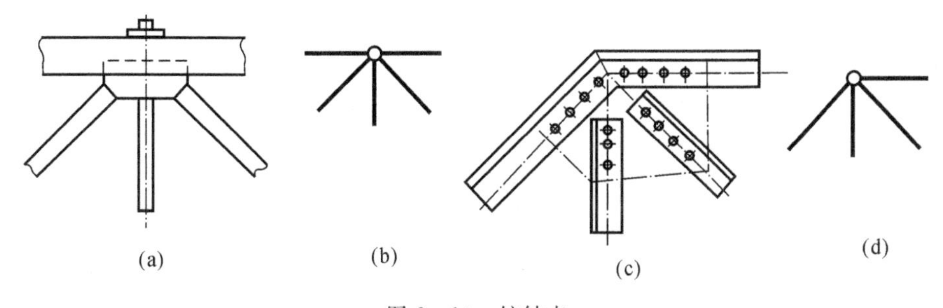

图 2－10　铰结点

3. 组合结点

当若干杆件汇交于同一结点，其中某些杆件的联结应视为刚结，而另一些杆件的联结视为铰结更符合实际时，便形成了组合结点。图 2－11 所示为一加劲梁的计算简图，梁两端放置于支座上(支座未画出)。当横向荷载作用于实际工程中的加劲梁时，横梁以受弯为主，其他杆件以拉(压)为主。结点 C 可简化为组合结点，即刚结点与铰结点共存，可表现这种受力特点。

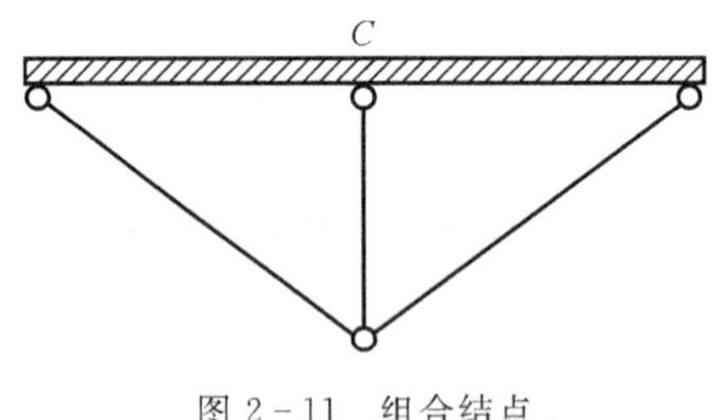

图 2-11　组合结点

2.2.5　荷载的简化

荷载是作用在结构上的外力，例如，结构自重、水压力、土压力、风压力以及人群重量等。此外，还有其他因素可以使结构产生内力和变形，如温度变化、基础沉降、材料收缩等。从广义上说，这些因素也可看作荷载。工程实际中的荷载，根据其不同的特征，主要有下列分类。

1. 按荷载的分布分类

根据荷载分布的具体情况，荷载可分为分布荷载和集中荷载。

分布荷载是连续分布在结构上的荷载。在杆件结构中，将分布荷载简化到所作用杆件的轴线处，用荷载的线分布集度（沿杆轴单位长度上的作用力）表示。当此集度为常数时，即成为均布荷载。

集中荷载是指作用在结构上某一点的力，事实上，绝对地集中于一个几何点上的力是不存在的。当荷载的分布面积远小于结构的尺寸时，则可认为此荷载是集中荷载。例如，吊车梁上的吊车轮压，可看作吊车梁上的集中荷载。

2. 按荷载的作用时间分类

根据荷载作用时间，荷载可分为恒载和活载。

恒载是长期作用在结构上的不变荷载，如结构自重等。活载是建筑物在施工和使用期间可能存在的可变荷载，例如，楼面活载、吊车荷载、雪荷载及风荷载等。

活载又可分为选位活载和移动荷载。选位活载可根据计算目的决定其是否存在，并可视需要在结构上占有任意位置，但其位置一经选定，在完成该计算目的前便不再变化。例如，人群、风、雪荷载等都是选位活载。移动荷载是指荷载为一系列相互平行且间距保持不变，能在结构上移动的荷载。例如，吊车梁上的吊车轮压、桥梁上的汽车荷载、轨道上的列车荷载等都是移动荷载。

3. 按荷载作用的性质分类

根据荷载作用的性质，荷载可分为静力荷载和动力荷载。

静力荷载是逐渐增加的荷载，其大小、方向和作用位置的变化，不致引起显著的结构振动，因而可以略去惯性力的影响。结构的自重为静力荷载，风荷载、雪荷载等大多数荷载在设计中都可视为静力荷载。反之，若荷载的大小、方向或作用位置随时间迅速变化，由此引起的结构的惯性力不容忽视时，则称为动力荷载。动力机械运转时产生的干扰力和地震时地震波对结构的作用等则属于动力荷载。

2.3　平面杆系结构的分类

在实际工程中，平面杆系结构的分类实际上是指对其计算简图的分类，按照结构的几何特征与构件联结方式的不同，可以分为以下几种结构。

2.3.1　梁式结构

梁是一种以弯曲变形为主的构件，其轴线通常为直线，也有曲线。梁有单跨静定梁[见图 2－12(a)]、多跨静定梁[见图 2－12(b)]；有单跨超静定梁[见图 2－12(c)]、多跨超静定梁[见图 2－12(d)]，多跨超静定梁又称为连续梁。

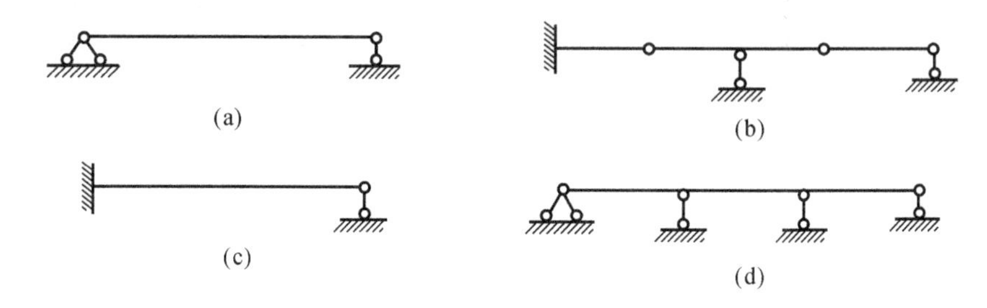

图 2－12　梁式结构

2.3.2　拱式结构

拱的轴线通常为曲线，它的特点是：在竖向荷载作用下能产生水平反力，也称为推力，从而可以大大减小拱截面内的弯矩。在工程中常用的有三铰拱、两铰拱和无铰拱，如图 2－13 所示，其中三铰拱是静定拱，而后两者则是超静定拱。在一般情况下，拱截面内有弯矩、剪力和轴向力等三种内力，但其轴向力是主要内力。

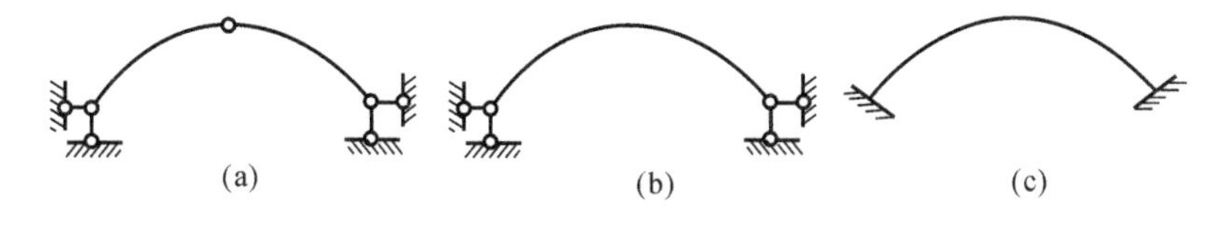

图 2－13　拱式结构

2.3.3　刚架

由梁和柱等全部或部分采用刚性联结组合而成的结构，称为刚架(或框架)。刚架的形式很多，有单跨单层刚架[见图 2－14(a)]、多跨单层刚架[见图 2－14(b)]，也有单跨多层刚架[见图 2－14(c)]、多跨多层刚架[见图 2－14(d)]等。在应用方面，静定的刚架应用很少，大多数的刚架是超静定的。在刚架杆件中，通常有弯矩、剪力和轴向力三种内力。除了工业厂房中支承吊车梁的柱子其轴向力较大外，一般来说，刚架的杆件主要承受弯曲。

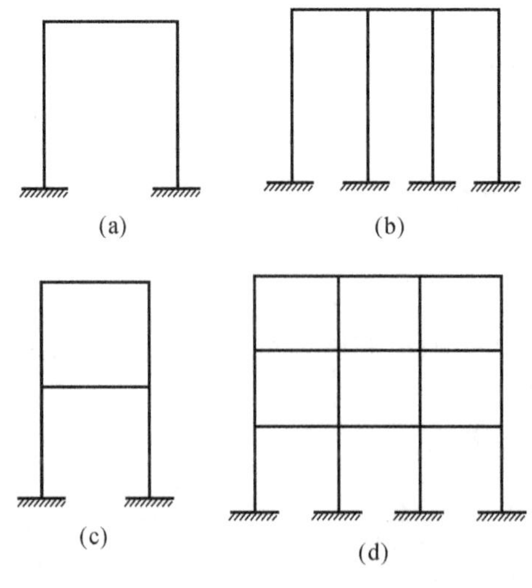

图 2-14 刚架

2.3.4 桁架

杆的两端仅与铰结点相连的直杆，称为链杆。全部由链杆和铰结点组成的结构，称为桁架。当其支座性质与梁的支座相同时，称它为梁式桁架，如图 2-15(a)所示；当其支座性质与拱的支座相同时，称它为拱式桁架，如图 2-15(b)所示的桁架与三铰拱是相似的，不同的仅是把两边曲杆分别改换成桁架，所以常称它为三铰拱式桁架。梁式桁架和拱式桁架都有静定的和超静定的两类。上述桁架都是静定的，图 2-15(c)所示的桁架则为超静定桁架。通常情况下，桁架只承受结点荷载，每根杆件只承受轴向内力。

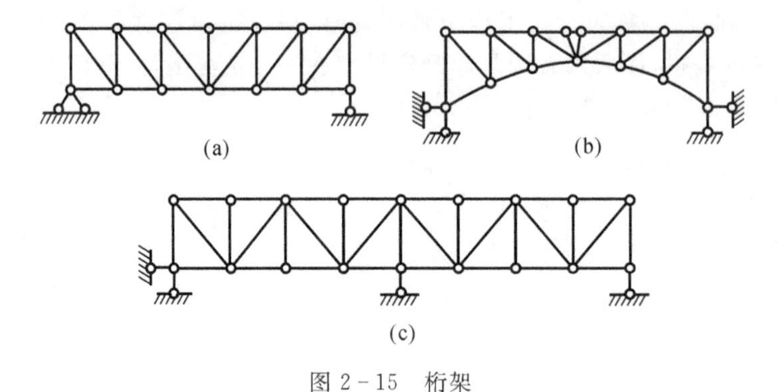

图 2-15 桁架

2.3.5 组合结构

由梁和桁架或由刚架和桁架组合而形成的结构，称为组合结构。结构中有些杆件只承受轴力，而另一些杆件在承受轴力的同时还承受弯矩和剪力。工业厂房中，吊车梁的跨度较大(12 m 以上)时，常采用组合结构形式，工程界称它为桁架式吊车梁，如图 2-16 所示。此外，起重量较大的桥式起重机的行车大梁和塔式起重机的水平吊臂等，也经常采用组合结构。常见的组合结构多数是超静定的。

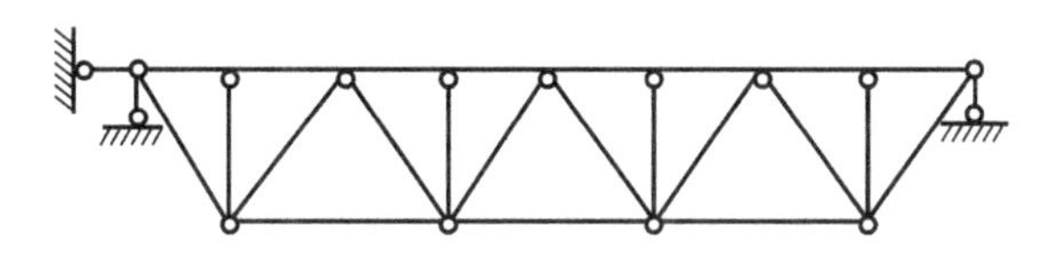

图 2-16　组合结构

2.3.6　悬吊结构

悬吊结构通常以仅能承受拉力的柔性缆索作为主要受力构件。在桥梁工程中，常用的悬吊结构有柔式（无加劲梁或加劲桁架的）悬索桥[见图 2-17(a)]、劲式（有加劲梁或加劲桁架的）悬索桥[见图 2-17(b)]、缆索倾斜设置的斜拉桥[见图 2-17(c)(d)]等。

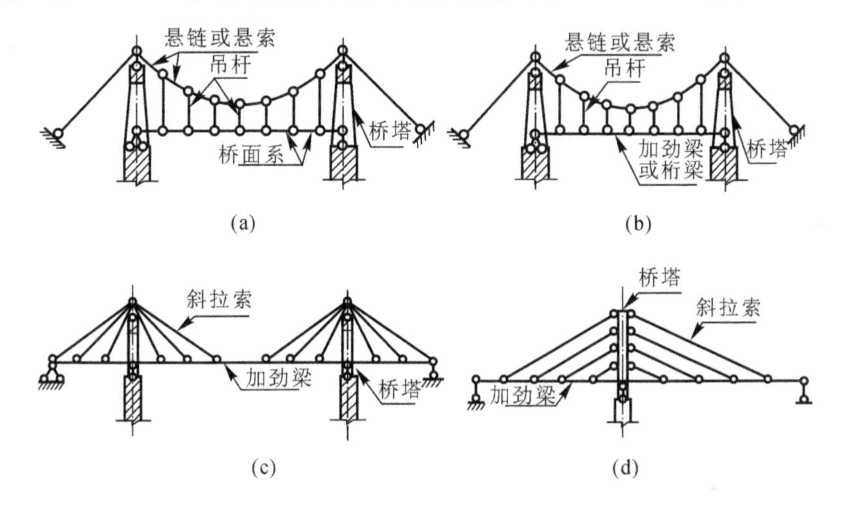

图 2-17　悬吊结构

在房屋顶盖结构中：有单曲悬索结构，其屋顶形成一个柱面；也有双曲悬索结构，其屋顶则形成一个（凹进，凸出或鞍形的）曲面。图 2-18 所示为北京工人体育馆钢索沿径向设置的圆形双层悬索结构顶盖，它由圆筒形钢制内环、钢筋混凝土外环以及张拉于内外环之间的双层钢索所组成，上、下两层钢索是错开布置的，整个屋盖的形状就像一只水平放置的自行车轮。

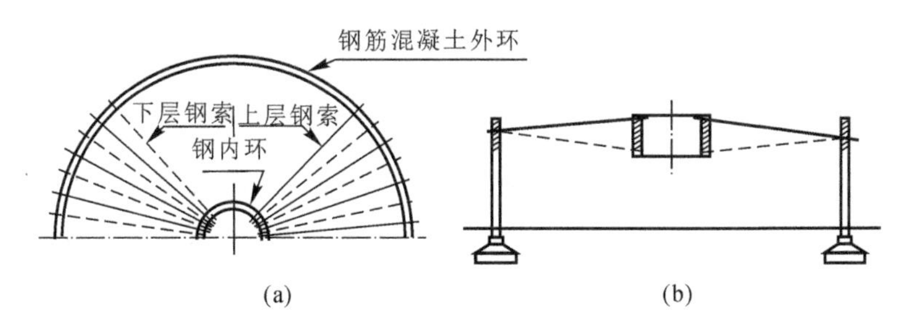

图 2-18　圆形双层悬索结构屋顶顶盖

2.4 结构的几何构造分析基础

2.4.1 平面结构体系分类

结构通常是指由若干杆件相互联结而组成的体系，是构造物的骨架，结构受荷载作用时，杆件截面上会产生应力，材料因而产生应变。由于材料的应变，结构就会产生变形，这种变形一般是很微小的，不影响结构的正常使用，因此，在几何组成分析中不考虑这种由于材料的应变所产生的变形。

如图 2-19(a)所示，由两根杆件与地基组成的铰结三角形，受到任意荷载作用时，若不考虑材料的变形，则其几何形状与位置均能保持不变，我们称这样的体系为几何不变体系。而对于图 2-19(b)所示体系，即使不考虑材料的变形，在很小的荷载作用下，也会发生机械运动而不能保持原有的几何形状和位置，这样的体系称为几何可变体系。一般工程结构都必须是几何不变体系，而不能采用几何可变体系，否则将不能承受任意荷载而维持平衡。因此，在设计结构和选取其计算简图时，首先必须判别它是否几何不变，从而决定能否采用。这一工作就称为体系的几何组成分析或几何构造分析。

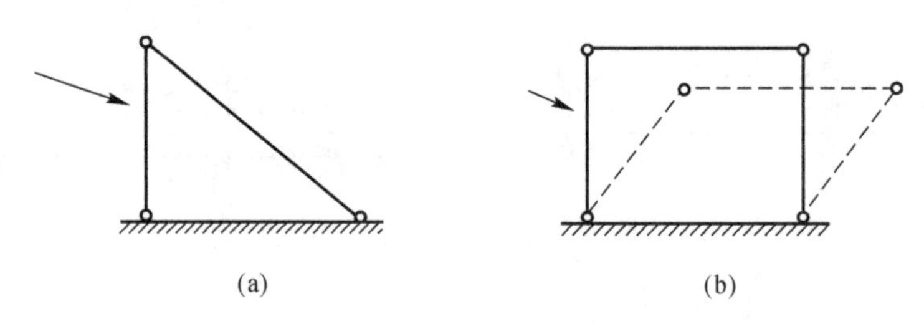

图 2-19 平面结构体系

其次，通过几何组成分析，也可以了解体系中各部分的相互关系，从而改善和提高结构的受力性能，以及有条不紊地计算结构的内力。

在讨论平面体系的几何组成时，由于不考虑材料的变形，因此可以把一根杆件或已知是几何不变的部分看作一个刚体，在平面体系中又把刚体称作刚片。同样，支承结构的地基也可看作一个刚片。

组成几何不变体系的条件，应当包括两个方面：具有必要的约束数量；约束布置方式要合理。

例如：图 2-20(a)(b)所示的体系，由于它们都缺少必要的约束数量，所以都是几何可变体系；图 2-20(c)(d)所示的体系，由于它们具备了必要的约束数量，并且约束的布置方式也是合理的，所以是几何不变体系；图 2-20(e)所示的体系，虽然具备了必要的约束数量，但它的约束布置方式是不恰当的，因此是几何可变体系。

由此可见，体系是否几何不变，能否作为结构，必须从以上两方面进行具体的分析。

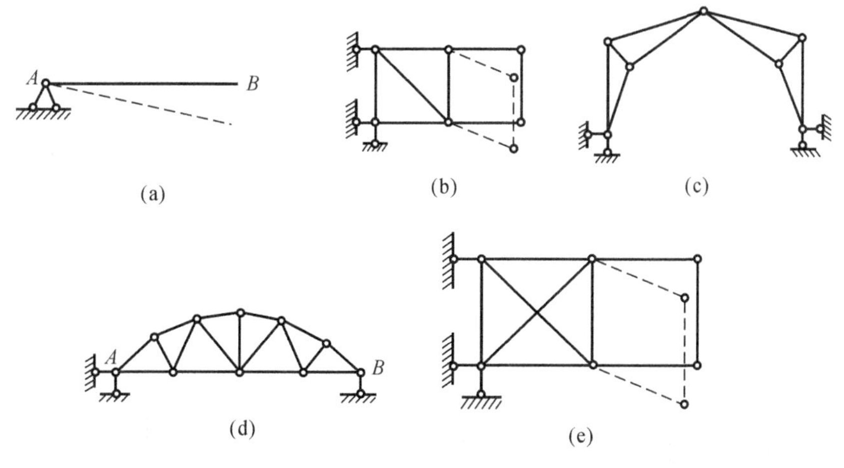

图 2-20　平面结构体系分类示例

2.4.2　自由度

对体系进行几何组成分析时,判断体系是否几何不变要涉及体系运动的自由度。所谓体系的自由度,即体系在所受限制的许可条件下,能自由变动的、独立的运动方式;换句话说,也就是能确定体系几何位置的彼此独立的几何参变量的数目。

图 2-21 所示为平面内一点 A 的运动情况。一点在平面内可以沿水平方向(x 轴方向)移动,又可以沿竖直方向(y 轴方向)移动。换句话说,平面内一点有两种独立运动方式(两个坐标 x、y 可以独立地改变),那么这一点在平面内有两个自由度。

图 2-22 所示为平面内一个刚片(即平面刚体)由原来的位置 AB 改变到后来的位置 $A'B'$。该刚片在平面内可以沿 x 轴方向移动(Δx),又可以沿 y 轴方向移动(Δy),还可以有转动($\Delta\theta$)。也就是说,刚片在平面内有三种独立的运动方式(三个坐标 x、y、θ 可以独立地改变),即一个刚片在平面内有三个自由度。一般来说,如果一个体系有 n 个独立的运动方式,就说这个体系有 n 个自由度,普通机械中使用的机构有一个自由度,即只有一种运动方式。一般工程结构都是几何不变体系,其自由度为零。凡是自由度大于零的体系都是几何可变体系。

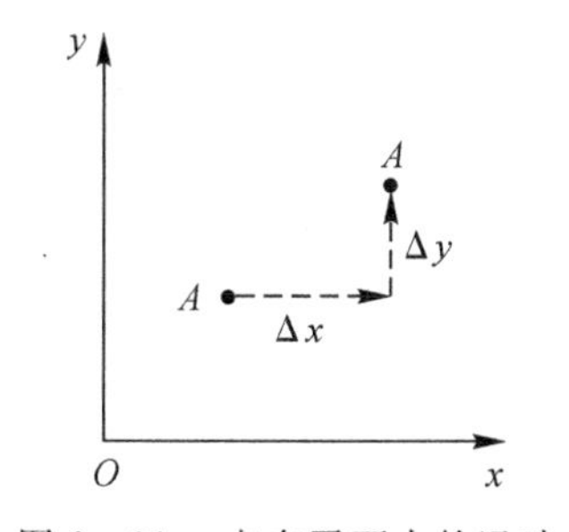

图 2-21　点在平面内的运动

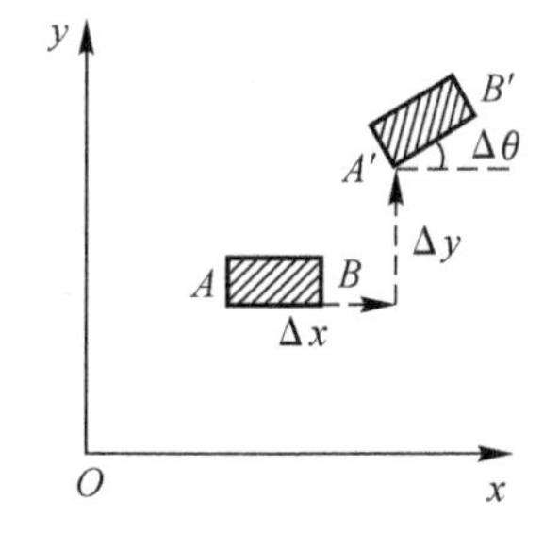

图 2-22　刚片在平面内的运动

2.4.3　约束

在刚片间加入某些装置,它们的自由度将减少,减少自由度的装置称为联系或约束。减少一个自由度的装置，就称为一个联系或一个约束，减少 n 个自由度的装置，就称为 n 个联系或 n 个约束。约束可分为外部约束和内部约束两种。外部约束是指体系与基础之间的联系，也就是支座，而内部约束则是指体系内部各杆之间或结点之间的联系，如铰结点、刚结点和链杆等。

下面分析不同的约束装置对自由度的影响。

1. 链杆

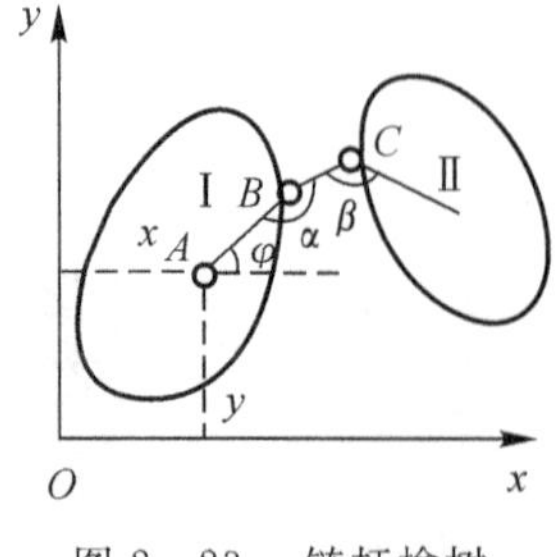

图 2-23　链杆榆树

图 2-23 所示用一根链杆 BC 联结刚片 Ⅰ 和刚片 Ⅱ，在未联结以前，这两个刚片在平面内共有 6 个自由度。在用链杆 BC 联结以后，对刚片 Ⅰ 而言，其位置需用刚片上 A 点的坐标 x、y 和 AB 连线的倾角 φ 来确定，因此，它有 3 个自由度。但是，对刚片 Ⅱ 而言，因与刚片 Ⅰ 已用链杆 BC 联结，故它只能沿以 B 为圆心，BC 为半径的圆弧运动和绕 C 点转动，再用两个独立参变数 α 和 β 即可确定它的位置，所以减少了 1 个自由度。因此，两个刚片用一根链杆联结后还剩下 5 个运动独立几何参数（x、y、φ、α 和 β），自由度总数为 $6-1=5$。由此可见，两个刚片用一根链杆联结后，减少 1 个自由度。减少 1 个自由度的装置称为 1 个联系，故一根链杆相当于 1 个约束。

2. 单铰

图 2-24 所示用一个铰 B 联结两个刚片 Ⅰ 和 Ⅱ，在未联结以前，两个刚片在平面内共有 6 个自由度。在用铰 B 联结以后，刚片 Ⅰ 仍有 3 个自由度，而刚片 Ⅱ 则只能绕铰 B 做相对转动，即再用一个独立参变数（夹角 α）就可确定它的位置，所以减少了 2 个自由度。因此，两个刚片用一个铰联结后的自由度总数为 $6-2=4$。我们把像这样联结两个刚片的铰称为单铰。由此可见，一个单铰相当于两个联系，也相当于两根链杆的作用，反之，两根链杆也相当于一个单铰的作用。

将地基看作是不动的，这样，如果在体系上：加一个可动铰支座，就使体系减少 1 个自由度；加一个固定铰支座，就使体系减少 2 个自由度；加一个固定支座，就使体系减少 3 个自由度。

3. 复铰

图 2-25 所示用一个铰 C 联结三个刚片 Ⅰ、Ⅱ 和 Ⅲ，在未联结以前，三个刚片在平面内共有 9 个自由度。在用铰 C 联结以后，刚片 Ⅰ 仍有 3 个自由度（x、y 和 φ），而刚片 Ⅱ 和刚片 Ⅲ 则都只能绕铰 C 做相对转动，即再用两个独立参变数（夹角 α 和 β）就可确定它们的位置，因此减少了 4 个自由度。联结两个以上刚片的铰称为复铰。由上述可见，一个联结三个刚片的复铰相当于两个单铰的作用。一般情况下，如果 n 个刚片用一个复铰联结，则这个复铰相当于 $n-1$ 个单铰的作用，相当于 $2(n-1)$ 个约束。

4. 单刚结点和复刚结点

互不相连的两个刚片，在其平面内，若用刚结点把它们联结起来，如图 2-26(a) 所示，则两者便被连成一体而变为一个刚片，故自由度由 6 个减少为 3 个，即丧失 3 个自由度。该刚结点仅联结两个刚片，可称它为单刚结点。由此可知，一个单刚结点相当于 3 个约束。

互不相连的三个刚片，在其平面内，若同样用刚结点把它们联结起来，如图 2-26(b) 所示，则三者也被连成一体而变为一个刚片，故自由度由 9 个减少为 3 个，即丧失 6 个自由度。该刚结点相当于 2 个单刚结点(或 6 个约束)，故称它为复刚结点。由此类推，联结 n 个刚片的复刚结点，它就相当于 $n-1$ 个单刚结点的作用，即 $3(n-1)$ 个约束。

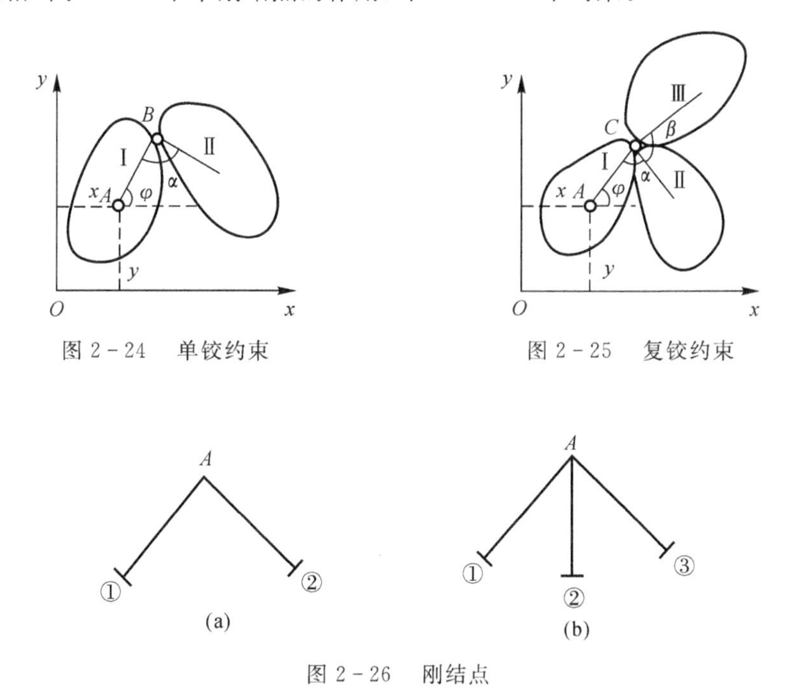

图 2－24　单铰约束

图 2－25　复铰约束

图 2－26　刚结点

5. 瞬铰

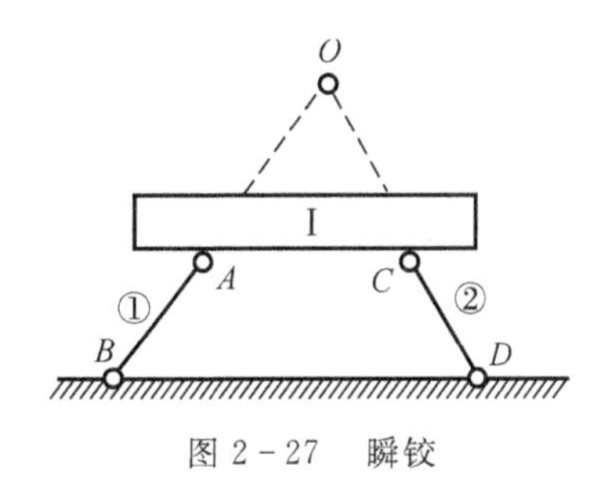

图 2－27　瞬铰

如图 2－27 所示，刚片 Ⅰ 在平面内本来有 3 个自由度，如果用两根不共线的链杆 ① 和 ② 把它与基础相联结，则此体系仍有 1 个自由度。原因是：由于链杆的约束作用，A 点的微小位移应与链杆 ① 垂直，C 点的微小位移应与链杆 ② 垂直，以 O 表示两根链杆轴线的交点。显然，刚片 Ⅰ 可以发生以 O 为中心的微小转动，O 点称为瞬时转动中心，简称瞬心。这时刚片 Ⅰ 的瞬时运动情况与刚片 Ⅰ 在 O 点用铰与基础相联结时的运动情况完全相同。因此，从瞬时微小运动来看，两根链杆所起的约束作用相当于两根链杆轴线交点 O 处的一个铰所起的约束作用，这个铰可称为瞬铰。显然，在体系运动的过程中，与两根链杆相应的瞬铰位置也跟着在改变。

2.4.4　体系的计算自由度

平面体系通常是由多个刚片组合而成的，平面体系的计算自由度为各刚片不受约束时的总自由度减去体系全部约束。计算自由度可按照以下两种方法求解。

1. 刚片法

一个平面体系，通常都是由若干刚片彼此用铰相连并用支座链杆与基础相连而组成的。设其刚片数(地基不计入)为 m，单刚结点数为 s，单铰数为 h，支座链杆数为 r，则其自由度 W

的计算公式为

$$W = 3m - 3s - 2h - r \tag{2-1}$$

必须注意，式中 s，h 分别为单刚结点数目和单铰数目，如遇复刚结点或复铰，应分别把它们折算成单刚结点数或单铰结点数再代入公式计算。

2. 结点法

在平面体系中，全部用铰联结的杆件所组成的体系，称为铰结链杆体系，如桁架。这类体系的自由度，除可用式(2－1)计算外，还可采用较为简便的公式进行计算。设以 j 表示结点数，b 表示杆件数，r 表示支座链杆数。若先按每个结点都自由时考虑，则共有 $2j$ 个自由度，但联结结点的每一根杆件都起一个联系的作用，共有$(b+r)$根杆件，故体系的自由度为

$$W = 2j - b - r \tag{2-2}$$

按照式(2－1)或式(2－2)计算的结果，有如下三种情况：

(1) 若 $W > 0$，则表明体系缺少足够的联系，还可以运动，体系是几何可变的；

(2) 若 $W = 0$，则表明体系具有保证几何不变所需的最少联系数；

(3) 若 $W < 0$，则表明体系具有多余联系。

可以看到，$W \leqslant 0$(或无支杆体系几何图形 $W \leqslant 3$)是几何不变体系的必要非充分条件。应当注意的是：计算自由度不一定能够反映体系的实际自由度。只有当体系内无多余约束时，计算自由度与实际自由度才一致。

2.5 几何不变体系的基本组成规则

为了确定平面结构体系是否几何可变，分析结构体系的组成特性，有必要研究几何不变体系的组成规律。本节主要介绍平面杆件结构体系最基本的组成规律——铰结三角形规律。

2.5.1 三刚片的组成规则

图 2－28(a)所示的三个刚片Ⅰ、Ⅱ、Ⅲ由 A、B、C 三个单铰两两相联。假定刚片Ⅰ不动，研究各刚片之间相对运动的可能性。由于刚片Ⅱ与刚片Ⅰ用铰 B 相联，所以刚片Ⅱ只能绕铰 B 转动，其上 A 点的运动轨迹是以 B 为圆心，以 AB 为半径的圆弧；而刚片Ⅲ与刚片Ⅰ用铰 C 相联，刚片Ⅲ只能绕 C 点转动，其上 A 点的运动轨迹是以 C 为圆心、以 AC 为半径的圆弧，而实际上刚片Ⅱ、Ⅲ是用铰 A 相联结的，A 点既是刚片Ⅱ上的点，也是刚片Ⅲ上的点，它不可能同时沿两个方向不同的圆弧运动，只能在两个圆弧的交点处固定不动。于是各刚片间不可能发生任何相对运动，所以该体系几何不变且无多余约束。

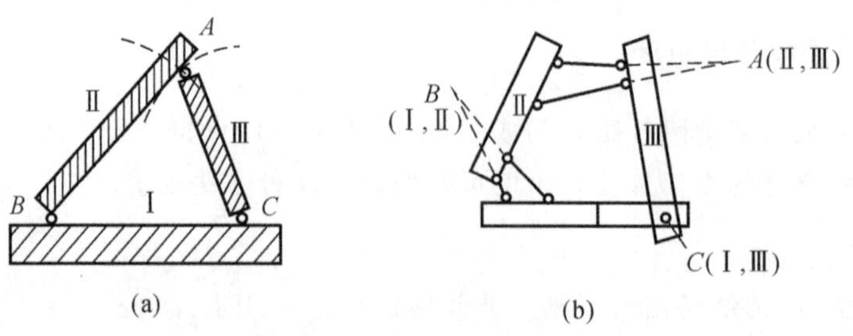

图 2－28　三刚片规则

因为两根链杆的作用相当于一个单铰，所以可将任一单铰换为两根链杆所构成的虚铰如图 2-28(b) 所示。只要三个铰(包括实铰和虚铰)不在同一直线上，这样组成的体系就是几何不变的。

结论：三个刚片用三个不在同一直线上的三个铰两两相联，所组成的体系就是几何不变体系且无多余约束的。

推论：三个刚片用六根链杆两两相联，只要六根链杆所形成的三个虚铰不在同一直线上，所组成的体系就是几何不变体系且无多余约束的。

这种由三个不共线的铰相互联结而组成的三角形不变体系的规律称为铰结三角形几何不变规律，它是无多余约束几何不变体系的基本组成规律。

2.5.2　两刚片的组成规则

图 2-29 所示结构体系显然也是按"三刚片规则"组成的，但如果把三个刚片中的其中两个作为刚片，另一个看作链杆，则此体系即两个刚片用一个铰和一根轴线不通过这个铰中心的链杆相连而组成，这样组成的体系几何不变且无多余约束。

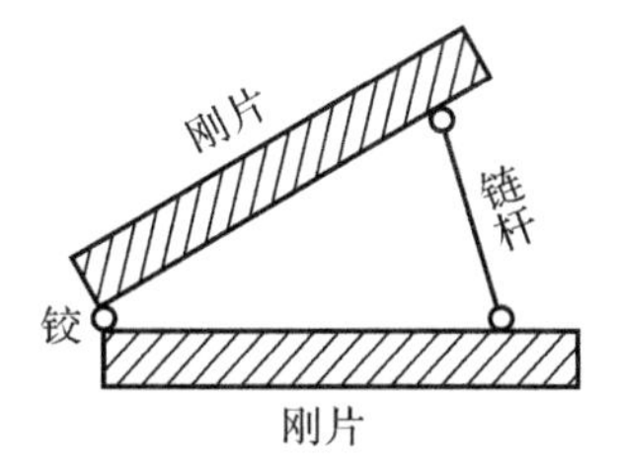

图 2-29　两刚片规则

此外，由于一个单铰的作用相当于两根链杆，所以可以将铰结点换成两根链杆，如图 2-30 所示。

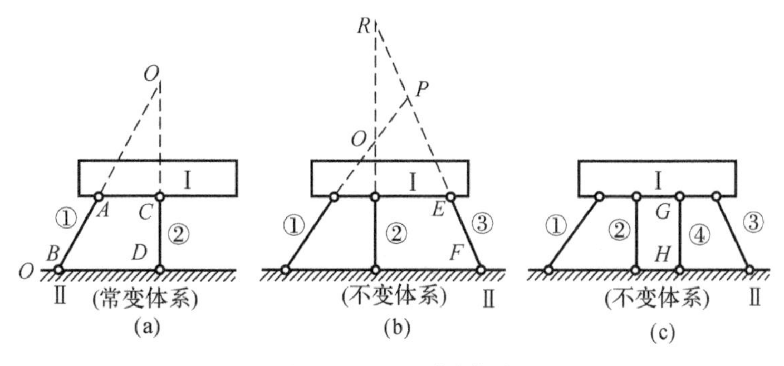

图 2-30　两刚片推论

如图 2-30(a) 所示，用两根不平行的链杆联结刚片 Ⅰ 和 Ⅱ。刚片 Ⅱ 固定不动(基础)，则刚片 Ⅰ 虽不能做任何方向的移动，但还能转动。当刚片 Ⅰ 运动时，其上的 A 点将沿与链杆 AB 垂直的方向运动，而 C 点将沿与链杆 CD 垂直的方向运动。从 A、C 两点的上述运动方向看，这时刚片 Ⅰ 的运动方式将是绕 AB 与 CD 两杆延长线的交点(瞬铰)O 而转动。欲使刚片 Ⅰ 和 Ⅱ 不能发生相对转动，需要增加一根链杆，如图 2-30(b) 所示。这样，刚片 Ⅰ 绕 O 点转动时，E 点将沿与 OE 连线垂直的方向运动。但是，从链杆 EF 来看，E 点的运动方向必须与链杆 EF 垂直。由于链杆 EF 的延长线不通过 O 点，所以 E 点的这种运动不可能发生。此时，三根链杆具有 O、P、R 等3个交点，刚片 Ⅰ 要运动，则它必须同时绕3个交点运动，然而这是不可能的，则所组成的体系是几何不变体系。

如果在刚片 Ⅰ 和 Ⅱ 之间，再增加一根链杆 GH 如图 2-30(c) 所示，显然，体系仍是几何不变的。但从保证几何不变性来看，GH 杆是多余的。这种可以去掉而不影响体系几何不变性的约束称为多余联系。

结论：两个刚片用一个铰和一根轴线不通过这个铰中心的链杆相联结，则所组成的体系是几何不变体系且无多余约束。

推论：两个刚片之间用不全交于一点也不全平行的三根链杆两两相联结，则所组成的体系是几何不变体系且无多余约束。

例如对于图 2-31(a) 所示刚架，分析时可把地基看作一个刚片，刚架中间的 T 字形部分 BCE 本身是一整体，故可作为刚片。左边部分 AB 虽然是折线形的，但本身是一个刚片而且只用两个铰 A、B 与其他部分相联，因此它的作用与一根链杆相同，即相当于 A、B 两铰连线上的一根链杆，如图中虚线所示，同理 CD 部分也相当于一根链杆。这样，此刚架即为两个刚片用 AB、CD、EF 三根不全平行也不交于一点的链杆相联[见图 2-31(b)]，故为几何不变体系。

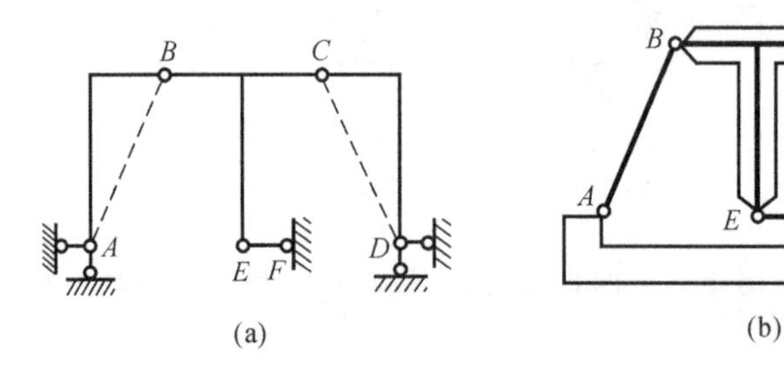

图 2-31　两刚片组成分析示例

在几何组成分析中讨论的链杆为两端有铰的刚性直杆或曲杆。只以两个铰与外界相联的刚片称为等效链杆(见图 2-32)。等效链杆的作用与链杆相同，一根链杆相当于一个约束。图 2-31 中 AB、CD 两个刚片也可称为等效链杆。

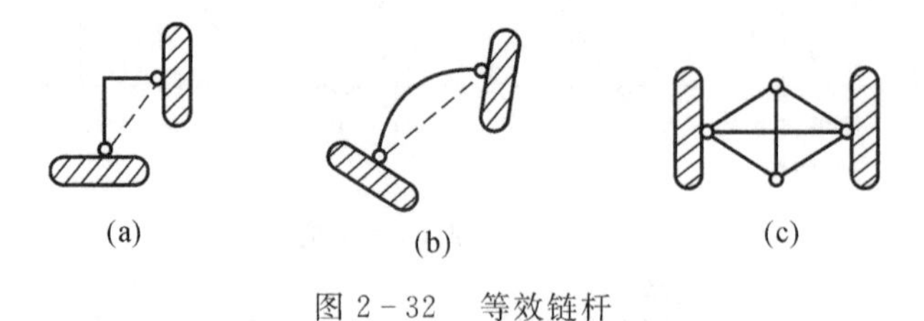

图 2-32　等效链杆

2.5.3　二元体的组成规则

图 2-33 所示结构体系是按上述“三刚片规则”组成的，但如果把三个刚片中的一个看作刚片，另外两个看作链杆，则此体系的组成形式可看成一个点与一个刚片用两根不共线的链杆

相联，这样组成的体系几何不变且无多余约束。我们把这种两根不在同一直线上的链杆联结一个新结点的构造称为二元体。

显然，在一个刚片上增加一个二元体仍为几何不变体系，因为这与前述的“三刚片规则”实际上是一回事。但在分析某些结构特别是桁架时，用“二元体规则”更方便。

例如，分析图 2-34 所示桁架时，可任选一铰结三角形，比如以 123 为基础，增加一个二元体得结点 4，这时得几何不变体系 1234，再以其为基础，再增加一个二元体得结点 5，得几何不变体系 12345，…… 如此依次增加二元体而最后组成该桁架，所以是一个几何不变体系。

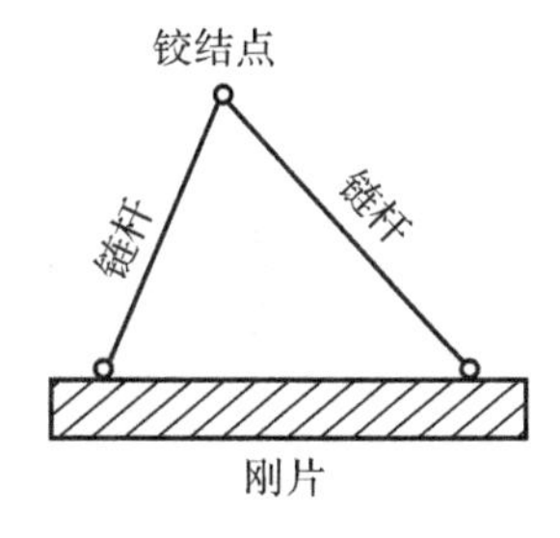

图 2-33　二元体

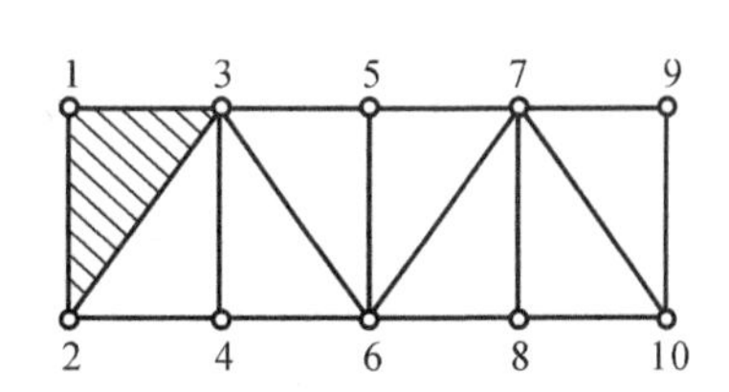

图 2-34　桁架组成分析

也可以用拆除二元体的方法来分析，因为从一个体系拆除一个二元体后，所剩下的部分若为几何不变的，则原来的体系必定也是几何不变的。如图 2-34 所示桁架，现在从结点 10 开始拆除一个二元体，然后依次拆除结点 9、8、7…，最后剩下铰结三角形 123，铰结三角形 123 是几何不变的，故知原体系亦为几何不变的。当然，若去掉二元体后所剩下的部分是几何可变的，则原体系必定也是几何可变的。

结论：在一个体系上增加或拆除二元体，则该体系的几何性质不变。

2.6　几何可变体系的基本组成规则

在讨论几何不变体系组成规则时，曾提出了一些限制的条件，如联结两个刚片的三根链杆不能全交于一点，也不能全都平行，联结三个刚片的三个铰不能在同一直线上等，如果不满足这些限制条件，则可能会出现几何可变体系。几何不变体系可分为瞬变体系和常变体系。

图 2-35 所示两刚片 Ⅰ 和 Ⅱ 用三根互相平行的链杆联结。三根链杆在无穷远处相交于一点，此时两刚片可沿垂直链杆方向发生相对移动。在两刚片发生微小的相对移动后，相应地，三根链杆发生微小的相对位移 Δ，移动后三根链杆的转角分别为

$$\alpha_1=\frac{\Delta}{l_1},\quad \alpha_2=\frac{\Delta}{l_2},\quad \alpha_3=\frac{\Delta}{l_3} \tag{2-3}$$

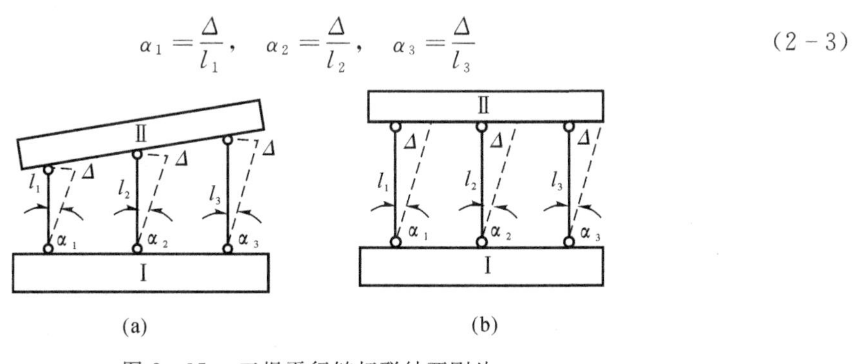

图 2-35　三根平行链杆联结两刚片

如图 2-35(a) 所示，当三根链杆不等长，即 $l_1 \neq l_2 \neq l_3$ 时，则在两刚片发生微小的相对位移后，三链杆的转角 $\alpha_1 \neq \alpha_2 \neq \alpha_3$，三根链杆不再互相平行，且不交于一点，故体系就成为了几何不变体系。这种本来几何可变，在发生微小的位移后又成为几何不变的体系称为瞬变体系。

如图 2-35(b) 所示，当三根链杆等长，即 $l_1 = l_2 = l_3$ 时，则在两刚片发生相对位移后，三链杆的转角 $\alpha_1 = \alpha_2 = \alpha_3$，三根链杆仍旧互相平行，故位移将继续发生。这样的体系称为几何常变体系。

对于瞬变体系和常变体系的区别，还可做如下表述：

(1) 瞬变体系：在瞬时运动中体系为几何可变，但在后续运动中，又成为几何不变体系。

(2) 常变体系：在瞬时运动和后续运动中，体系始终几何可变。

如图 2-36 所示，三个刚片用在同一直线上的三个单铰相连。C 点为 AC、BC 两个圆弧的公切点，在 C 点处两圆弧有一公切线，故铰 C 可沿此公切线产生微小移动。在 C 点发生微小移动后，三个铰就不再位于同一直线上，运动也就不再继续发生，所以该体系为瞬变体系。

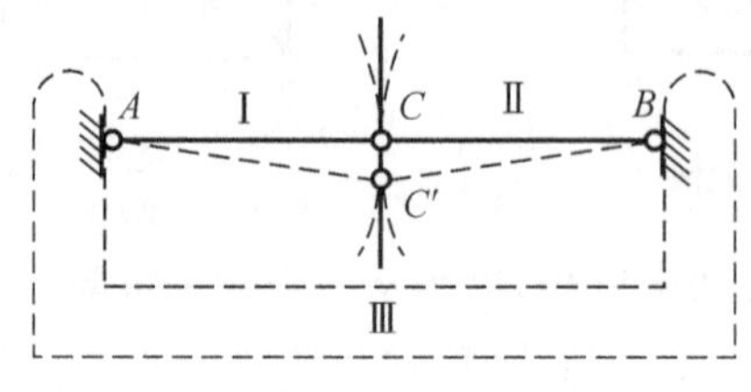

图 2-36　瞬变结构

如图 2-37(a) 所示瞬变体系，在外力 p 作用下，铰 C 会产生向下的微小位移。取结点 C 为隔离体(见图 2-37) 对结构内力进行分析，由隔离体平衡条件得

$$\sum X = 0, \quad N_1 = N_2 = N$$

$$\sum Y = 0, \quad 2N\sin\theta - p = 0,$$

即

$$N = \frac{p}{2\sin\theta}$$

由上式可知，当 $\theta \to 0$ 时，即使荷载 p 很小，杆件的内力 $N \to \infty$，这将会导致杆件破坏。因此工程中不能采用瞬变体系，对于接近瞬变的体系也应避免。

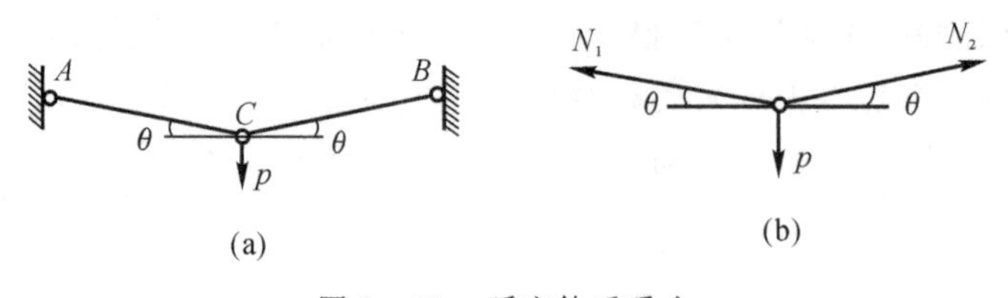

图 2-37　瞬变体系受力

2.7　平面体系几何构造分析方法

体系的几何组成分析就是用 2.6 节所述基本规则来检验体系是否几何不变。对体系进行几何组成分析时，如果对象体系可以归结为两个或三个刚片，可按几何不变规则直接判断；反之，则可先把体系中局部几何不变部分当作刚片或先撤去二元体，使复杂体系简化，然后再根

据几何不变规则进行判断。

在进行几何构造分析时，可根据体系几何组成特点运用以下几种分析方法。

(1) 当体系中有二元体时，可先去掉二元体，再对余下的部分进行几何组成分析。图 2－38(a) 所示体系存在明显的二元体，可按 $A\rightarrow B\rightarrow C\rightarrow D$ 的次序，依次撤掉汇交于各结点的二元体，余下的部分如图 2－38(b) 所示，可知该体系为无多余约束的几何常变体系。

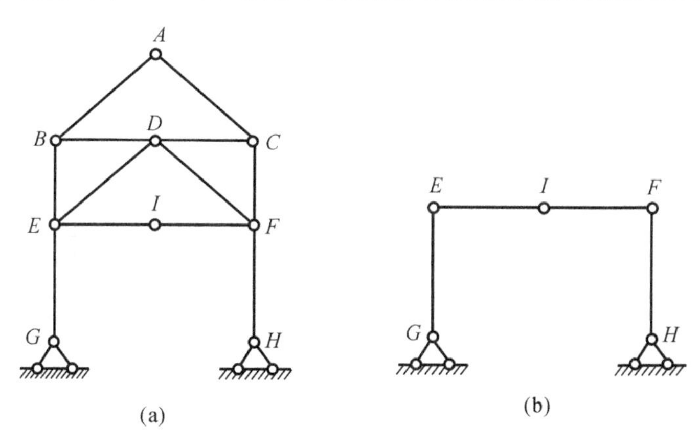

图 2－38　去二元体分析结构组成

(2) 当体系内部结构与基础之间通过三根链杆联结并满足两刚片规则时，可以先对体系内部结构进行几何组成分析，所得结果即代表整个体系的几何组成性质。图 2－39(a) 所示体系便可以除去基础和三根支杆，只判别图 2－39(b) 所示部分即可。而对此部分来说，自结点 A（或结点 H）开始，按照上段所述方法，依次去掉二元体，最后便只剩下一根杆件。由此可知整个体系是无多余约束的几何不变体系。

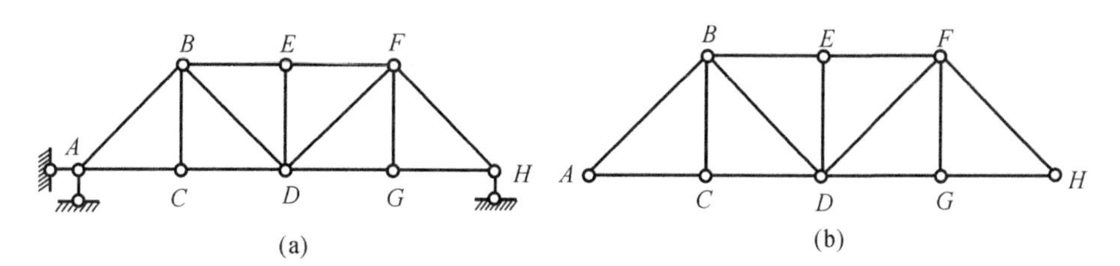

图 2－39　从内部出发分析结构组成

(3) 当体系的支座链杆多于三根时，则必须把基础也看作一个刚片，将它与体系上部的其他刚片联合起来共同分析，运用基本组成规则考察它们之间的组成情况。图 2－40 所示体系共有四根支座链杆，先将基础视为刚片 Ⅰ，将 ACE 视为刚片 Ⅱ，将 BDE 视为刚片 Ⅲ（等效刚片 ID），将 $FHIG$ 视为刚片 Ⅳ，将 DKI 视为刚片 Ⅴ，由三刚片规则可知刚片 Ⅰ、Ⅱ、Ⅲ 为几何不变体系，可视为刚片 Ⅵ，再由三刚片规则可知刚片 Ⅳ、Ⅴ、Ⅵ 为几何不变体系，则该体系为无多余约束的几何不变体系。

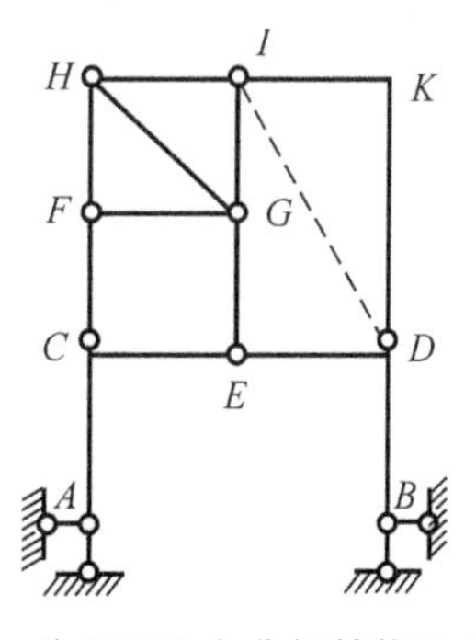

图 2－40　从基础出发分析结构组成

（4）凡是只以两个铰与外界相连的刚片，无论其形状如何，从几何组成分析的角度看，都可将其视为通过铰中心的等效链杆（或刚片）。例如，在图2－40所示体系中，可将 *IKD* 折杆看作链杆 *ID*（如图2－40中虚线所示），便于分析理解。

例 2.1　试分析图2－41所示体系的几何组成。

【解】　体系有7根链杆，故可从基础出发进行分析。把基础视为刚片Ⅰ，在其上依次增添二元体 *JHK*、*JGH* 和 *HIK*，与基础之间形成刚片Ⅱ；把 *AC* 视为刚片Ⅲ，把 *HC* 视为刚片Ⅳ，由三刚片规则可知刚片Ⅱ、Ⅲ、Ⅳ组成几何不变体系（视为刚片Ⅴ），*GB* 为多余链杆；由两刚片规则可知 *CDE* 杆与刚片Ⅴ组成几何不变体系，*ID* 杆为多余链杆：从而该体系为有两个多余约束的几何不变体系。

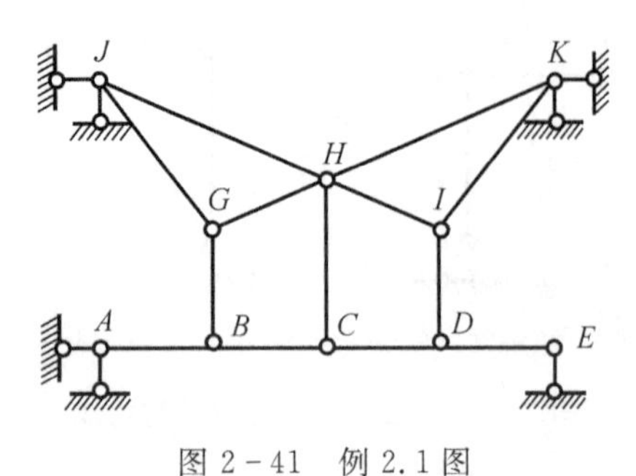

图2－41　例2.1图

思 考 题

1. 简述确定结构计算简图的步骤和原则。
2. 几何可变体系与几何不变的体系有什么区别？
3. 常变体系和瞬变体系有何关系？瞬变体系能否作为结构使用？
4. 结构的计算自由度和自由度之间的关系是什么？
5. 结构的计算自由度和几何组成之间有什么关系？
6. 平面结构体系组成分析有哪些基本规则？
7. 杆系结构有哪些常用的支座形式和结点形式？各有什么特点？并画出其计算简图。
8. 什么是多余约束？什么是必要约束？几何可变体系一定没有多余约束吗？
9. 杆系结构有哪些类别？
10. 单铰、虚铰、复铰之间有什么区别？

第3章　平面基本力系

工程中的力系有多种不同的形式，按力的作用线分布位置可分为两大类：一类是平面力系，也就是各力的作用线均位于同一平面内的力系；另一类是空间力系，也就是各力的作用线不在同一平面内的力系。

在平面力系中，凡各力的作用线均汇交于一点的体系称为平面汇交力系[见图 3-1(a)]，凡各力的作用线均平行的力系称为平面平行力系[见图 3-1(b)]，凡是由若干力偶组成的力系称为平面力偶系[见图 3-1(c)]。除此之外，凡是各力的作用线不汇交于一点也不互相平行的力系称为平面任意力系[见图 3-1(d)]。

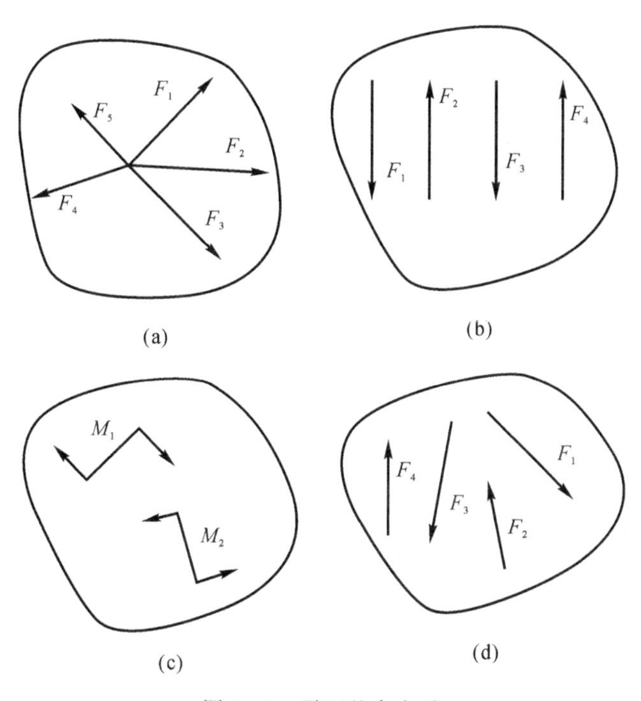

图 3-1　平面基本力系

3.1　平面汇交力系的合成与平衡

平面汇交力系合成与平衡的求解方法主要有几何法和解析法。几何法就是利用力的四边形或三角形法则求得合力的大小与方向，虽然直观、简捷，但要求作图准确，否则将会产生较大的误差。解析法就是通过力在坐标轴上的投影来分析力系的合成及平衡问题，能简单有效地得到准确的结果，在工程中应用较多。

3.1.1 力在直角坐标系上的投影

如图 3-2(a) 所示，设在平面直角坐标系 Oxy 内，有一已知力 $\boldsymbol{F}$，从力 $\boldsymbol{F}$ 的两端 A 和 B 分别向 x、y 轴作垂线，得到线段$\overline{ab}$ 和$\overline{a'b'}$，其中$\overline{ab}$ 为力 $\boldsymbol{F}$ 在 x 轴上的投影，以 X 表示；$\overline{a'b'}$ 为力 $\boldsymbol{F}$ 在 y 轴上的投影，以 Y 表示。并且规定：当力的始端到末端投影的方向与坐标轴的正向相同时，投影为正；反之为负。图 3-2(a) 中的 X、Y 均为正值，图 3-2(b) 中的 X、Y 均为负值。所以力在坐标轴上的投影是代数量。

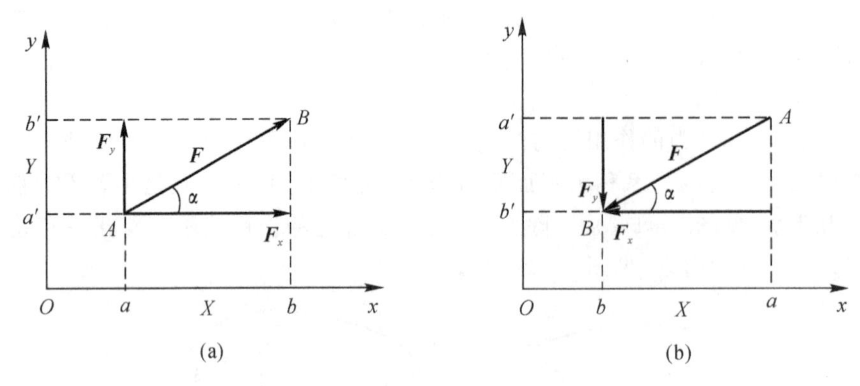

图 3-2　力在直角坐标系上的投影

力的投影的大小可用三角函数公式计算，设力 $\boldsymbol{F}$ 与 x 轴的正向夹角为 α，则由图 3-2(a) 的可知：

$$\left.\begin{aligned} X &= F\cos\alpha \\ Y &= F\sin\alpha \end{aligned}\right\} \tag{3-1}$$

对于图 3-2(b) 的情况为

$$\left.\begin{aligned} X &= -F\cos\alpha \\ Y &= -F\sin\alpha \end{aligned}\right\} \tag{3-2}$$

如将力 $\boldsymbol{F}$ 沿 x、y 坐标轴分解，所得分力 $\boldsymbol{F}_x$、$\boldsymbol{F}_y$，其值与力 $\boldsymbol{F}$ 在同轴的投影 X、Y 值相等。注意：力的投影与力的分量是两个不同的概念。力的投影是代数量，而分力是矢量。只在直角坐标系中，两者大小相等，投影的正、负号表明分力的指向。

如果已知力 $\boldsymbol{F}$ 在平面内大小和方向，可以利用式(3-1) 或式(3-2) 求解出力 $\boldsymbol{F}$ 的投影 X、Y；反之，已知力 $\boldsymbol{F}$ 在平面内两个正交轴上的投影 X、Y 时，可用式(3-3) 确定该力矢 $\boldsymbol{F}$ 的大小和方向为

$$\left.\begin{aligned} F &= \sqrt{X^2 + Y^2} \\ \tan\alpha &= \pm\left|\frac{Y}{X}\right| \end{aligned}\right\} \tag{3-3}$$

3.1.2 平面汇交力系合成的解析法

设平面汇交力系 $\boldsymbol{F}_1$、$\boldsymbol{F}_2$、$\boldsymbol{F}_3$、$\boldsymbol{F}_4$ 作用于物体上的 O 点，如图 3-3(a) 所示。图 3-3(b) 为

该汇交力系组成的力多边形，合力为 $\boldsymbol{R}$。将力多边形中各力分别投影到 x 轴，由几何关系可知：

$$ae = ab + bc + cd - de \tag{3-4}$$

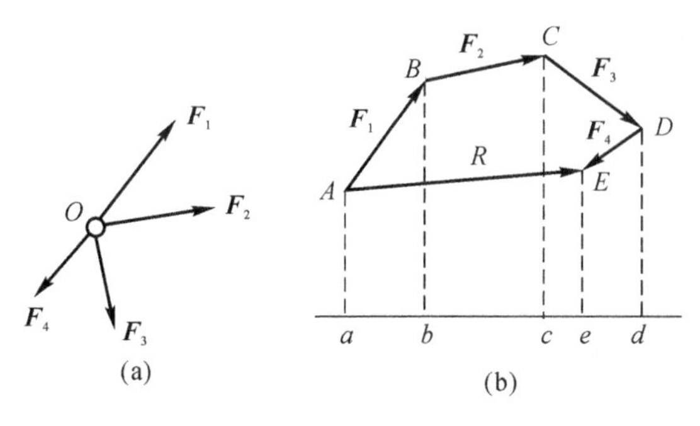

图 3-3　平面汇交力系的合成

按投影定义，式(3-4)左端为合力 $\boldsymbol{R}$ 的投影，右端为力 $\boldsymbol{F}_1$、$\boldsymbol{F}_2$、$\boldsymbol{F}_3$、$\boldsymbol{F}_4$ 的投影的代数和，即 $R_x = X_1 + X_2 + X_3 + X_4 = F_{1x} + F_{2x} + F_{3x} + F_{4x}$，推广到 n 个力汇交的力系，即

$$R_x = X_1 + X_2 + \cdots + X_n = F_{1x} + F_{2x} + \cdots + F_{nx} = \sum_{i=1}^{n} F_{ix} \tag{3-5}$$

同理 y 方向：

$$R_y = Y_1 + Y_2 + \cdots + Y_n = F_{1y} + F_{2y} + \cdots + F_{ny} = \sum_{i=1}^{n} F_{iy} \tag{3-6}$$

于是可得合力投影定理：合力在任一轴上的投影等于各分力在同一轴上投影的代数和。

当平面汇交力系为已知时，可在平面内任选直角坐标系 xOy，根据式(3-5)、式(3-6)求出各力在坐标轴上的投影，由式(3-7)求得合力的大小和方向为

$$\left.\begin{aligned} R &= \sqrt{R_x^2 + R_y^2} \\ \tan(\boldsymbol{R}, \boldsymbol{i}) &= \left|\frac{R_y}{R_x}\right| \end{aligned}\right\} \tag{3-7}$$

例 3.1　已知某平面汇交力系如图 3-4 所示，已知 $F_1 = 100$ N，$F_2 = 100$ N，$F_3 = 150$ N，$F_4 = 200$ N，试求该力系的合力。

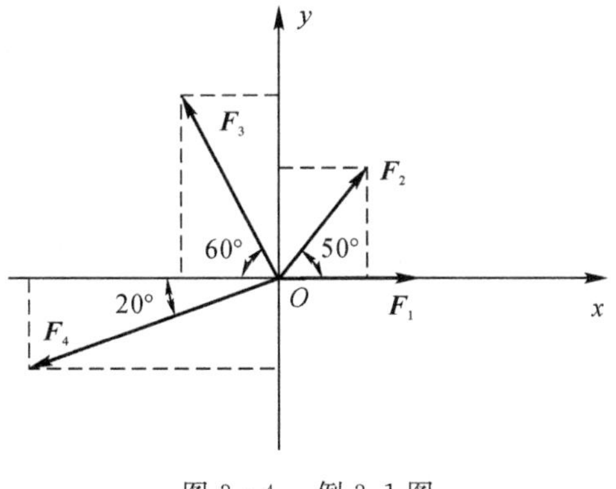

图 3-4　例 3.1 图

【解】 由式(3－5)、式(3－6)计算：

$$F_{Rx}=\sum F_x=F_1+F_2\times\cos50^\circ-F_3\times\cos60^\circ-F_4\times\cos20^\circ=-98.66\ \text{N}$$

$$F_{Ry}=\sum F_y=0+F_2\times\sin50^\circ+F_3\times\sin60^\circ-F_4\times\sin20^\circ=138.1\ \text{N}$$

从 F_{Rx}、F_{Ry} 的代数值可见，F_{Rx} 沿 x 轴的负向，F_{Ry} 沿 y 轴的正向。由式(3－7)计算得合力的大小和方向：

$$F_R=\sqrt{F_{Rx}^2+F_{Ry}^2}=\sqrt{[(-98.66)^2+(138.1)^2]}\ \text{N}=169.7\ \text{N}$$

$$\tan\theta=\left|\frac{F_{Ry}}{F_{Rx}}\right|=\frac{138.1}{98.66}=1.4$$

所以

$$\theta=54^\circ28'$$

3.1.3 平面汇交力系平衡的解析条件

平面汇交力系平衡的充要条件是：该力系的合力等于零。由式(3－7)有

$$R=\sqrt{R_x^2+R_y^2}=\sqrt{(\sum F_x)^2+(\sum F_y)^2}=0$$

则必须满足：

$$\left.\begin{aligned}\sum F_x=0\\\sum F_y=0\end{aligned}\right\}\tag{3-8}$$

由此可知，平面汇交力系平衡的必要和充分条件是：**力系中所有力在任选两个坐标轴上投影的代数和分别为零。**式(3－8)是平面汇交力系的平衡方程，是平面汇交力系的解析条件。这是两个独立的方程，只能求解两个未知量。可以是力的大小，也可以是力的方向。

为了避免利用式(3－8)求解联立方程，在选择投影轴时，尽可能使更多的未知量垂直(或平行)于投影轴，这可以使求解过程大大简化。另外，如果未知力的指向不明确，可以先假设，若计算结果为正值，表示未知力的假设方向与力的实际方向一致；反之，若计算结果为负，表示未知力的假设方向与力的实际方向相反。

例 3.2 简易起重装置如图 3－5 所示，重物吊在钢丝绳的一端，钢丝绳的另一端跨过定滑轮 A，绕在绞车 D 的鼓轮上，定滑轮用直杆 AB 和 AC 支承，定滑轮半径较小，其大小可略去不计，设重物重力，定滑轮、各直杆以及钢丝绳的重量不计，各处接触均为光滑。试求匀速提升重物时，杆 AB 和 AC 所受的力。

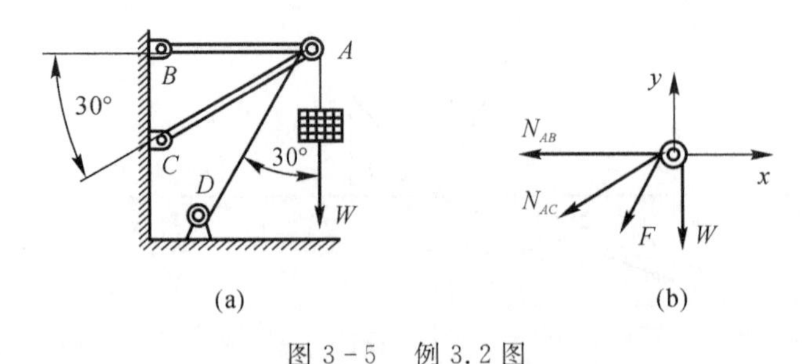

图 3－5 例 3.2 图

【解】 先对体系作受力分析，体系中滑轮 A 是各力的汇交点，杆 AB 和 AC 的受力可以通

过它们对滑轮的反力求出。因此,可以选取滑轮为研究对象,其上受有 AB 和 AC 杆的反力 N_{AB} 和 N_{AC},因 AB 和 AC 杆为二力杆,所以反力的方向沿杆的轴线。此外滑轮上还受有绳索的拉力 F 及 W,二者大小相等。滑轮的受力图如图 3-5(b) 所示,其中只有 N_{AB} 和 N_{AC} 的大小未知,两个未知数可由汇交力系平衡方程解出。

由汇交力系平衡条件有

$$\sum F_y=0,\quad -N_{AC}\sin30°-F\cos30°-W=0$$

$$\sum F_x=0,\quad -N_{AB}-N_{AC}\cos30°-F\sin30°=0$$

得

$$N_{AC}=\frac{-W-F\cos30°}{\sin30°}=-7.46\ \text{kN}$$

$$N_{AB}=-N_{AC}\cos30°-F\sin30°=5.46\ \text{kN}$$

其中 N_{AC} 为负值,表面 N_{AC} 的实际指向与假设方向相反,AC 杆为受压杆。

平面汇交力系平衡方程的应用主要步骤和注意事项可归纳如下:

(1) 选研究对象。① 所选择的研究对象应包含已知力(或已经求出的力) 和未知力,这样才能应用平衡条件求得未知力;② 先以受力简单并能由已知力求得未知力的物体作为研究对象,然后再以受力较为复杂的物体作为研究对象。

(2) 取隔离体,画受力图。确定研究对象之后,在受力分析之前,先将研究对象从其周围物体中隔离出来。根据所受的外载荷画出隔离体所受的主动力;根据约束性质画出隔离体上所受的约束力,最后得到研究对象的受力图。

(3) 选取坐标系。坐标轴可以任意选择,但应尽量使坐标轴与未知力平行或垂直,可以使力的投影简便,同时使平衡方程中包括最少的数目的未知量,避免解联立方程。

(4) 列平衡方程,求解未知量。若求出的力为正值,则表示受力图上力的实际指向与假设指向相同;若求出的力为负值,则表示受力图上力的实际指向与假设指向相反,在受力图上不必改正。在答案中要说明力的方向。

3.2　平面力对点之矩

力对刚体作用的效应使刚体的运动状态发生变化,而运动状态的变化包括刚体的移动和转动。力对刚体的移动效应通常用力矢量来度量,而力对刚体的转动效应则用力矩来度量。因此力矩是力使刚体绕某点转动效应的度量。

3.2.1　力对点之矩的定义

实践表明,一个力不可能使物体只产生绕质心的转动效应。如单桨划船,船不可能在原处旋转。但是,作用在有固定支点的物体上的力将对物体只产生绕支点的转动效应。如图 3-6 所示用板手拧螺母,由实践体会可知,手对扳手施力可使扳手绕螺母中心转动;施力越大螺母越容易转动;施力方向不同,螺母转动方向也不同;施力作用线离转动中心越远,螺母

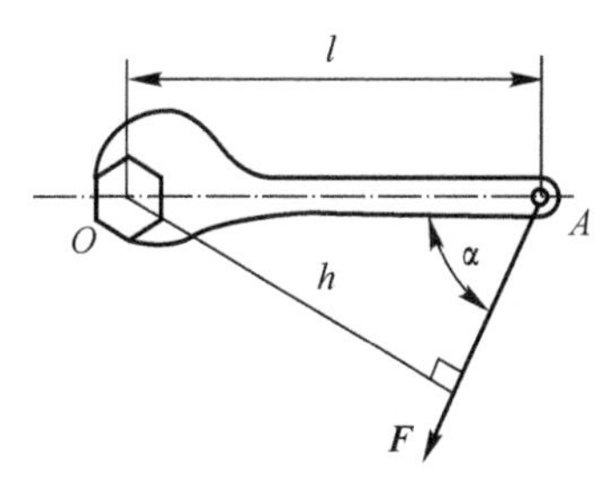

图 3-6　力矩

越容易转动；当施力作用线通过转动中心时，螺母无法转动。

由以上经验可得规律：力使物体绕某点的转动效果，不仅与力 $\boldsymbol{F}$ 的大小成正比，而且与 O 点至该力作用线的垂直距离 h 也成正比。同时，如果力 $\boldsymbol{F}$ 使扳手绕 O 点转动的方向不同，则其效果也不同。由此可见，力 $\boldsymbol{F}$ 使扳手绕 O 点转动的效果，取决于两个因素：力的大小与 O 点到该力作用线垂直距离的乘积 $(F \cdot h)$ 和力使扳手绕 O 点转动的方向。可用一个代数量来表示，称为力对点之矩，简称力矩，即

$$M_O(F) = \pm Fh \tag{3-9}$$

式中：O 为力矩中心，简称矩心；距离 h 为力臂。

在平面问题中，力对点的矩是一个代数量，力矩的大小等于力的大小与力臂的乘积。其正负号表示力使物体绕矩心转动的方向。通常规定：力使物体做逆时针方向转动时力矩为正，反之为负。力矩的单位为 N · m 或 kN · m。

由力矩的定义可得出以下结论：

(1) 力对点之矩不仅与力的大小和方向有关，还和矩心位置有关；

(2) 当力的大小为零或者力的作用线通过矩心时，力矩恒等于零；

(3) 当力沿其作用线滑移时，力矩的大小和方向不变。

3.2.2 合力矩定理

如图 3-7 所示，某平面汇交力系 $\boldsymbol{F}_1, \boldsymbol{F}_2, \cdots, \boldsymbol{F}_n$，合力为 $\boldsymbol{F}_R$，则

$$\boldsymbol{F}_R = \boldsymbol{F}_1 + \boldsymbol{F}_2 + \cdots + \boldsymbol{F}_n \tag{a}$$

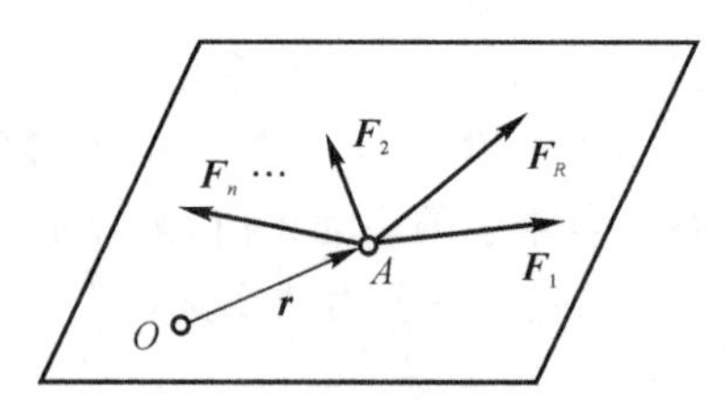

图 3-7 平面汇交力系

以该平面上任意一点 O 为矩心，以 $\boldsymbol{r}$ 为力的汇交中心到矩心 O 的矢径，则 $\boldsymbol{r}$ 对式(a) 的矢量积为

$$\boldsymbol{r} \times \boldsymbol{F}_R = \boldsymbol{r} \times \boldsymbol{F}_1 + r \times \boldsymbol{F}_2 + \cdots + r \times \boldsymbol{F}_n \tag{b}$$

那么平面汇交力系的合力对平面内任一点的矩，等于力系中各分力对于该点力矩的代数和，即式(b) 可写成

$$M_O(\boldsymbol{F}_R) = M_O(\boldsymbol{F}_1) + M_O(\boldsymbol{F}_2) + \cdots + M_O(\boldsymbol{F}_n) = \sum M_O(\boldsymbol{F}_i) \tag{3-10}$$

从而可以得到：**平面汇交力系的合力对平面内任一点的矩，等于力系中各分力对同一点之矩的代数和**。该结论称为**合力矩定理**，适用于平面汇交力系，对其他平面力系也适用。

合力矩定理指出了平面力系的合力和分力对同一点之矩的关系，可以简化计算。当计算力对平面内一点的力矩时，有时力臂计算困难，这时可以将该力分解为互相垂直的两个分力，再按照合力矩定理即可求解得到此力对该点的力矩。

3.3　平面力偶系的合成与平衡

3.3.1　力偶与力偶矩

1. 力偶的概念

在日常生活实践中，常常会遇到在一个物体上施加两个互相平行、大小相等、方向相反的力，使物体发生转动效果。例如，如图3-8所示汽车司机用双手转动方向盘；钳工用丝锥攻丝时双手转动丝锥等现象。**在力学中把由两个大小相等、方向相反、不共线的平行力组成的力系称为力偶**，用符号($\boldsymbol{F},\boldsymbol{F}'$)表示。组成力偶的两力所在的平面称为力偶作用平面，两力作用线之间的距离d称为力偶臂。

力偶和力一样是静力学的基本元素，力偶不能合成为一个力或用一个力来等效替换，也不能用一个力来平衡。力偶对物体的作用，只有转动效应而没有移动效应。

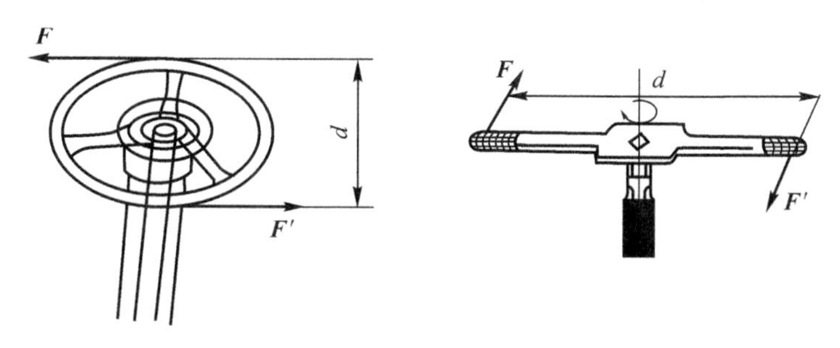

图3-8　力偶

2. 力偶矩

力偶是由两个力组成的特殊力系，它对物体的转动效应可用力偶矩来度量，力偶矩的大小为力偶中的力与力偶臂的乘积，即Fd，如图3-9所示。容易看出，组成力偶的力越大，或力偶臂越长，则力偶矩越大，力偶使物体的转动效应也就越强；反之，就越弱。

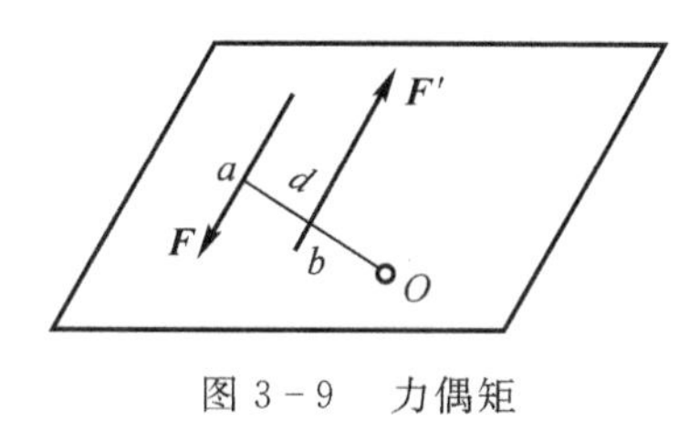

图3-9　力偶矩

如图3-9所示力偶($\boldsymbol{F},\boldsymbol{F}'$)对力偶作用平面内任一点$O$的力偶矩见下式，矩心$O$是任意选取的。这表明，力偶矩的大小取决于力的大小和力偶臂的长短，与矩心的位置无关。

$$m_0(F,F')=m_0(F)+m_0(F')=F\cdot l_{aO}-F'\cdot l_{bO}=F(l_{aO}-l_{bO})=Fd \tag{3-11}$$

力偶在平面内的转向不同，作用效果也不相同。因此，平面力偶对物体的作用效果由以下两个因素决定：

(1) 力偶矩的大小；

（2）力偶在作用平面内的转向。

因此，平面力偶矩可视为代数量，以 M 或 $M(\boldsymbol{F},\boldsymbol{F}')$，即 $m=F\cdot d$。于是可得结论：力偶矩是一个代数量，其绝对值力的大小与力偶臂的乘积，正负号表示力偶的转向：一般以逆时针转向为正，反之则为负。力偶矩的单位与力矩相同，也是 N·m 或 kN·m。力偶在受力图中通常可以用符号来表示，如图 3-10 所示一般只写出力偶矩的大小即可。

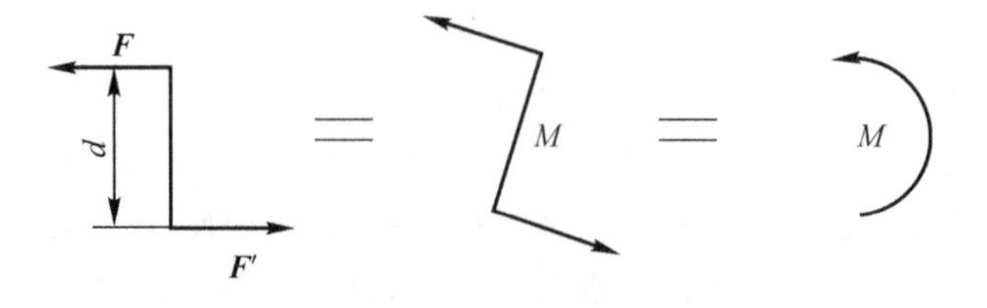

图 3-10　力偶符号

3. 力偶的基本性质

性质 3.1：力偶没有合力，不能用一个力来等效代替，也不能用一个力来与之平衡，力偶只能与力偶平衡。

性质 3.2：力偶对作用面内任一点的矩与矩心位置无关，恒等于力偶矩。

性质 3.3：在同一平面内的两个力偶，如果它们的力偶矩大小相等，转向相同，则两力偶彼此等效。该性质称为力偶的等效性。

性质 3.4：力偶在任意轴上的投影等于零。

以上性质的证明较为简单，在这里不再赘述。

从以上性质可得到以下推论：

推论 3.1：只要不改变力偶矩的大小和转向，力偶的位置可以在它的作用平面内任意移动或转动，而不改变它对物体的作用。也就是说，力偶对物体的作用效应与它在平面内的位置无关。

推论 3.2：在保持力偶矩的大小和转向不变，可以任意改变力偶中力的大小和力偶臂的长短，而不改变它对物体的作用。

从以上分析可知，力偶对物体的转动效应完全取决于力偶矩的大小、力偶的转向和力偶的作用面，这是力偶的三要素。不同的力偶只要力偶的三要素相同，那么对物体的作用效应就是相同的。如图 3-11 所示四个力偶是完全等效的，对物体的转动效应也是相同的。

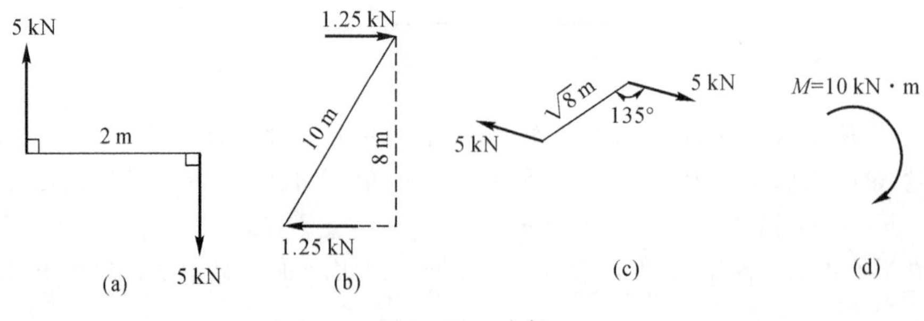

图 3-11　力偶

3.3.2　平面力偶系的合成

由两个以上的力偶构成的力系称为力偶系，在同一平面内的力偶系叫作平面力偶系。力偶对物体的作用效应是使刚体发生转动，平面力偶系对物体的作用总效应该如何衡量？这就是平面力偶系的合成问题。如图 3－12 所示，假设 M_1、M_2 是作用在物体同一平面的两个力偶，根据力偶的基本性质，力偶 M_1 可以与通过 A、B 两点的一对竖向力 $\boldsymbol{F}_1$，$\boldsymbol{F}'_1$ 所构成的力偶等效，力偶 M_2 可以与通过 A、B 两点的一对竖向力 $\boldsymbol{F}_2$，$\boldsymbol{F}'_2$ 所构成的力偶等效，其中力臂为 d，则有 $M_1=F_1d$，$M_2=F_2d$。由平面汇交力系合成得出 A，B 两点处的合力分别为 $R=F_1+F_2$，$R'=F'_1+F'_2$。R 与 R' 可组成新的力偶 M，M 即原力偶 M_1、M_2 的合成力偶，称为合力偶，其力偶矩为 $M=Rd=(F_1+F_2)d=M_1+M_2$。

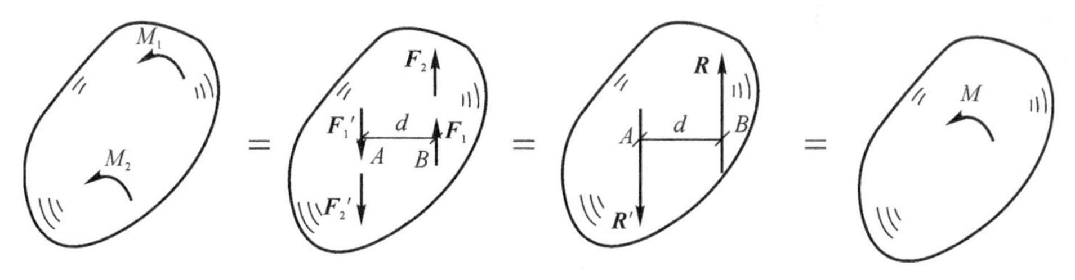

图 3－12　平面力偶系合成

上述结论可推广到平面内存在任意多个力偶的情形，即同一平面内任意多个力偶一般情况下可合成为一个合力偶，合力偶的力偶矩等于各力偶的力偶矩的代数和，即

$$M=\sum M_i \tag{3-12}$$

3.3.3　平面力偶系的平衡方程

平面力偶系合成的结果是一个合力偶，要使力偶系平衡，只需合力偶矩等于 0，即力偶系中各力偶对刚体的作用效应相互抵消。因此，平面力偶系平衡的充分和必要条件是：**平面力偶系中所有各力偶矩的代数和等于 0**，即

$$\sum M_i=0 \tag{3-13}$$

式(3－13) 称为平面力偶系的平衡方程，只能求解一个未知量。

例 3.3　如图 3－13(a) 所示，在梁 AB 上作用一力偶，其力偶矩大小为 $M=200\ \text{kN}\cdot\text{m}$。梁长 $l=2\ \text{m}$，不计自重，求支座 A、B 的约束力。

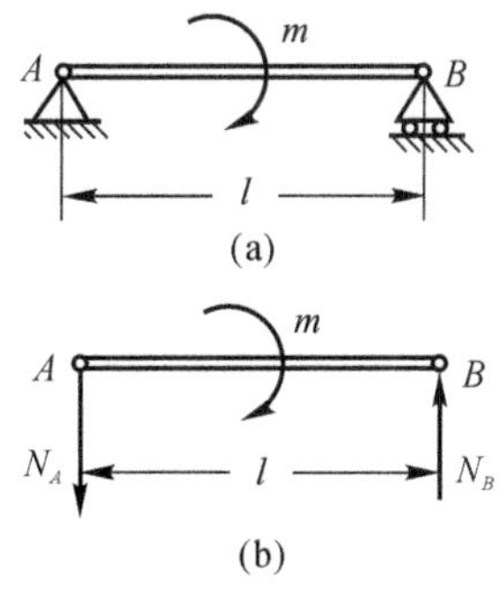

图 3－13　例 3.3 图

【解】　取梁 AB 为研究对象。梁 AB 上作用一力偶矩 m 及支座 A、B 的约束力 N_A、N_B。N_B 的作用线竖直向下，根据力偶只能与力偶相平衡的性质，可知 N_A 及 N_B 必组成另一个力偶，因此 N_A 的作用线也竖直向下，如图 3－13(b) 所示。由平面力偶系的平衡条件得

$$\sum_{i=1}^{n} M_i=0$$

即

$$N_A l - m = 0$$

则

$$N_A = \frac{m}{l} = \frac{200}{2}\ \text{kN} = 100\ \text{kN}$$

$$N_A = N_B = 100\ \text{kN}$$

注意:力偶在梁上的作用位置对支座的约束力没有影响。

例 3.4 在图 3-14 所示结构中,各构件的自重忽略不计,在构件 AB 上作用一力偶矩为 M 的力偶。求支座 A 和 C 处的约束反力。

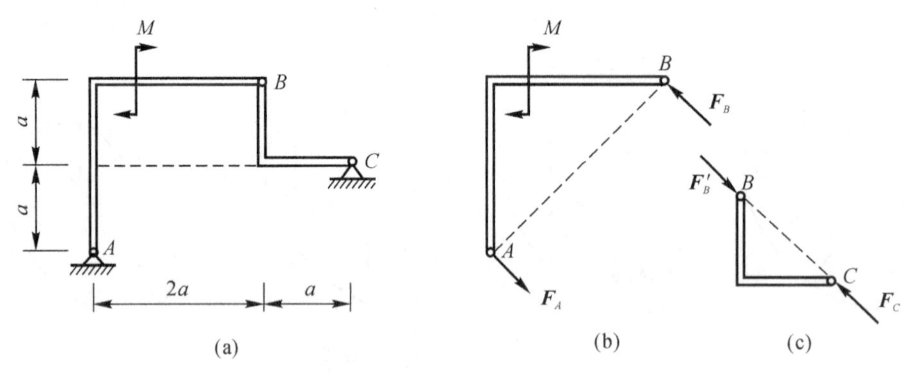

图 3-14 例 3.4 图

【解】 取 AB 杆为研究对象;作用于 AB 杆的是一个已知力偶,A、C 两支座的约束反力必然也要组成一个力偶才能与已知力偶平衡。由于 BC 杆是二力杆,$\boldsymbol{F}_C$ 作用线必沿 BC 两点的连线方向,如图 3-14(c) 所示,而 $\boldsymbol{F}_A$ 应与 $\boldsymbol{F}_C$ 平行,且有 $\boldsymbol{F}_A = \boldsymbol{F}_C$,如图 3-14(b) 所示;列平衡方程得

$$\sum M = 0,\quad F_A d - m = 0$$

其中

$$d = \sqrt{(2a)^2 + (2a)^2} = 2\sqrt{2}a$$

解方程得

$$F_A = F_C = \frac{M}{d} = \frac{M}{2\sqrt{2}a}$$

3.4 平面一般力系的合成与平衡

平面一般力系是指各力作用线在同一平面内且任意分布的力系,又称平面任意力系。平面一般力系是工程中比较常见的力系,很多问题都可以简化为平面一般力系问题,分析和解决平面一般力系问题的方法具有普遍性。例如,在建筑工程中,有些结构的厚度比其他两个方向的尺寸要小得多,可看作一个平面,这样的结构称为平面结构。而平面结构上作用的各力,其作用线一般都在平面结构的这一平面内,因此可看作平面任意力系。如图 3-15 所示三角形屋架,它的高和宽均比厚度大得多,因此可视为平面结构,它受到的外荷载都作用在同一平面内,组成平面一般力系。

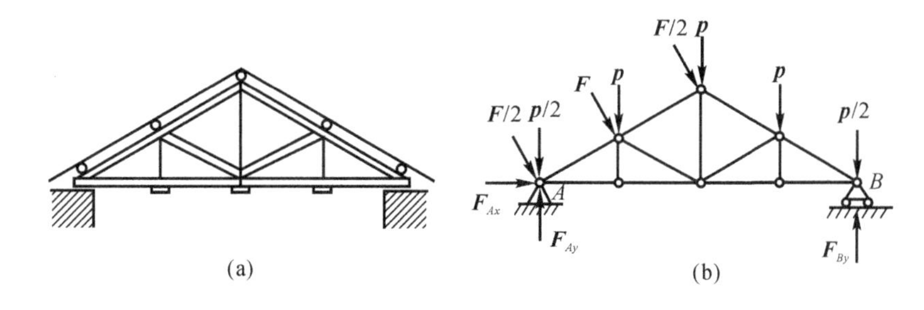

图 3-15　平面一般力系

在工程实际中，有些结构虽然本身不是平面结构，其上的力系也不是平面一般力系，但如果作用在结构上的力，结构本身及支承都对称于某一平面，则作用在结构上的力系就可以简化为该对称平面的平面一般力系。如图 3-16(a) 所示的重力坝，在进行力学分析时，往往沿坝长取单位长度(如 1 m) 的坝段来研究，这是一个对称于坝段中央平面的结构，因此，可将坝段上所受的力系简化为作用在坝段中央平面的平面一般力系，如图 3-16(b) 所示。

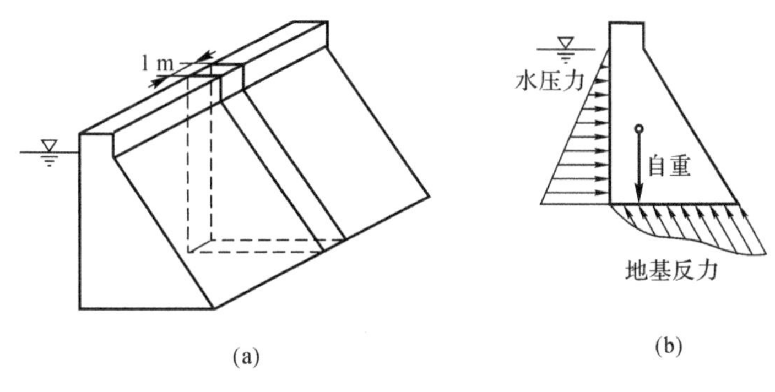

图 3-16　重力坝及其受力

3.4.1　力的平移定理

力、力矩和力偶是性质不同的三个物理量，通过力的平移定理可将这三个物理量关联起来，使复杂力系问题的求解得以简化。

力的平移定理：作用于刚体上的力可以移动到刚体上的任一点，但必须附加一个力偶才能保持与原作用力等效，此附加力偶的力偶矩等于原作用力对新作用点的矩。

下面对该定理进行证明。

证明　设 $\boldsymbol{F}$ 是作用在刚体 A 点的一个力。B 是力作用平面内刚体上的任意一点，如图 3-17(a) 所示。在 B 处增加一对大小相等、方向相反，作用在同一直线上的平衡力 $\boldsymbol{F}'$ 和 $\boldsymbol{F}''$，使它们与力 $\boldsymbol{F}$ 平行，并且 $F=F'=F''$，显然由 F，F'，F'' 组成的力系与原 $\boldsymbol{F}$ 等效，如图 3-17(b) 所示。由于 $\boldsymbol{F}''$ 与 $\boldsymbol{F}$ 大小相等，方向相反，且不在同一直线上，故 $\boldsymbol{F}$ 和 $\boldsymbol{F}''$ 组成一个力偶，其力偶矩 $M=Fd=M_B(F)$，即力偶矩等于原力 $\boldsymbol{F}$ 对新作用点 B 的矩(包括大小和方向)，根据力偶等效性质，可以在 B 点用一个力偶 M 代替 $\boldsymbol{F}$ 和 $\boldsymbol{F}''$，如图 3-17(c) 所示。上述过程实际上完成了力 $\boldsymbol{F}$ 从 A 点到 B 点的平移，即作用于 A 点的力 $\boldsymbol{F}$ 与作用于 B 点的力 $\boldsymbol{F}'$ 和力偶 M 等效。

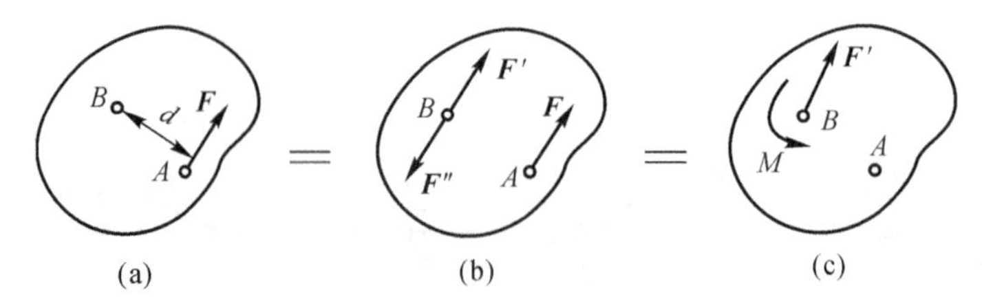

图 3-17　力的平移

一个力平移的结果可得到同一平面的一个力和一个力偶。反过来，同一平面的一个力 $\boldsymbol{F}'$ 和一个矩为 M 的力偶也能合成一个大小和方向与力 $\boldsymbol{F}'$ 相同的力 $\boldsymbol{F}$，它的作用点到力 $\boldsymbol{F}'$ 作用线的距离为 $d=\dfrac{|M|}{F'}$。

3.4.2　平面一般力系的合成

1. 平面一般力系的简化

如图 3-18(a) 所示，在刚体上作用有 n 个力 $\boldsymbol{F}_1,\boldsymbol{F}_2,\cdots,\boldsymbol{F}_n$ 组成的平面一般力系。在力系所在平面内任选一点 O，称为简化中心，根据力的平移定理，将力系中各力平移到 O 点，便得到作用于点 O 的一组平面汇交力系 $\boldsymbol{F}'_1,\boldsymbol{F}'_2,\cdots,\boldsymbol{F}'_n$ 和作用于力系所在平面内的力偶矩为 $M_1,M_2,\cdots,M_n$ 的附加力偶系，如图 3-18(b) 所示。其中

$$\boldsymbol{F}'_1=\boldsymbol{F}_1,\quad \boldsymbol{F}'_2=\boldsymbol{F}_2,\quad \cdots,\quad \boldsymbol{F}'_n=\boldsymbol{F}_n$$

$$M_1=M_O(F_1),\quad M_2=M_O(F_2),\cdots,\quad M_n=M_O(F_n)$$

显然，汇交于 O 点的平面汇交力系 $\boldsymbol{F}'_1,\boldsymbol{F}'_2,\cdots,\boldsymbol{F}'_n$ 可成为一个合力矢量 $\boldsymbol{F}'_R$，如图 3-18(c) 所示，合力矢量 $\boldsymbol{F}'_R$ 称为原力系的主矢，它等于原力系各力的矢量和，即

$$\boldsymbol{F}'_R=\boldsymbol{F}'_1+\boldsymbol{F}'_2+\cdots+\boldsymbol{F}'_n=\boldsymbol{F}_1+\boldsymbol{F}_2+\cdots+\boldsymbol{F}_n=\sum\boldsymbol{F}_i \tag{3-14}$$

将力偶 $M_1,M_2,\cdots,M_n$ 合成可得到一个合力偶，其力偶矩 M_O 称为力系向 O 点简化的主矩，O 点为简化中心，如图 3-18(c) 所示，即

$$M_O=M_1+M_2+\cdots+M_n=M_O(F_1)+M_O(F_2)+\cdots+M_O(F_n)=\sum M_O(F_i) \tag{3-15}$$

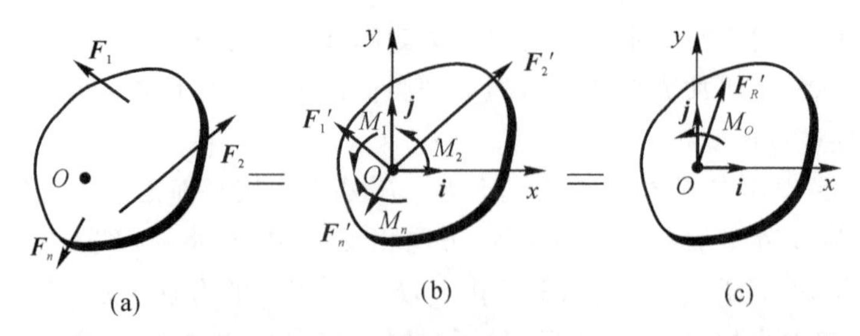

图 3-18　平面一般力系的简化

用解析法计算主矢 $\boldsymbol{F}'_R$ 的大小和方向时，通过简化中心 O 点作直角坐标系 Oxy，如图 3-18(b)(c) 所示，$\boldsymbol{F}'_R=\boldsymbol{F}'_{Rx}+\boldsymbol{F}'_{Ry}$，根据合力投影定理得

$$\begin{cases} F'_{Rx} = \sum F_x \\ F'_{Ry} = \sum F_y \end{cases}$$

于是，主矢 $\boldsymbol{F}'_R$ 的大小和方向可由下式确定：

$$\left.\begin{aligned} F'_R &= \sqrt{\left(\sum F_x\right)^2 + \left(\sum F_y\right)^2} \\ \tan(\boldsymbol{F}'_R, i) &= \left|\frac{\sum F_y}{\sum F_x}\right| \end{aligned}\right\} \tag{3-16}$$

综上所述，平面一般力系向平面内一点的简化，一般情况下可得到一个力和一个力偶。这个力矢量称为原力系的主矢，等于力系中各力的矢量和，它的作用线通过简化中心，这个力偶称为原力系对简化中心的主矩，等于原力系中各力对简化中心力矩的矢量和。

必须注意，主矢不是原力系的合力，主矩也不是原力系的合力偶。因为作为一个单独的量，它们各自都不能与原力系等效。

显然，力系的主矢与简化中心的位置无关，不随简化中心位置的改变而变化，而主矩则是一个与简化中心位置相关的量，随简化中心位置的不同而不同，这是因为简化中心位置不同，则各附加力偶的力偶臂也将发生改变。因此，对于主矩必须标明它对应的简化中心。

在工程中，建筑物的雨篷或阳台梁式一端插入墙内嵌固，它是一种典型的固定端约束，如图 3-19(a) 所示。固定端对构件的作用，是在接触面上作用了一群约束力，在平面问题中，这些力为平面一般力系，如图 3-19(b) 所示。将该力系向平面内 A 点简化，得到一个力 $\boldsymbol{F}_A$ 和一个力偶 M_A，如图 3-19(c) 所示。一般情况下，这个力的大小和方向均为未知量，可用两个未知分力来代替。因此平面固定端支座约束作用力可简化为两个约束反力 $\boldsymbol{F}_{Ax}$、$\boldsymbol{F}_{Ay}$ 和一个矩为 M_A 的约束力偶，如图 3-19(d) 所示。

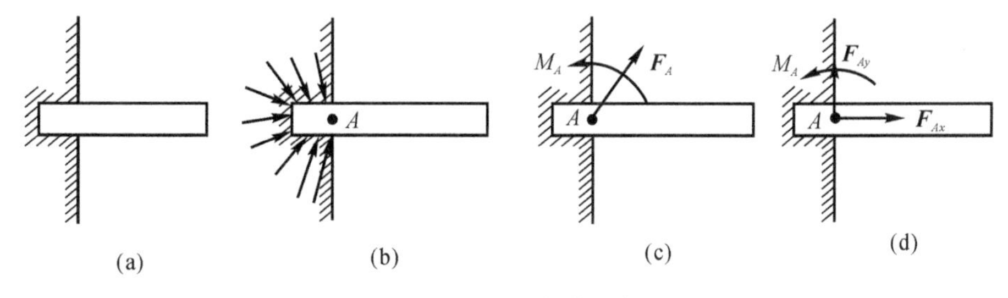

图 3-19　固定端约束

2. 平面一般力系的简化结果分析

平面一般力系向作用面内任一点简化，一般可得到一个力和一个力偶，但也有可能有其他情况，即使是一个主矢和一个主矩，也不是最后的结果，因此，下面对可能出现的情况进一步讨论。

(1) 主矢 $\boldsymbol{F}'_R \neq 0$，主矩 $M_O = 0$。此时原力系简化为一个合力，合力的大小、方向由主矢确定并通过简化中心 O，原力系与该合力等效。

(2) 主矢 $\boldsymbol{F}'_R = 0$，主矩 $M_O \neq 0$。此时原力系简化为一个力偶，该力偶就是与原力系等效的合力偶，其力偶矩等于主矩 M_O。在这种情况下，主矩与简化中心的位置无关，也就是说，原力系无论向哪一点简化都是一个力偶矩保持不变的力偶。

(3) 主矢 $F'_R \neq 0$,主矩 $M_O \neq 0$。此时力系的简化结果不是最后的结果,根据力的平移定理的逆过程,可以进一步简化为一个作用于另一 O' 点的合力 $\boldsymbol{F}_R$,如图 3-20 所示,合力 $\boldsymbol{F}_R = \boldsymbol{F}'_R$,即合力 $\boldsymbol{F}_R$ 的大小和方向与原力系的主矢 $\boldsymbol{F}'_R$ 相同,合力 $\boldsymbol{F}_R$ 的作用线到简化中心 O 的距离为

$$d = \frac{|M_O|}{R'} = \frac{|M_O|}{R} \tag{3-17}$$

合力 $\boldsymbol{F}_R$ 在 O 点的哪一侧,由合力 $\boldsymbol{F}_R$ 对 O 点之矩的转向应与主矩 M_O 的转向一致来确定。这也说明了在这种情况下,原力系与一个合力等效。

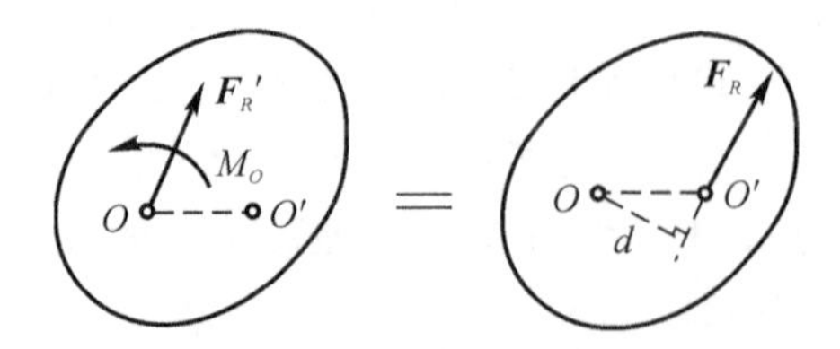

图 3-20　力系简化

(4) 主矢 $\boldsymbol{F}'_R = 0$,主矩 $M_O = 0$。此时不存在合力或合力偶,力系平衡。

由上述讨论可知,平面一般力系最后简化结果有三种可能:合成为一个合力,合成为一个合力偶,力系平衡。

平面一般力系的合成过程,即力的平移、平面汇交力系的合成和平面力偶系的合成过程。由图 3-20 可知,合力 $\boldsymbol{F}_R$ 对 O 点的矩为

$$M_O(F_R) = F_R d = M_O$$

由式(3-12)有

$$M_O = \sum M_O(F_i) \tag{3-18}$$

于是得到

$$M_O(F_R) = \sum M_O(F_i)$$

由于 O 点是任意的,所以式(3-18)具有普遍性。于是得到:**平面一般力系的合力对作用面内任一点之矩,等于力系中各力对同一点之矩的代数和。**这称为平面一般力系的**合力矩定理。**

例 3.5　试求图 3-21 所示力系的合力 R 及其作用点的位置。

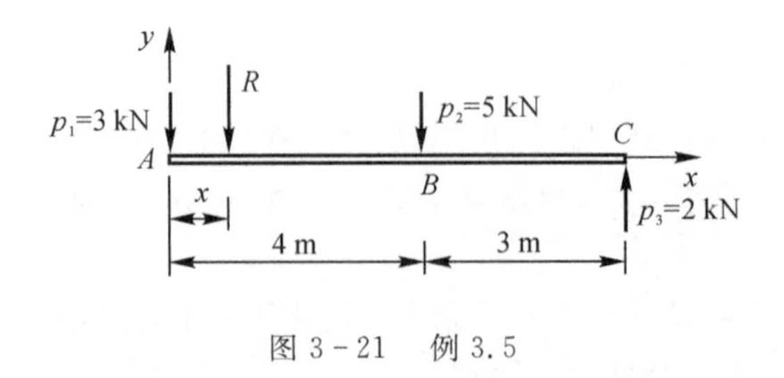

图 3-21　例 3.5

【解】　选定参考坐标系如图 3-21 所示,由 $R_y = \sum Y$ 得

$$R_y = p_1 + p_2 + p_3 = (-3 - 5 + 2)\ \text{kN} = -6\ \text{kN}$$

由合力矩定理知

$$M_A(R)=\sum M_A(P_i)$$

$$x=\frac{-5\times4+2\times7}{-6}\ \text{m}=1\ \text{m}$$

例 3.6　某桥墩的顶部受到两边桥梁传来的铅直力 $F_1=1\ 940\ \text{kN}$，$F_2=800\ \text{kN}$，水平力 $F_3=193\ \text{kN}$，桥墩重量 $F_4=5\ 280\ \text{kN}$，风力的合力 $F_5=140\ \text{kN}$。各力的作用线位置如图 3-22(a) 所示。试将这些力向基底截面中心 O 点简化，并求简化的最后结果。

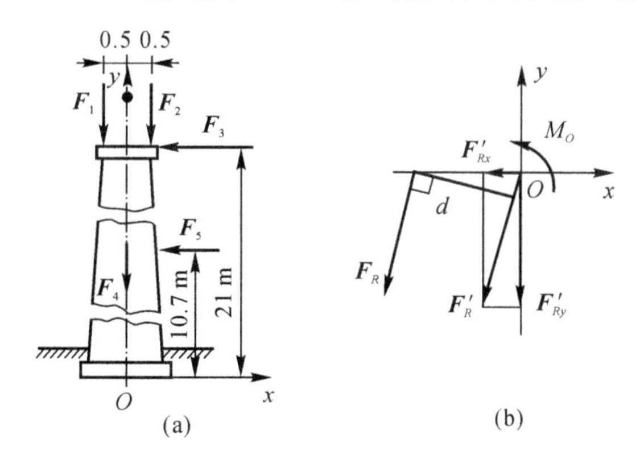

图 3-22　例 3.6

【解】（1）建立图 3-22(a) 所示坐标系，将力系向 O 点简化，求其主矢 $\boldsymbol{F}'_R$ 和主矩 M_O。

主矢 $\boldsymbol{F}'_R$ 在 x、y 轴上的投影为

$$\boldsymbol{F}'_{Rx}=\sum F_x=-F_3-F_5=(-193-140)\ \text{kN}=-333\ \text{kN}$$

$$\boldsymbol{F}'_{Ry}=\sum F_y=-F_1-F_2-F_4=(-1940-800-5280)\ \text{kN}=-8\ 020\ \text{kN}$$

主矢 $\boldsymbol{F}'_R$ 的大小为

$$\boldsymbol{F}'_R=\sqrt{(\boldsymbol{F}'_{Rx})^2+(\boldsymbol{F}'_{Ry})^2}=8\ 027\ \text{kN}$$

主矢 $\boldsymbol{F}'_R$ 的正切为

$$\tan(\boldsymbol{F}'_R,\boldsymbol{i})=\left|\frac{\boldsymbol{F}'_{Ry}}{\boldsymbol{F}'_{Rx}}\right|=24.084$$

则

$$\angle(\boldsymbol{F}'_R,\boldsymbol{i})=267.6^\circ$$

力系对点 O 的主矩为

$$M_O=\sum M_O(\boldsymbol{F}_i)=0.5F_1-0.5F_2+21F_3+10.7F_4=6\ 121\ \text{kN}\cdot\text{m}$$

简化结果如图 3-22(b) 所示。

（2）进一步简化，得到合力 $\boldsymbol{F}_R$。合力 $\boldsymbol{F}_R$ 的大小和方向与主矢 $\boldsymbol{F}'_R$ 相同，合力 $\boldsymbol{F}_R$ 的作用线到 O 点距离为

$$d=\frac{|M_O|}{\boldsymbol{F}'_R}=0.763\ \text{m}$$

位于 O 点的左侧。

3.4.3 平面一般力系的平衡

1. 平衡方程的基本式

在上述讨论可知，当平面一般力系向平面内任一点简化时得到主矢 $\boldsymbol{F}'_R$ 和主矩 M_O，若主矢 $\boldsymbol{F}'_R$ 和主矩 M_O 都等于零，则原力系平衡。其逆命题也成立。因此，平面一般力系平衡的必要和充分条件是：**力系的主矢 $\boldsymbol{F}'_R$ 和力系对平面内任一点的主矩 M_O 都为零**，即

$$\left.\begin{aligned}\boldsymbol{F}'_R=0\\M_O=0\end{aligned}\right\}\tag{3-19}$$

根据上述的平衡条件，用解析表达式如下：

$$\left.\begin{aligned}&\sum F_x=0\\&\sum F_y=0\\&\sum M_O(\boldsymbol{F}_i)=0\end{aligned}\right\}\tag{3-20}$$

由此可得平面一般力系平衡的解析条件：**平面一般力系中各力在力系平面内两个直角坐标轴上的投影的代数和分别等于零，且各力对任一点之矩的代数和也等于零。**

式(3-20) 称为平面一般力系平衡方程的基本形式，也称为一矩式平衡方程，其中前两个称为投影方程，后一个称为力矩方程，是三个彼此独立的方程，可以解出三个未知量。

在解决实际问题时，为了使投影方程的计算简单，投影轴尽可能与力系中尽量多的未知力的作用线垂直。为了使力矩方程计算简单，通常将矩心取在两个(或多个) 未知力作用线的交点上。

2. 平衡方程的二力矩式

平面一般力系二力矩式的平衡方程

$$\left.\begin{aligned}&\sum M_A(\boldsymbol{F})=0\\&\sum M_B(\boldsymbol{F})=0\\&\sum F_x=0\end{aligned}\right\}\tag{3-21}$$

其中，A、B 两点的连线 AB 不能与 x 轴垂直。

如图 3-23 所示，若平面一般力系满足 $\sum M_A(\boldsymbol{F})=0$，则该力系向 A 点简化的主矩等于零，所以该力系合成结果不可能为力偶，只可能合成为一个作用线通过 A 点的合力或平衡力系；若平面一般力系又满足 $\sum M_B(\boldsymbol{F})=0$，则该力系合成结果只可能为一个作用线通过 A、B 两点连线的合力或者平衡力系；若平面一般力系满足 $\sum F_x=0$ 且投影轴 x 不垂直 A、B 两点的连线，则该力系就不可能合成为一个合力，这是因为合力只有一条作用线，该作用线不可能既通过 A、B 两点，又与投影轴 x 垂直，故平面一般力系必然是平衡力系。

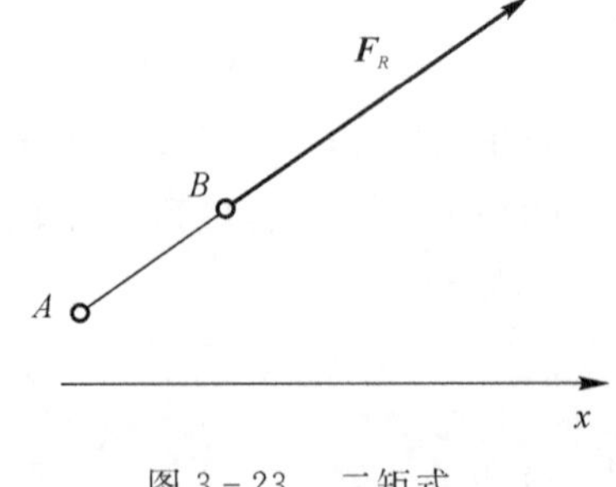

图 3-23 二矩式

3. 平衡方程的三力矩式

平面一般力系三力矩式的平衡方程为

$$\left.\begin{aligned}\sum M_A(\boldsymbol{F})=0\\\sum M_B(\boldsymbol{F})=0\\\sum M_C(\boldsymbol{F})=0\end{aligned}\right\}\qquad(3-22)$$

其中，A、B、C 三点不共线。

平面一般力系若满足 $\sum M_A(\boldsymbol{F})=0$ 和 $\sum M_B(\boldsymbol{F})=0$，由上述可知，该力系合成结果只可能作用线为 A、B 连线的合力或平衡。若平面一般力系再满足 $\sum M_C(\boldsymbol{F})=0$，且 A、B、C 三点不共线，则该力系不可能合成合力，因为合力的作用线只有一条，它不可能同时经过不在一直线上的 A、B、C 三点，所以该平面一般力系必然是平衡力系。

注意，平面一般力系平衡方程有三种形式，求解时应根据具体情况而定，只能选择其中的一种形式，只能建立三个平衡方程，求解三个未知力。若列四个方程，则其中一定有一个方程是不独立的，是其余三个方程的表示形式。在建立平衡方程时，尽量在一个方程中只含有一个未知量，避免联立求解。

思　考　题

1. 平面基本力系有哪些？各有什么特点？

2. 用解析法求平面汇交力系的合力时，若取不同的直角坐标轴，所得的合力是否相同，为什么？

3. 力对点之矩和力偶矩的有何异同？

4. 一个平面力系是否总是可以用一个力平衡？是否总可以用适当的两个力平衡？为什么？

5. 为什么力偶不能用一力与之平衡？

6. 某平面力系向同平面内任一点简化的结果都相同，此力系简化的最终结果可能是什么？

7. 平面汇交力系向汇交点以外一点简化，其结果可能是一个力吗？可能是一个力偶吗？可能是一个力和一个力偶吗？

8. 平面汇交力系的平衡方程中，可否取两个力矩方程？可否取一个力矩方程和一个投影方程？对矩心和投影轴的选择有什么限制？

9. 平面一般力系向作用面内任意点简化后，一般得到一个主矢和一个主矩，为什么主矢与简化中心无关，而主矩与简化中心有关？

10. 试从平面一般力系的平衡方程，推出平面汇交力系、平面平行力系和平面力偶系的平衡方程。

第4章　静定结构的内力分析

物体受到外力作用而发生变形时，物体内部各部分之间所产生的相互作用力称为内力。这里所指的内力不是物体内部分子间的结合力，而是由外力引起的附加相互作用力。判断结构各部分在外荷载作用下是否会发生破坏，就是对结构构件的强度进行验算，而结构内力计算是强度验算的前提条件。结构内力计算是结构力学分析的首要任务，对结构分析有重要的意义。

4.1　内力和内力图

4.1.1　截面法计算内力

截面法是计算结构内力基本方法。所谓截面法就是用一个假想截面将杆件截为两段，将所求截面的内力暴露出来(均按正方向画出)，任选其中一段作为研究对象，应用静力平衡方程求解杆件内力值的大小。

为了分析图4-1(a)所示截面Ⅰ—Ⅰ处的内力，设想将杆件AB从所求截面Ⅰ—Ⅰ处切开，截面Ⅰ—Ⅰ处一般有三个内力分量，如图4-1(b)(c)所示，轴力N和N'、剪力Q和Q'、弯矩M和M'。根据作用力和反作用力定律，截面两侧的内力大小相等、方向相反，因此在求解内力时，只需选取其中任一部分作为隔离体列静力平衡方程求解即可。用截面法求解杆件内力的步骤可概括如下：

第一步：截。用一假想平面将杆件沿着所求内力位置截开，如图4-1(a)中Ⅰ—Ⅰ截面。

第二步：取。取出其中一部分作为隔离体，舍去另一部分，如图4-1(b)或(c)所示。

第三步：代。将原来作用在隔离体上的外力画出，截面处用轴力N、剪力Q、弯矩M代替舍去部分对隔离体的作用。在受力图中内力方向通常先按正方向标出，轴力通常以拉力为正，压力为负；剪力以使该截面所在的隔离体有顺时针转动趋势的为正，反之为负；弯矩以使梁的下侧纤维受拉为正，上侧受拉为负。

第四步：平。杆件整体平衡则取出的隔离体也应平衡，所以可对隔离体列静力平衡方程求解内力。内力计算结果为正则表明所假设内力方向正确，反之则表明实际内力方向与假设内力方向相反。

截面法截取隔离体计算截面内力时要注意：

(1) 在杆件中切出某一部分为隔离体时，一定要将此部分与外界的联系全部截断，并以相应的约束力和截面内力代替。在隔离体图上未知力先按正方向标出，已知力按实际方向标出。

(2) 为了计算简便，可选择受力简单的部分为隔离体。特别注意：有集中力作用的截面，在该截面的左、右两侧，剪力有突变；有集中力偶作用的截面，其左、右两侧弯矩有突变。因此，这种情况下应分别计算截面左、右侧的内力值。

以上所述内力分量轴力 N、剪力 Q、弯矩 M 的计算法则，不仅适用于梁，还适用于其他结构。

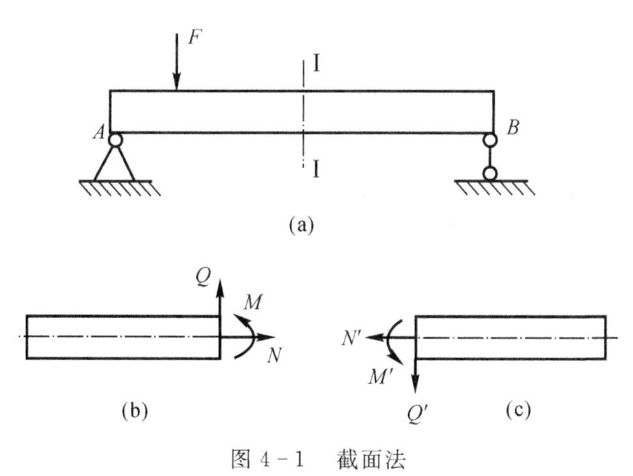

图 4－1　截面法

4.1.2　梁内指定截面内力分析

静定梁是静定结构中最简单的一种形式，下面以单跨静定梁为例，介绍梁内指定截面的内力分析方法。

如图 4－2 所示，单跨静定梁有三种基本型式：简支梁、悬臂梁和伸臂梁。

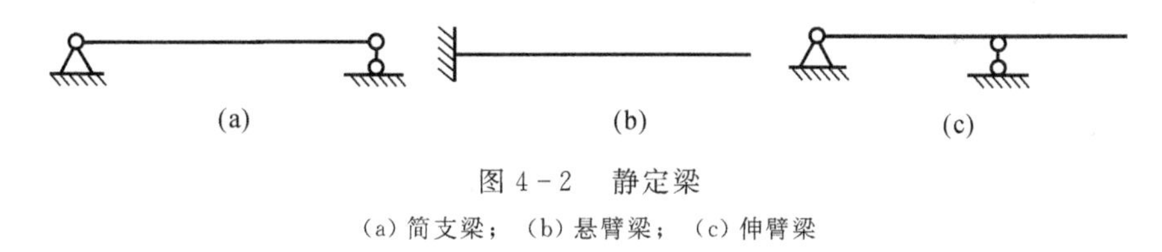

图 4－2　静定梁

(a) 简支梁；(b) 悬臂梁；(c) 伸臂梁

例 4.1　试计算如图 4－3 所示简支梁 $m—m$ 截面的内力。

【解】　欲求简支梁 $m—m$ 截面的内力，需要先求解梁的支座反力，再用截面法将简支梁沿 $m—m$ 截面切开，从而求得指定截面内力。

(1) 求支座反力。以整体为研究对象，如图 4－3(b) 所示，去掉支座以支座反力代之。由静力平衡方程 $\sum F_x = 0$，有

$$F_{NA} = 0$$

$$\sum F_y = 0$$

得

$$F_{QA} + F_{QB} - ql = 0$$

$$\sum M_A = 0$$

得

$$ql \times \frac{1}{2}l - F_{QB}l = 0$$

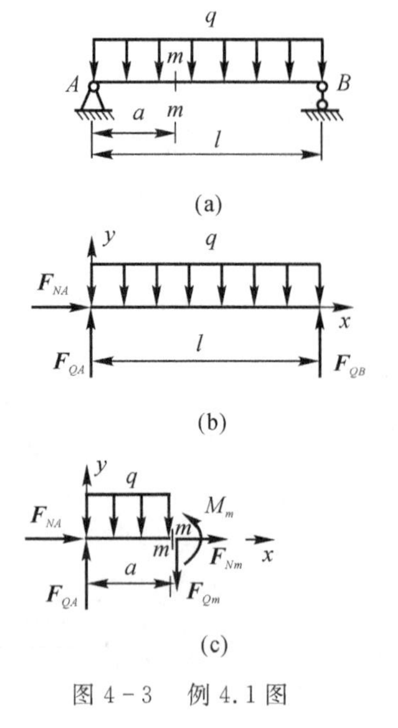

图 4-3　例 4.1 图

解得

$$F_{QA}=\frac{1}{2}ql$$

$$F_{QB}=\frac{1}{2}ql$$

(2) 求解 $m—m$ 截面内力。为了求简支梁 $m—m$ 截面内力可设想将梁在 $m—m$ 截面截开，如图 4-3(c) 所示，由静力平衡方程：

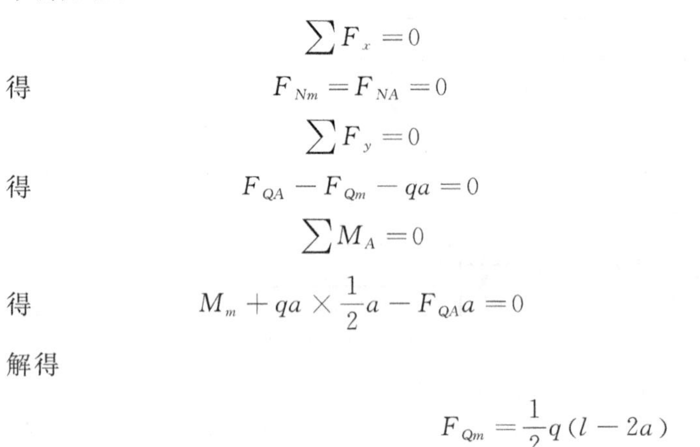

$$\sum F_x=0$$

得

$$F_{Nm}=F_{NA}=0$$

$$\sum F_y=0$$

得

$$F_{QA}-F_{Qm}-qa=0$$

$$\sum M_A=0$$

得

$$M_m+qa\times\frac{1}{2}a-F_{QA}a=0$$

解得

$$F_{Qm}=\frac{1}{2}q(l-2a)$$

$$M_m=\frac{1}{2}qa(l-a)$$

4.1.3　梁的荷载-内力关系

结构的内力图是结构受力分析的主要内容之一。如果按照求出所有截面内力之后再连线成内力图的方法工作量非常大。因此本节就载荷-内力之间的关系展开讨论。

图 4-4(a) 所示简支梁作用有分布荷载 $q(x)$ 和集中荷载 p。为分析其荷载和内力之间的关系，从梁内取出微段 $\mathrm{d}x$ 为隔离体，微段上的内力和荷载如图 4-4(b) 所示。隔离体上受均布荷载 $q(x)$(荷载集度在 $\mathrm{d}x$ 微段上可视为常值)，x 面上所受的作用力是 Q、M，$x+\mathrm{d}x$ 面上所受的作用力是 Q_1、M_1。隔离体在这些力的作用下处于平衡状态。根据力系平衡条件得：

$$Q_1=Q+\mathrm{d}Q$$

$$M_1=M+\mathrm{d}M$$

(a)

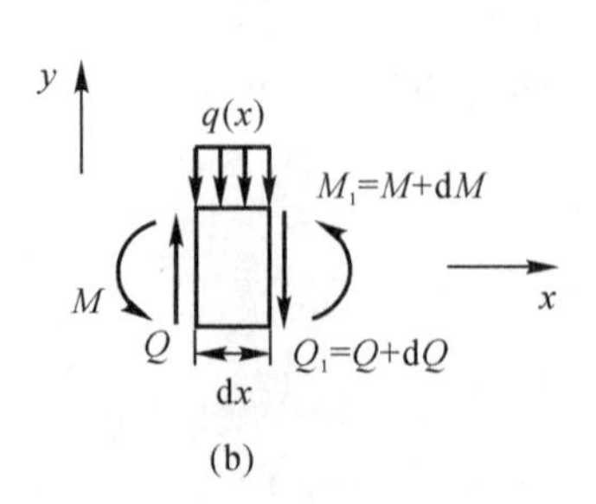

图 4-4　简支梁

在图 4－4(b) 所示的微段上，由平衡方程 $\sum y=0$ 得

$$Q-(Q+\mathrm{d}Q)-q(x)\mathrm{d}x=0$$

可得

$$\frac{\mathrm{d}Q}{\mathrm{d}x}=-q(x) \tag{4-1}$$

以微端右边截面形心为力矩中心，由力矩平衡方程 $\sum M=0$ 得

$$M-(M+\mathrm{d}M)+Q\mathrm{d}x-q(x)\mathrm{d}x\times\frac{\mathrm{d}x}{2}=0$$

略去高阶微量得

$$\frac{\mathrm{d}M}{\mathrm{d}x}=Q \tag{4-2}$$

由式(4－1) 和式(4－2) 可得

$$\frac{\mathrm{d}^2M}{\mathrm{d}x^2}=q(x) \tag{4-3}$$

式(4－1)、式(4－2) 和式(4－3) 就是分布荷载与内力之间的微分关系。几何意义是：剪力图上某点处的切线斜率等于该点处的荷载集度，但符号相反；弯矩图上某点处的切线斜率等于该点处的剪力；弯矩图上某点处的二阶导数等于该点处的荷载集度，但符号相反。据此，可推出荷载与内力图形状之间的一些对应关系：

(1) 梁上无荷载[$q(x)$] 的区段，Q 图为一水平直线，弯矩图为一斜直线。

(2) 梁上有均布荷载[$q(x)$ 为常数] 区段，Q 图为斜直线，弯矩图为一抛物线。

抛物线凸出的方向与 $q(x)$ 指向相同，Q 为零出，弯矩图有极值。

(3) 集中力作用点的两侧，剪力有突变，其差值等于该集中力的值。在集中力作用点处弯矩图是连续的，但因两侧斜率不同，故在弯矩图上形成尖点。尖角的指向与集中力的指向相同。

(4) 集中力偶作用处，剪力无变化，但在集中力偶两侧弯矩有突变，其差值即为该力偶矩的值，在弯矩图中形成台阶。又因集中力偶作用面两侧的剪力值相同，故作用面两侧弯矩图的切线应互相平行。

4.1.4 梁的内力图

梁的内力图是指沿梁的轴线方向表示梁各截面内力大小变化规律的图形。根据内力图可以直观地看到梁的内力分布，从而确定梁最大内力的截面位置，一般情况下，最大内力的截面可能是起控制作用的危险截面。

在绘制内力图时，内力图一般不画坐标轴而是以与杆轴线平行且等长的线段作为基线，用垂直于基线的竖向坐标表示各截面内力值的大小，但是必须要标注内力图的名称，内力图分为轴力图、剪力图和弯矩图。轴力图和剪力图可以绘制在基线的任一侧，要在内力图上用 ⊕ 或 ⊖ 标明正负，弯矩图画在杆件受拉一侧，一般不必注明正负号。

例 4.2 试作图 4－5(a) 所示简支梁的剪力图和弯矩图。

【解】 (1) 求支座反力。以整个梁为隔离体，由平衡方程有

$$\sum M_A=0$$

得
$$F_{QB}=\frac{M_e}{l}$$
$$\sum M_B=0$$
得
$$F_{QA}=-\frac{M_e}{l}$$

负号表示和图中所设定力的方向相反。

(2) 求 C 截面剪力。根据截面法,将梁从 C 截面截开,易判断出 C 截面两侧的剪力相等,即

$$F_{C左}=F_{C右}=-\frac{M_e}{l}$$

(3) 求 C 截面弯矩。在 C 截面左右两侧分别列平衡方程得

$$\sum M_{C左}=0$$

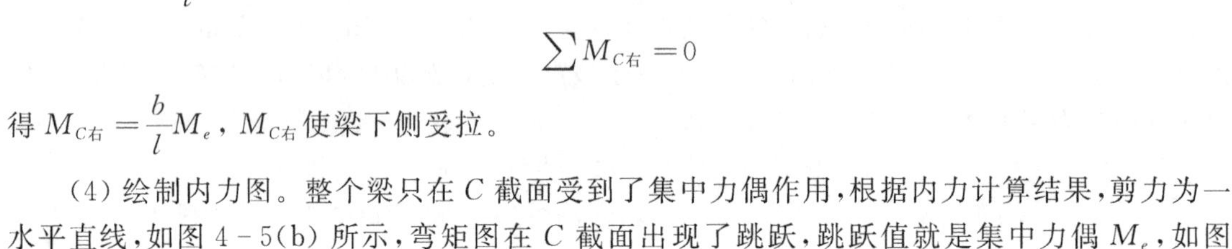

图 4-5　例 4.2 图

(a) 简支梁; (b)F_Q 图; (c)M 图

得 $M_{C左}=-\frac{a}{l}M_e$,$M_{C左}$ 使梁上侧受拉。

$$\sum M_{C右}=0$$

得 $M_{C右}=\frac{b}{l}M_e$, $M_{C右}$ 使梁下侧受拉。

(4) 绘制内力图。整个梁只在 C 截面受到了集中力偶作用,根据内力计算结果,剪力为一水平直线,如图 4-5(b) 所示,弯矩图在 C 截面出现了跳跃,跳跃值就是集中力偶 M_e,如图 4-5(c) 所示。

从以上讨论可以看出,绘制梁内力图的一般步骤归纳如下:

(1) 求支座反力(悬臂梁可以例外)。

(2) 将梁分段,计算各控制截面的内力。控制截面通常选择在外力不连续点、分布荷载的起止点及集中力或集中力偶作用点、支座反力作用点等处,以方便内力计算。

(3) 作结构的内力图。

4.2　叠加法作内力图

叠加原理是指结构在几种荷载共同作用下所引起的某一量值(如反力、内力、应力、应变)等于各个荷载单独作用时引起的该量值的代数之和。

应用叠加原理计算结构的反力和内力时,必须满足以下条件,即:① 结构的变形与结构本身尺寸相比极为微小,以致荷载的作用位置和方向等并不因结构的微小变形而有所改变;② 结构的反力和内力为结构上荷载成线性关系。习惯上,把利用叠加原理作内力图的方法称为叠加法。叠加法在静定结构弯矩图的绘制上是一个普遍适用的方法,其不仅使作图工作得以简化,而且有利于用图乘法计算结构位移,应熟练地应用叠加法作梁和刚架等结构的弯矩图。

当梁上有几种荷载同时作用时,可将其分成几组容易画出弯矩图的简单荷载,分别画出各简单荷载作用下的弯矩图,然后将各个截面对应的纵坐标叠加起来,这样就得到原有荷载作用下的弯矩图。叠加是将各简单荷载作用下的弯矩图中同一截面的弯矩纵坐标线段相加(在基

线同侧时）或抵消（在基线两侧时）。

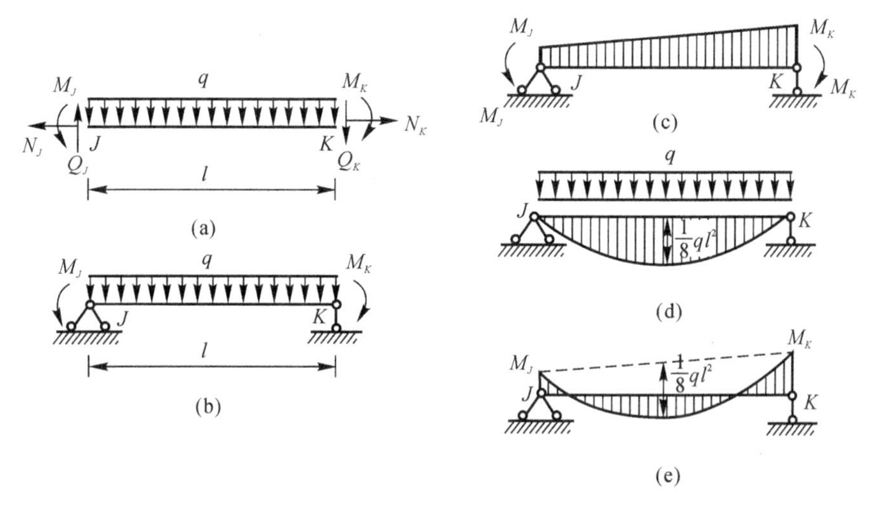

图 4－6　叠加原理

如图 4－6(a) 所示为结构中任意截取的一段直杆 JK，杆长为 l，其上作用有均布荷载 q，杆的两端作用的弯矩、剪力、轴力分别为 M_J、Q_J、N_J 和 M_K、Q_K、N_K。若杆两端的弯矩 M_J 和 M_K 是已知值，则杆 JK 可以看作图 4－6(b) 所示简支梁，杆端剪力 Q_J、Q_K 和支座反力平衡。在小变形条件下，杆的轴力对直杆的弯矩无影响，即 N_J、N_K 不产生弯矩，故省略不画。在画杆 JK 时，可分别绘出简支梁在两端弯矩 M_J 和 M_K 作用下以及在均布荷载 q 作用下的弯矩图[见图4－6(c)(d)]，然后将两图叠加起来，即得到该简支梁的最后弯矩图，如图 4－6(e) 所示，这就是直杆 JK 的弯矩图。同样，当杆段上有集中力或其他形式的荷载作用时，叠加作图的方法与之类似，如图 4－7 所示。

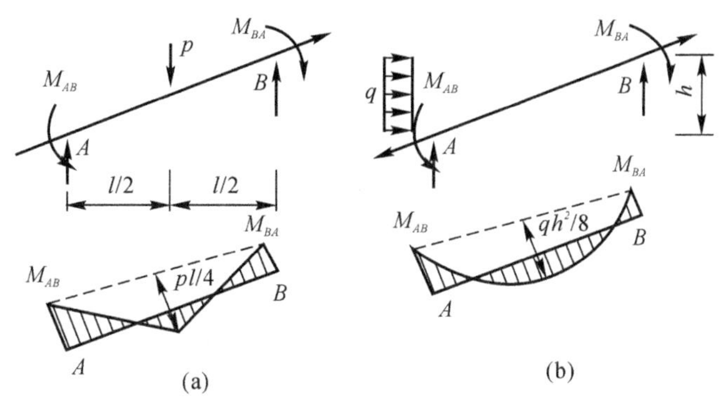

图 4－7　叠加法绘制弯矩图

注意，以虚线为基线的弯矩图各点纵坐标垂直于最初的水平基线，而不是垂直于虚线，因此叠加时各纵坐标线段仍应沿竖向量取，而不是指图形的简单合并。

实际结构不仅结构形式复杂，而且荷载也比较复杂，在分析时一般将叠加法和控制截面的分析方法联合起来使用，即结构直杆中的任意一段均可以看作简支梁，分段使用叠加法绘制结构的弯矩图，这种方法称为分段叠加法。

为了能应用叠加法快速绘制结构内力图，要熟悉简支梁在常见荷载作用下的弯矩图，如图4-8所示。

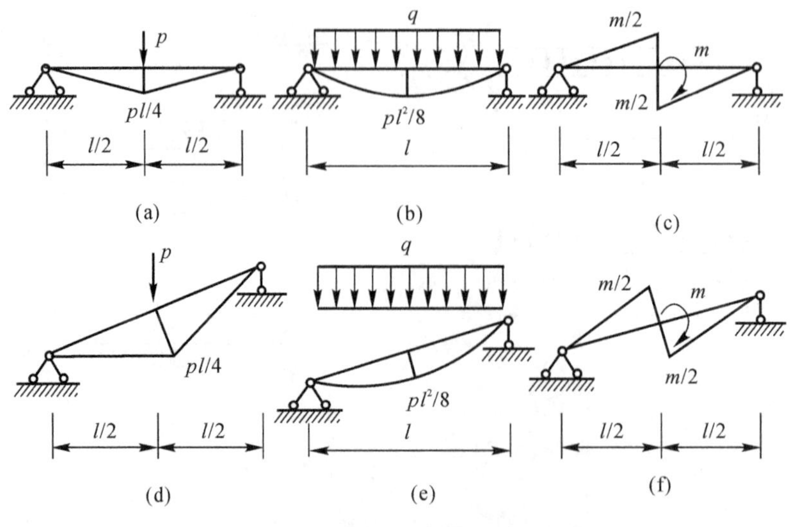

图4-8　简支梁常见荷载作用下的弯矩图

例4.3　试作图4-9所示梁的剪力图和弯矩图。

【解】　(1) 求支座反力。取全梁为隔离体，由$\sum M_B=0$，有

$$R_A\times 8-20\times 9-30\times 7-5\times 4\times 4-10+16=0$$

得

$$R_A=58\ \text{kN}(\uparrow)$$

再由$\sum M_B=0$，可得

$$R_B=(20+30+5\times 4-58)\ \text{kN}=12\ \text{kN}(\uparrow)$$

(2) 分段求控制截面剪力。绘制剪力图时，用截面法算出下列各控制截面的剪力值：

$$Q_{C右}=-20\ \text{kN}$$

$$Q_{A右}=(-20+58)\ \text{kN}=38\ \text{kN}$$

$$Q_{D右}=(-20+58-30)\ \text{kN}=8\ \text{kN}$$

$$Q_E=Q_{D右}=8\ \text{kN}$$

$$Q_F=-12\ \text{kN}$$

$$Q_{B右}=0$$

可作出剪力图如图4-9(b)所示。

(3) 分段求控制截面弯矩。绘制弯矩图时，用截面法算出下列各控制截面的弯矩值：

$$M_C=0$$

$$M_A=(-20\times 1)\ \text{kN}\cdot\text{m}=-20\ \text{kN}\cdot\text{m}$$

$$M_D=(-20\times 2+58\times 1)\ \text{kN}\cdot\text{m}=18\ \text{kN}\cdot\text{m}$$

$$M_E=(-20\times 3+58\times 2-30\times 1)\ \text{kN}\cdot\text{m}=26\ \text{kN}\cdot\text{m}$$

$$M_F=(12\times 2-16+10)\ \text{kN}\cdot\text{m}=18\ \text{kN}\cdot\text{m}$$

$$M_{G左}=(12\times 1-16+10)\ \text{kN}\cdot\text{m}=6\ \text{kN}\cdot\text{m}$$

$$M_{G右} = (12 \times 1 - 16)\ \text{kN} \cdot \text{m} = -4\ \text{kN} \cdot \text{m}$$

$$M_{B左} = -16\ \text{kN} \cdot \text{m}$$

可作出弯矩图如图 4-9(c) 所示。其中 EF 段梁的弯矩图可用叠加法绘制，现说明如下：

取出 EF 段梁为隔离体[见图 4-9(d)]，不难看出它与一个跨度等于此梁长度并承受同样荷载 q 及端弯矩 M_E、M_F 作用的相应简支梁[见图 4-9(e)]的受力情况是相同的。于是，在绘制 EF 段梁的弯矩图时，就可以先将其两端弯矩 M_E、M_F 求出并联一直线(图中虚线)，然后以此虚线为基线再叠加相应简支梁在荷载 q 作用下的弯矩图。此段梁中点 H 处的弯矩为

$$M_H = \frac{M_E + M_F}{2} + \frac{qa^2}{8} = \left(\frac{26 + 18}{2} + \frac{5 \times 4^2}{8}\right)\ \text{kN} \cdot \text{m} = 32\ \text{kN} \cdot \text{m}$$

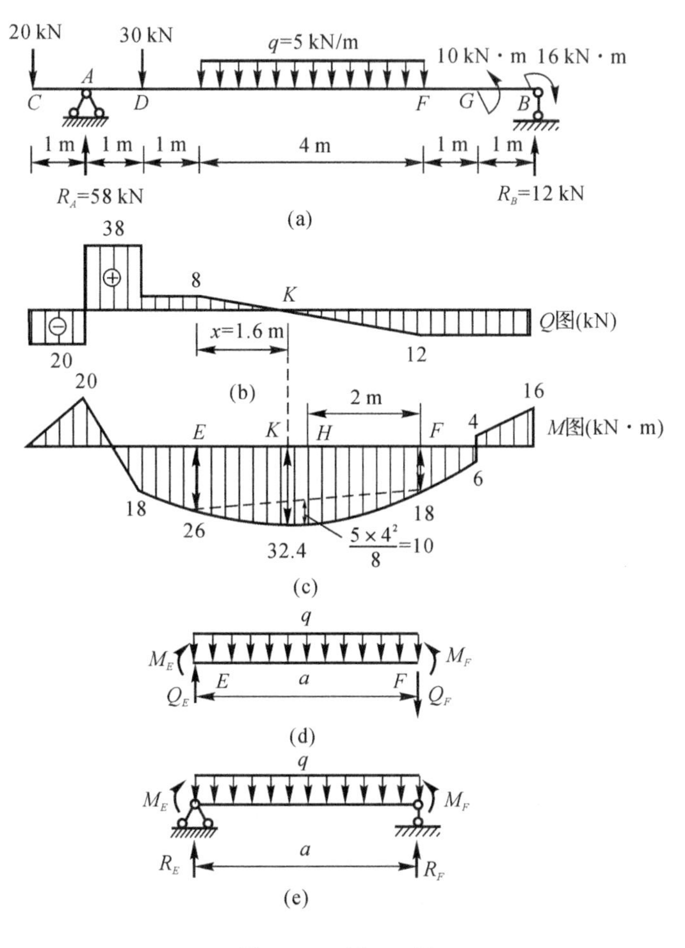

图 4-9　例 4.3 图

最后，为了求出最大弯矩值 $M_{\max}$，应确定剪力为零处即截面 K 的位置。由

$$Q_K = Q_E - qx = 8 - 5x = 0$$

可得 $x = 1.6$ m，故

$$M_{\max} = M_E + Q_E x - \frac{qx^2}{8} = \left(26 + 8 \times 1.6 - \frac{5 \times 1.6^2}{2}\right)\ \text{kN} \cdot \text{m} = 32.4\ \text{kN} \cdot \text{m}$$

从以上分析可看到，用分段叠加法作结构内力图的步骤可归纳如下：

(1)确定控制截面。将结构分成几段来处理,分段的原则是保证任意两相邻截面所截杆件的弯矩图可由简单弯矩图叠加得到。

(2)根据求控制截面弯矩的需要求支座反力。在弯矩图的分析过程中,并不需要求得所有结构支座反力,分析时应根据具体问题判断。

(3)求控制截面弯矩。

(4)在每一杆段内使用叠加法作弯矩图。拼接后就可得到原结构的弯矩图。

4.3 多跨静定梁内力分析

多跨静定梁是由若干根梁用铰相联,并用若干支座与基础相联而组成的静定结构。除了桥梁方面较常采用这种结构形式外,在渡槽结构工程和房屋建筑中的檩条系统有时也采用这种形式。图 4-10(a)为一用于公路桥的多跨静定梁,图 4-10(b)为其计算简图。

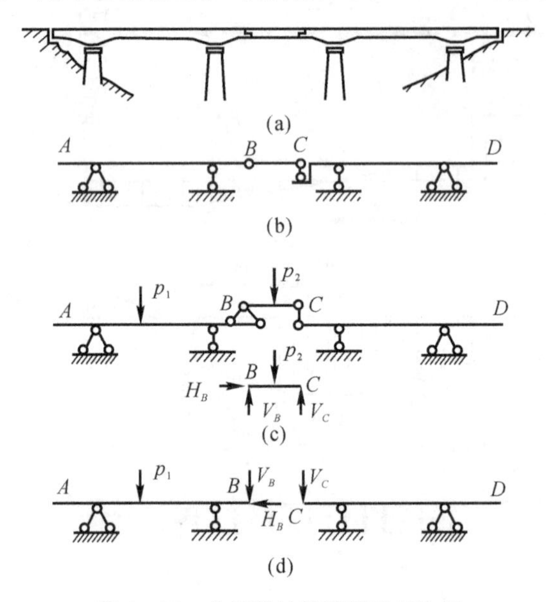

图 4-10 公路桥计算简图及层次图

从几何组成上看,多跨静定梁的各部分可以分为基本部分和附属部分。例如上述多跨静定梁,其中 AB 部分有三根支座链杆直接与地基相联,它不依赖其他部分的存在而能独立地维持其几何不变性,称为**基本部分**。对于外伸梁 CD 部分,因它在竖向荷载作用下仍能独立地维持平衡,故在竖向荷载作用时也可把它当作基本部分。而 BC 部分则必须依靠基本部分才能维持其几何不变性,故称为**附属部分**。显然,若附属部分被破坏或撤除,基本部分仍为几何不变;反之,若基本部分被破坏,则附属部分必随之破坏。为了更清晰地表示各部分之间的支承关系,可以把基本部分画在下层,而把附属部分画在上层,如图 4-10(c)所示,这称为**层次图**。

从受力分析来看,由于基本部分直接与地基组成为几何不变体系,因此它能独立承受荷载而维持平衡。当荷载作用于基本部分上时,由平衡条件可知,将只有基本部分受力,附属部分不受力。当荷载作用于附属部分上时,则不仅附属部分受力,而且由于它是支承在基本部分上的,其反力将通过铰结处传给基本部分,因而使基本部分也受力。由上述基本部分与附属部分之间的传力关系可知，在计算多跨静定梁内力时，可将多跨静定梁拆成若干单跨梁分别计算。计算的顺序应该是先附属部分后基本部分。这样才可顺利地求出各铰结处的约束力和各支座反力，而避免求解联立方程，当每取一部分为隔离体进行分析时［见图 4－10(d)］，都和单跨梁的情况相同。

多跨静定梁的组成方式是多样的，现在介绍两种常见的结构形式，如图 4－11 所示。

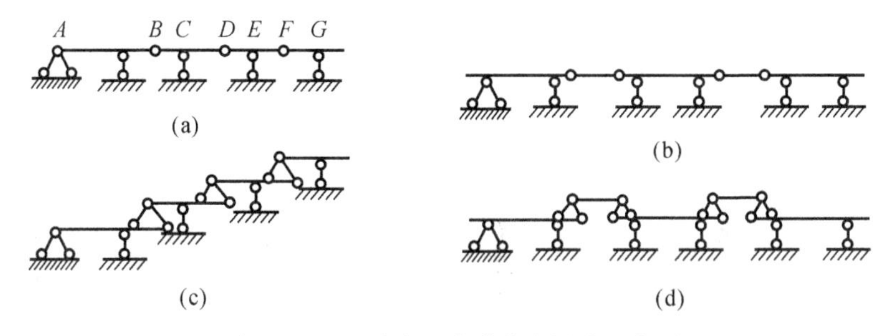

图 4－11　两种常见多跨静定梁的层次图

图 4－11(a)(b)所示的多跨静定梁除左边第一跨为基本部分外，其余各跨均分别为其左边部分的附属部分，其中 ABC 段是基本部分，它由三个互不相交的连杆与基础相联结。CDE 段是附属部分，它由铰 C 和 D 处的连杆与几何不变部分及基础相联结，同样 EF 段也是附属部分。为清楚起见，可把图 4－11(a)的计算简图转化为图 4－11(b)的层次图。其中 C、E 两处的单铰可分别用两个相交的连杆代替其作用。分析时，应从最上层的附属部分开始，依次计算各附属部分，最后计算基本部分。

图 4－11(b)(c)所示的多跨静定梁由伸臂梁与支承在伸臂上的悬跨交互排列。其中除最左边一跨伸臂梁外，其余各伸臂梁虽只有两根支座链杆与地基相联，但两根支座链杆都是竖向的，在竖向荷载作用下仍能独立维持平衡，故在竖向荷载作用下各伸臂梁均可作为基本部分；各悬跨则为附属部分。为清楚起见，在竖向荷载作用下，图 4－11(c)的计算简图可用图 4－11(d)的层次图来代替。分析时，应从最上层的附属部分开始，先计算各悬跨，再计算各伸臂梁。

必须指出，当结构的组成是由基本部分出发，逐次联结附属部分而组成的整体结构时，应该采取相反的顺序分析结构的内力，不仅对多跨静定梁，而且对静定平面刚架、桁架等结构也是如此。

例 4.4　图4－12(a)所示多跨静定梁，全长承受均布荷载 q，各跨长度均为 l。欲使梁上最大正、负弯矩的绝对值相等，试确定铰 B、E 的位置。

【解】　多跨静定梁的层次图如图 4－12(b) 所示。

先分析附属部分，后分析基本部分，可知截面 C 的弯矩绝对值为

$$M_C=\frac{q(l-x)}{2}x+\frac{qx^2}{2}=\frac{qlx}{2}$$

由叠加法和对称性可绘出弯矩图的形状如图 4－12(c) 所示。显然，全梁的最大负弯矩即发生在截面 C、D 处。现在来分析全梁的最大正弯矩发生在何处。CD 段梁的最大正弯矩发生在其跨中截面，其值为

$$M_G = \frac{ql^2}{8} - M_C$$

而 AC 段梁中点的弯矩为

$$M_H = \frac{ql^2}{8} - \frac{M_C}{2}$$

可见 $M_H > M_G$。而在 AC 段梁中，最大正弯矩还不是 M_H，而是 AB 段中点处的 M_I，亦即 $M_I > M_H$。因而 $M_I > M_G$。因此全梁的最大正弯矩即为 M_I，其值为

$$M_I = \frac{q(l-x)^2}{8}$$

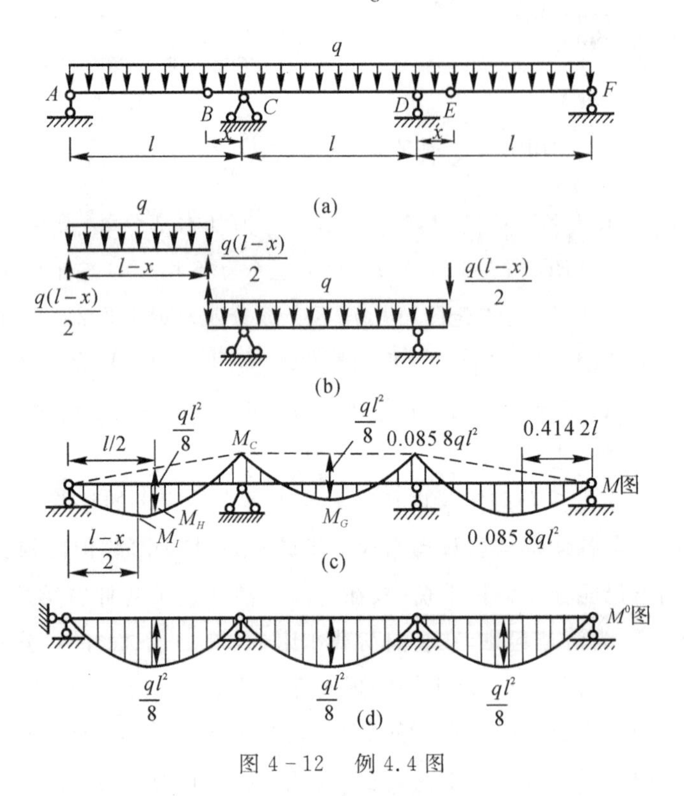

图 4-12　例 4.4 图

按题意要求，应使 $M_I = M_G$，从而得

$$\frac{q(l-x)^2}{8} = \frac{qlx}{2}$$

整理后有 $x^2 - 6lx + l^2 = 0$

由此解得 $x = (3-\sqrt{2})l = 0.171\ 6l$［另有一根为 $x = (3+\sqrt{2})l$，因与题意不合，故舍去。］

可求得

$$M_I = M_C = \frac{qlx}{2} = \frac{3-2\sqrt{2}}{2}ql^2 = 0.085\ 8ql^2$$

$$M_G = \frac{ql^2}{8} - M_C = 0.039\ 2l^2$$

若将此多跨静定梁的弯矩 M 图与相应多跨简支梁的弯矩 M^0 图[见图 4-12(d)]比较,可知前者的最大弯矩值要比后者的小 31.1%。这是由于在多跨静定梁中布置了伸臂梁,一方面减小了附属部分的跨度,另一方面又使得伸臂梁上的荷载对基本部分产生负弯矩,从而抵消了部分跨中荷载所产生的正弯矩。因此,多跨静定梁比相应多跨简支梁在材料用料上较省,但构造复杂一些。

例 4.5　试作图 4-13(a) 所示多跨静定梁在图示荷载作用下的 M 图、Q 图和 N 图。

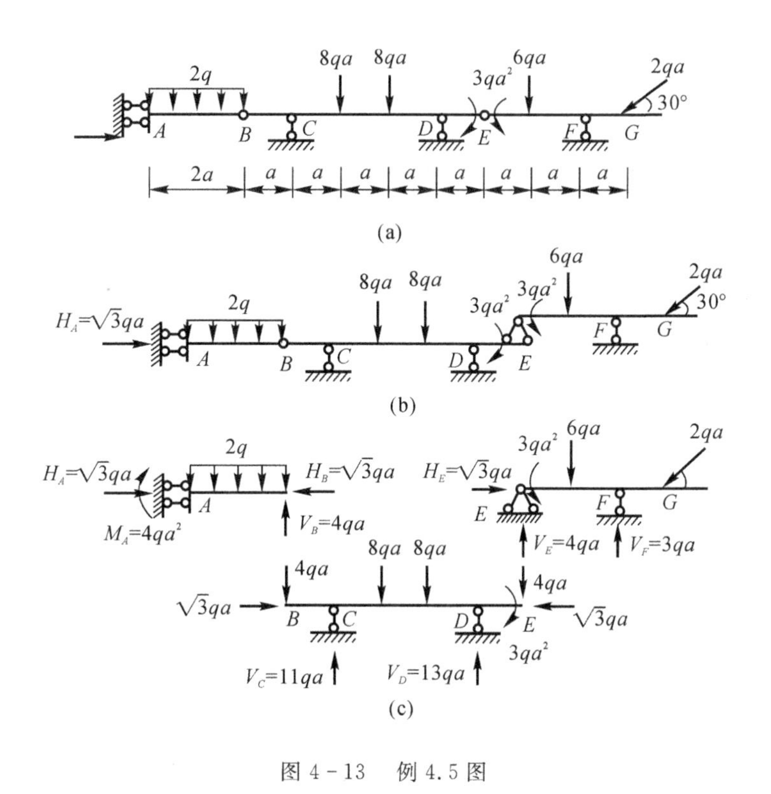

图 4-13　例 4.5 图

【解】 (1) 作层次图。该多跨静定梁的层次图如图 4-13(b) 所示,其中 $ABCDE$ 为基本部分,EFG 为附属部分

(2) 求铰 B、E 处的约束力及各支座反力。由附属部分 EFG 的平衡条件,可得铰 E 处的约束力 $H_E=\sqrt{3}\,qa$,$V_E=4qa$ 支座反力 $V_F=3qa$。各约束力及支座反力的实际方向如图 4-13(c) 所示。

由基本部分 $ABCDE$ 或图 4-13(a) 的平衡条件 $\sum X=0$,可得支座 A 处的水平反力 $H_A=\sqrt{3}\,qa$,于是根据图 4-13(c) 所示的隔离体 AB 及 $BCDE$ 部分的平衡条件,可得铰 B 处的约束力 $H_B=\sqrt{3}\,qa$,$V_B=4qa$,支座反力矩 $M_A=4qa^2$ 及支座反力 $V_C=11qa$,$V_D=13qa$,这些约束力及支座反力的实际方向如图 4-13(c) 所示。

(3) 作 M 图、Q 图和 N 图。求得铰 B、E 处的约束力及各支座反力后,就可逐段作出全梁的 M 图、Q 图和 N 图,分别如图 4-14(a)(b)(c) 所示。

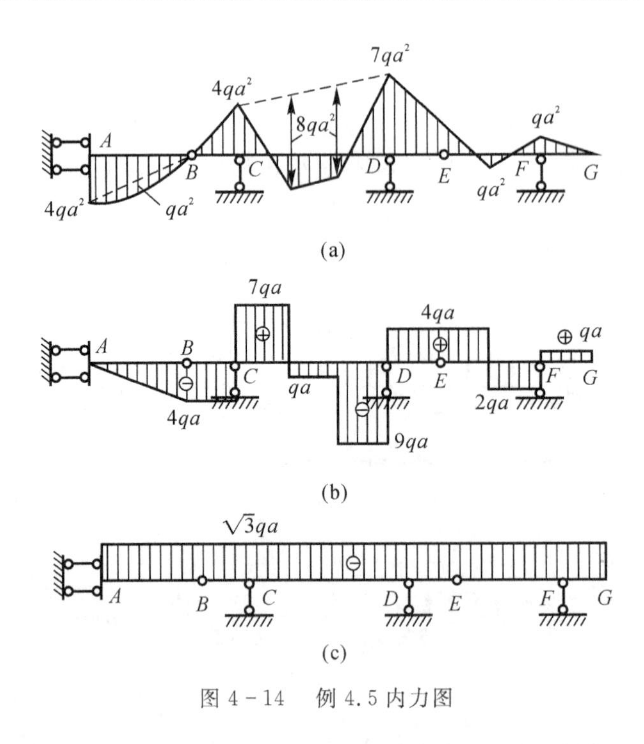

图 4-14　例 4.5 内力图

4.4　静定平面刚架内力分析

4.4.1　刚架的特点

刚架是由若干梁和柱等直杆通过结点组成的结构。刚架中的结点可以全部是刚结点，也可以存在部分铰结点。当各杆的轴线和外力作用线在同一平面内时，称为**平面刚架**；不在同一平面内时，称为**空间刚架**。刚架和桁架都是由直杆组成的结构，两者的区别是：桁架中的结点全部都是铰结点，刚架中的结点全部或部分是刚结点。图 4-15(a) 是一个几何可变的铰结体系，为了使它成为几何不变体系，一种办法是增设斜杆，使它成为桁架结构[见图 4-15(b)]，另一种办法是把原来的铰结点 B 和 C 改为刚结点，使它成为刚架结构[见图 4-15(c)]。由此看出，由于刚架中具有刚结点，因此不用斜杆也可组成几何不变体系。

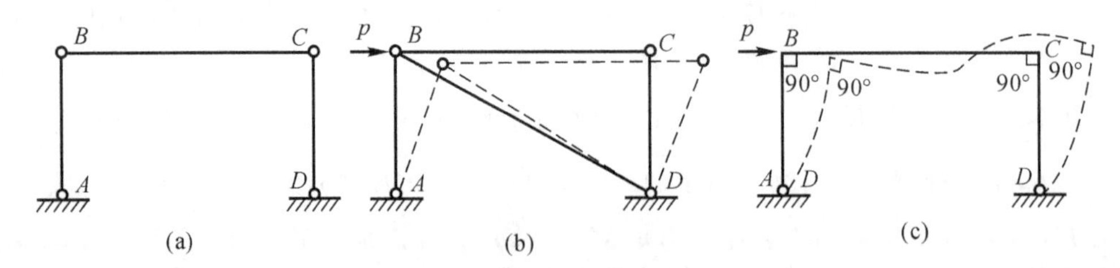

图 4-15　铰结点、刚结点和结构之间的关系

从变形角度来看，在刚结点处各杆不能发生相对转动，因而各杆间的夹角始终保持不变。从受力角度来看，刚结点可以承受和传递弯矩，可以削减结构中弯矩的峰值，使弯矩分布较均

匀。另外，由于刚架具有刚结点、杆数较少、内部空间大且多数是直杆组成，制作施工方便等优点，所以在建筑工程中作为承重骨架，得到广泛的应用。

图 4-16(a) 是现浇多层跨刚架。其中所有结点都是刚结点，习惯上称这种结构为框架。图 4-16(b) 是其计算简图，该结构为超静定结构。本节主要讨论静定平面刚架内力的分析。

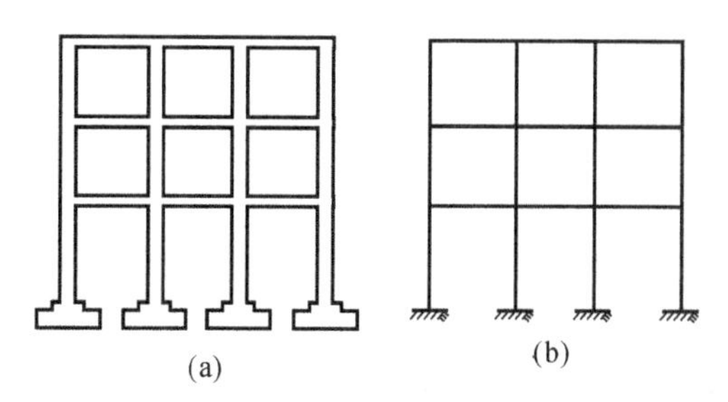

图 4-16　现浇多层跨刚架

4.4.2　刚架的内力分析

1. 支座反力计算

在静定刚架的受力分析中，一般需先求支座反力，支座反力计算正确是内力计算准确的保证。通常由刚架整体或某些部分的平衡条件求出各支座反力，并校核正确无误后再计算内力。

现结合图 4-17(a) 的三铰刚架，说明支座反力的求法。

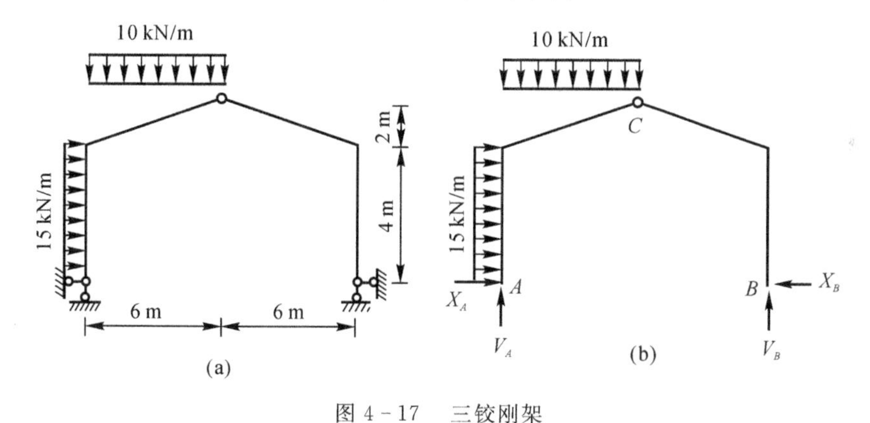

图 4-17　三铰刚架

截取 A 和 B，以刚架整体为隔离体，如图 4-17(b) 所示，在荷载作用下有四个支座反力 X_A、X_B、V_A、V_B，可列出三个平衡方程。

$$\sum X = 0,\quad X_A - X_B + 15 \times 4 = 0 \qquad ①$$

$$\sum M_A = 0,\quad V_B \times 12 - 10 \times 6 \times 3 - 15 \times 4 \times 2 = 0 \qquad ②$$

$$\sum M_B = 0,\quad V_A \times 12 - 15 \times 4 \times 2 + 10 \times 6 \times 9 = 0 \qquad ③$$

由式②③分别解出 $V_A = 35\ \text{kN}$，$V_B = 25\ \text{kN}$，利用铰 C 处弯矩为零的条件，取铰 C 以右部分为隔离体，列平衡方程如下：

$$\sum M_C = 0, \quad X_B \times (4+2) - V_B \times 6 = 0$$

得

$$X_B = 25\ \text{kN}$$

由式①得

$$X_A = X_B - 15 \times 4 = -35\ \text{kN}\ (\leftarrow)$$

校核：以整体为研究对象

$$\sum Y = 0, \quad V_A + V_B - 10 \times 6 = 35 + 25 - 60 = 0$$

计算无误。

2. 内力计算

刚架的内力有弯矩、剪力、轴力，其任一截面的内力可利用截面法求得。一般在求出支座反力后，将刚架拆成单个杆件。用截面法计算各杆杆端截面的内力值，然后利用荷载、剪力、弯矩之间的微分关系和叠加法逐杆绘出内力图，最后将各杆内力图组合在一起就是刚架的内力图。

刚架内力图的绘制要点如下。

(1) 作弯矩图。逐杆或逐段计算出控制截面的弯矩值，将弯矩纵标画在受拉一侧，如杆段内无荷载作用，则用直线联结这两个纵标；如杆段内有荷载作用，应采用叠加法作弯矩图。弯矩图纵标规定画在杆件受拉一侧，不必标正负号。这里不用正负号而用纵坐标的位置来标明弯矩的性质(标明受拉纤维在哪一侧)。

(2) 作剪力图。可采用两种方法逐杆或逐段进行绘制。一种方法是先根据荷载和求出的反力，逐杆计算杆端剪力和杆内控制截面剪力，然后按单跨静定梁绘制剪力图。另一种方法是利用微分关系由弯矩图直接绘出剪力图。对于弯矩图为斜直线的杆段，由弯矩图斜率确定剪力值；对于有均布荷载作用的杆段，可应用叠加原理计算出两端剪力，并用直线联结两端剪力的纵标。剪力仍以使隔离体有顺时针方向转动趋势为正，反之为负。剪力图可以画在杆件的任一侧，但必须标明正负号。习惯上将横梁部分的正剪力画在上侧，负剪力画在下侧。

(3) 作轴力图。根据荷载和已求出的反力计算各杆的轴力。或根据剪力图截取结点或其他部分为隔离体，利用平衡条件计算轴力。轴力以拉力为正，压力为负。轴力图可以画在杆件的任一侧，但必须标明正负号。

(4) 校核内力图。截取隔离体作平衡校核。确认所绘 M、Q、N 图正确的充分必要条件是：截取刚架的任何一部分为隔离体，平衡条件都能得到满足。

为清楚表示各杆端截面内力，在内力符号右下方引入两个脚标，第一个脚标表示某杆内力所属截面，第二个脚标表示该截面所属杆件的另一端。

例 4.6 试作图 4-18 所示简支刚架的内力图。

【解】 (1) 求支座反力。

$$\sum F_X = 0, \quad X_A = qa\ (\leftarrow)$$

$$\sum M_A = 0, \quad Y_B = \frac{qa}{2}\ (\uparrow)$$

$$\sum F_Y = 0, \quad Y_A = \frac{qa}{2}\ (\downarrow)$$

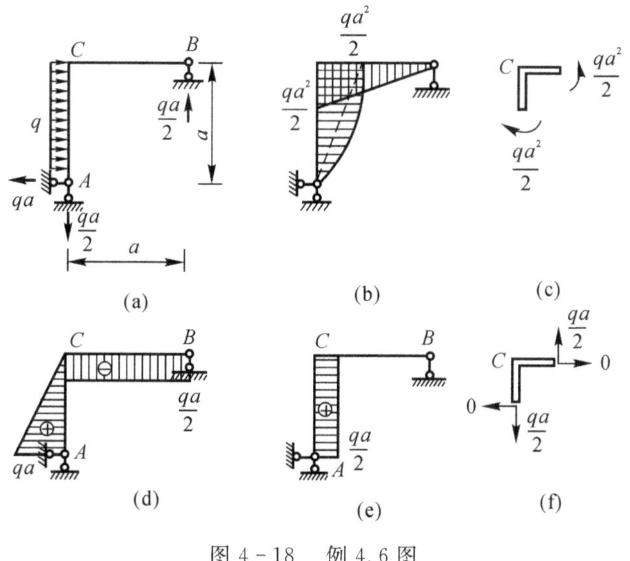

图4-18　例4.6图

(2) 作 M 图。先根据截面法，求得各杆端弯矩如下：

$$M_{AC}=0$$

$$M_{CA}=\frac{qa^2}{2}\text{（右边受拉）}$$

$$M_{BC}=0$$

$$M_{CB}=\frac{qa^2}{2}\text{（下边受拉）}$$

CB 杆上没有荷载作用，将杆端弯矩连以直线即弯矩图。

AC 杆上有荷载作用，将杆端弯矩连以直线后再叠加简支梁的弯矩图，即此杆的弯矩图。M 图如图4-18(b) 所示。

(3) 作 Q 图。先求各杆端剪力：

$$Q_{AC}=qa$$

$$Q_{CA}=0$$

$$Q_{BC}=Q_{CB}=-\frac{qa}{2}$$

利用杆端剪力即可作出剪力图，如图4-18(d) 所示。剪力图中须注明正负号。BC 杆上无荷载作用，故剪力为常数。AC 杆上有均布荷载，剪力图为斜直线。

(4) 作 N 图。先求各杆杆端轴力：

$$N_{AC}=N_{CA}=\frac{qa}{2}$$

$$N_{BC}=N_{CB}=0$$

N 图如图4-18(e) 所示，须注明正负号。由于各杆上都无切向荷载，所以各杆轴力都是常数。

(5) 校核。图4-18(c) 所示为结点 C 各杆端弯矩，满足力矩平衡条件，即 $\sum M_C=0$。图

4-18(f) 所示为结点 C 各杆端的剪力和轴力,满足两个投影方程:$\sum F_X=0$,$\sum F_Y=0$。

在绘制静定刚架的内力图时,通常先求出支座反力,然后逐杆考虑,利用截面法分别求出各杆的杆端弯矩、剪力和轴力,即可绘出刚架的内力图。但是,有时常先求出各杆的杆端弯矩,然后利用各杆的杆端弯矩作出弯矩图。这时,由于支座反力及其他有关的力尚未求出,所以不便利用截面法求各杆的杆端剪力和轴力。此时,由于刚架的弯矩图已经绘出,各杆的杆端弯矩为已知,故可依次截取杆件为隔离体,利用截取杆件的平衡条件(力矩方程),求出各杆的杆端剪力。然后应用剪力与荷载集度之间的微分关系,绘出刚架的剪力图。在求各杆的杆端轴力时,可依次截取结点为隔离体,由于刚架的剪力图已绘出,各杆的杆端剪力为已知,所以利用截取结点的平衡条件(投影方程),即可求出各杆的杆端轴力。有了各杆的杆端轴力,即可绘出刚架的轴力图。

例 4.7 试作图 4-19(a) 所示刚架的内力图。

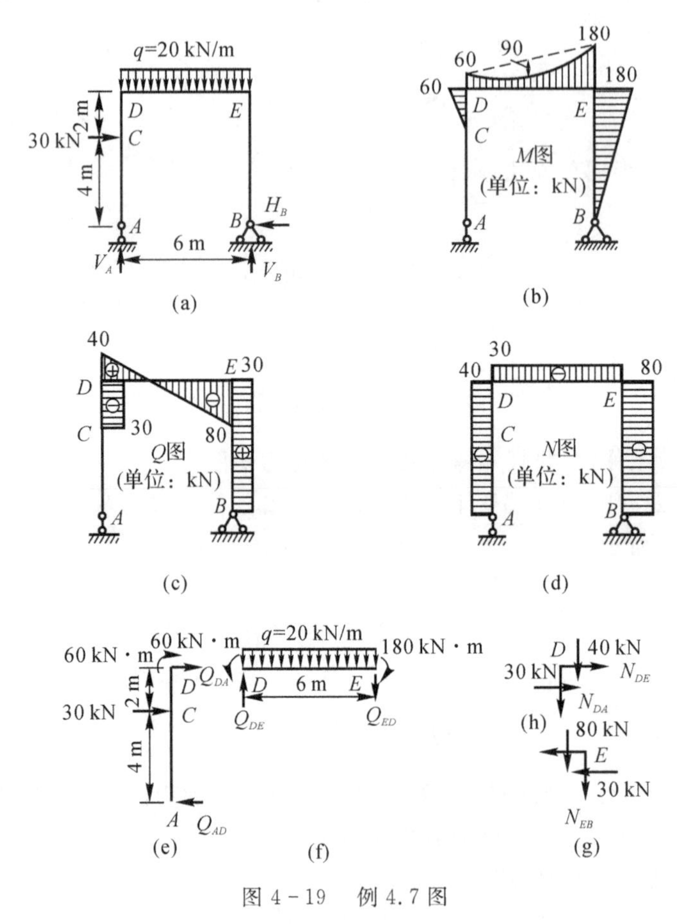

图 4-19 例 4.7 图

【解】 在不求反力的情况下绘制其剪力图和轴力图。

(1) 作弯矩图。计算从略,弯矩图如图 4-19(b) 所示。

(2) 作剪力图。当根据弯矩图作剪力图时,应截取杆件为隔离体。例如,截取 AD 杆为隔离体如图 4-19(e) 所示。为清晰起见,杆端轴力未画出。

由 $\sum M_D=0$, $Q_{AD}\times 6-30\times 2+60=0$, $Q_{AD}=0$;

由 $\sum M_A=0$，　$Q_{DA}+30\times4+60=0$，　$Q_{DA}=-30$ kN。

再截取 DE 杆为隔离体如图 4－19(f) 所示。

由 $\sum M_E=0$，　$Q_{DE}\times6-60-20\times6\times3+180=0$，　$Q_{DE}=40$ kN；

由 $\sum M_D=0$，　$Q_{ED}\times6-60+20\times6\times3+180=0$，　$Q_{ED}=-80$ kN。

同理，如截取 BE 杆为隔离体，则可求得 $Q_{BE}=30$ kN，　$Q_{EB}=30$ kN，用剪力与荷载集度之间的微分关系，作出剪力图如图 4－19(c) 所示。

(3) 作轴力图。当根据剪力图作轴力图时，应截取结点为隔离体。例如，截取结点 D 为隔离体如图 4－19(g) 所示。为清晰期间，杆端弯矩未画出。

由 $\sum X=0$，$N_{DE}=-30$ kN(压力)；

由 $\sum Y=0$，$N_{DA}=-40$ kN(压力)。

再截取结点 E 为隔离体如图 4－19(h) 所示。

由 $\sum X=0$，$N_{ED}=-30$ kN(压力)；

由 $\sum Y=0$，$N_{EB}=-80$ kN(压力)。

根据所求轴力，作出轴力图如图 4－19(d)所示。

对于构造较复杂的多层、多跨及复合静定刚架的内力计算，需要进行几何组成分析，分清基本部分和附属部分，先计算附属部分的约束力，并等值反向作用于基本部分上，进一步计算基本部分的支座反力，然后分段计算各杆的内力，并绘出内力图。

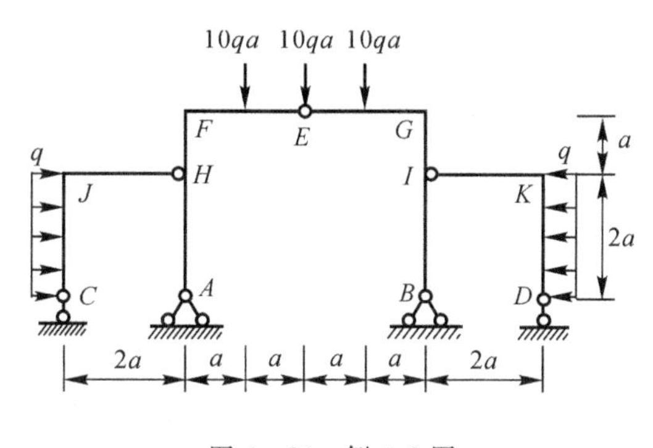

图 4－20　例 4.8 图

例 4.8　试求作图 4－20 所示刚架的弯矩图。

【解】　这是一个复合静定刚架，它由两个简支刚架[见图 4－21(a)(c)]和一个三铰钢架[见图 4－21(b)]组合而成。其中三铰钢架为基本部分，两个简支刚架为附属部分。计算这类刚架的内力时，应先计算附属部分，将附属部分的有关约束反力反向作用于基本部分，再计算基本部分的支座反力和内力。

(1)计算支座反力。按简支刚架支座反力的计算方法，可求得附属部分的支座反力，如图 4－21(a)(c)所示。将 H 和 I 的支座反力反向作用于基本部分，根据三铰刚架支座反力的计算方法，可求得基本部分的支座反力，如图 4－21(b)所示。

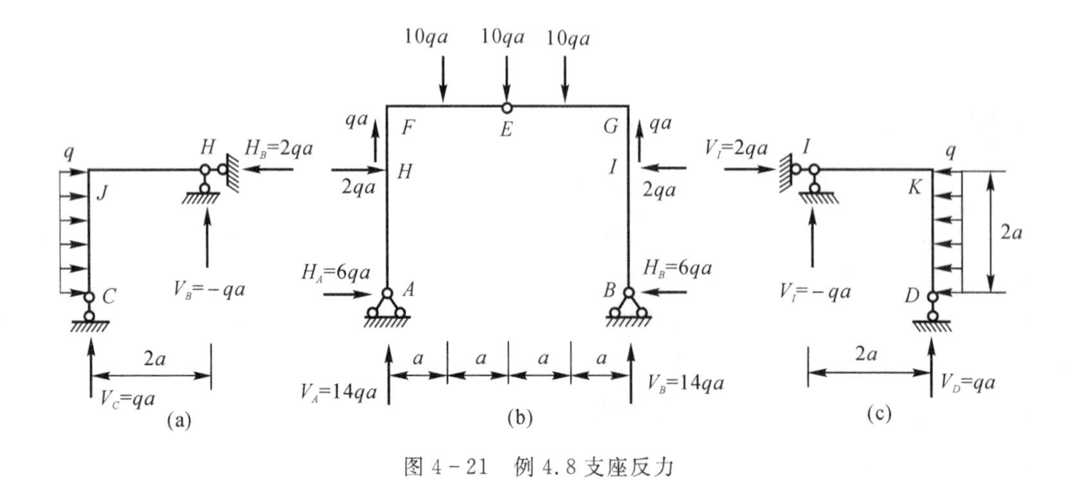

图 4-21　例 4.8 支座反力

(2)计算各杆端截面内力并绘制内力图。各支座反力求出后，就可采用前面所介绍的方法计算各杆端截面的弯矩，并据此绘制弯矩图，对此不再具体叙述。刚架的弯矩图如图 4-22 所示。

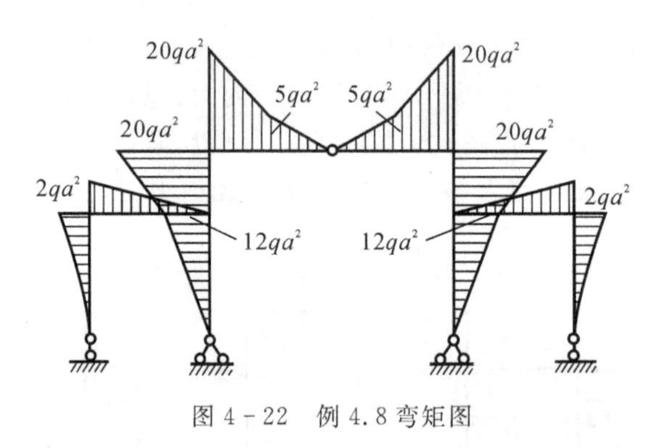

图 4-22　例 4.8 弯矩图

本例的结构相对于通过铰 E 的竖线是对称的，且荷载也是对称的。计算结果表明，这种对称结构在对称荷载作用下的支座反力及内力也是对称的，且处于对称轴截面上的反对称内力为零。同理，对称结构在反对称荷载作用下的支座反力及内力是反对称的，且处于对称轴截面上的对称内力为零。

4.5　三铰拱内力分析

4.5.1　拱式结构的特点

拱式结构是一种重要的结构形式，在房屋建筑和桥梁工程等结构工程中都常采用。拱常用的形式有无铰拱[见图 4-23(a)]、两铰拱[见图 4-23(b)]和三铰拱[见图 4-23(c)(d)(e)(f)]，其中三铰拱是静定结构，无铰拱和两铰拱式超静定结构。

三铰拱的基本特点是在竖向荷载作用下，除产生竖向反力外，还产生水平推力。推力对拱的内力会产生重要的影响，由于水平推力的存在，三铰拱各截面上的弯矩值小于与其相同跨度相同荷载作用下的简支梁各对应截面上的弯矩值。因此，拱与相应简支梁相比，它的优点是用料比梁节省而自重较轻，故能跨越较大的空间。此外，由于拱主要承受轴向压力作用，因此可以充分利用抗拉性能弱而抗压性能强的材料，如砖、石、混凝土等。但是，拱的缺点是构造比较复杂，施工费用较大。同时，由于水平推力的存在，拱需要有较为坚固的基础或支承结构（如墙、柱、墩、台等）。

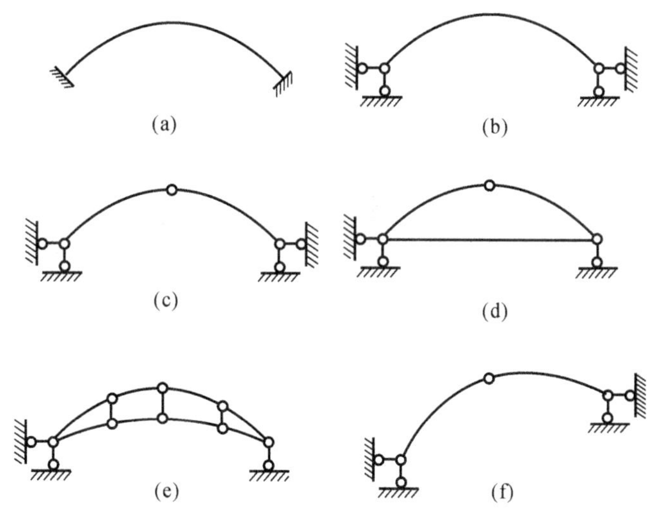

图 4－23　拱的计算简图

在实际工程中，超静定拱应用较多，但房屋的屋盖有时也采用静定的三铰拱。为了消除推力对支承结构（如墙、柱、墩、台等）的影响，有时在三铰拱支座间可连以水平拉杆，并将一固定铰支座改为可动铰支座，如图 4－23(d)所示。拉杆内所产生的拉力代替了支座的推力，使支座在竖向荷载下只产生竖向反力。这种结构的内部受力情况与一般的拱并无区别，故称为带拉杆的拱。为了获得较大的净空，拉杆有时做成如图 4－23(e)所示的折线形式。两个拱铰在同一水平线上的三铰拱称为平拱，如图 4－23(c)所示，两个拱铰不在同一水平线上的三拱称为斜拱，如图 4－23(f)所示。

图 4－23(c)中的曲线部分是拱身各横截面形心的连线，称为拱轴线。拱的两端与支座联结处称为拱趾。两个拱趾间的水平距离称为拱的跨度。两个支座的联结线称为起拱线。拱轴线上距离起拱线最远的一点称为拱顶，三铰拱的拱顶通常布置中间铰。拱顶到起拱线的距离称为拱高。拱高与跨度之比称为高跨比，拱的主要性能与高跨比有关，通常控制在 0.1～1 的范围内。

4.5.2　三铰拱的内力分析

1. 支座反力计算

三铰拱是由两根曲杆与地基之间按三刚片规则组成的静定结构，其全部约束反力和内力都可以由静力平衡方程求出。

图 4－24(a) 所示三铰拱有四个支座反力 F_{VA}、F_{HA}、F_{VB}、F_{VB}，平衡方程也有四个，即三个整体平衡方程和一个对铰 C 处取力矩为零的方程。

为了便于比较和理解三铰拱与梁的受力特点，在图 4－24(b) 中画出一个跨度和荷载与三铰拱相同的简支梁，称为相应简支梁。相应简支梁上的荷载是竖向的，因此相应简支梁只有竖向的支座反力 F_{VA}^0 和 F_{VB}^0，可分别由平衡方程 $\sum M_A = 0$ 和 $\sum M_B = 0$ 求出。

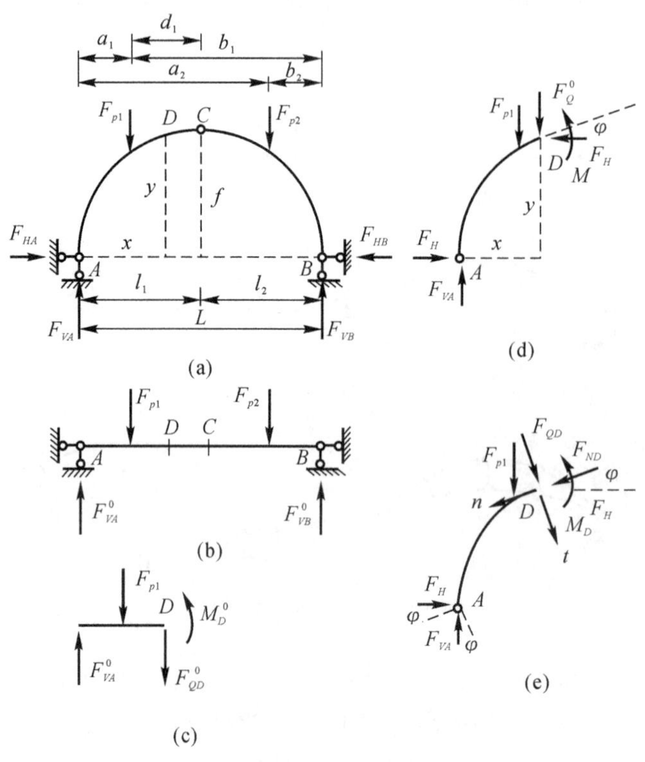

图 4－24　三铰拱内力计算

由 $\sum M_A = 0$ 和 $\sum M_B = 0$，可求出拱的竖向反力为

$$F_{VA} = \frac{1}{l}(F_{p1b1} + F_{p2b2})$$

$$F_{VA} = \frac{1}{l}(F_{p1a1} + F_{p2a2})$$

与相应简支梁的竖向支座反力相比有

$$F_{VA} = F_{VA}^0,\quad F_{VB} = F_{VB}^0 \tag{4-4}$$

即三铰拱的竖向支座反力与相应简支梁的竖向支座反力相同。

由 $\sum F_X = 0$ 可得：

$$F_{HA} = F_{HB} = F_H$$

A、B 两点的水平支座反力大小相等，方向相反，以 F_H 表示水平反力的大小。

以三铰拱的左半跨(AC) 为隔离体，由半跨对铰 C 处取力矩为 0 的条件 $\sum M_C = 0$ 可得

$$F_{VA} l_1 - F_{p1} d_1 - F_H f = 0$$

式中前两项是铰 C 左边所有竖向反力对 C 点力矩的代数和，它等于相应简支梁相应截面 C 的弯矩，以 M_C^0 表示简支梁相应截面 C 的弯矩，则有

$$M_C^0 - F_H f = 0$$

即

$$F_H = \frac{M_C^0}{f} \tag{4-5}$$

式(4-5)表明，拱的水平支座反力等于相应简支梁截面C处的弯矩除以拱高f。在竖向荷载作用下，梁中弯矩M_C^0总是正的，所以F_H总是正的，即三铰拱的水平推力永远指向内，这说明拱对支座的作用力是水平向外的推力，所以F_H又称为水平推力。当跨度不变时，推力的大小与拱轴的曲线形状无关，而与拱高f成反比，拱越低推力也就越大。如果$f\rightarrow 0$，推力趋于无限大，这时A、B、C三个铰在同一直线上，拱称为瞬变体系。

2. 内力计算

在求出三铰拱的支座反力后，用截面法即可求出拱上任一横截面的内力。在外部荷载作用下，拱中任一截面的内力有弯矩、剪力和轴力，其中弯矩以使拱内侧受拉为正；剪力以使隔离体顺时针转动为正；因拱常受压，故规定拱的轴力以使隔离体受压为正。

如图4-24(e)所示，取三铰拱截面D左边为隔离体，在截面D作用有弯矩M_D、剪力F_{QD}和轴力F_{ND}。如图4-24(c)所示，相应简支梁D截面的弯矩为M_D^0、剪力为F_{QD}^0。

(1) 弯矩计算。根据隔离体的力矩平衡方程，可求出截面D的弯矩M_D^0。

由$\sum M_D = 0$，可得

$$M_D = [F_{VA}x - F_{p1}(x - a_1)] - F_H y$$

由于$F_{VA} = F_{VA}^0$，则$M_D^0 = F_{VA}x - F_{p1}(x - a_1)$，所以上式可写为

$$M_D = M_D^0 - F_H y \tag{4-6}$$

即拱内任一截面弯矩等于相应简支梁对应的弯矩减去由于拱的推力F_H所引起的弯矩$F_H y$，可见，由于推力的存在，三铰拱的弯矩比相应剪支梁的弯矩要小。

(2) 剪力计算。由D截面以左各力在沿该点拱轴法线方向投影的代数和等于零[见图4-24(e)]，由$\sum F_t = 0$可得

$$F_{QD} = (F_{VA} - F_{p1})\cos\varphi - F_H \sin\varphi$$

显然，$F_{VA} - F_{p1} = F_{QD}^0$，即相应简支梁对应截面$D$处的剪力$F_{QD}^0$，于是上式可以写成

$$F_{QD} = F_{QD}^0 \cos\varphi - F_H \sin\varphi \tag{4-7}$$

(3) 轴力计算。由D截面以左各力在沿该点拱轴切线方向投影的代数和等于零[见图4-24(e)]，由$\sum F_n = 0$可得

$$F_{ND} = (F_{VA} - F_{p1})\sin\varphi + F_H \cos\varphi$$

即

$$F_{ND} = F_{QD}^0 \sin\varphi + F_H \cos\varphi \tag{4-8}$$

上述内力计算公式中，φ表示截面D处轴线的切线与水平线所成的锐角，在拱左半部取正值，在右半部分取负值。所得结果表明，由于水平推力的存在，拱中各截面的弯矩要比相应简支梁的弯矩要小，拱截面所受的轴向压力较大。

利用内力表达式(4-6)～式(4-8)可求出三铰拱中任一截面的M、F_Q、F_N。三铰拱中M、F_Q、F_N是曲线形的，没有直线线段，要逐点来求，常常按拱的水平投影把拱分成若干段，求

出分界点对应截面的内力，然后联以曲线，即得相应的内力图。

例 4.9 试作图 4－25(a) 所示三铰拱的内力图。拱轴为一抛物线，当坐标原点选在左支座时，它的拱轴线方程为 $y=\frac{4f}{l^2}(l-x)x$。

【解】 由于三铰拱的内力图时曲线形的，所以常常要把拱按水平投影分成若干段，分别求出后连以曲线。如图 4－25(a) 所示，将拱分成 8 段，每段长 1.5 m。

(1) 求支座反力。由拱的支座反力计算式(4－4) 和式(4－5) 可得

$$F_{VA}=F_{VA}^0=105\ \text{kN}$$

$$F_{VB}=F_{VB}^0=115\ \text{kN}$$

$$F_H=\frac{M_C^0}{f}=82.5\ \text{kN}$$

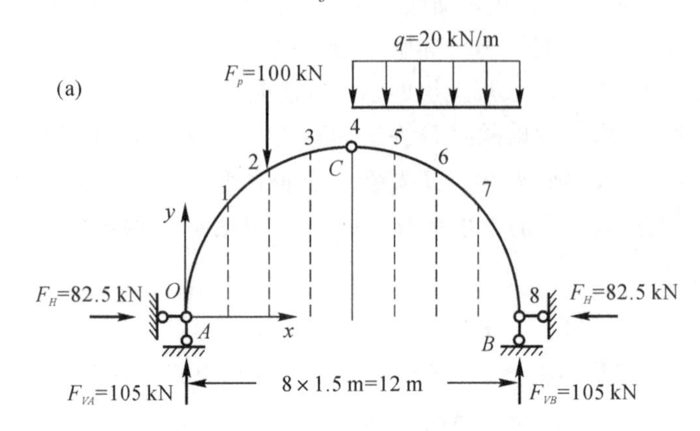

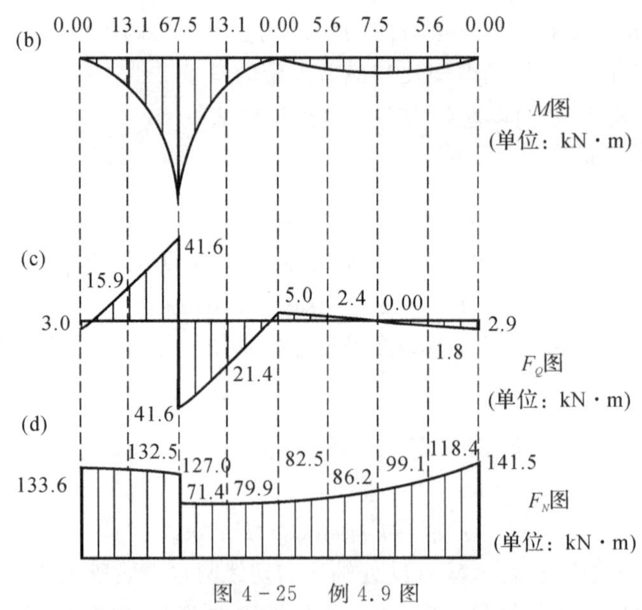

图 4－25 例 4.9 图

(2) 内力计算。分别计算每个分段截面的内力值，再根据这些内力值作出内力图，现以截面 2 为例，说明内力的计算方法。

当 $x=3$ m 时，由拱轴方程可得

$$y=\frac{4f}{l^2}(l-x)x=3\ \text{m}$$

$$\tan\varphi=\left.\frac{\mathrm{d}y}{\mathrm{d}x}\right|_{x=3}=0.67$$

由 $M_2=M_2^0-F_Hy$ 可得

$$M_2=M_2^0-F_Hy=67.5\ \text{kN}\cdot\text{m}$$

由于截面 2 有集中力的作用，则相应简支梁的剪力和轴力有突变，那么拱的剪力和轴力也会有突变，所以需分别计算左右截面的剪力和轴力，由式(4-7)和式(4-8)可得

$$F_{Q2}^L=F_{Q2L}^0\cos\varphi-F_H\sin\varphi=41.6\ \text{kN}$$

$$F_{N2}^L=F_{Q2L}^0\sin\varphi+F_H\cos\varphi=127\ \text{kN}$$

$$F_{Q2}^R=F_{Q2R}^0\cos\varphi-F_H\sin\varphi=-41.6\ \text{kN}$$

$$F_{N2}^R=F_{Q2R}^0\sin\varphi+F_H\cos\varphi=71.4\ \text{kN}$$

其他截面的内力值读者可自己验算。根据每个截面的内力值，可得到 M 图、F_Q 图、F_N 图，如图 4-25(b)(c)(d) 所示。

3. 合力拱轴线

拱在荷载作用下，各截面上一般将产生三个内力分量，即弯矩、剪力和轴力。当荷载及三个铰的位置确定时，三铰拱的反力就可以确定，而与各铰间拱轴形状无关，三铰拱的内力只与拱形状有关。当拱上所有截面的弯矩都等于零且只有轴力时，各截面都处于均匀受压的状态，因而材料能得到充分的利用，相应的拱截面尺寸是最小的。从理论上说，设计成这样的拱是最经济的。在固定荷载作用下使拱处于无弯矩、无剪力状态的轴线称为**合理拱轴线。**

在竖向荷载下，由式(4-6)可知，三铰拱的弯矩 M 是相应简支梁的弯矩 M^0 与 $-F_Hy$ 叠加而成的，而 $-F_Hy$ 与拱的轴线有关。显然，合力选择拱轴线则有可能使拱所受弯矩为零，即拱处于无弯矩状态。因此，在竖向荷载作用下，三铰拱的合力拱轴线方程可由下式求得

$$M=M^0-F_Hy=0$$

由此得

$$y=\frac{M^0}{F_H} \tag{4-9}$$

式(4-9)即拱的合理拱轴线方程。可见，在竖向荷载作用下，三铰拱的合理拱轴线的纵坐标 y 与相应简支梁弯矩图的纵坐标成正比。当荷载已知时，只需求出相应简支梁的弯矩方程，然后除以常数 F_H，便可得到合理拱轴线方程。

但应注意，某一合理共轴线只是相对于某一确定的固定荷载而言的，当荷载的作用方式改变时，合理拱轴线方程也会相应地改变。另外，三铰拱在某已知竖向荷载作用下，若两个拱趾的位置已定，而顶铰的位置不定时，则水平推力 F_H 为不定值，因此就有无限多个相似图形可作为合理拱轴线，所以，只有在三个铰的位置确定的情况下，水平推力 F_H 才是一个确定的常数，这时就有唯一的合理拱轴线。

下面讨论几种常见的合理拱轴线。

(1) 竖向均布荷载作用下三铰拱的合理拱轴线。在图 4-26(a) 所示的三铰拱上作用有均布竖向荷载 q，拱的跨度为 l，拱高为 f，拱的相应简支梁如图 4-26(b) 所示，在图示坐标系中确定其合理拱轴线方程。

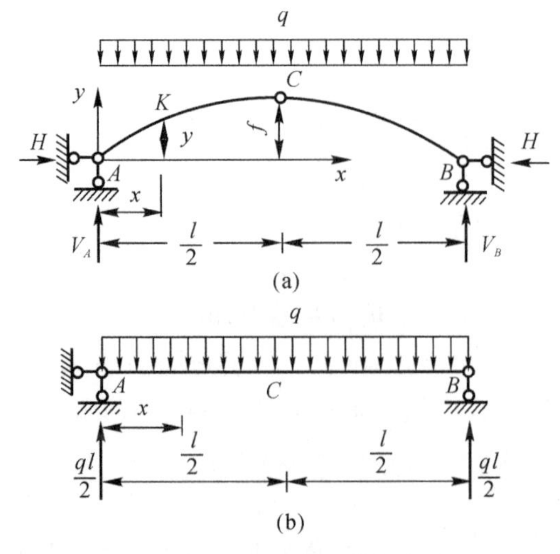

图 4-26　三铰拱和其相应梁

由式(4-4)和式(4-5)可求支座反力为

$$F_A V = F_A V^0 = \frac{1}{2}ql$$

$$F_B V = F_B V^0 = \frac{1}{2}ql$$

$$F_H = (M_C^0)/f = \frac{1}{f}\frac{ql^2}{8} = \frac{ql^2}{8f}$$

K 截面的弯矩方程为

$$M = M_k^0 - F_H y = F_{AV}^0 x - \frac{1}{2}qx^2 - F_H y = \frac{1}{2}qlx - \frac{1}{2}qx^2 - \frac{ql^2}{8f}y$$

令上述弯矩为零，即

$$M = M_k^0 - F_H y = \frac{1}{2}qlx - \frac{1}{2}qx^2 - \frac{ql^2}{8f}y = 0$$

解得

$$y = \frac{4f}{l^2}(l - x)x$$

上式即为该拱的合力拱轴线表达式，该式表明，竖向均布荷载作用下，三铰拱的合理拱轴线为抛物线。

(2) 垂直于拱轴线的均布荷载(如均匀水压力)q 作用下三铰拱的合理拱轴线。

图 4-27(a) 所示三铰拱受垂直于拱轴线的均布荷载 q 作用，其合力拱轴线方程可有由合理拱轴线的定义由平衡条件导出。设拱轴为合理拱轴线，则拱处于无弯矩状态，各横截面上的弯矩和剪力均为零，取图 4-27(b) 所示微段为隔离体，在隔离体的横截面上只有轴力 F_N 和 $F_N + \mathrm{d}N$。由隔离体的弯矩平衡条件 $\sum M_O = 0$ 得

$$F_N R - (F_N + \mathrm{d}F_N)R = 0$$

上式中的 R 为隔离体的曲率半径。由于 $R \neq 0$，故由上式可知 $\mathrm{d}F_N = 0$，这表明拱内的轴

力 F_N 为一常数。

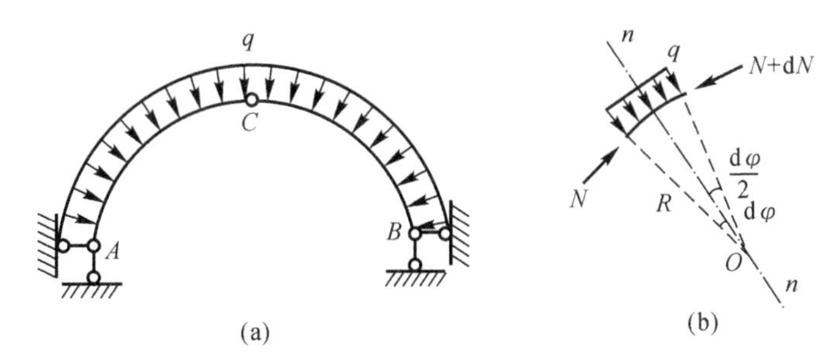

图 4－27　三铰拱的合理拱轴线

由隔离体[见图 4－27(b)]的投影平衡条件 $\sum F_n = 0$ 得

$$F_N \sin\frac{d\varphi}{2} + (F_N + dF_N)\sin\frac{d\varphi}{2} - qR\,d\varphi = 0$$

由 $d\varphi \to 0$，得 $\sin\frac{d\varphi}{2} = \frac{d\varphi}{2}$。

若再略去高阶微量，则上式可写为

$$F_N\frac{d\varphi}{2} + F_N\frac{d\varphi}{2} - qR\,d\varphi = 0$$

$$F_N = qR$$

由于上式中的 F_N 及 q 均为常数，所以曲率半径

$$R = \frac{F_N}{q} = 常数 \tag{4-10}$$

式(4－10)表明，三铰拱在垂直于拱轴线的均布荷载作用下的合理拱轴为圆弧线，轴力为常数。因此，水管、高压隧洞和拱坝常采用圆形截面。

(3) 满跨填料重量作用下三铰拱的合理拱轴线。

图 4－28 所示三铰拱承受表面为一水平面的填料重量作用，试求其合理拱轴。已知填料荷载集度为 $q_x = q_C + \gamma y$，其中，q_C 为拱顶处的荷载集度，γ 为填料的容重，y 为拱轴的纵坐标，当 $y = f$ 时得拱脚处的荷载集度 $q_x = q_C + \gamma f$。

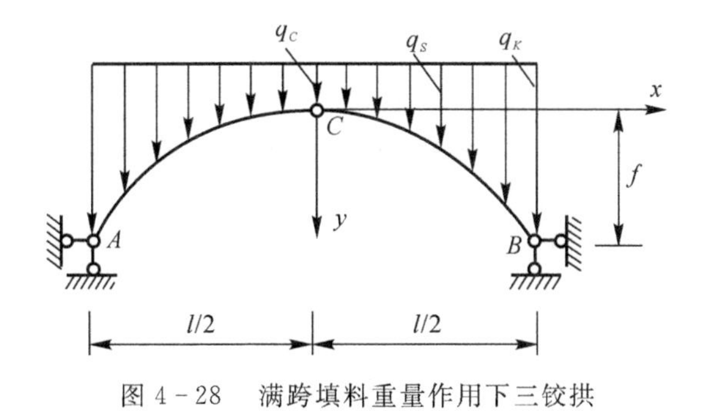

图 4－28　满跨填料重量作用下三铰拱

由于竖向分布荷载集度 q 随拱轴坐标 y 变化，而 y 为未知，所以三铰拱相应简支梁的弯矩方程 M^0 无法确定，因而不能直接由式(4－9)求出合理拱轴方程，还要对该式进行变换。

对式(4－9)求 x 微分两次得

$$\frac{\mathrm{d}^2 y}{\mathrm{d}x^2}=\frac{\mathrm{d}^2 M^0}{\mathrm{d}x^2}\frac{1}{F_H}$$

用 $q(x)$ 表示沿水平线单位长度的荷载，则有

$$\frac{\mathrm{d}^2 M^0}{\mathrm{d}x^2}=-q(x)$$

所以有

$$\frac{\mathrm{d}^2 y}{\mathrm{d}x^2}=-\frac{1}{F_H}q(x) \tag{4-11}$$

式中规定 y 向上为正，但在图 4－28 中，y 轴方向是向下的，故式(4－11)右边应该取正号，即

$$\frac{\mathrm{d}^2 y}{\mathrm{d}x^2}=\frac{q(x)}{F_H} \tag{4-12}$$

式(4－12)就是竖向荷载作用下拱的合理拱轴线微分方程。

将 $q_x=q_c+\gamma y$ 代入式(4－12)，得

$$\frac{\mathrm{d}^2 y}{\mathrm{d}x^2}-\frac{\gamma}{F_H}y=\frac{q_C}{F_H}$$

该式是一个二阶常系数非齐次线性微分方程，它的一般解可用双曲线函数表示为

$$y=A\mathrm{ch}\sqrt{\frac{\gamma}{F_H}}x+B\,\mathrm{sh}\sqrt{\frac{\gamma}{F_H}}x-\frac{q_c}{\gamma}$$

式中，两个常数 A、B 可由边界条件确定：

在 $x=0$ 时，$y=0$ 得：$A=\dfrac{q_c}{\gamma}$；

在 $x=0$ 时，$\dfrac{\mathrm{d}y}{\mathrm{d}x}=0$ 得 $B=0$，因此 $y=\dfrac{q_c}{\gamma}\left(\mathrm{ch}\sqrt{\dfrac{\gamma}{F_H}}x-1\right)$。

上式表明：在满跨填料重量作用下，三铰拱的合理拱轴是一悬链线。

在工程实际中，同一结构往往要受到各种不同荷载的作用，而对应不同的荷载就有不同的合理轴线。因此，根据某一固定荷载所确定的合理轴线并不能保证拱在各种荷载作用下都处于无弯矩状态。在设计中应当尽可能地使拱的受力状态接近无弯矩状态。通常是以主要荷载作用下的合理轴线作为拱的轴线。这样，在一般荷载作用下拱仍会产生不太大的弯矩。

4.6 静定平面桁架内力分析

4.6.1 桁架的特点和组成

梁和刚架承受荷载后，主要产生弯曲内力，截面上的应力分布是不均匀的，因而材料的性能不能充分发挥。桁架是由杆件组成的格构体系，当荷载只作用在结点上时，各杆内力主要为轴力，截面上的应力基本上分布均匀，可以充分发挥材料的作用。因此，桁架是大跨度结构常用的一种形式。

桁架在工程实际中应用非常广泛，例如房屋的屋架、桥梁、电视塔常采用桁架结构。桁架

是由若干直杆用铰联结而组成的几何不变体系，通常在内力计算中，采用如下假定：

(1)桁架中各杆的两端采用无摩擦的理想铰联结；

(2)各杆的轴线都是直线，且通过铰中心；

(3)荷载和支座反力均作用在结点上。

由于以上特点，桁架的各杆只受到轴力作用，每一根杆都是二力杆，内力只有轴力，使材料得到更加充分的利用。当桁架各杆的轴线和外力都作用在同一平面内时，称为**平面桁架**。

图 4-29(a)所示是钢桁架桥，它是由两片主桁架和联结系统及桥面系统组成的空间结构。列车荷载通过钢轨、枕木、纵梁，横梁传到主桁架结点上。各杆件与结点之间是用许多铆钉(或螺栓)联结起来的。此外，主桁架与联结系、桥面系之间也是铆接或者焊接的。可见，实际钢桁架的构造和受力情况是很复杂的。

在分析桁架时，必须选择既能反映桁架受力本质又便于计算的计算简图。在竖向荷载作用下计算主桁架时，为简化起见，可不考虑整个体系的空间作用，而认为纵梁是支承在横梁上的简支梁，横梁又是支承在主桁架结点上的简支梁，这样，每片主桁架便可作为彼此独立的平面桁架来计算。图 4-29(b)是图 4-29(a)所示钢桁架桥的计算简图。

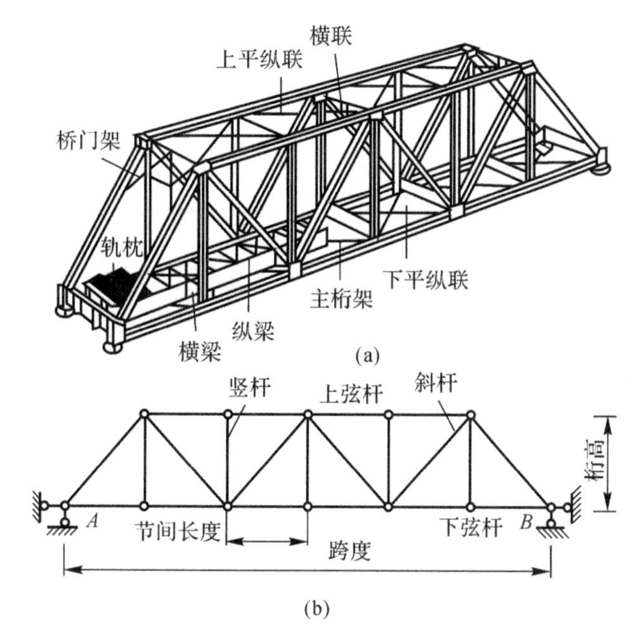

图 4-29　钢桁架桥的计算简图

实际桁架常不能完全符合上述理想情况。例如，在钢屋架中各杆是用焊接或铆接联结的，在钢筋混凝土屋架中各杆是浇注在一起的，有些杆件在结点处还可能连续不断，这就使结点具有一定的刚性，各杆之间的角度几乎不可能变动；在木屋架中各杆是用榫接或螺栓联结的，各杆在结点处虽能有些相对转动，但结点构造也不完全符合理想铰的情况。此外，各杆轴不可能绝对平直，在结点处各杆的轴线不一定全交于一点。还有杆件的自重以及作用到杆件上的风荷载等，都不是作用在结点上的荷载。工程实践表明，结点刚性等因素对桁架的影响是次要的。按上述假定计算得到的桁架内力称为主内力。由于实际情况与上述假定不同而产生的附加内力称为次内力。本书只研究桁架主内力的计算桁架中的杆件，根据其所在位置的不同，可分为弦杆和腹杆两类。弦杆又分为上弦杆和下弦杆。腹杆又分为斜杆和竖杆。弦杆上相邻两结点间的间距称为节间长度。两支座间的水平距离称为跨度。支座联线至桁架最高点的距离称为桁高，如图 4-29(b)所示。

根据桁架结构组成特点，可以将其分为以下三类：

(1)简单桁架。由基础或一个基本铰结三角形开始，依次增加二元体而组成的桁架，如图 4-30(a)所示。

(2)联合桁架。由几个简单桁架按几何不变体系的简单组成规则而联合组成的桁架，如图 4-30(b)所示。

(3)复杂桁架。凡不是按上述两种方式组成的其他桁架，称为复杂桁架，如图 4-30(c)所示。

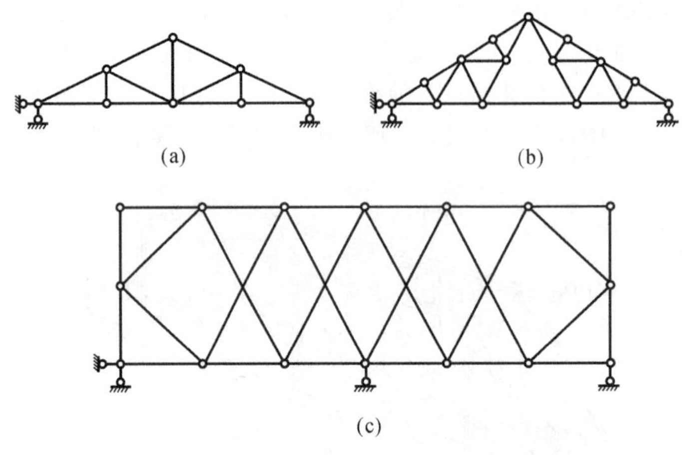

图 4-30 桁架类别

4.6.2 桁架的内力分析

1. 结点法

结点法就是以桁架结点为隔离体，利用平面汇交力系的平衡条件计算各杆内力的方法。桁架的每一根杆都是二力杆，各杆的内力只有轴力，每一个结点上有已知的荷载或支座反力和未知的杆件轴力，这些外力和内力组成了一个平面汇交力系。

平面桁架的结点受平面汇交力系作用，对每个结点只能列两个独立的平衡方程，因此，在所取的结点上，未知力不能多于两个。在求解时，应当从只包含两个(或一个)未知力的结点开始依次计算结点内力。计算时先假定未知杆件的轴力为拉力(背离结点)，若计算结果为正值，表示轴力为拉力；反之，表示轴力为压力。

在建立平衡方程求解时，常常需要把杆的轴力 F_N 分解为水平分力 F_x 和竖直分力 F_y。如图 4-31 所示，杆长为 l，其水平投影为 l_x、竖向投影为 l_y，由比例关系可知：

$$\frac{F_N}{l}=\frac{F_x}{l_x}=\frac{F_y}{l_y}$$

利用该比例关系，可以方便的计算 F_N、F_x、F_y，无需使用三角函数。

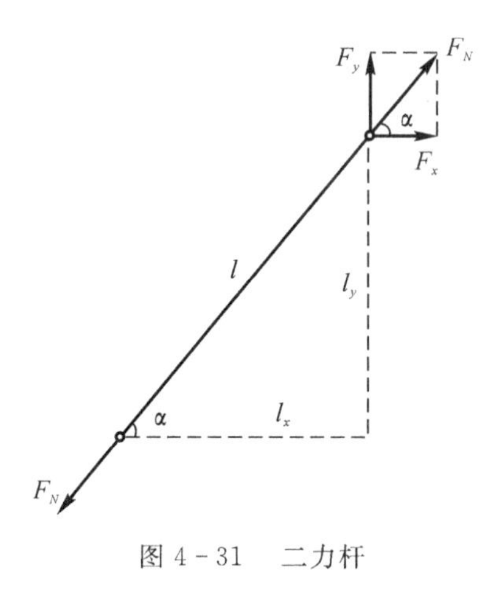

图 4 - 31　二力杆

例 4.10　一屋架的结构计算简图如图 4 - 32(a) 所示，试用结点法求每根杆的轴力。

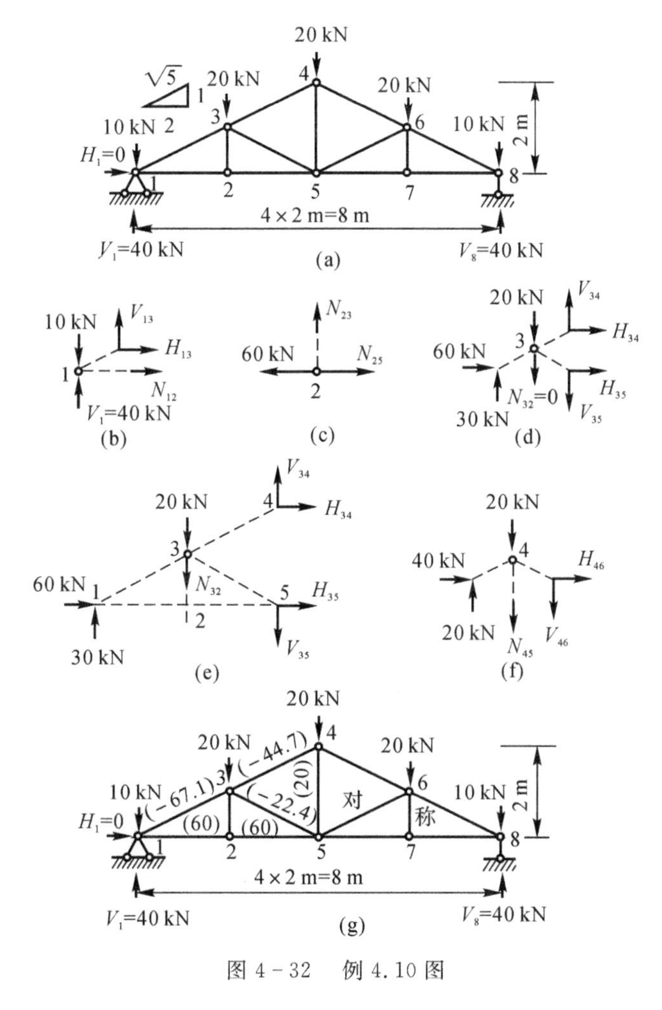

图 4 - 32　例 4.10 图

【解】　先计算支座反力，再用结点法求杆件的轴力。

(1) 求支座反力。

$$V_A = V_B = V_1 = V_2 = \frac{1}{2} \times (10 \times 2 + 20 \times 3) = 40 \text{ kN}(\uparrow)$$

$$H_1 = 0$$

(2) 求各杆轴力。取结点 1[见图 4-32(b)] 为隔离体,由 $\sum Y = 0$ 得

$$V_{13} + 40 - 10 = 0, \quad 得\ V_{13} = -30 \text{ kN}$$

由比例关系,得

$$H_{13} = \frac{2}{1} \times V_{13} = 2 \times (-30) = -60 \text{ kN}$$

$$N_{13} = \frac{\sqrt{5}}{1} \times V_{13} = \sqrt{5} \times (-30) = -67.1 \text{ kN}(压力)$$

由平衡方程 $\sum X = 0$,得

$$N_{12} + H_{13} = 0$$

$$N_{12} = -H_{13} = 60 \text{ kN}(拉力)$$

取结点 2[见图 4-32(c)] 为隔离体。图中将前面已求出的 N_{12}:按实际方向画出,不再标正负号,只标数值。

由 $\sum Y = 0$,得 $N_{23} = 0$;

由 $\sum X = 0$,得:$N_{25} = 60$ kN(拉力)。

取结点 3[见图 4-32(d)]为隔离体。这时 N_{31} 及 N_{32} 均为已知,将已知内力或其分力均按实际方向画出。

由 $\sum X = 0$,得:$H_{34} + H_{35} + 60 = 0$;

由 $\sum Y = 0$,得:$V_{34} - V_{35} - 20 + 30 = 0$。

利用比例关系,在上式中将 H_{34}、H_{35} 分别以 V_{34} 及 V_{35} 表示。然后解上列联立方程即可求出 V_{34}、V_{35}。

为了避免解联立方程,也可以改用力矩方程。如图 4-32(e) 所示。将 N_{31} 及未知力 N_{34} 和 N_{35} 分别在 1、4、5 三点分解为水平分力和竖向分力,$N_{32} = 0$。

以点 5 为矩心,由:

$\sum M_5 = H_{34} \times 2 + 30 \times 4 - 20 \times 2 = 0$ 得:$H_{34} = -40$ kN。

利用比例关系,得:

$$V_{34} = \left[\frac{1}{2} \times (-40)\right] \text{ kN} = -20 \text{ kN}$$

$$N_{34} = \left[\frac{\sqrt{5}}{2} \times (-40)\right] \text{ kN} = -44.7 \text{ kN}(压力)$$

由 $\sum X = 0$,$H_{35} + 60 - 40 = 0$,得:$H_{35} = -20$ kN。

利用比例关系,得:

$$V_{35} = \left[\frac{1}{2} \times (-20)\right] \text{ kN} = -10 \text{ kN}$$

$$N_{35}=\left[\frac{\sqrt{5}}{2}\times(-20)\right]\ \text{kN}=-22.4\ \text{kN(压力)}$$

取结点 4［见图 4-32(f)］为隔离体。

由 $\sum X=0, H_{46}+40=0$，得 $H_{46}=-40\ \text{kN}$。

利用比例关系，得：

$$V_{46}=\left[\frac{1}{2}\times(-40)\right]\ \text{kN}=-20\ \text{kN}$$

$$N_{46}=\left[\frac{\sqrt{5}}{2}\times(-40)\right]\ \text{kN}=-44.7\ \text{kN(压力)}$$

由 $\sum Y=0, 20+20-20-N_{45}=0$，得 $N_{45}=20\ \text{kN}$(拉力)

同理，依次取结点 5、6、7 为隔离体，可求得 $N_{56}=-22.4\ \text{kN}, N_{57}=60\ \text{kN}, N_{67}=0, N_{68}=-67.1\ \text{kN}$，整个桁架的轴力如图 4-32(g) 所示。

桁架杆件中内力为零的杆称为零杆。在桁架中常有一些特殊杆件，其内力可由这些杆件所在结点的平衡条件直接求出，提前判断这些特殊杆件(含零杆)，不仅可以减少计算工作量而且可以提高计算速度。

(1) 不共线的两杆相交，结点上无荷载作用时，该两杆的内力等于零［见图 4-33(a)］；

(2) 不共线的两杆相交，若荷载与其中一杆共线，则另外一杆的内力等于零［见图4-33(b)］；

(3) 三杆相交，结点无荷载作用时，并且其中的两杆在一条直线上，则第三根杆的内力等于零［见图 4-33(c)］；

(4) 四杆相交，结点无荷载作用时，并且四杆两两相交(X 形结点)，则共线两杆内力相等且符号相同［见图 4-33(d)］；

(5) 四杆结点，其中两杆共线，而另外两杆在此直线同侧且交角相等，又称为 K 形结点。如结点上无荷载，则非共线两杆内力大小相等且符号相反［见图 4-33(e)］。

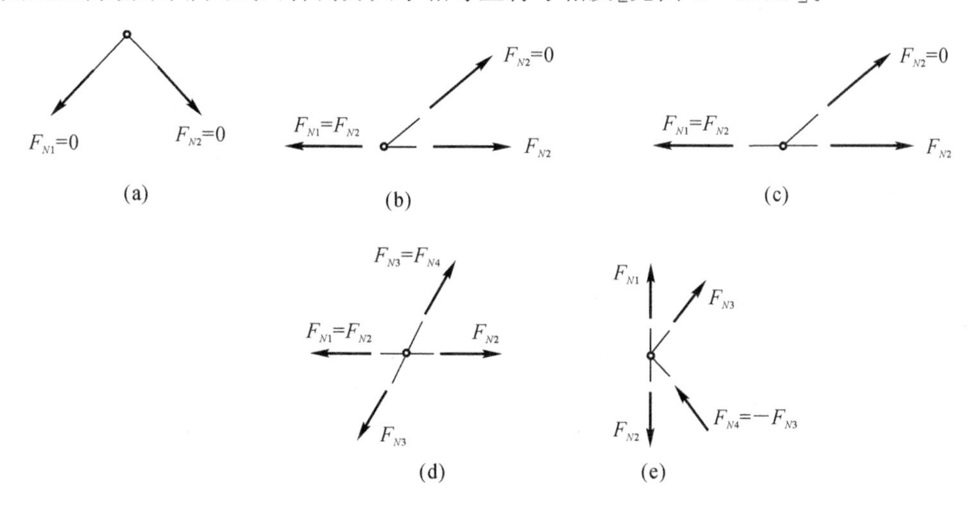

图 4-33　零杆及 X 形、K 形结点

2. 截面法

截面法就是用一假想的截面切断拟求内力的杆件，截取部分桁架（截取部分至少包括两个结点）为研究对象，利用平面一般力系的平衡方程求解被截断杆件的内力。由于平面一般力系平衡方程只有三个，所以截面上的未知力数目不能多于三个，就可求出其全部未知力。为了避免解联立方程，应选择适当的平衡方程。投影方向和矩心位置的选取尤为重要，选取合适的投影方向和矩心位置可以大大简化计算。此外，截取隔离体的截面既可以是平面，也可以是曲面、多折面等。在计算桁架中指定杆件的内力时常采用截面法。

例 4.11　试求图 4-34(a) 所示桁架中 1、2、3 杆的轴力。

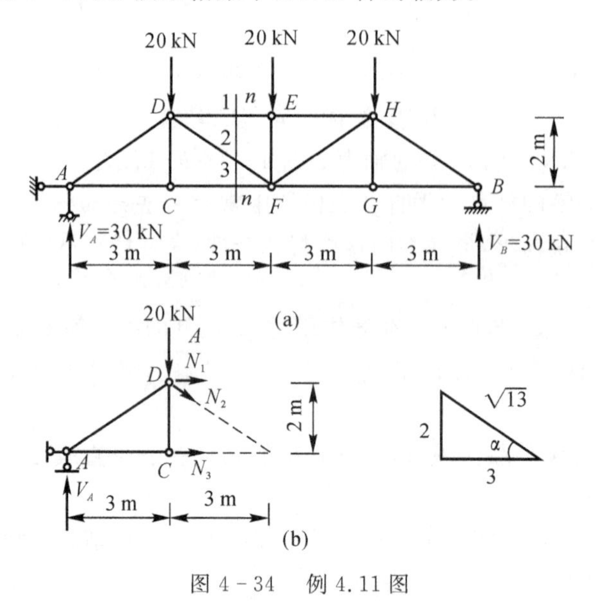

图 4-34　例 4.11 图

【解】　先求支座反力，再用截面法求指定杆件轴力。

(1) 求支座反力。

$$V_A = V_B = 30\ \text{kN}(\uparrow)$$

(2) 求指定杆轴力。用截面 n—n 将桁架分成两部分，取左部分为隔离体，如图 4-34(b) 所示。

由 $\sum M_D = 0$，得：$N_3 = 45$ kN(拉力)；

由 $\sum M_F = 0$，得：$N_1 = -60$ kN(压力)；

由 $\sum Y = 0$，得：$N_2 = 18$ kN(拉力)。

一般来说，在用截面法计算桁架指定杆件的内力时，如果所截杆件未知力的个数不超过三根，可以直接利用静力平衡方程求出指定杆的内力。当截断的杆数为三根时，如果除一杆外，其余两根杆相交于一点，可在该点列力矩平衡方程直接求得第三根杆的轴力；如果除一杆外，其余两根杆平行，可沿平行杆的垂直方向列投影方程求得第三根杆的轴力（见图 4-34）。但是在某些特殊情况下，截断的杆数大于三根，如果除一杆外，其余各杆都交于一点（或都互相平行），则这根与其他杆件不交于一点（或平行）杆件的轴力，仍然可以利用力矩平衡方程（或投影平衡方程）求得。

例 4.12　试计算图 4-35(a) 所示桁架中杆件 a 的轴力。

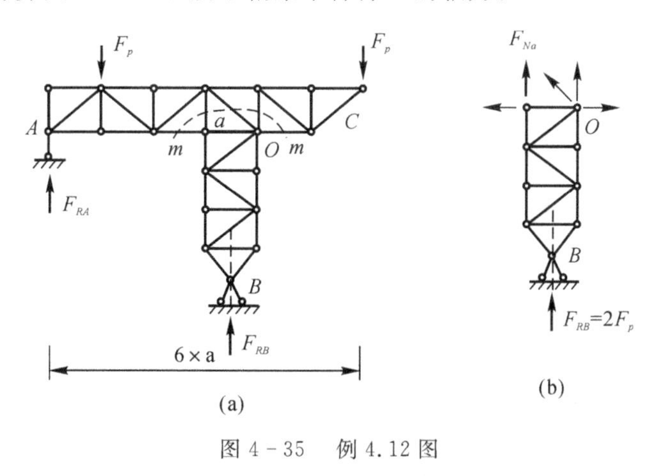

图 4-35　例 4.12 图

【解】　(1) 求支座反力。由 $\sum M_A=0$，得 $F_{RB}=2F_p$(↑)

(2) 求杆件 a 的轴力。取截面 m—m 以下部分为隔离体[见图 4-35(b)]，除杆 a 外，其余各杆汇交于 O 点。

由 $\sum M_O=0$，得 $F_{Na}=-F_p$(压力)。

3. 结点法和截面法的联合应用

在桁架内力计算中，有时联合应用结点法和截面法更为方便。

例 4.13　试计算图 4-36(a) 所示桁架中杆件 1、2、3 的轴力。

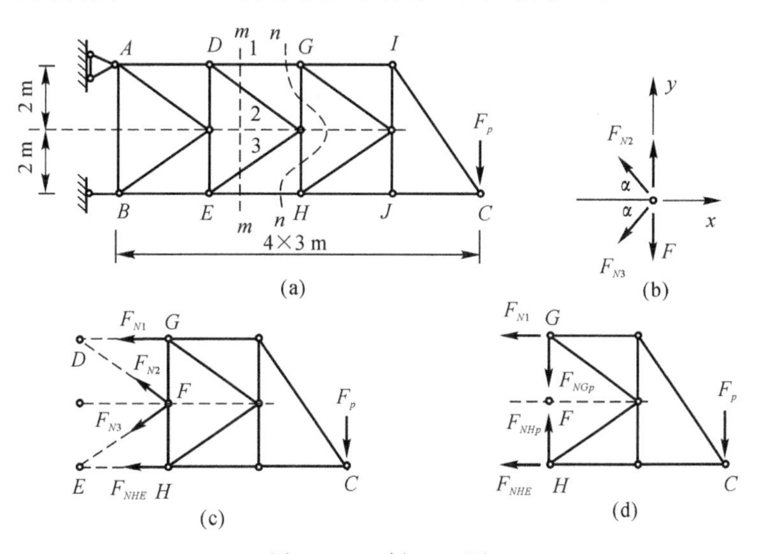

图 4-36　例 4.13 图

【解】　(1) 如图 4-36(b) 所示，由结点 F 的平衡条件 $\sum F_X=0$，得 $-F_{N2}\cos\alpha-F_{N3}\cos\alpha=0$，得，$F_{N2}=-F_{N3}$。

(2) 取截面 m—m 右半部分为隔离体，如图 4-36(c) 所示。

由$\sum F_Y=0$,得

$$F_{N2}\sin\alpha - F_{N3}\sin\alpha - F_P = 0$$

解得

$$F_{N2}=\frac{\sqrt{13}}{4}F_p,\quad F_{N3}=-\frac{\sqrt{13}}{4}F_p$$

(3) 取截面 n—n 右半部分为隔离体,如图 4-36(d) 所示。

由$\sum M_H=0$,得 $F_{N1}\times 4-F_p\times 6=0$,解得 $F_{N1}=1.5F_p$。

思 考 题

1. 什么是截面法? 结构内力的正负号是如何规定的?
2. 叠加原理是什么? 用叠加法作内力图时,为什么是竖标的叠加而不是图形的拼合?
3. 快速绘制弯矩图时,有哪些规律可以使用?
4. 多跨静定梁的基本部分和附属部分是如何划分的? 各自的受力特点是什么?
5. 为什么多跨静定梁的弯矩要比相应简支梁的弯矩要小?
6. 刚结点和铰结点在变形和受力方面有什么区别?
7. 作刚架的弯矩图有什么规律? 刚架结构在刚结点处的弯矩有什么特点?
8. 拱的受力特点是什么? 与梁和刚架有何异同?
9. 三铰拱与简支梁相比,有什么优缺点?
10. 桁架和梁相比有什么优点?
11. 如何判断桁架中的零杆? 是否可将其从实际结构中撤去? 为什么?
12. 理想桁架的基本假设是什么?
13. 什么是合理拱轴线? 如何确定三铰拱的合力拱轴线?
14. 在用结点法和截面法求桁架内力时,如何避免联立方程组?

第 5 章　结构的应力计算与强度分析

第 4 章分析的结构内力，实际上是杆件横截面内力的合力，能够反映结构在荷载作用下各部分的受力分布，但是还不能准确反映结构的危险程度。杆件强度和压杆稳定性分析是研究杆件在外力作用下危险程度的重要途径之一。

需要注意的是，本章节讨论的杆件由“刚体”变成了“弹性体”，是完全弹性的各向同性物体，有两点基本假定：

(1)假定物体是完全弹性的。所谓弹性，指的是物体在撤去引起形变的外力后能恢复原形的性质。而完全弹性，指的是物体能完全恢复原形而没有任何形变。

(2)假定物体是各向同性的。指的是物体在各个方向上的弹性性质相同。

5.1　应力与应变的概念

5.1.1　应力

内力是杆件因受外力作用而产生变形，其内部各部分之间因相对位置改变而产生的相互作用，是由外力(或外部因素)引起的一种作用力，并且会随着外力的增大而增大。从强度角度来看，对于一定尺寸的构件，其内力越大越危险，当内力达到一定数值时，构件就会发生破坏。但是内力的大小并不能确切地反映一个构件的危险程度，特别是对于不同尺寸的构件，其危险程度就更加难以利用内力的数值大小来比较分析。如图 5-1 所示，两个材料相同而截面面积不同的杆件，在相同的拉力 F_N 作用下，虽然两杆的内力大小相同，但是两杆的危险程度却有所不同，显然细杆比粗杆的危险程度更高，更容易拉断破坏。因此，研究结构的强度问题只知道构件截面上的内力是不够的，还要考虑构件可能破坏的截面以及截面上最危险的点。这样，就必须研究作用在截面单位面积上的内力值，截面单位面积上的内力，称为应力，也就是截面上的内力集度。

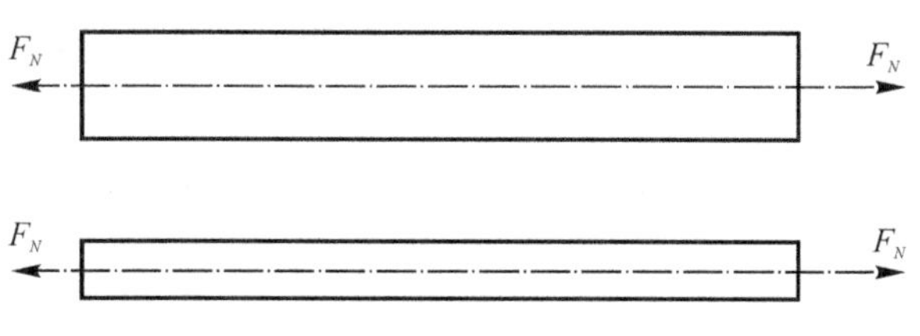

图 5-1　受拉杆

图 5-2(a) 为从一受力构件中取出的隔离体，截面 $m—m$ 上作用有连续的分布力。在截面任一点 P 处取微小面积 ΔA，其上作用的内力为 $\Delta \boldsymbol{F}$，则 $\Delta \boldsymbol{F}$ 与 ΔA 的比值称为平均应力，用 $\boldsymbol{\sigma}_m$ 表示为

$$\boldsymbol{\sigma}_m = \frac{\Delta \boldsymbol{F}}{\Delta A} \tag{5-1}$$

由于 $\Delta \boldsymbol{F}$ 是矢量，ΔA 为标量，故平均应力 $\boldsymbol{\sigma}_m$ 仍为矢量，其方向与 $\Delta \boldsymbol{F}$ 相同。一般来说，截面上的内力分布是不均匀的，所以平均应力的大小和方向与所取面积 ΔA 有关，它还不能真正的反映内力在 P 处的密集程度。为了消除 ΔA 的影响，利用极限的概念，令 ΔA 无限地缩小，使 ΔA 趋于零，从而得到平均应力的极限值

$$\boldsymbol{p} = \lim_{\Delta A \to 0} \frac{\Delta \boldsymbol{F}}{\Delta A} \tag{5-2}$$

$\boldsymbol{p}$ 即为截面 P 点处的应力，如图 5-2(b) 所示。因此，截面上任一点处的应力就是内力在这点的密集程度，它表示该点处受力的强弱程度。

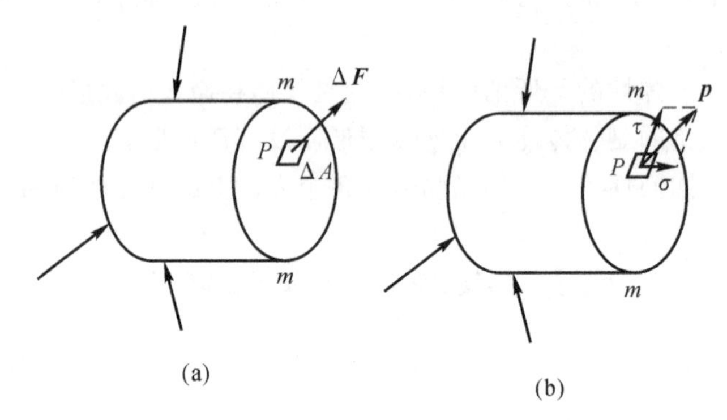

图 5-2 隔离体

一般情况下 $\boldsymbol{p}$ 的方向与截面既不平行也不垂直，如图 5-2(b) 所示，可以将 $\boldsymbol{p}$ 分解为垂直于截面和平行于截面的两个分量，我们把垂直于截面的应力分量称为正应力，用 σ 来表示；把平行于截面的应力分量称为切应力，用 τ 表示。显然就有

$$\begin{cases} p = \sqrt{\sigma^2 + \tau^2} \\ \sigma = p\cos\alpha \\ \tau = p\sin\alpha \end{cases}$$

在国际单位制中，应力的单位是 Pa(帕)，称为帕斯卡，工程中通常用 kPa(千帕)、MPa(兆帕)、GPa(吉帕)，1 kPa $=10^3$ Pa，1 MPa $=10^6$ Pa，1 GPa $=10^9$ Pa。

5.1.2 应变

杆件在外力作用下，其内部任意两点的距离和任意两条线段的夹角都会发生改变。如图 5-3(a) 所示单元体的边 AB 变形前的长度为 Δx，变形后长度为 $\Delta x + \Delta s$，Δs 为 AB 的变形量，则比值

$$\varepsilon_m = \frac{\Delta s}{\Delta x}$$

表示线段 AB 每单位长度的平均伸长或缩短，称为平均应变。若使线段 AB 的长度 Δx 趋于

零，则 ε_m 的极限为

$$\varepsilon = \lim_{\Delta x \to 0} \frac{\Delta s}{\Delta x} \tag{5-3}$$

ε 称为线段 AB 内一点沿 x 方向的线应变或简称应变。如果线段 AB 内各点沿 x 方向的变形程度是均匀的，则平均应变就是线段 AB 内一点沿 x 方向的应变。

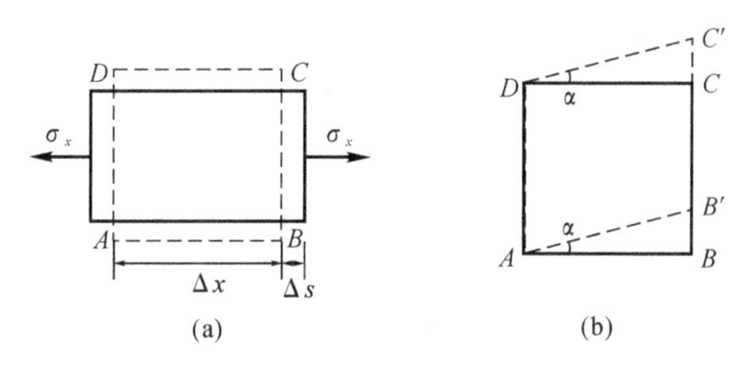

图 5－3　应变

固体的变形不但表现为线段长度的改变，而且正交线段的夹角也将会发生变化。如图 5－3(b) 所示，变形前 AB、AD 两线段的夹角为直角，变形后夹角发生改变，其直角改变量 γ 称为角应变或切应变，表示为

$$\gamma = \lim_{\substack{AB \to 0 \\ AD \to 0}} \alpha \tag{5-4}$$

应变 ε 和切应变 γ 是度量一点处变形程度的两个基本物理量，它们的量纲为 1。

5.2　材料拉压时的力学性质

构件的强度和变形问题和材料的力学性质息息相关。所谓材料的力学性质，是指材料在外力作用下表现出的变形、破坏等方面的特性，它是材料的固有属性，须通过试验来测定。常温（室温）、静载荷下的拉伸试验是测定材料力学性能的基本试验，称为常温静载试验。依据材料破坏时产生的变形情况可以将典型工程材料分为脆性材料和塑性材料两大类。脆性材料在拉断时的塑性变形很小，如铸铁、混凝土、石料等；塑性材料在拉断时会产生较大的变形，如低碳钢。这两类材料的力学性质具有明显的不同，下面以低碳钢和铸铁为主要代表，介绍材料拉压时的力学性质。

5.2.1　材料拉伸时的力学性质

1. 低碳钢拉伸时的力学性质

低碳钢是一种典型的塑性材料，在工程中应用较为广泛，在拉伸时表现出的力学性质也最为典型。为了便于比较各种材料在拉伸时的力学性质，试件尺寸须按照国家标准《金属拉力试验法》进行制作，如图 5－4 所示，在试件中间等直段划取 l_0 长度作为标距，标距长度有两种，圆截面试件分别为 $l_0=5d_0$ 或 $l_0=10d_0$；矩形截面试件分别为 $l_0=5.65\sqrt{A}$ 或 $l_0=11.3\sqrt{A}$。

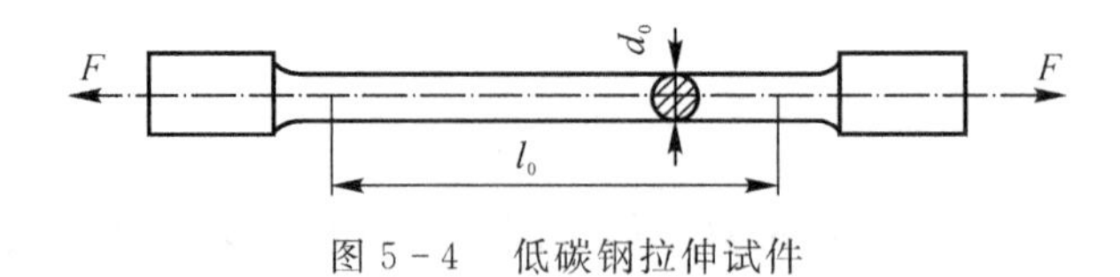

图 5-4　低碳钢拉伸试件

材料的拉伸和压缩试验可以在万能试验机上进行，随着拉力 F 的缓慢增加，每个拉力 F 对应一个标距段的伸长量 Δl，可得到 $F-\Delta l$ 关系曲线，称为拉伸图，如图 5-5(a) 所示。

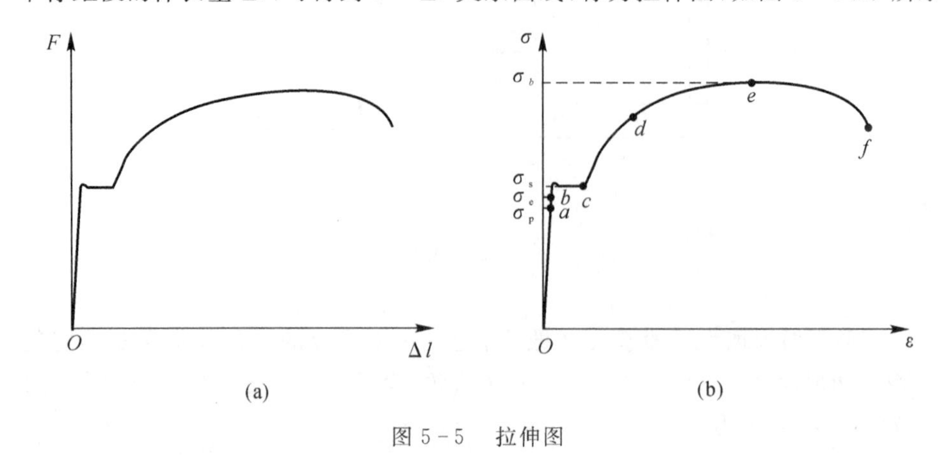

图 5-5　拉伸图

由于 $F-\Delta l$ 曲线受试件几何尺寸的影响，不能直接反映材料的力学性质。为消除试件尺寸的影响，用正应力(名义应力)$\sigma=F/A_0$(A_0 为试件标距段初始横截面积)来反映试件的受力情况；用应变(名义应变)$\varepsilon=\Delta l/l_0$ 来反映试件的变形情况。于是可用 $\sigma-\varepsilon$ 关系曲线[见图 5-5(b)]反映材料的力学性质。根据低碳钢的试验结果，其力学性能大致如下。

(1) 弹性阶段。在拉伸的初始阶段，材料的变形是弹性变形，若卸载拉力 F，试件的变形将完全消失。如图 5-5(b) 所示，在此阶段内，$\sigma-\varepsilon$ 的关系为一直线 Oa，说明在此阶段内，应力与应变成正比，即遵循胡克定律：

$$\sigma=E\varepsilon \tag{5-5}$$

式中，E 是与材料性能有关的比例常数，称为弹性模量。点 a 对应的应力值σ_p 称为材料的比例极限。在超过材料的比例极限后，从 a 点到 b 点，$\sigma-\varepsilon$ 的关系不再是直线，但是卸载拉力 F 后变形仍然可完全消失，b 点所对应的应力值 σ_e 称为材料的弹性极限。由于大部分材料的比例极限和弹性极限非常接近，所以工程上对两种极限值不严格区分。

(2) 屈服阶段。在应力超过弹性极限后，应变有非常明显的增加而应力有所下降，在曲线上表现为一段近似于水平的直线段。这种应力基本保持不变，而应变显著增加的现象称为屈服或流动。bc 段称为材料的屈服阶段。bc 段最低点的应力值 σ_s 称为材料的屈服极限，是衡量材料强度的重要指标。如果把试件表面进行抛光，可观察到试件表面有许多与轴线约成 45° 角的条纹，这是由于材料内部相对滑移形成的，称为滑移线。屈服阶段不仅变形大，而且表现为显著的塑性变形。

(3) 强化阶段。材料经过屈服阶段后，又恢复了抵抗变形的能力，应力又随应变的增大而增加，这种现场称为材料的强化。ce 段称为材料的强化阶段。最高点 e 所对应的应力 σ_b 称为材料的强度极限或抗拉极限，是材料所能承受的最大应力，是衡量材料强度的又一重要指标。

(4) 颈缩阶段。过点 e 后，试件的某一局部区域其横截面积急剧缩小，这种现场称为颈缩现象。试件颈缩部分的横截面面积急剧减小，使试件继续变形所需的拉力也随之减小，直至试件在颈缩处断裂。

(5) 延伸率和断面收缩率。材料的塑性变形程度直接影响材料在工程中的安全使用，在工程中一般用延伸率的断面收缩率来衡量材料的塑性变形程度。

1) 延伸率

$$\delta = \frac{l_1 - l_0}{l_0} \times 100\% \tag{5-6}$$

式中　l_1—— 试件断裂后标距段的长度；

l_0—— 试件初始标距长度。

2) 断面收缩率

$$\psi = \frac{A_0 - A_1}{A_0} \times 100\% \tag{5-7}$$

式中　A_0—— 试件初始横截面面积；

A_1—— 试件断裂(颈缩)处最小截面面积。

δ 和 ψ 是衡量材料塑性性能的两个重要指标，δ 和 ψ 越大表示材料的塑性性能越好。工程中常把 $\delta \geqslant 5\%$ 的材料称为塑性材料，把 $\delta < 5\%$ 的材料称为脆性材料。

2. 铸铁拉伸时的力学性质

铸铁是一种典型的脆性材料，如图 5-6(a) 虚线部分所示，它从受拉到断裂，变形不显著，既没有屈服阶段，也没有颈缩现象，在曲线上没有明显的直线部分，说明铸铁不符合胡克定律。但是由于铸铁在实际使用的工作应力范围内，其 σ-ε 曲线的曲率很小，在计算时可以近似以直线代替，认为在应变较小时近似符合胡克定律，强度极限 σ_b 是衡量脆性材料拉伸时的唯一强度指标。

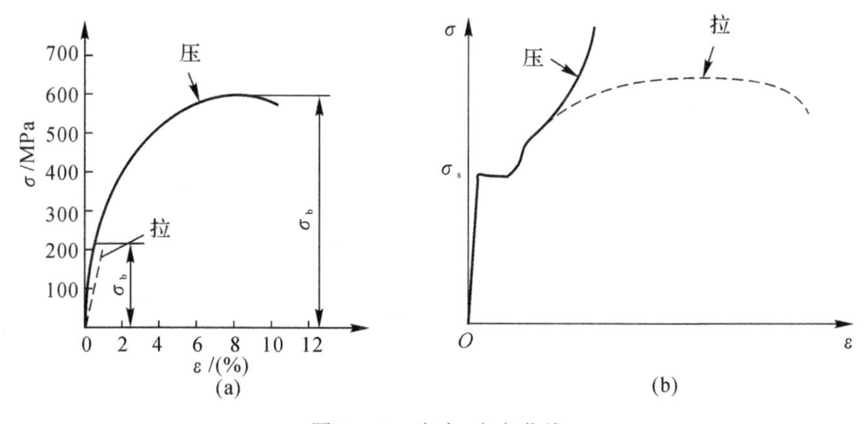

图 5-6　应力-应变曲线

5.2.2　材料压缩时的力学性质

和拉伸试件相比，金属材料的试件一般做成很短的圆柱体，以免被压弯。圆柱的高度约为直径的 1.5 ～ 3.5 倍；非金属材料的试件(如混凝土、石料、木材等)则常做成立方体或长方体。

1. 低碳钢压缩时的力学性质

低碳钢压缩时的$\sigma-\varepsilon$曲线如图5-6(b)实线部分所示，可以看出，低碳钢压缩时的比例极限、屈服极限、弹性模量均与拉伸时大致相同。过了屈服极限后，试件被越压越扁，横截面面积不断增大，压力增加，试件的抗压能力不断提高，因此得不到试件压缩时的强度极限。由于低碳钢压缩时的主要力学性能与拉伸时大致相同，所以不一定要进行压缩试验。

2. 铸铁压缩时的力学性质

铸铁压缩时的$\sigma-\varepsilon$曲线如图5-6(a)实线部分所示，没有屈服现场，试件在较小变形下突然沿与试件轴线约成45°～55°的斜面上发生剪断破坏。但是，铸铁压缩时的延伸率比拉伸时要大，压缩时的强度极限约为拉伸时的4～5倍。其他脆性材料(如混凝土、石料等)也有类似的性质，其抗压强度要高于抗拉强度，所以脆性材料适用于受压构件。

综上所述，衡量材料力学性能的指标主要有比例极限(或弹性极限)σ_p、屈服极限σ_s、强度极限σ_b、弹性模量E、伸长率δ和断面收缩率ψ等。比例极限(或弹性极限)σ_p表示材料的弹性范围；屈服极限σ_s是衡量材料强度的重要指标之一，当应力达到屈服极限σ_s时，构件将产生显著变形，使构件无法正常工作；强度极限σ_b是衡量材料强度的又一重要指标，当应力达到强度极限σ_b时，构件出现颈缩并很快会断裂。对于塑性材料而言，其塑性指标较高，抗拉断和承受冲击的能力较好，其强度指标主要是屈服极限，拉、压状态下具有相同的数值。而脆性材料的塑性指标很低，抗拉强度远低于抗压强度，其强度指标只有强度极限。此外，脆性材料对应力集中现象非常敏感，很容易在应力集中处首先发生破坏，而塑性材料由于屈服现象的存在，可以使应力集中趋向均匀，对应力集中现象敏感性较低。

5.3 轴向拉(压)杆的应力和强度分析

轴向拉伸或压缩变形是杆件最基本的变形形式之一。当作用在杆件上的外力或其合力作用线与杆件的轴线重合时，杆件发生轴向拉伸或缩短(见图5-7)。作用线沿杆件轴线的载荷，称为轴向载荷。以轴向伸长或缩短为主要特征的变形形式，称为轴向拉压。以轴向拉压为主要变形的杆件，称为拉压杆。在工程实际中经常有受轴向受拉或受压的构件，如桁架、吊杆等。

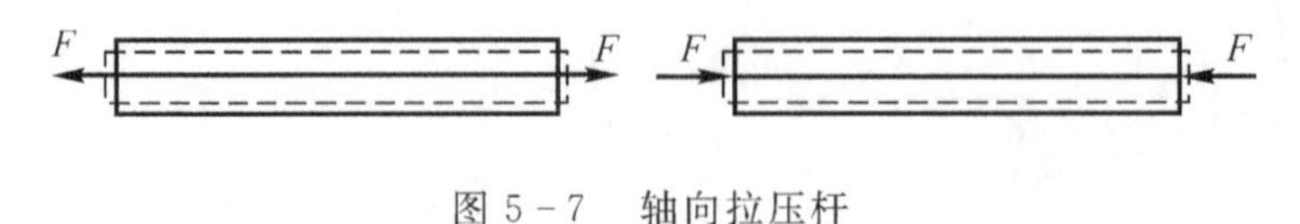

图5-7　轴向拉压杆

5.3.1 轴向拉压杆的应力

前面讨论了梁的内力计算及内力图，根据内力图可以确定梁的内力最大值及其所在位置。但是要判断杆件是否会发生断裂等强度破坏，就必须考虑杆件的几何尺寸与内力分布规律，研究杆件横截面上的应力分布规律。

1．横截面上的应力

轴力是横截面上法向分布内力的合力。为观察杆件的轴向拉伸变形情况，取一等直杆，在杆表面画出如图5-8(a)所示的横、纵线。在杆的两端施加一对轴向力 F 后，如图5-8(b)所示，杆件上所有纵线的伸长都相等，横线保持为直线，并仍然与纵线垂直。根据该现象，如果把杆设想成由无数纵向纤维组成，可知各纤维的伸长量都相等，它们的受力也就相等。于是可作如下假设：直杆在轴向拉(压)时横截面仍然保持为平面，称为平面假设。根据材料的连续均匀性假设，杆件横截面上的内力均匀分布，即横截面上各点的应力大小相等，并且方向垂直于横截面，则有

$$F_N = \int \sigma \mathrm{d}A = \sigma A$$

那么横截面上的正应力为

$$\sigma = \frac{F_N}{A} \tag{5-8}$$

式中　A—— 杆的横截面面积；

F_N—— 轴力。

σ 的符号与轴力的符号一致，即拉应力为正，压应力为负。当杆件的轴力沿轴线变化时，最大应力为

$$\sigma = \frac{F_{N\max}}{A}$$

最大应力所在截面称为危险截面，杆件若发生破坏首先从危险截面开始。

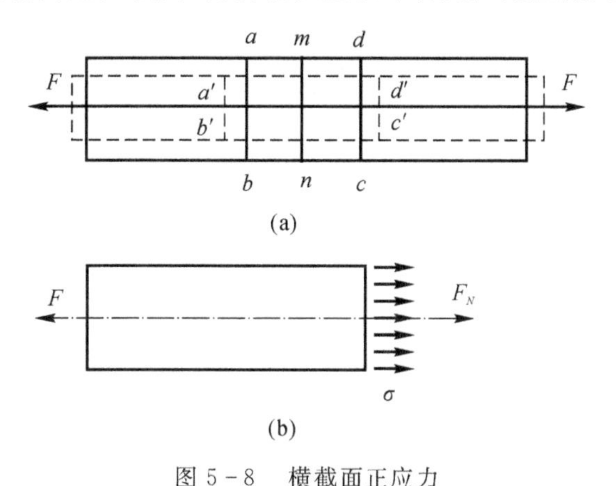

图5-8　横截面正应力

例5.1　图5-9所示为一钢木支架，BC 杆由边长为10 cm的正方形截面制成，AB 杆由直径为25 mm的圆柱形钢制成，在 B 点承受 $G=50$ kN的荷载，试计算两杆中的应力。

【解】　(1) 利用结点法求得两杆的内力为

$$N_{AB}=28.78\ \text{kN(拉力)},\quad N_{BC}=-57.74\ \text{kN(压力)}$$

(2) 应力计算

$$\sigma_{AB}=\frac{N_{AB}}{A_{AB}}=58.8\ \text{MPa(拉)}$$

$$\sigma_{BC}=\frac{N_{BC}}{A_{BC}}=-5.77\ \mathrm{MPa}(压)$$

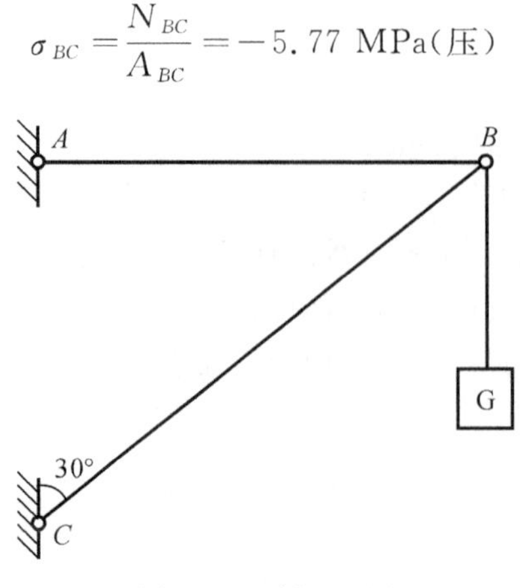

图 5-9　例 5.1 图

例 5.2　图 5-10 所示右端固定的阶梯型圆截面杆件，受到轴向力 F_1 和 F_2 的作用，试计算杆内横截面上的最大正应力。其中 $F_1=20\ \mathrm{kN}$，$F_2=50\ \mathrm{kN}$，直径 $d_1=20\ \mathrm{mm}$，$d_2=30\ \mathrm{mm}$。

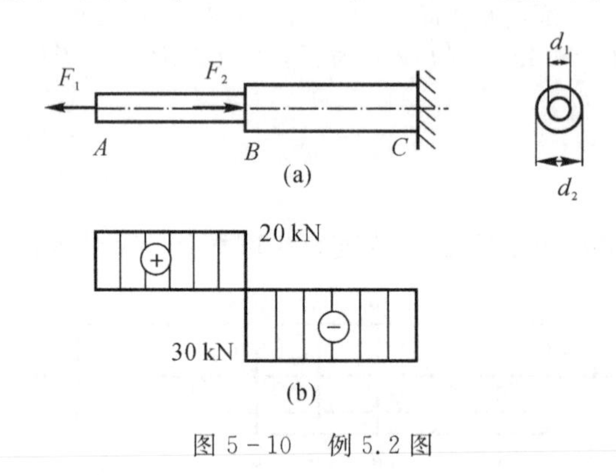

图 5-10　例 5.2 图

【解】　(1) 轴力分析。用截面法可得该杆件的轴力图如图 5-10(b) 所示。

(2) 应力分析。杆件 AB 段轴力较小，但横截面面积也小，BC 段轴力虽然大，但是横截面面积也较大，因此，应分别计算两段的应力。

$$\sigma_{AB}=\frac{F_{AB}}{A_{AB}}=63.7\ \mathrm{MPa}(拉)$$

$$\sigma_{BC}=\frac{F_{BC}}{A_{BC}}=-42.4\ \mathrm{MPa}(压)$$

由此可见，AB 杆内应力最大为 63.7 MPa 的拉应力。

2. 斜截面上的应力

轴向拉压杆件的破坏有时并不是沿着横截面发生破坏而是沿斜截面发生破坏，例如上述讨论的铸铁压缩破坏是沿着与轴线约成 45° 的斜截面发生，这种现象显然与斜截面上应力分布有关，下面对斜截面上的应力状态进行讨论。

如图 5-11(a) 所示，取一等直杆，杆的两端受到拉力 F 作用，横截面面积为 A，用截面法沿任一截面 $m—m$ 将杆切开，取左半部分为研究对象[见图 5-11(b)]。设截面 $m—m$ 外法线与

杆轴线夹角为 α，斜截面的面积为 A_α，则有

$$A_\alpha = \frac{A}{\cos\alpha}$$

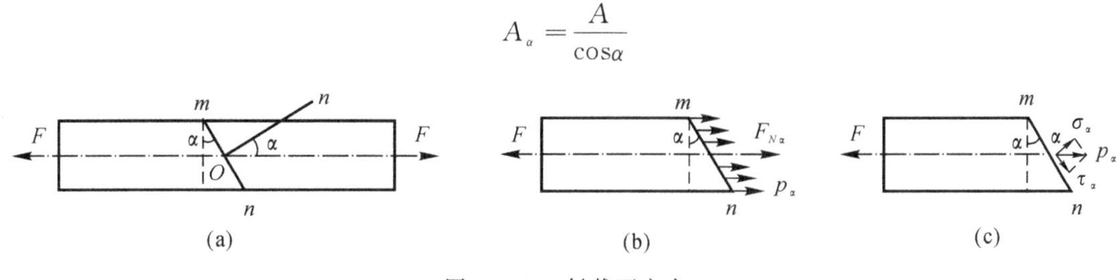

图 5-11　斜截面应力

如图 5-11(b) 所示，用 $F_{N\alpha}$ 表示斜截面上的内力，根据平衡条件有 $F=F_{N\alpha}$。另外，由横截面应力分布特点可知，斜截面 $m—m$ 上应力 p_α 沿截面也是均匀分布，方向与轴线平行。于是，可得到

$$p_\alpha = \frac{F_{N\alpha}}{A_\alpha} = \frac{F}{A_\alpha} = \frac{F}{A}\cos\alpha = \sigma\cos\alpha$$

把应力 p_α 分解成沿斜截面的切应力 τ_α 和垂直于斜截面的正应力 σ_α，如图 5-11(c) 所示，则有

$$\left.\begin{aligned} \sigma_\alpha &= p_\alpha\cos\alpha = \sigma\cos^2\alpha \\ \tau_\alpha &= p_\alpha\sin\alpha = \sigma\cos\alpha\sin\alpha = \frac{\sigma}{2}\sin2\sigma \end{aligned}\right\} \tag{5-9}$$

式(5-9) 就是拉压杆斜截面上应力的计算公式。正应力 σ_α 和切应力 τ_α 都是角度 α 的函数，其大小随着 α 的改变而改变。

当 $\alpha=0$ 时，截面上的正应力达到最大值，即 $\sigma_{\max}=\sigma$；

当 $\alpha=45°$ 时，斜截面上的切应力达到最大值，即 $\tau_{\max}=\dfrac{\sigma}{2}$；

当 $\alpha=90°$ 时，$\sigma_\alpha=\tau_\alpha=0$，表面在平行于杆件轴线的纵向截面上无任何应力。

需要注意的是，α、σ_α、τ_α 的方向通常规定如下：角度 α 从横截面的法线到斜截面的法线，以逆时针转动为正，顺时针转动为负；正应力 σ_α 以拉应力为正，压应力为负；切应力 τ_α 对研究对象内任一点取矩为顺时针转动为正，逆时针转动为负。

5.3.2　轴向拉压杆的应变

杆件受到轴向荷载时，其轴向尺寸和横向尺寸都会发生变化(见图 5-7)。其沿着轴线方向的变形称为轴向变形，垂直于轴线方向的变形称为横向变形。

如图 5-12 所示等截面直杆，两端受到拉力 F 作用时的轴向拉伸变形情况。杆件的原长为 l，变形后的长度为 l_1，则该杆件的轴向变形为

$$\Delta l = l_1 - l$$

该变形量实际上杆件各部分变形的总和，它并不能准确反映杆件变形的严重程度。因此，通常用杆件单位长度的变形量 ε 来反映杆件变形的严重程度，即

$$\varepsilon = \frac{\Delta l}{l} \tag{5-10}$$

ε 表示杆件的相对变形，称为线应变，简称应变，又称轴向应变，是一个无量纲的量。ε 的正负号规定为：拉伸时为正，压缩时为负。

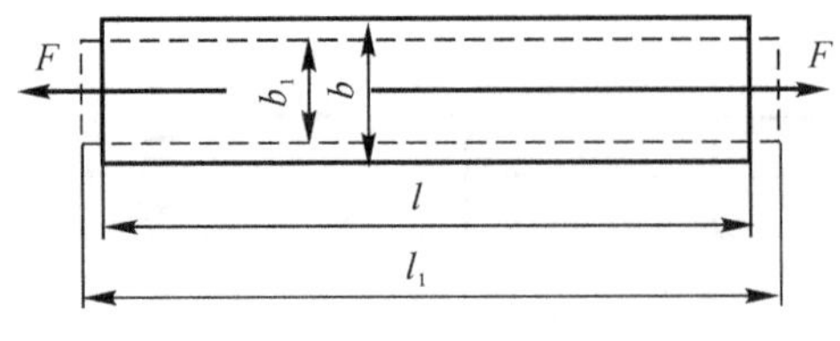

图 5-12　斜截面上的应力

由图5-12可以看到，杆件的横向尺寸也发生了变化，即发生的横向变形。于是，杆件的横向变形为

$$\Delta b = b_1 - b$$

同理，杆件的横向应变 ε' 为

$$\varepsilon' = \frac{\Delta b}{b} \tag{5-11}$$

轴向应变 ε 与横向应变 ε' 的正负号恒相反。

试验结果表明，在比例极限内，与横向应变 ε' 与轴向应变 ε 成正比，可写成

$$\mu = -\frac{\varepsilon'}{\varepsilon} \tag{5-12}$$

比例系数 μ 称为泊松比。对于大多数各向同性材料，$0 < \mu < 0.5$。

由试验结果可知，对于大多数工程材料而言，在比例极限范围内，其应力和应变是成正比关系的，也就是遵循胡克定律，即

$$\sigma = E\varepsilon \tag{5-13}$$

把式(5-8)和式(5-10)代入式(5-13)可得

$$\Delta l = \frac{Fl}{EA} \tag{5-14}$$

式中：EA 表示材料抵抗拉压变形的能力，称为抗拉（压）刚度。当应力不超过比例极限时，杆件的变形量 Δl 与拉力 F 和杆件原长 l 成正比，与横截面积 A 成反比。

例 5.3　图 5-13 所示是一个阶梯杆，各段横截面面积分别为 $A_{AB} = A_{CD} = 300\ \text{mm}^2$，$A_{BC} = 200\ \text{mm}^2$，钢的弹性模量 $E = 200$ GPa。请计算杆的总变形。

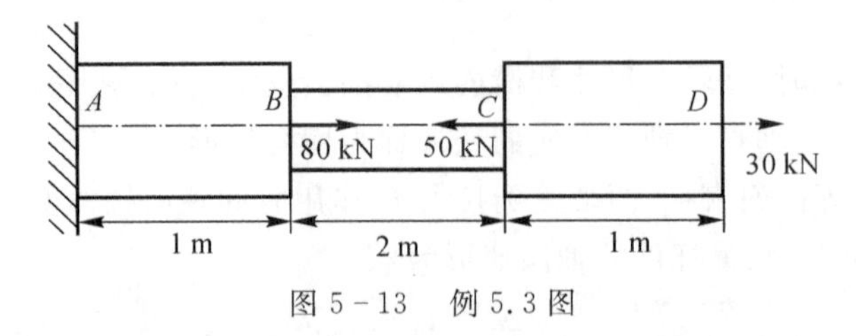

图 5-13　例 5.3 图

【解】　根据受力图可知杆各段的轴力不同，应先计算各段轴力，再求变形量。

(1) 计算轴力。

$$F_{AB} = 60\ \text{kN}$$

$$F_{BC}=-20\ \text{kN}$$
$$F_{CD}=30\ \text{kN}$$

(2) 计算变形。根据式(5-14)计算得

$$\Delta l_{AB}=1\ \text{mm}$$
$$\Delta l_{BC}=-1\ \text{mm}$$
$$\Delta l_{CD}=0.5\ \text{mm}$$
$$\Delta l=\Delta l_{AB}+\Delta l_{BC}+\Delta l_{CD}=0.5\ \text{mm}$$

5.3.3　轴向拉压杆的强度分析

在拉力作用下，当构件的正应力达到强度极限时，会发生断裂；对于塑性材料而言，在拉断之前就已出现显著的塑性变形，可能会导致构件无法正常工作。在强度方面考虑，我们把构件工作时发生断裂或显著塑性变形称为失效。

塑性材料屈服时的应力是屈服应力 σ_s，脆性材料断裂时的应力是强度极限 σ_b，我们把这两者称为构件失效的极限应力。构件正常工作时的应力称为工作应力。显然，要使构件能够正常工作，就必须使构件的工作用力低于极限应力，为了确保构件能够安全可靠的工作，还必须使构件留有一定的强度储备。在强度计算中，极限应力除以大于 1 的系数 n，作为构件安全工作时的最大应力值，该应力值称为许用应力，用$[\sigma]$表示。

对塑性材料有

$$[\sigma]=\frac{\sigma_s}{n} \tag{5-15}$$

对脆性材料有

$$[\sigma]=\frac{\sigma_b}{n} \tag{5-16}$$

式中：n 为安全系数。

各种不同工作条件下的构件安全系数 n 可以从有关工程手册查询得到，对于塑性材料，一般情况下，n 通常取 1.2 ～ 2.5；对于脆性材料，n 通常取 2.0 ～ 3.5，甚至更大。

于是，构件轴向拉压的强度条件为

$$\sigma=\frac{F_N}{A}\leqslant[\sigma] \tag{5-17}$$

根据该强度条件可以解决工程中的三类强度问题：

(1) 强度校核。根据杆件的荷载、截面形状和尺寸及许用应力，判断杆件是否满足强度要求，有

$$\sigma=\frac{F_N}{A}\leqslant[\sigma]$$

(2) 截面设计。根据杆件的荷载、许用应力，确定该杆件的截面面积，有

$$\frac{F_N}{[\sigma]}\leqslant A$$

(3) 确定许用荷载。根据杆件的截面面积和许用应力，确定该杆件能承受的最大荷载，有

$$F_N\leqslant A[\sigma]$$

例 5.4 所示空心圆截面杆件，外径 $D=20$ mm，内径 $d=15$ mm，轴向荷载 $F=20$ kN，材料的屈服强度为 $\sigma_s=235$ MPa，安全系数 $n=1.5$，请校核该杆的强度。

【解】 (1) 杆件上的正应力为

$$\sigma=\frac{F}{A}=145\ \text{MPa}$$

(2) 材料的许用应力为

$$[\sigma]=\frac{\sigma_s}{n}=\frac{235}{1.5}=156\ \text{MPa}$$

(3) 强度校核

$$\sigma=145\ \text{MPa}\leqslant[\sigma]=156\ \text{MPa}$$

该杆的工作应力小于许用应力，能够安全工作。

5.4 梁的弯曲应力与强度分析

弯曲变形是工程结构常见的基本变形之一，弯曲变形是梁的主要变形形式。梁弯曲变形时，如果梁横截面上只有弯矩没有剪力，这种情况称为纯弯曲；如果梁的横截面上既有弯矩又有剪力，这种情况称为横力弯曲。梁弯曲时横截面上的正应力和切应力分别称为弯曲正应力和弯曲切应力。

5.4.1 梁的弯曲正应力

试验结果表明：梁在纯弯曲变形时，变形前梁的横截面为平面，变形后横截面仍然保持为平面，且垂直于变形后的梁轴线，这就是弯曲变形的平面假设。此外，还认为梁在纯弯曲变形时，各纵向“纤维”仅承受轴向拉应力或压应力，纵向纤维间无正应力。

根据梁的平面假设，梁纯弯曲时的横截面上不存在切应力。如图 5-14 所示，梁纯弯曲变形过程中，纵向“纤维”部分伸长，部分缩短，而在“纤维”从伸长连续过渡到缩短的过程中，必然存在长度不变的“纤维”层，把该层称为中性层。中性层与横截面的交线称为中性轴。

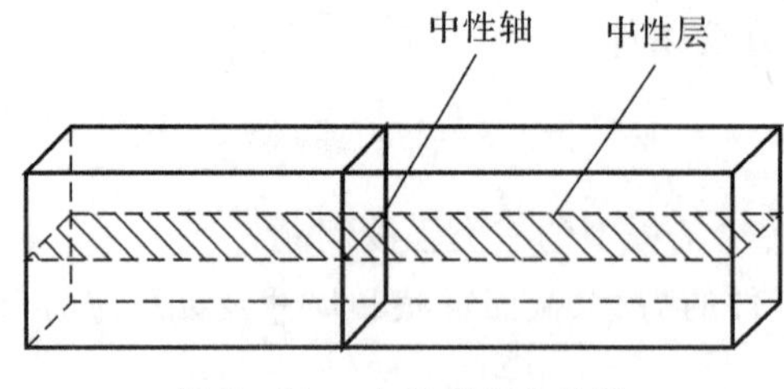

图 5-14 中性层和中性轴

下面就从几何关系、物理关系和静力关系三个方向分析梁纯弯曲的正应力。

(1) 几何关系。为研究梁的纯弯曲变形，对一矩形等截面直梁，两端施加力偶矩为 M 的外力偶。如图 5-15(a) 所示，取沿梁轴线长度为 $\mathrm{d}x$ 的微段作为研究对象，由于中心层位置未知，所以坐标系原点为暂定为横截面中心。图 5-15(b)(c) 分别为弯曲变形前后的微段状态。根据平面假设，微段左右两个横截面各自绕中性轴旋转了 $\mathrm{d}\theta$ 角度[见图 5-15(c)]，且变形前后均为平面。如图 5-15(c) 所示，ρ 为中性层的曲率半径，bb 为变形前距中性层距离为 y 的纤维

长度，$b'b'$ 为变形后距中性层距离为 y 的纤维长度。于是有

$$b'b' = (\rho + y)\mathrm{d}\theta$$

根据中性层的特点，变形前后中性层内纤维的长度保持不变，则有 $\overline{bb} = \overline{OO} = \mathrm{d}x = \rho\mathrm{d}\theta$，

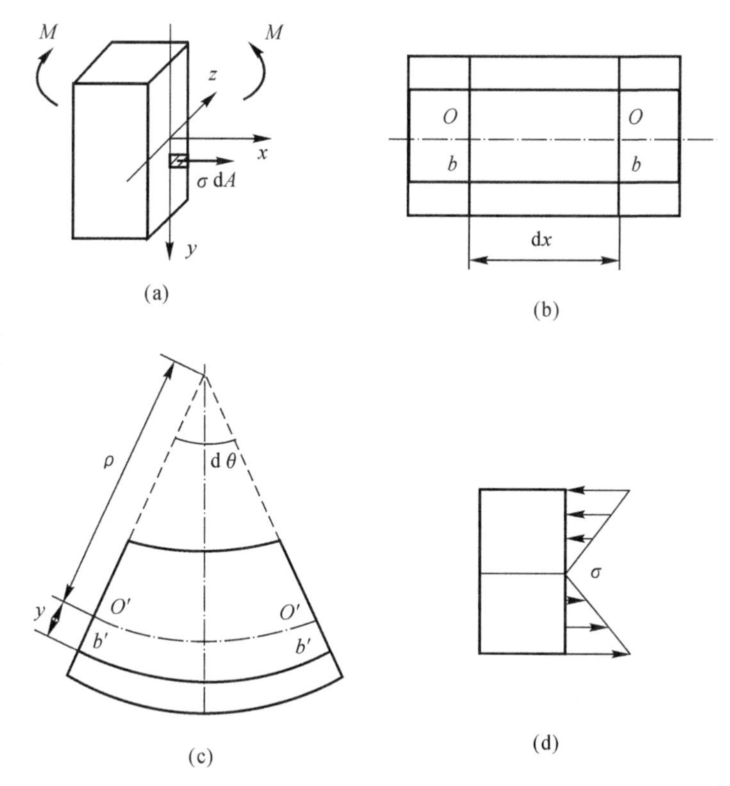

图 5 - 15　纯弯曲正应力

故距离中性层为 y 处的线应变为

$$\varepsilon = \frac{\widehat{b'b'} - \overline{bb}}{\overline{bb}} = \frac{(\rho + y)\mathrm{d}\theta - \rho\mathrm{d}\theta}{\rho\mathrm{d}\theta} = \frac{y}{\rho} \tag{5-18}$$

式(5 - 18) 表明，截面上各点的线应变与该点至中性轴的距离 y 为正比。

(2) 物理关系。根据纯弯曲的两点假设可知，当正应力不超过材料的比例极限时，应力和应变满足胡克定律，因此由式(5 - 13) 就有

$$\sigma = E\varepsilon = E\frac{y}{\rho} \tag{5-19}$$

式(5 - 19) 表明，横截面上任一点的正应力与该点到中性轴的距离成正比，即弯曲正应力沿截面高度线性分布，如图 5 - 15(d) 所示。

(3) 静力关系。如图 5 - 15(a) 所示，横截面上各点处的法向微内力 $\sigma\mathrm{d}A$ 组成了垂直于横截面的空间平行力系，由于梁是纯弯曲变形，所以横截面上只有 $x - y$ 平面内的弯矩 M。

根据平衡条件 $\sum F_x = 0$ 有

$$F_N = \int_A \sigma\mathrm{d}A = \int_A E\frac{y}{\rho}\mathrm{d}A = \frac{E}{\rho}\int_A y\mathrm{d}A = 0$$

式中，$\frac{E}{\rho}=$常数，不等于0，故有$\int_A y\mathrm{d}A=S_z=0$，也就是横截面对中性轴的静力矩等于零，即中性轴经过截面形心。

根据平衡条件$\sum M_y=0$有

$$M_y=\int_A z\sigma\,\mathrm{d}A=\frac{E}{\rho}\int_A zy\,\mathrm{d}A=0$$

式中，$\frac{E}{\rho}=$常数，不等于0，故有$\int_A zy\,\mathrm{d}A=I_{yz}=0$，$I_{yz}$称为横截面对$y$轴和$z$轴的惯性积。

根据平衡条件$\sum M_z=0$有

$$M_z=M=\int_A y\sigma\,\mathrm{d}A=\frac{E}{\rho}\int_A y^2\,\mathrm{d}A=\frac{E}{\rho}I_z \tag{5-20}$$

式中，I_z为横截面对中性轴的惯性矩，则式(5－20)可写为

$$\frac{1}{\rho}=\frac{M}{EI_z} \tag{5-21}$$

式中，$\frac{1}{\rho}$为梁变形后的曲率。式(5－21)表明，当弯矩M为常数时，EI_z越大，则曲率$\frac{1}{\rho}$越小，即杆的弯曲变形就越小，故EI_z称为梁的抗弯刚度。将式(5－19)代入式(5－21)就有

$$\sigma=\frac{My}{I_z} \tag{5-22}$$

式(5－22)就是纯弯曲时梁的正应力计算公式，计算应力时，通常把M、y用绝对值代入，再根据弯曲变形判断正应力的正负号。在推导该公式时，研究对象是矩形截面梁。但是在推导过程中并未用到矩形的任何几何特征，因此，只要梁有一纵向对称面，且荷载作用在这个平面内，该公式就适用。

在工程实际中大多数弯曲现象都是横力弯曲，梁的横截面上既有正应力又有切应力。在该情况下，虽然横力弯曲和纯弯曲存在差异，但是并不会引起很大的误差，能够满足工程需要。因此，一般情况下，横截面上的最大正应力为

$$\sigma_{\max}=\frac{M_{\max}y_{\max}}{I_z} \tag{5-23}$$

式(5－23)表明，最大正应力发生在弯矩最大的截面上，且距离中性轴最远处。最大正应力大小不仅与弯矩M有关，还与截面的几何形状和尺寸有关。

令$W_z=\frac{I_z}{y_{\max}}$，则式(5－23)可写为

$$\sigma_{\max}=\frac{M_{\max}}{W_z} \tag{5-24}$$

式中，W为截面对中性轴的抗弯截面系数。

例5.5　如图5－16(a)所示受均布荷载简支梁，试计算梁跨中截面上a、b、c、d、e各点处正应力[见图5－16(b)]，并计算梁的最大正应力。

【解】　(1)内力计算。内力计算过程此处省略，内力图如图5－16(c)(d)所示。

跨中最大弯矩为

$$M=\frac{ql^2}{8}=3.94\ \text{kN}\cdot\text{m}$$

（2）计算正应力。

$$I_z=\frac{bh^3}{12}=58.32\times10^6\ \text{mm}^4$$

$$\sigma_a=\frac{My_a}{I_z}=6.08\ \text{MPa}(\text{拉应力})$$

$$\sigma_b=\frac{My_b}{I_z}=3.04\ \text{MPa}(\text{拉应力})$$

$$\sigma_c=\frac{My_c}{I_z}=0$$

$$\sigma_d=\frac{My_d}{I_z}=-3.04\ \text{MPa}(\text{压应力})$$

$$\sigma_e=\frac{My_e}{I_z}=-6.08\ \text{MPa}(\text{压应力})$$

$$\sigma_{max}=6.08\ \text{MPa}$$

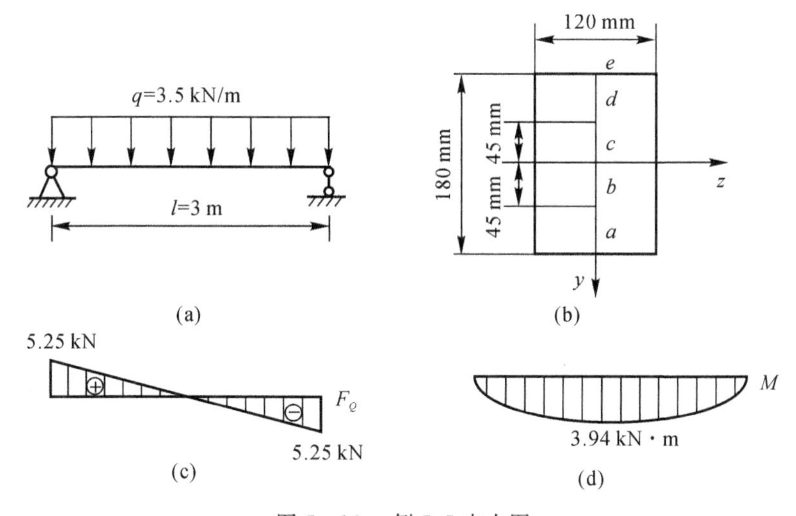

图 5-16　例 5.5 内力图

5.4.2　梁的弯曲切应力

梁在横力弯曲变形时，截面上不仅有弯矩还有剪力，因此，梁的横截面还存在与剪力相关的剪应力 τ。下面以矩形形状截面梁为对象做进一步讨论。

如图 5-17 所示等直梁的矩形横截面，宽为 b，高为 h，截面上剪力 F_s 沿对称轴 y 分布。

若 $h>b$，则可对剪应力 τ 的分布有两点假设：① 假设横截面上任意点处的切应力与剪力平行同向；② 假设距中性轴等距的各点处的切应力大小相等。根据以上假设，横截面上任意点处的切应力计算公式为

$$\tau=\frac{F_s S_z^*}{I_z b} \tag{5-25}$$

式中 F_s—— 横截面上的剪力；

S_z^*—— 横截面上所求切应力处水平线以外横截面的面积对中性轴的静矩；

I_z—— 横截面对中性轴的惯性矩。

计算应力时，F_s 和 S_z^* 可用绝对值代入，求得 τ 的大小，指向与剪力同向。

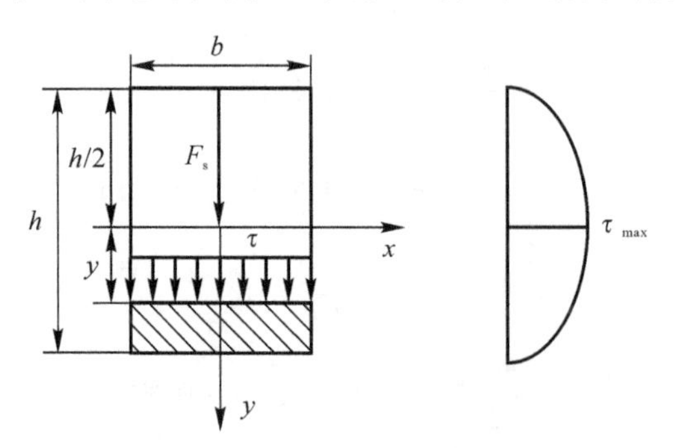

图 5-17 弯曲切应力

如图 5-17 所示，计算 S_z^* 为

$$S_z^* = \int_A y \mathrm{d}A = \int_y^{\frac{h}{2}} b y \mathrm{d}y = \frac{b}{2}\left(\frac{h^2}{4} - y^2\right)$$

则式(5-25) 可写为

$$\tau = \frac{F_s}{2I_z}\left(\frac{h^2}{4} - y^2\right) \tag{5-26}$$

式(5-26) 表明切应力 τ 沿截面高度方向按抛物线规律变化。当 $y = \pm\frac{h}{2}$ 时，切应力 $\tau = 0$，这表明在截面上下边缘的各点的切应力为零；当 $y = 0$ 时，切应力最大，其值为

$$\tau_{\max} = \frac{F_s h^2}{8I_z}$$

将 $I_z = \frac{bh^3}{12}$ 代入上式，可得横截面最大切应力为

$$\tau_{\max} = \frac{3}{2}\frac{F_s}{bh} = 1.5\tau_{平均} \tag{5-27}$$

例 5.6 试计算图 5-16(a) 所示矩形横截面梁在支座附近截面上 b、c 两点处的切应力。

【解】 (1) 作剪力图。剪力图如图 5-16(c) 所示。在支座附近截面上最大剪力为 5.25 kN。

(2) 计算切应力。根据式(5-26) 可得

$$\tau_b = \frac{F_s}{2I_z}\left(\frac{h^2}{4} - y^2\right) = 0.273 \text{ MPa}$$

c 点处的切应力是该横截面的最大切应力，根据式(5-27) 可得

$$\tau_c = \tau_{\max} = \frac{3}{2}\frac{F_s}{bh} = 0.365 \text{ MPa}$$

5.4.3 梁的弯曲强度分析

根据梁的内力图可以直观地判断出等直杆内力最大值所在截面，称为危险截面，危险截面

上的最大应力值称为危险点。

1. 梁的正应力强度条件

等直梁弯曲时最大正应力发生在最大弯矩所在截面的边缘各点处，在这些点处，切应力为零，是单向拉伸或压缩状态，梁的强度条件为

$$\sigma_{\max}=\frac{M_{\max}}{W_z}\leqslant[\sigma] \tag{5-28}$$

式中，$[\sigma]$为材料的许用应力。材料最大拉应力和最大压应力都应不超过各自的许用应力。

2. 梁的切应力强度条件

梁的最大切应力发生在最大剪力所在截面的中性轴上各点处，在这些点处，正应力为零，只有切应力，梁的切应力强度条件为

$$\tau_{\max}=\frac{F_s S_z^*}{I_z b}\leqslant[\tau] \tag{5-29}$$

式中，$[\tau]$为材料的许用切应力。

根据梁的强度条件，可以解决强度校核、截面设计和确定许用荷载等三类强度问题。

例 5.7　图 5-18(a) 为一受均布荷载的梁，跨度 $l=200$ mm，梁截面直径 $d=25$ mm，许用应力 $[\sigma]=150$ MPa。试求沿梁每米长度上可承受的最大荷载 q 为多少？

【解】（1）作弯矩图。弯矩图如图 5-18(b) 所示。最大弯矩发生在梁中点所在截面上，有

$$M_{\max}=\frac{ql^2}{8}=5\times10^{-3}q\ (\text{N}\cdot\text{m})$$

（2）最大荷载 q 计算。由式(5-28) 有

$$M_{\max}\leqslant[\sigma]W_z=234\ \text{N}\cdot\text{m}$$

于是 $5\times10^{-3}q\leqslant234$，即 $q\leqslant46.8$ kN/m。

那么最大荷载 $q=46.8$ kN/m。

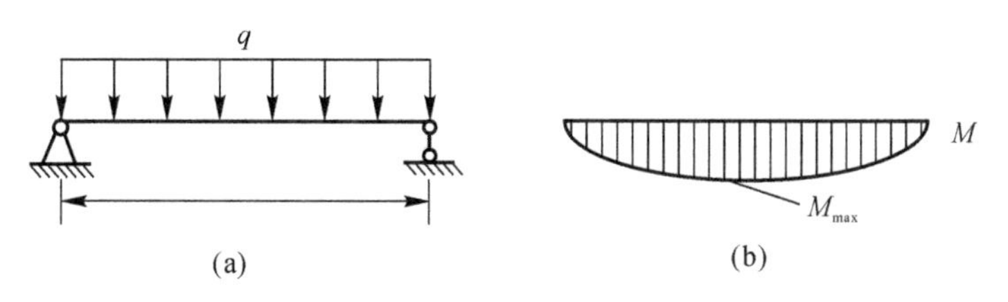

图 5-18　例 5.7 弯矩图

思　考　题

1. 什么是应力？什么是正应力与切应力？内力与应力有何关系？
2. 梁的横截面上正应力、切应力是如何分布的？
3. 外力和内力的关系有何关系？
4. 什么是正应变与切应变？单位是什么？
5. 低碳钢和铸铁在拉伸和压缩过程中表现为几个阶段？各有什么特点。

6. 塑性变形和弹性变形有何区别？试比较塑性材料和脆性材料的力学性能特点。

7. 轴向拉压变形的受力特点和变形特点是什么？

8. 轴向拉压的强度条件是什么？

9. 两根材料相同、长度相同，但横截面面积不同的直杆，承受相同的轴向拉力，它们的内力大小是否相同？应力大小是否相同？

10. 等直杆轴向拉压的内力、应力、应变如何计算？它们之间有何关系？

11. 纯弯曲和横力弯曲有何区别？

12. 试推导梁的弯曲正应力和切应力。

13. 梁的弯曲强度条件是什么？有什么意义？

14. 什么是中性层？什么是中性轴？它们之间有何关系？

15. 如何提高梁的弯曲强度？

第 2 篇　典型目标结构

第6章　建筑结构体系

建筑结构是建筑的骨架，是体现建筑艺术灵魂的主要支撑系统和结构安全保障系统。建筑物的结构支承系统指建筑物的结构受力系统以及保证结构稳定的系统。在建筑物的使用过程中，使用荷载以及建筑物的自重经由屋盖或楼地面层传至结构梁或者墙，再由结构主梁传递到结构柱或墙，最后经过基础传递到地基，耗散在地基土层中。

建筑结构体系一般由水平体系和竖向体系组成。其中，水平体系的主要作用为：

(1)在竖向，承受楼面或屋面的竖向荷载，并将它传递给竖向体系；

(2)在水平方向，起隔板和支承竖向构件的作用，并保持竖向构件的稳定。

竖向体系的主要作用：

(1)在竖向，承受由水平体系传来的全部荷载，并把它传给基础；

(2)在水平方向，抵抗水平作用力如风荷载、水平地震作用等，也把它们传递给基础。

6.1　建筑结构的体系分类及特点

按建筑结构的结构体系受力特点，建筑结构可分为砌体结构、框架结构、剪力墙结构、框架-剪力墙结构、筒体结构和排架结构。

1.砌体结构

砌体结构是指楼、屋盖一般采用钢筋混凝土结构构件，墙体及基础用砌体材料而形成的结构，它的受力特点是以承受竖向荷载为主。由于砌体由砌块砌筑而成，所以其抗水平力及抗裂能力较弱，不适用于高地震设防区和层数较多的房屋，主要用于量大、面广的多层住宅建筑及办公楼建筑。

2.框架结构

采用梁、柱等杆件刚接组成空间体系作为建筑物承重骨架的结构称为框架结构。它的特点是承受竖向荷载的能力较强，承受水平荷载(如风荷载、地震作用)的能力较弱。其主要优点是建筑平面布置灵活，可形成较大的建筑空间，建筑立面处理也比较方便。框架结构的侧向刚度较小，属柔性体系，因而其高度受到限制。目前，在多层工业厂房、仓库以及需要较大空间的商店、旅馆、办公楼以及建筑组合较复杂的多层住宅中，一般都采用框架结构体系(见图6－1)。框架结构的内力分析通常是用计算机进行精确分析。

框架结构的分类：

(1)按跨数、层数和立面构成分，有单跨、多跨框架，单层、多层框架，以及对称、不对称框架。单跨对称框架又称门式框架。

(2)按受力特点分,若框架的各构件轴线处于同一平面内的称平面框架,若不在同一平面内的称空间框架,空间框架也可由平面框架组成。

(3)按所用材料分,有钢筋混凝土框架、预应力混凝土框架、钢框架、胶合木框架和组合框架(如钢筋混凝土柱和型钢梁、组合砖柱和钢筋混凝土梁)等。

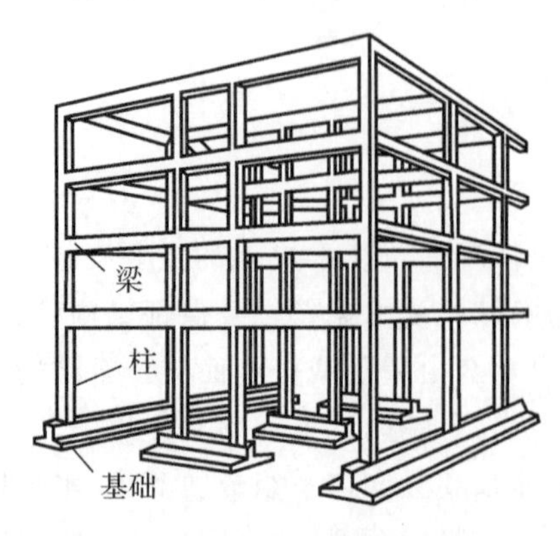

图 6-1 框架结构体系

3.剪力墙结构

利用墙体构成的承受水平作用和竖向作用的结构称为剪力墙结构。它的特点是比框架结构具有更强的侧向和竖向刚度,抵抗水平作用能力强。其缺点是如果采用纯剪力墙结构,则平面布置和空间布置都受到一定的局限。日本的东京都厅就是一座著名的钢筋混凝土剪力墙结构(见图 6-2)。

图 6-2 东京都厅

剪力墙体系是利用建筑物的墙体(内墙和外墙)做成剪力墙来抵抗水平力。剪力墙一般为钢筋混凝土墙,厚度不小于 140 mm。剪力墙的间距一般为 3～8 m,适用于小开间的住宅和旅馆等。剪力墙一般在 30 m 高度范围内都适用。剪力墙结构的优点是侧向刚度大,水平荷载作用下侧移小。其缺点是剪力墙的间距小,结构建筑平面布置不灵活,不适用于大空间的公共建筑,另外结构自重也较大。因为剪力墙既承受垂直荷载,也承受水平荷载,对高层建筑主要荷载为水平荷载,墙体既受剪又受弯,所以称剪力墙。

在框架结构中适当布置一定数量的剪力墙或在剪力墙结构中用框架取代一部分整片剪力墙或取代一部分剪力墙的下部部分层数的剪力墙(即所谓框支剪力墙),从而构成以框架和剪力墙共同承受水平和竖向荷载作用的结构,称为框架-剪力墙结构,如图 6－3 所示。由于在结构中有框架,所以空间布置较为灵活,易形成较大的空间,同时由于剪力墙的存在,结构具有较大的抗侧刚度,因此,目前在多高层建筑中,这种结构体系应用最为广泛,如图 6－4 所示。

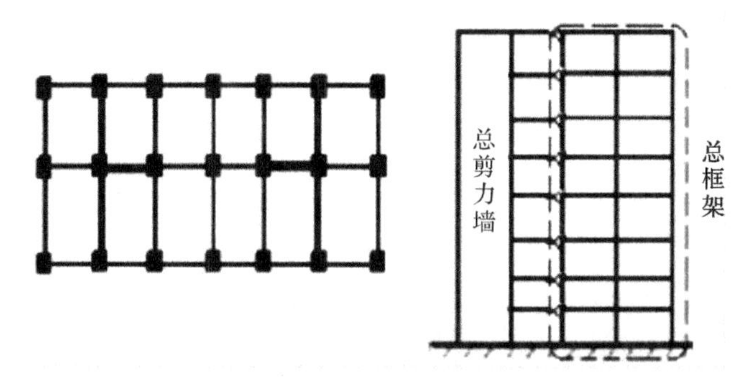

图 6－3　框架-剪力墙刚接体系

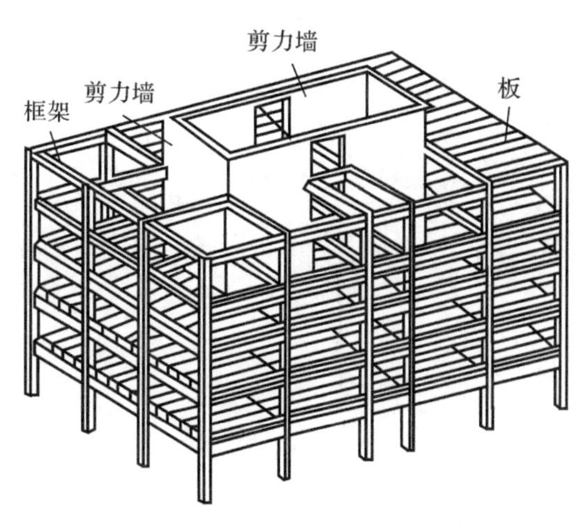

图 6－4　框架-剪力墙体系

框架-剪力墙结构是在框架结构中设置适当剪力墙的结构。它具有框架结构平面布置灵活,有较大空间的优点,又具有侧向刚度较大的优点。框架-剪力墙结构中,剪力墙主要承受水平荷载,竖向荷载主要由框架承担。框架-剪力墙结构宜用于 10～20 层的建筑。横向剪力墙宜均匀对称布置在建筑物端部附近、平面形状变化处。纵向剪力墙宜布置在房屋两端附近。在水平荷载的作用下，剪力墙好比固定于基础上的悬臂梁，其变形为弯曲形变形，框架为剪切型变形。框架与剪力墙通过楼盖联结在一起，并通过楼盖的使水平刚度有所提升。

4. 筒体结构

利用竖向筒体组成的承受水平和竖向作用的高层建筑结构为筒体结构。由于筒体的布置及组成方式不同，筒体结构又可分为框筒结构、筒中筒结构和束筒结构。

框筒结构是指筒体位于结构核心部位，周边由间距很密的柱和截面很高的梁组成的密柱深梁框架而形成的结构，如图 6 - 5(a)所示的纽约世界贸易中心双子塔即为框筒结构。

筒中筒结构是由内外筒体组成的结构，通常情况下，内筒为剪力墙的薄壁筒，外筒为密柱组成的框筒。所谓密柱，常指间距不大于 3 m 的柱，纽约世界贸易中心即筒中筒结构，如图 6 - 5(b)所示。

束筒结构是指由多个筒体拼在一起而形成的结构。它具有竖向和水平刚度都很大的优点。世界著名的芝加哥西尔斯大厦即典型的束筒结构，它随着建筑物的增高，束筒数量在不断地变化，在 1～50 层为 9 个筒体组成的平面，51～66 层在一对角上切 2 个角，为 7 个筒组成的平面，67～90 层在另一对角上又切 2 个角，由 5 个筒体组成对称平面，91 层以上再切 3 个单筒，如图 6 - 5(c)所示。

(a)

(b)

(c)

图 6 - 5　筒体结构

5. 排架结构

排架结构由屋面梁或屋架、柱和基础组成，主要用于单层工业厂房(见图 6 - 6)。其受力特点是柱下部固结，顶部与屋架铰接，施工时可采用预制构件，施工周期短。此外，排架结构可以形成较大跨度空间来满足工业生产的需要。其他类型的特种结构，如拱、薄壳、网架、悬索和膜等结构等建筑结构各有不同的特点。

图 6-6　单层工业厂房

6.2　建筑结构的基本构件及特点

典型目标结构包括单层工业厂房、多高层建筑、混凝土结构、钢结构和砌体结构、常见建筑形式及其结构形式。不同的建筑结构的应用条件和结构体系的受力特点都不同，对于支撑建筑的结构部分，由梁、板、柱、壳等受力构件组成。

1. 板

板是覆盖一个具有较大平面尺寸，但却具有相对较小厚度的平面形结构构件。它通常水平设置(有时也可能斜向设置)，承受垂直于板面方向的荷载，受力以弯矩、剪力、扭矩为主，但在结构计算中剪力和扭矩往往可以忽略。

板的分类：

(1)按平面形状分，板有方形、矩形、圆形、扇形、三角形、梯形和各种异形等板。

(2)按截面形状分，板有实心板、空心(如圆孔、矩形孔)板、槽形板、单(双)T 形板、单(双)向密肋板、压型钢板、叠合板(如压型钢板与混凝土板叠合、预制预应力薄板与现浇混凝土板叠合)等。

(3)按受力特点分，板有单向板、双向板；按支承条件板又可分为四边支承板、三边支承、两边支承板、一边支承板和四角点支承板；按支承边的约束条件板还可分为简支边板(沿支承边无弯矩，板端可发生转角)板、固定边(沿支承边有反力、弯矩，无转角)板、连续边(沿支承边有反力、弯矩、转角)板、自由边(沿支承边无反力、无弯矩)板；按设置方向分，板有平板、斜板(如楼梯板)、竖板(如墙板)。板可以仅支承在梁、墙、柱或地平面上，也可以一部分支承在梁上，一部分支承在墙或柱上。

(4)按所用材料分，板有钢筋混凝土板、预应力(含无黏结预应力)混凝土板、钢楼板、钢与混凝土组合楼板、压型钢板、实木板、胶合木板等。

除以上分类外，板还可以组合成空间结构，如由若干狭长的薄板以一定角度相交连成“V”字形的空间薄壁体系的 V 形折板结构、幕结构或其他空间折板结构。它们的受力情况就不仅是承受垂直于板面的荷载，还要作为该空间结构的一些组合构件，承受空间作用时相应的内力。

2. 梁

梁一般指承受垂直于其纵轴方向荷载的线型构件，它的截面尺寸小于其跨度。如果荷载重心作用在梁的纵轴平面内，该梁只承受弯矩和剪力，否则还受扭矩作用。如果荷载所在平面与梁的纵对称轴面斜交或正交，该梁便处于双向受弯、受剪状态，甚至还可能同时受扭矩作用。

梁的分类：

(1)按几何形状分，梁有水平直梁、斜直梁、曲梁、空间曲梁(螺旋形梁属此)等。

(2)按截面形状分，梁有矩形、T 形、倒 T 形、L 形，倒 L 形、⺄形、工字形、槽形、箱形、空腹、薄腹、扁腹(指截面宽度大于截面高度)等。梁还有等截面(指全梁的截面等高)、变截面(如鱼腹式、折线式，即全梁的截面不等高)、叠合(指两次浇筑成型)等。

(3)按受力特点分，梁有简支梁、悬臂梁、伸臂梁、两端固定梁、一端简支另端固定梁、连续梁等。梁的受力特点还与它在结构中所处位置以及所受荷载情况有关，如在平面楼盖中有次梁、主梁、密肋梁、交叉梁(即井字梁)、挑梁，在楼梯中有斜梁，在工业厂房中有承受动力荷载的吊车梁，在桥梁中有桥面梁等；至于圈梁，则是砌体结构中埋置在墙砌体内的一种构件，不直接承受荷载，主要作用是承受因墙体不均匀沉降引起的内力，增加楼(屋)盖的水平刚度。梁的高跨比一般为 1/16～1/8，悬臂梁要高达 1/6～1/5，预应力混凝土梁可小至 1/25～1/20。高跨比大于 1/4 的梁称为深梁。

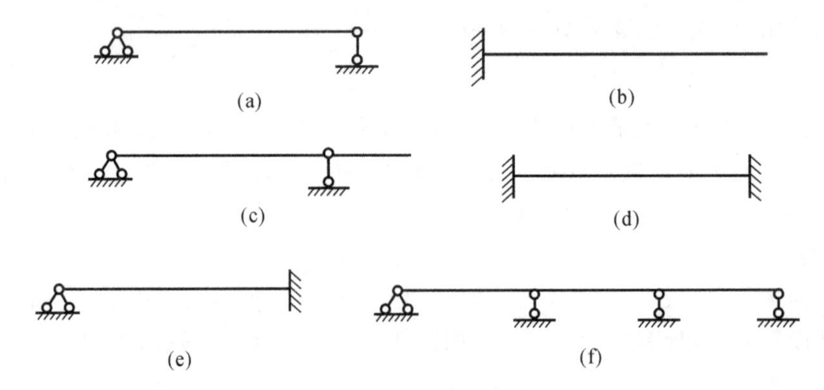

图 6-7　梁的计算简图

(a)简支梁；(b)悬臂梁；(c)伸臂梁；(d)两端固定梁；(e)一端简支另端固定梁；(f)连续梁

(4)按所用材料分，梁有钢筋混凝土梁、预应力混凝土梁、型钢梁、钢板梁、组合梁(如型钢与混凝土组合)、实木梁、胶合木梁等。

3. 柱

柱是承受平行于其纵轴方向荷载的线形构件，它的截面尺寸小于它的高度，一般以受压和受弯为主，故柱也称压弯构件。

柱的分类：

(1)按截面形状分，柱有方(矩)形、圆(环)形、工(L、十)字形截面柱、双肢柱、格构柱、单(双)阶柱(用于有吊车的单层厂房结构)等等。

(2)按受力特点分，柱有轴心受压柱和偏心受压柱两种；至于构造柱，则是墙砌体中的一种构件，不直接承受荷载，其作用主要是增加墙体的延性。

(3)按所用材料分，柱有石柱、砖柱、砌块柱、钢筋混凝土柱、钢柱、组合柱(如型钢与混凝土组合，砌块与钢筋混凝土组合）、木柱等。

4. 桁架

桁架是由若干直杆组成的一般具有三角形区格的平面或空间承重结构构件。它在竖向和水平荷载作用下各杆件主要承受轴向拉力或轴向压力（当有侧向荷载作用在桁架的个别杆件上时，它们也会像梁一样受弯曲），从而能充分利用材料的强度，故适用于较大跨度或高度的结构物，如屋盖结构中的屋架、高层建筑中的支撑系统或格构墙体、桥梁工程中的跨越结构、高耸结构（如桅杆塔、输电塔）以及闸门等。

桁架的分类：

（1）按立面形状分，桁架有三角形、梯形、平行弦、折线形、拱形以及空腹桁架等；其中空腹桁架的腹杆间没有斜杆。

（2）按受力特点分，桁架有静定桁架和超静定桁架，平面桁架和空间桁架（其中网架就是空间桁架中的一种）。

（3）按所用材料分，桁架有钢筋混凝土、预应力混凝土、钢结构、预应力钢结构、木结构、组合结构（如钢和木组合，钢筋混凝土和型钢组合）等。

5. 网架

网架是由多根杆件按照一定的网格形式，通过节点联结而成的空间结构。各杆件主要承受拉力或压力。网架具有重量轻、刚度大、抗震性能好等优点，主要用于大跨度屋盖结构。

网架的分类：

（1）按外形分，网架有双层平板网架、立体交叉桁架、单（双）层曲面壳型网架等。

（2）按板型网格组成分，网架有交叉桁架网架（含两向或三向正〈斜〉放、两向或三向斜交斜放）、四角锥网架（含正〈斜〉放四角锥、正放抽空四角锥、棋盘（〈星〉形四角锥）、三角锥网架（含抽空三角锥、蜂窝形三角锥）、六角锥网架等，如图6-8所示。

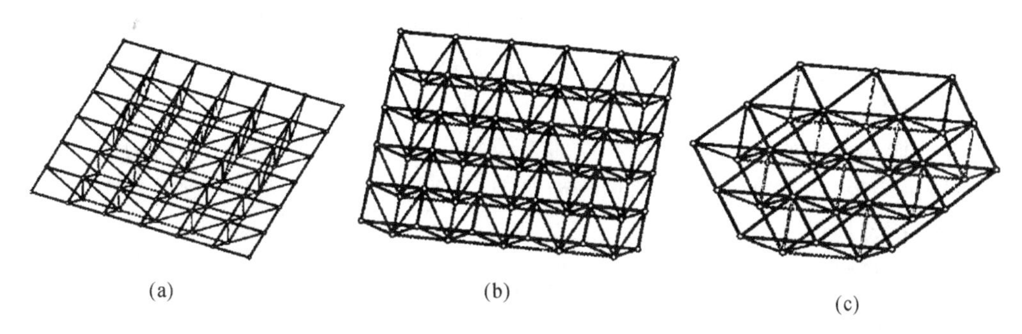

图6-8　常见网架形式

(a)交叉桁架网架；　(b)四角锥网架；　(c)三角锥网架

（3）按形成曲面的形式分，网架有圆柱面壳网架、球面壳网架、双曲抛物面壳网架等。

（4）按所用材料分，网架有钢筋混凝土网架、钢网架、木网架、组合网架等。

6. 拱

拱是由曲线形或折线形平面杆件组成的平面结构构件，含拱圈和支座两部分。拱圈在荷载作用下主要承受轴向压力（有时也承受弯矩和剪力），支座可做成能承受竖向和水平反力以及弯矩的支墩，也可用拉杆来承受水平推力。由于拱圈主要承受轴向压力，与同跨度同荷载的梁相比，能节省材料，提高刚度，跨越较大空间，可采用砖、石、混凝土等廉价材料，因而它的应用范围很广泛，既可用于大跨度结构，也可用于一般跨度的承重构件。

拱的分类方式有如下几种：

(1)按拱轴线的外形分，拱有圆弧拱、抛物线拱、悬链线拱、折线拱等。

(2)按拱圈截面分，拱有实体拱、箱形拱、管状截面拱、桁架拱等。

(3)按受力特点分，拱有三铰拱、两铰拱、无铰拱等，如图6-9所示。

(4)按所用材料分，拱有钢筋混凝土拱、混凝土砌块拱、砖拱、石拱、钢拱(含钢桁架拱)、木拱(含木桁架拱)等。

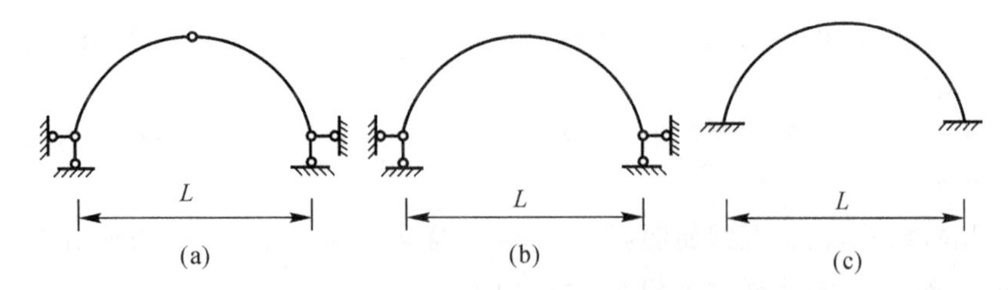

图6-9 常见的拱模型示意图

(a)三铰拱；(b)两铰拱；(c)无铰拱

7.壳体

壳体是一种曲面形的构件，它与边缘构件(可由梁、拱或桁架等构成)组成的空间结构称壳体结构。壳体结构具有很好的空间传力性能，能以较小的构件厚度覆盖大跨度空间。它可以做成各种形状，适应多种工程造型的需要；不论做成什么形状，一般都能做到刚度大、承载力高、造型新颖，且可兼有承重和围护双重作用，能较大幅度地节省结构用材，因而广泛应用于结构工程中。壳体的曲面一般可由直线或曲线旋转或平移而成。它们在壳面荷载作用下主要的受力状态为双向受压，因而可以做得很薄，但在与边缘构件联结处的附近除受压力还受弯、受剪，因而需局部加厚。

壳体的分类：

(1)按曲面几何特征分，壳体有正高斯曲率壳(如圆球面壳、椭圆球面壳、抛物面壳、双曲扁壳)、负高斯曲率壳(如双曲面壳、双曲抛物面扭壳、双曲抛物面鞍形壳)、零高斯曲率壳(如圆柱面壳即筒壳、椭圆柱面壳、锥面壳)等。

(2)按所用材料分，壳体以钢筋混凝土壳为主，也可用钢网架壳、砖壳、胶合木壳等。

8.薄膜构件

薄膜构件是指用薄膜材料制成的构件，或者由空心封闭式薄膜充入空气后形成，或者将薄膜张拉后形成。它具有质量轻、跨度大、构造简单、造型灵活、施工简便等优越性，但隔热、防火性能差，且充气薄膜尚有漏气缺陷，需持续供气，故仅适用于轻便流动的临时性和半永久性建筑。

薄膜构件的分类：

(1)按所用面材料分，薄膜构件有玻璃纤维布、塑料薄膜、金属编织物等薄膜用材。

(2)按结构型式分，薄膜构件有气承式(直接用单层薄膜作屋面、外墙，充气后形成圆筒状或圆球状表面)、气囊式(将空气充入薄膜，形成板、梁、柱、壳等构件，再将它们联结成结构)、张拉式(将薄膜直接张拉在边缘构件〈杆件或绳索〉上形成结构平面)等。

9. 墙

墙主要是承受平行于墙面方向荷载的竖向构件。它在重力和竖向荷载作用下主要承受压力,有时也承受弯矩和剪力,但在风、地震等水平荷载作用下或土压力、水压力等水平力作用下则主要承受剪力和弯矩。

墙的分类:

(1)按形状分,墙有平面形墙(含空心墙、空斗墙)、筒体墙、曲面形墙、折线形墙。

(2)按受力分,墙有以承受重力为主的承重墙、以承受风力或地震产生的水平力为主的剪力墙,以及作为隔断等非受力用的非承重墙。承重墙多用于单、多层建筑,剪力墙多用于多、高层建筑。

(3)按材料分,墙有砖墙、砌块墙(混凝土或硅酸盐材料制成)、钢筋混凝土墙、钢格构墙、组合墙(两种以上材料组合)、玻璃幕墙、竹墙、木墙、石墙、土坯墙、夯土墙等。

(4)按施工方式分,墙有现场制作墙、大型砌块墙、预制板式墙、预制筒体墙。

(5)按位置或功能分,墙有内墙、外墙、纵墙、横墙、山墙、女儿墙、挡土墙,以及隔断墙、耐火墙、屏蔽墙、隔音墙等。

10. 索

索是以柔性受拉钢索组成的构件,用于悬索结构(由柔性拉索及其边缘构件组成的结构)或悬挂结构[指楼(屋)面荷载通过吊索或吊杆悬挂在主体结构上的结构]。悬索结构一般能充分利用抗拉性能很好的材料,做到跨度大、自重小、材料省且便于施工(如大跨屋盖结构或大跨桥梁结构)。悬挂结构则多用于高层建筑,其中吊索或吊杆承受重力荷载,水平荷载则由筒体、塔架或框架柱承受。

索的分类:

(1)按所用材料分,索有钢丝束、钢丝绳、钢绞线、链条、圆钢、钢管以及其他受拉性能好的线材等,个别的也可用预应力混凝土板带或钢板带代替。

(2)按受力特点分,索有单曲面索(单层、双层)、双曲面索和双曲交叉索(都是空间索),形式有单层、双层、伞形、圆形、椭圆形、矩形、菱形等。悬挂结构还有悬挂索、双曲面悬挂索、斜拉索等。

(3)按悬挂的支承结构分,索有筒体支承、柱或塔架支承的悬索结构、悬挂结构等。

11. 基础

基础是地面以下部分的结构构件,用来将上部结构(即地面以上结构)所承受的荷载传给地基。

基础的分类:

(1)按埋置深度分,基础有浅基础(如墙基础、柱基础、片筏基础)、深基础(如桩基础、沉箱)、明置基础(直接搁置在地面上的基础)等。

(2)按结构型式分,基础有单独基础、墙下条形基础、柱下交叉基础、柱下联合基础、片筏基础、箱形基础、壳形基础、桩基础(支承粧、摩擦桩、直桩、斜桩)、沉箱基础等。

(3)按受力特点分,基础有柔性基础(承受弯矩、剪力为主)、刚性基础(承受压力为主)。

(4)按所用材料分,基础有砖基础、条石基础、毛石基础、三合土基础、混凝土基础、钢筋混凝土基础等。

从以上结构构件的类别看，虽然有种类多，但是基本形式都是由直杆、曲杆、体等组成的线形构件、平面或单曲面或双曲面组成的面形构件，其基本受力状态无非是受拉、受压、受弯、受剪和受扭。

6.3 结构分析方法

依据建筑物功能要求及场地特性，可以对结构进行选型，并在此基础进行结构布置，包括平面及立面布置，之后可以依据荷载及计算简图进行结构分析，作为结构应包括以下三个承重部分：一是水平承重结构，二是竖向承重结构，三是基础承重结构。所谓水平承重结构包括楼盖及屋盖结构，竖向承重结构包括框架结构、桁架结构、剪力墙结构及筒体结构等，基础承重结构包括地基和基础部分。三者构成承重结构整体，同时又相互作用、相互影响。一般是水平承重结构将楼盖和屋面上的各种荷载传递给竖向承重结构（通过梁或直接由板传递），竖向承重结构将自己承受的荷载和水平承重结构传来的荷载传递给基础承重结构。

6.3.1 结构分析应遵循的基本原则

1. 结构分析步骤

结构选型和布置确定之后，可以进行结构分析，如图 6－10 所示。其步骤可以概括如下：

(1)假定结构构件截面尺寸规格，选择材料。

(2)确定结构计算模型和计算简图。

(3)荷载推导：当有抗震设防要求时，还要计算地震作用的大小；当要求对温度、地基不均匀沉降、混凝土收缩、徐变影响进行分析时，还要计算温差、地基不均匀沉降以及混凝土收缩、徐变量的大小。

(4)选择合适的结构分析方法。

(5)进行结构的内力与变形计算。

结构的内力求得以后，可以对其进行构件设计；结构的变形求得以后，可以对其进行变形验算，以检验结构构件的刚度是否满足要求。

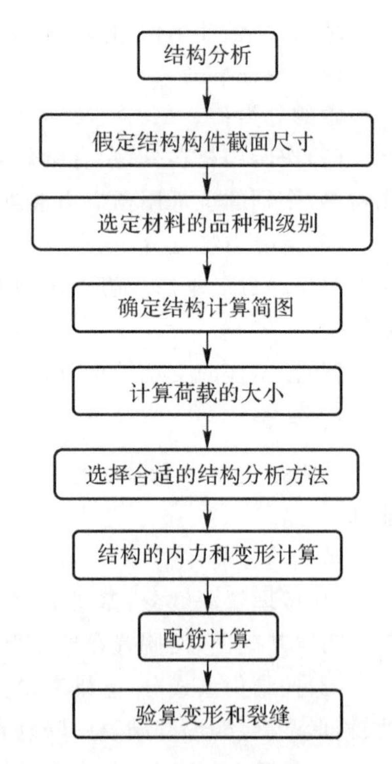

图 6－10 结构分析流程图

2. 基本原则

进行结构分析时，应遵循以下基本原则：

(1)所有情况下均应对结构进行整体分析。对结构中的重要部位、形状发生突变的部位以及内力和变形有异常变化的部位，必要时应另做更详细地局部分析。对两种极限状态进行分析时，应分别采用相应的荷载代表值和荷载组合值。

(2)当结构在施工和使用期的不同阶段有多种受力状

况时，应分别进行结构分析，并确定其最不利的作用效应组合。结构有可能遭遇火灾、爆炸、撞击等偶然作用时，尚应按国家现行有关标准的要求进行相应结构分析。

(3)结构分析中所采用的各种简化和近似假定，如边界条件、材料本构关系、材料性能的计算指标、初始应力和变形状况等，应有理论或试验的依据，并应具有相应的构造保证措施，或经工程实践验证。计算结果的准确程度应符合工程设计的要求。

(4)结构分析应满足力学平衡条件，应在不同程度上符合变形协调条件，包括节点和边界的约束条件。

6.3.2　分析方法及其适用范围

建筑物进行结构分析时，应根据结构类型、材料性能和受力特点等选择下列分析方法。

1. 混凝土结构

混凝土不是理想的弹性材料，当压应力较大时，应力-应变关系不为直线，呈非线性发展。内力与按弹性方法计算的结果有较大出入。混凝土结构的分析方法可归纳为以下五类，进行结构分析时，宜根据结构类型、构件布置、材料性能和受力特点等进行选择。

(1)弹性分析方法。弹性分析方法以弹性材料为基础，它可以用于各种混凝土结构的承载能力极限状态及正常使用极限状态的作用效应分析。

下列构件宜采用弹性分析方法进行分析：直接承受动力荷载的结构；使用期间要求不出现裂缝的结构；处于侵蚀环境的结构；长期处于高温或负温的结构。

(2)塑性内力重分布分析方法。这种方法考虑了混凝土结构在较大荷载下结构由于裂缝的出现与开展等非线性性质相对于弹性分析结果发生的变化，是对弹性计算内力进行调整的方法。

房屋建筑中的钢筋混凝土连续梁和连续单向板，宜采用考虑塑性内力重分布的分析方法进行分析。

(3)塑性极限分析方法。塑性极限分析方法又称为塑性分析法或极限平衡法，主要用于有明显屈服点钢筋配筋的混凝土结构破坏阶段的分析。对不承受多次重复荷载作用的混凝土结构，当有足够的塑性变形能力时，可采用塑性极限理论的分析方法进行结构的承载力计算，同时应满足正常使用的要求。

整体结构的塑性极限分析计算应符合下列规定：

1)对可预测结构破坏机制的情况，结构的极限承载力可根据设定的结构塑性屈服机制，采用塑性极限理论进行分析；

2)对难以预测结构破坏机制的情况，结构的极限承载力可采用静力或动力弹塑性分析方法确定；

3)对直接承受偶然作用的结构构件或部位，应根据偶然作用的动力特征考虑其动力效应的影响。

承受均布荷载的周边支承的双向矩形板，可采用塑性铰线法或条带法等塑性极限分析方法进行承载能力极限状态的分析与设计。

(4)弹塑性分析方法。弹塑性分析方法以钢筋混凝土的实际力学性能为依据，可准确地分析结构受力全过程的各种荷载效应，而且可以解决各种体形和复杂受力的结构分析问题。

特别重要或受力状况特殊的大型杆系结构和二维、三维结构，必要时应对其整体或局部进行受力全过程的非线性分析。

(5)试验分析方法。根据试验结果，采用可靠度分析理论，可作为两种极限状态的设计依据。

2. 钢结构

(1)一般规定。

1)建筑结构的内力和变形可按结构静力学方法进行弹性或弹塑性分析。结构稳定性设计应在结构分析中或在构件设计中考虑二阶效应。

2)结构内力分析可采用一阶弹性分析、二阶弹性分析或直接分析。二阶弹性分析和直接分析应考虑初始几何缺陷和残余应力的影响。

3)结构的初始缺陷应包含结构整体初始几何缺陷和构件初始几何缺陷及残余应力。

(2)一阶弹性分析与设计。当钢结构的内力和位移计算采用一阶弹性分析时，可按照有关规定进行构件联结和节点设计。对于形式和受力都复杂的结构，应按结构弹性稳定理论确定构件的计算长度系数。

(3)二阶弹性分析与设计。二阶弹性分析应考虑二阶 $P-\Delta$ 效应和结构整体初始缺陷，宜考虑构件初始缺陷，对未在分析中考虑的因素应在设计阶段得到体现。二阶效应可按近似的二阶理论对一阶弯矩进行放大来考虑。

(4)直接分析设计法。

1)直接分析设计法应考虑二阶 $P-\Delta$ 和 $p-\delta$ 效应，同时考虑结构和构件的初始缺陷。允许材料的弹塑性发展、内力重分布。

2)结构和构件采用直接分析设计法进行分析和设计时，计算结果可直接作为结构或构件在承载能力极限状态和正常使用极限状态下的设计依据。

思考题

1. 按照建筑结构体系的受力特点，建筑结构可分为哪几类？各自有什么特点？

2. 结构梁在建筑结构中有什么作用？受力特点是什么？

3. 结构分析的一般流程和内容有哪些？

4. 什么是结构上的作用？它们如何分类？

5. 什么是结构的“设计基准期”？我国的“设计基准期”规定的年限为多少？

6. 什么是作用效应？什么是结构抗力？

7. 结构必须满足哪些功能要求？

8. 结构可靠概率与结构失效概率有什么关系？

9. 什么是永久荷载的代表值？可变荷载有哪些代表值？进行结构设计时如何选用这些代表值？

10. 什么情况下要考虑荷载组合系数？为什么荷载组合系数值小于或等于1？

11. 如何划分结构的极限状态?
12. 结构超过承载力极限状态的标志有哪些?
13. 结构超过正常使用极限状态的标志有哪些?
14. 结构构件的截面承载力与哪些因素有关?
15. 裂缝控制如何分级? 对于每种控制等级的裂缝或截面应力有什么要求?
16. 简述框架-剪力墙结构的特点。

第7章　地基与基础

基础是建筑物地面以下的承重构件，承受建筑物上部结构传下来的荷载，并把这些荷载连同本身的自重一起传给地基。一般按埋置深度可分为浅基础与深基础两大类，一般埋深小于5 m的为浅基础，大于5 m的为深基础；或者按施工方法把用普通基坑开挖和敞坑排水方法修建的基础称为浅基础，如砖混结构的墙基础、高层建筑的箱形基础(埋深可能大于5 m)等；而用特殊施工方法将基础埋置于深层地基中的基础称为深基础，如桩基础、沉井、地下连续墙等。地基承受建筑物荷载而产生的应力和应变是随着土层深度的增加而减小，在达到一定的深度后就可以忽略不计。地基是指承受由基础传下来荷载的土体或岩体，位于基础底面下第一层土称为持力层，在其以下土层称为下卧层。地基和基础都是地下隐蔽工程，是建筑物的根本，对它们的勘察、设计和施工质量关系到整个建筑的安全和正常使用。

为保证建筑物的安全和正常使用，必须要求基础和地基都有足够的强度与稳定性。基础是建筑物的组成部分，它承受建筑物的上部荷载，并将这些荷载传给地基，地基不是建筑物的组成部分。基础的强度与稳定性既取决于基础的材料、形状与底面积的大小以及施工的质量等，还与地基的性质有着密切的关系。典型目标结构所受的水平荷载(作用)和竖向荷载通过水平和竖向承重体系传到了墙柱，墙柱通过基础将这些力传给大地土层的地基上，基础实际上起着“承上启下”的作用，即承担结构的内力并传递给地基。基础是结构承载的主要构件之一，同时地基的承载力及稳定性也是保证建筑物安全的必要条件。

7.1　地基土的分类及其承载力

作为建筑地基的土体，工程上将地基土可分为岩石、碎石土、砂土、粉土、黏性土和人工填土。

(1)岩石。岩石指颗粒间牢固联结的、整体的或具有节理、裂隙的岩体。按其风化程度岩石可分为未风化、微风化、中风化及强风化；按岩块的饱和单轴抗压强度标准值可分为坚硬岩、较硬岩、较软岩及软岩；按岩体的完整程度可分为完整、较完整、较破碎、破碎和极破碎五种。

(2)碎石土。碎石土指粒径大于2 mm颗粒超过全重50%的土，按粗细程度又分为块(漂)石、卵(碎)石及圆(角)碑。

(3)砂土。砂土指粒径大于2 mm颗粒不超过全重50%、粒径大于0.075 mm颗粒超过全重50%的土，按粗细程度又可分为砾砂、粗砂、中砂、细砂和粉砂。

(4)粉土。粉土为介于砂土和黏性土之间，塑性指数小于或等于10且粒径大于0.075 mm的颗粒不超过全重50%的土。

(5)黏性土。黏性土为塑性指数大于 10 的土。其中塑性指数大于 17 的土称为黏土,性质极为复杂,吸水后呈流塑状,强度很低,含水量在塑限左右时强度很高,很难夯实,干燥后易开裂。塑性指数在 10～17 的土称为粉质黏土,很容易夯实,是常用的填土材料。黏性土按状态可分为坚硬黏土、硬塑黏土、可塑黏土、软塑黏土和流塑黏土。

(6)人工填土。根据其组成和成因,人工填土可以分为素填土、杂填土、冲填土和压实填土。素填土是由碎石土、砂土、粉土、黏性土等组成的填土。压实填土是经过压实或夯实的素填土。杂填土是含有建筑垃圾、工业废料、生活垃圾等杂物的填土。冲填土是由水力冲填泥沙形成的填土。

荷载的增加使地基变形相应增大,地基承载力也逐渐增大,这是地基土的重要特性。另外,建筑物都有一定的使用功能要求,当变形达到或超过正常使用的限值时,地基土抗剪强度仍应有富余。所谓地基承载力是地基按正常使用极限状态设计时单位面积所能承受的最大应力值(kPa),地基承载力即允许承载力。地基基础设计时,所采用的作用效应与相应的抗力限值应符合下列规定:

(1)按地基承载力确定基础底面积及埋深或按单桩承载力确定桩数时,传至基础或承台底面上的作用效应应按正常使用极限状态下作用的标准组合。相应的抗力应采用地基承载力特征值或单桩承载力特征值。

(2)计算地基变形时,传至基础底面上的作用效应应按正常使用极限状态下作用的准永久组合,不应计入风荷载和地震作用,相应的限值应为地基变形允许值。

(3)计算挡土墙、地基或滑坡稳定以及基础抗浮稳定时,作用效应应按承载能力极限状态下作用的基本组合,但其分项系数均为 1.0。

(4)在确定基础或桩基承台高度、支挡结构截面、计算基础或支挡结构内力、确定配筋和验算材料强度时,上部结构传来的作用效应和相应的基底反力、挡土墙土压力以及滑坡推力,应按承载能力极限状态下作用的基本组合,采用相应的分项系数。当需要验算基础裂缝宽度时,应按正常使用极限状态下作用的标准组合。

(5)基础设计安全等级、结构设计使用年限、结构重要性系数应按有关规范的规定采用,但结构重要性系数 γ_0 不应小于 1.0。

7.2　基础的类型及设计方法

基础作为建筑物与地基之间的联结体,原则上其分布方式应与结构竖向承重体系的构件(结构)相对应,有时土质条件较差,无法满足承载力或变形要求时,也可以采用扩大基础来满足要求,基础的作用就是把相对集中的上部传下来的内力分散到地基上,同时地基不超过其承载能力,并不产生过大的沉降变形。根据地基土体的形成方式,地基分为天然地基和人工地基,当地基承载力不满足承载力要求或变形过大时,可以采用人工方式对地基进行加强处理,如用注浆法、深层搅拌法或强夯法加固土体,使土体强度等指标达到设计要求。

建筑物基础形式选择是否合适,不仅影响到房屋的安全,而且对房屋的造价、施工工期等都有很大影响。目前主要的基础形式有无筋扩展基础、独立基础、交叉梁基础、筏形基础、箱形基础和桩基础。在选择基础类型之前,一定要仔细分析场地土的性质、施工条件、房屋类型及内力,必要时须进行多个方案的对比分析后,方可选择性价比高的基础类型。

7.2.1 基础的类型

1. 无筋扩展基础

由砖、毛石、混凝土或毛石混凝土、灰土和三合土等材料组成，且不需要配置钢筋的基础，称为无筋扩展基础，有时也称为刚性基础。基础将荷载传向地基时，压应力分布线有一夹角，称为刚性角。刚性基础的基础底面位于刚性角范围内，主要承受压力，故可用抗压强度高的材料砌筑或浇砌而成，刚性角随基础材料的不同而异。刚性基础主要用于砌体结构房屋的墙或柱下。常用的类型有砖基础（见图 7－1）、毛石基础和混凝土基础。刚性基础主要适用于 6 层及以下砌体结构房屋的基础。

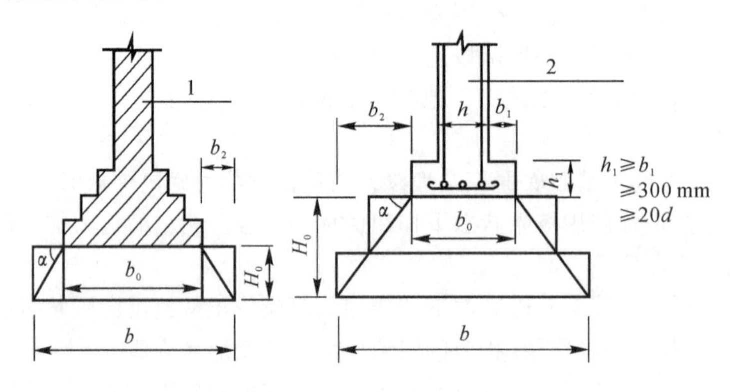

图 7－1　无筋扩展基础构造示意图

d—柱中纵向钢筋直径；　1—承重墙；　2—钢筋混凝土柱

2. 独立基础

当建筑物上部结构采用框架或排架承重时，其基础形式常采用方形或矩形独立基础，这种基础又称为柱式基础，如图 7－2 所示。独立基础按其施工方式又可分为现浇基础和杯形基础。现浇基础柱与基础都是现浇而成，而杯形基础的柱采用预制构件，基础做成杯形，以便柱插入其中，并嵌固在杯口内。独立基础适用于层数不多、土质较好的框架和排架结构基础。

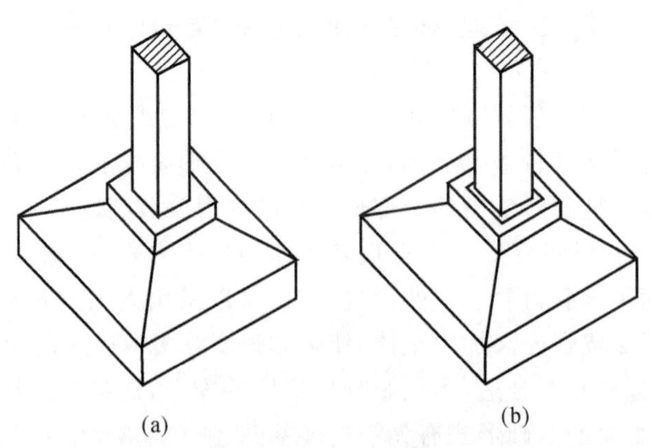

图 7－2　独立基础

(a)现浇基础；　(b)杯形基础

3.交叉梁基础

当建筑物上部采用框架结构承重，地基条件差时，为了提高建筑物的整体性，以免建筑物产生不均匀沉降，常将柱与柱之间沿纵向和横向将柱下基础联结起来，做成十字交叉形基础，又称为十字交叉基础，如图7-3所示。交叉梁基础适用于层数不多、土质一般的框架、剪力墙和框架-剪力墙结构基础。

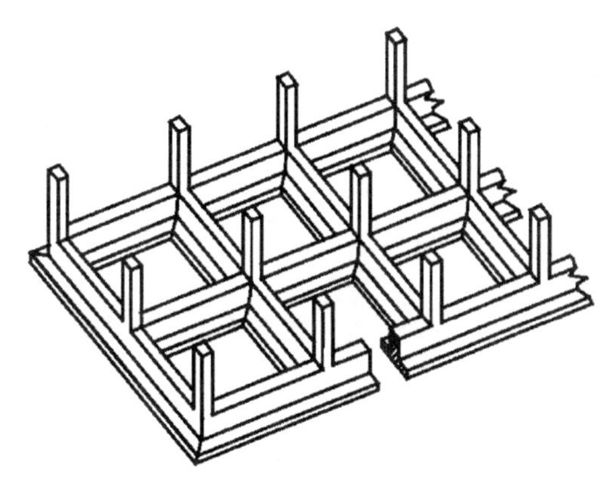

图7-3　十字交叉基础

4.筏形基础

筏形基础多用于建筑物上部荷载较大，而所在地的地基承载能力较差的情况。筏形基础有梁板式筏形基础和平板式筏形基础。平板式筏形基础是在天然地表上，将场地整平并压实后浇筑钢筋混凝土板而成。此类基础板厚较大，用料较多，刚度较差，仅便于施工，一般较少用。梁板式筏形基础板折算厚度较小，用料较省，刚度较大，但施工麻烦，费模板。筏形基础适用于层数不多、土质较弱或层数较多、土质较好的框架、剪力墙和框架-剪力墙结构基础。

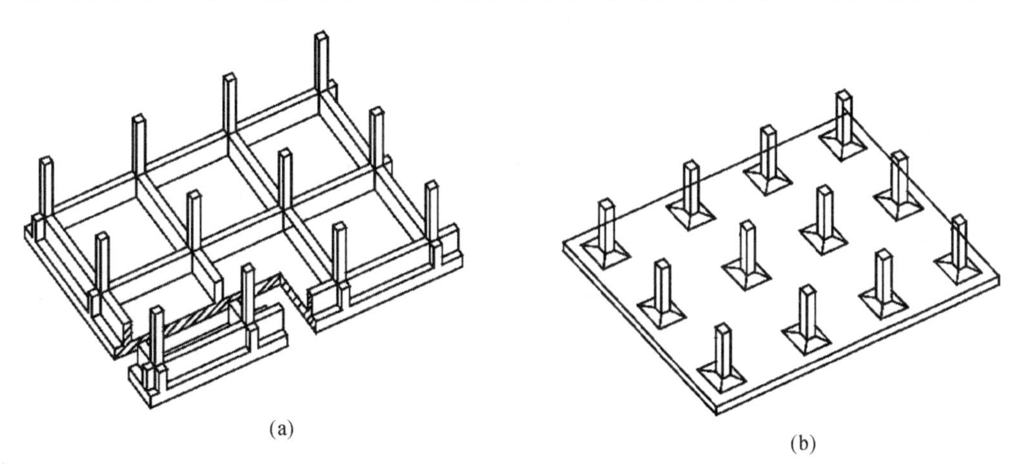

图7-4　筏形基础
(a)梁板式筏形基础；(b)平板式筏形基础

5.箱形基础

当上部结构对基础变形很敏感，而地基土又极其软弱且不均匀时，采用筏形基础其刚度可能达不到要求，这时可采用箱形基础。箱形基础是由顶被、底板、内壁和外壁四个部分组成的空心大盒子，如图 7－5 所示。箱形基础如果中间部分容积较大时，可兼作地下室用，适用于层数较多、土质较弱的高层建筑结构基础。

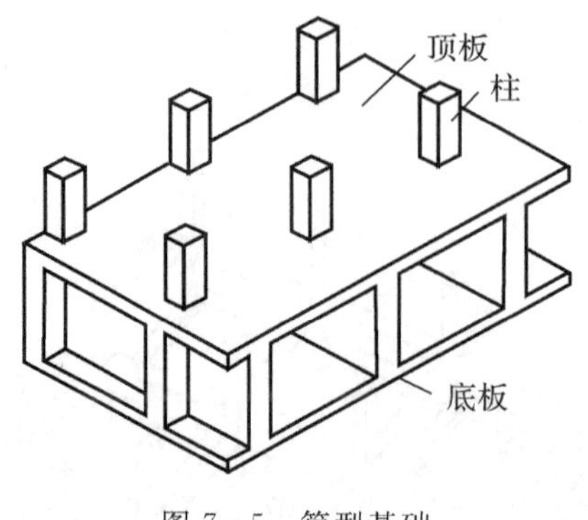

图 7－5　箱型基础

6. 桩基础

当上部结构对基础变形很敏感，地基土质极其软弱，但下面土质较好时，采用箱形基础达不到承载力及变形要求时，可以采用桩基础。桩基础适用于层数较多、地基持力层较深的高层建筑结构基础。

此外，还有桩-筏基础、桩-箱基础等复合形基础，如图 7－6 所示。复合形基础适用于超高层建筑结构或地基土较弱地区基础。

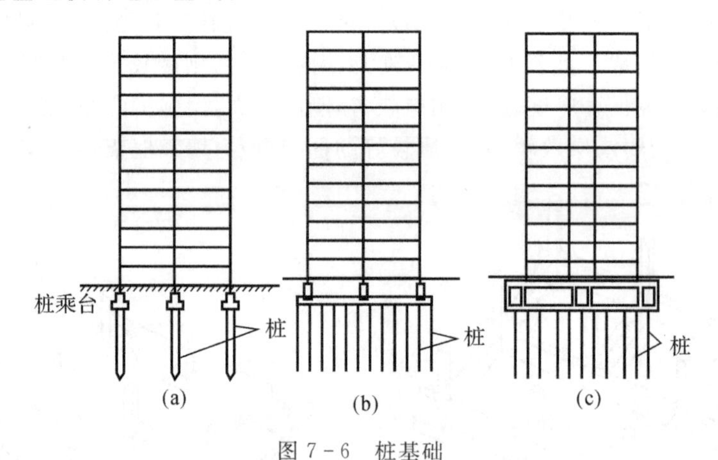

图 7－6　桩基础

(a)桩基础；（b)桩-筏基础；（c)桩-箱基础

7.2.2　基础的设计

基础一般按照图 7－7 所示步骤进行设计计算。

1. 基础埋置深度

基础的埋置深度，应按下列条件确定：

(1)建筑物的用途，有无地下室、设备基础和地下设施，基础的形式和构造；

(2)作用在地基上的荷载大小和性质；

(3)工程地质和水文地质条件；

(4)相邻建筑物的基础埋深；

(5)地基土冻胀和融陷的影响。

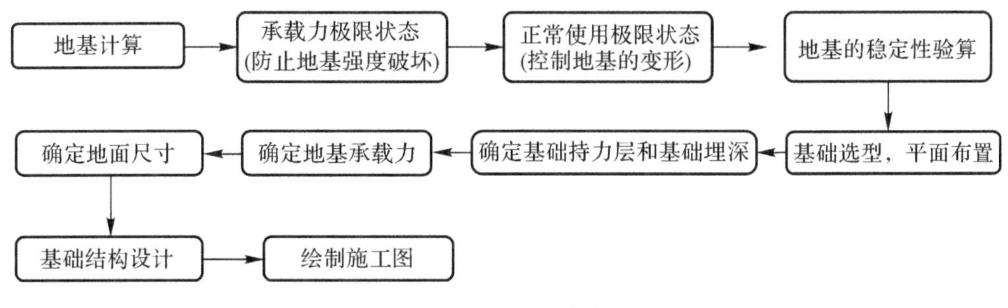

图7-7 基础设计流程

在满足地基稳定和变形要求的前提下，当上层地基的承载力大于下层土时，宜利用上层土作持力层。除岩石地基外，基础埋深不宜小于0.5 m。

基础埋置深度一般指基础底面距室外设计地面的距离，基础埋置深度的最小值不宜小于0.5 m，基础顶面距室外地坪至少为0.15～0.2 m，以保证基础不受外界的不利影响。影响基础埋置深度的因素很多，设计时应根据工程地质条件及规范要求确定合适的埋置深度，原则上，在满足地基承载力、稳定及变形要求的前提下，基础应尽量浅埋，以减少基础工程量，降低造价。此外，当新建筑物与原有建筑相邻时，新建筑物基础埋置深度还应满足水平距离为基础高差的1～2倍或不低于老基础埋置深度的要求，否则应采取措施防止基础失效，如采用基坑支护等方法进行。

地基土的冻胀类别分为不冻胀、弱冻胀、冻胀、强冻胀和特强冻胀，可按《建筑地基基础设计规范》(GB 50007—2011)查取。在冻胀、强冻胀和特强冻胀地基上采用防冻害措施时应符合下列规定：

(1)对在地下水位以上的基础，基础侧表面应回填不冻胀的中、粗砂，其厚度不应小于200 mm；对在地下水位以下的基础，可采用桩基础、保温性基础、自锚式基础(冻土层下有扩大板或扩底短桩)，也可将独立基础或条形基础做成正梯形的斜面基础。

(2)宜选择地势高、地下水位低、地表排水条件好的建筑场地。对低洼场地，建筑物的室外地坪标高应至少高出自然地面300～500 mm，其范围不宜小于建筑四周向外各一倍冻结深度距离的范围。

(3)应做好排水设施，施工和使用期间防止水浸入建筑地基。在山区应设截水沟或在建筑物下设置暗沟，以排走地表水和潜水。在强冻胀性和特强冻胀性地基上，其基础结构应设置钢筋混凝土圈梁和基础梁，并控制建筑的长高比。

(4)当独立基础连系梁下或桩基础承台下有冻土时，应在梁或承台下留有相当于该土层冻胀量的空隙。

(5)外门斗、室外台阶和散水坡等部位宜与主体结构断开，散水坡分段不宜超过1.5 m，坡度不宜小于3%，其下宜填入非冻胀性材料。

(6)对跨年度施工的建筑，入冬前应对地基采取相应的防护措施。按采暖设计的建筑物，当冬季不能正常采暖时，也应对地基采取保温措施。

2. 无筋扩展基础及柱下独立基础设计

基础设计内容包括：以满足地基承载力条件确定基础底板尺寸；以满足受冲切承载力、受剪承载力条件验算基础高度；以满足底板受弯承载力条件计算基础底板受力配筋。本书主要讲述无筋扩展基础及柱下独立基础的设计。

(1)无筋扩展基础。为保证无筋扩展基础不发生弯曲破坏，基础高度应符合：

$$H_0 \geqslant \frac{b - b_0}{2\tan\alpha} \tag{7-1}$$

式中 b—— 基础底面宽度；

b_0—— 基础顶面的墙体宽度或柱脚宽度；

H_0—— 基础高度；

$\tan\alpha$—— 基础台阶宽高比(b_2 : H_0)，其允许值按表 7-1 采用；

b_2—— 基础台阶宽度。

表 7-1 基础台阶宽高比的允许值

基础材料	质量要求	台阶宽高比的允许值		
		$p_k \leqslant 100$	$100 < p_k \leqslant 200$	$200 < p_k \leqslant 200$
混凝土基础	C15 混凝土	1 : 1.00	1 : 1.00	1 : 1.25
毛石混凝土基础	C15 混凝土	1 : 1.00	1 : 1.25	1 : 1.50
砖基础	砖不低于 MU10 砂浆不低于 M5	1 : 1.50	1 : 1.50	1 : 1.50
毛石基础	砂浆不低于 M5	1 : 1.25	1 : 1.50	—
灰土基础	体积比为 3 : 7 或 2 : 8 的灰土，其最小干密度：粉土 1 550 kg/m^3，粉质黏土 1 500 kg/m^3，黏土 1 450 kg/m^3	1 : 1.25	1 : 1.50	
三合土基础	体积比为 1 : 2 : 4 或 1 : 3 : 6（石灰：砂：骨料），每层需铺约 220 mm，夯至 150 mm	1 : 1.50	1 : 2.00	—

注：1. p_k 为作用标准组合时基础底面处的平均压应力值，kPa；

2. 阶梯形毛石基础的每阶伸出宽度不宜大于 200 mm；

3. 基础有不同材料叠合组成时. 应对接触部分作抗压计算；

4. 混凝土基础单侧扩展范围内基础底面处的平均压力超过 300 kPa 时，应进行抗剪验算，对基底反力集中于立柱附近的岩石地基应进行局部受压承载力验算。

计算基底尺寸时，基础底面压应力应满足：

$$p_k = \frac{F_k + G_k}{A} \leqslant f_a \tag{7-2}$$

式中　f_a—— 修正后的地基持力层承载力特征值；

p_k—— 荷载效应标准组合时.基础底面处的平均压力值；

A—— 基础底面积；

F_k—— 荷载效应标准组合时，上部结构传至基础顶面的竖向力值；

G_k—— 基础自重和基础上的土重，对一般实体基础，可近似地取 $G_k=\gamma_G Ad$（γ_G 为基础及回填土的平均重度，可取 $\gamma_G=20\ kN/m^3$，d 为基础平均深度）。

由式(7-2)有

$$A \geqslant \frac{F_k}{f_a-\gamma_G d} \tag{7-3}$$

对墙下条形刚性基础，可沿基础长方向取单位长度 1 m 进行计算，荷载也为相应的线荷载(kN/m)，则条形基础的宽度为

$$b \leqslant \frac{F_k}{f_a-\gamma_G d} \tag{7-4}$$

在上面的计算中，一般先要对地基承载力特征值 f_{ak} 进行深度修正，然后按计算得到的基底宽度 b，考虑是否需要对 f_{ak} 进行宽度修正。如需要，修正后重新计算基础宽度，如此反复计算一两次即可。最后确定的基底尺寸 b 和 l 均取为 100 mm 的倍数。

(2) 柱下独立基础。

1) 确定基础底面尺寸。基础底面尺寸是根据地基承载力条件、地基变形条件和上部结构荷载条件确定的。由于柱下独立基础的底面积不太大，所以假定基础是绝对刚性且地基土反力为线性分布。

① 轴心受压柱下基础。轴心受压时，假定基础底面的压力为均匀分布(见图 7-8)，设计时应满足：

$$p_k=\frac{F_k+G_k}{A} \leqslant f_a \tag{7-5}$$

由式(7-3)可得：

$$A \geqslant \frac{F_k}{f_a-\gamma_G d} \tag{7-6}$$

设计时先按式(7-6)算得 A，再选定基础底面积的一个边长 b，即可求得另一边长 $l=A/b$，当采用正方形时，$b=l=\sqrt{A}$。

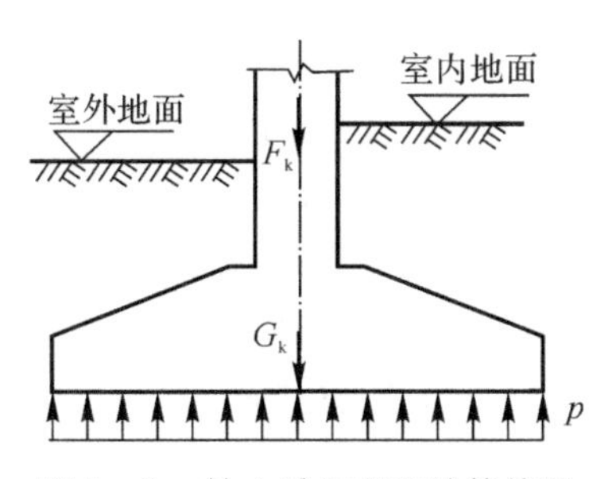

图 7-8　轴心受压基础计算简图

对于安全等级为一级的建筑物及《建筑地基基础设计规范》(GB50007—2011)规定的二级

建筑物，除应根据上述地基承载力确定基础底面尺寸外，还须经地基变形验算后确定。

② 偏心受压柱下基础。在偏心荷载作用下，假定基础底面的压力按线性非均匀分布，计算简图如图 7-9 所示，这时基础底面边缘的最大和最小压应力可按下式计算：

$$p_{k,\min}^{\max} = \frac{F_k + G_k}{A} \pm \frac{M_k}{W} \tag{7-7}$$

式中 M_k—— 作用于基础底面的弯矩标准值；

W—— 基础底面面积抵抗矩，$W = bl^2/6$。

令 $e = M_k/(F_k + G_k)$，并将 $W = bl^2/6$ 代入式(7-7)，则有

$$p_{k,\min}^{\max} = \frac{F_k + G_k}{lb}\left(1 \pm \frac{6e}{l}\right) \tag{7-8}$$

由式(7-8) 可知，当 $e < l/6$ 时，$p_{k,\min} > 0$；当 $e = l/6$ 时，$p_{k,\min} = 0$，地基反力图形为三角形；当 $e > l/6$ 时，$p_{k,\min} < 0$。说明基础底面积的一部分将产生拉力。但由于基础与地基的接触面是不可能受拉的，所以这部分基础底面与地基之间是脱离的，而使基底压力重新分布。

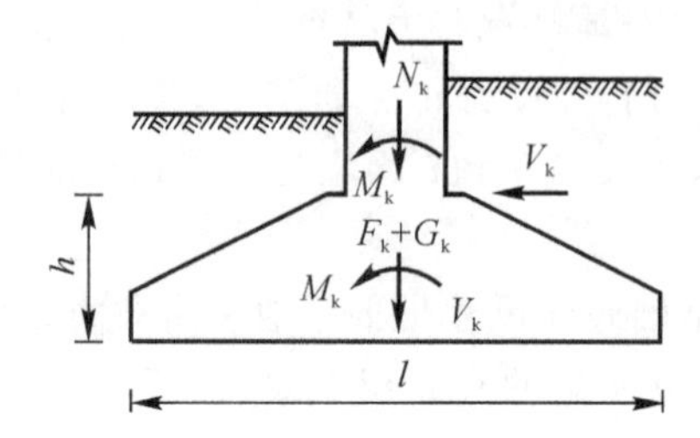

图 7-9 偏心受压基础计算简图

反力的基础底面积不是 bl 而是 $3al$。因此，$p_{k,\max}$ 不能按式(7-8) 计算，而应按下式计算：

$$p_{k,\max} = \frac{2(F_k + G_k)}{3al} \tag{7-9}$$

式中 a—— 合力$(F_k + G_k)$ 作用点至基础底面最大受压边缘的距离，$a = \frac{l}{2} - e$；

l—— 力矩作用方向的基础底面边长；

b—— 垂直于力矩作用方向的基础底面边长。

在确定偏心受压柱下基础底面尺寸时，应同时符合下列要求：

$$p_k = \frac{p_{k,\max} + p_{k,\min}}{2} \leqslant f_a \tag{7-10}$$

$$p_{k,\max} \leqslant 1.2 f_a \tag{7-11}$$

式(7-11) 中将地基承载力设计值提高 20% 的原因，是 $p_{k,\max}$ 只在基础边缘的局部范围内出现，而且 $p_{k,\max}$ 中的大部分是由活荷载而不是恒荷载产生的。

确定偏心受压基础底面尺寸一般采用试算法，其步骤如下：

Ⅰ. 按轴心受压基础的公式(7-6)，计算基础底面面积 A_1；

Ⅱ. 考虑偏心影响，将基础底面面积 A_1 增大 10% ～ 40%，即 $A = (1.1 \sim 1.4)A_1$；

Ⅲ. 按式(7-8) 或式(7-9) 计算基底边缘最大和最小压应力；

Ⅳ. 验算是否符合式(7-10) 和式(7-11) 的要求，如不符合则修改底面尺寸 b、l，直到符合要求为止。

2）确定基础高度。独立基础高度除应满足构造要求外，还应根据柱与基础交接处混凝土抗冲切承载力要求确定（对于阶梯形基础还应按相同原则对变阶处的高度进行验算）。此外，还应满足抗剪承载力的要求。

试验表明，当基础高度（或变阶处高度）不够时，柱传给基础的荷载将使基础发生冲切破坏，即沿柱边大致成 45° 方向的截面被拉开而形成角锥体（阴影部分）破坏。为防止冲切破坏，必须使冲切面外的地基反力所产生的冲切力 F_l 小于或等于冲切面处混凝土的抗冲切承载力。

对矩形截面柱的矩形基础，在柱与基础交接处以及基础变阶处的受冲切承载力可按下列公式计算（见图 7－10）：

$$\left.\begin{aligned} F_l &\leqslant 0.7\beta_{hp}b_m h_0 f_t \\ F_l &= p_s A \\ b_m &= \frac{b_t + b_b}{2} \end{aligned}\right\} \tag{7-12}$$

式中　b_t—— 冲切破坏锥体最不利一侧斜截面的上边长：当计算柱与基础交接处的受冲切承载力时取柱宽；当计算基础变阶处的受冲切承载力时，取上阶宽；

b_b—— 冲切破坏锥体最不利一侧斜截面的下边长：当计算柱与基础交接处的受冲切承载力时，取柱宽加 2 倍基础有效高度；当计算变阶处的受冲切承载力时，取上阶宽加 2 倍该处的基础有效高度；

h_0—— 冲切破坏锥体的有效高度；

β_{hp}—— 截面高度影响系数，当 h 不大于 800 mm 时，取 1.0；当 h 不小于 2 000 mm 时，取 0.9，其间按线性内插法取用；

f_t—— 混凝土轴心抗拉强度设计值；

A—— 考虑冲切荷载时取用的多边形面积（图 7－10 中的阴影面积 $ABCDEF$）；

p_s—— 在荷载设计值作用下基础底面单位面积上的土反力（扣除基础自重及其上的土重），当为偏心荷载时可取用最大的土反力。

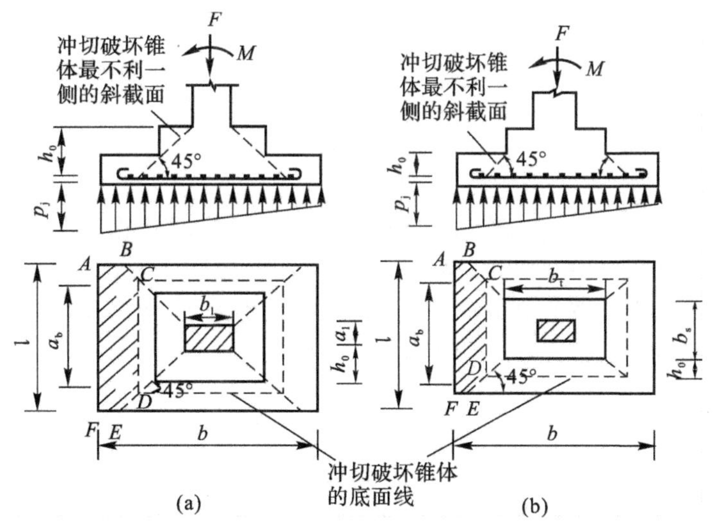

图 7－10　计算阶形基础的受冲切承载力截面位置

（a）柱与基础交接处；（b）基础变阶处

3）计算底板受力钢筋。试验表明，基础底板在地基净反力作用下，在两个方向都将产生向上的弯曲。因此，需在底板两个方向都配置受力钢筋。进行配筋计算的控制截面，一般取在柱与基础交接处及变阶处（对阶形基础）。计算两个方向的弯矩时，把基础视作固定在柱周边的四面挑出的悬臂板，如图 3 - 14 所示。

对于矩形基础，当台阶的宽高比小于或等于 2.5 和偏心距小于或等于 1/6 基础长边时，对轴心受压基础，截面 Ⅰ—Ⅰ 和截面 Ⅱ—Ⅱ 的计算如下：

① 截面 Ⅰ—Ⅰ 的计算。由图 7 - 11 可见，截面 Ⅰ—Ⅰ 的弯矩：

$$M_{\mathrm{I}}=\frac{1}{24}p_{\mathrm{s}}(l-h_{\mathrm{c}})^{2}(2b+b_{\mathrm{c}}) \tag{7-13}$$

截面 Ⅰ—Ⅰ 的受力钢筋（沿长边方向），有

$$A_{\mathrm{SI}}=\frac{M_{\mathrm{I}}}{0.9f_{y}h_{0\mathrm{I}}} \tag{7-14}$$

式中，$h_{0\mathrm{I}}$ 为截面 Ⅰ—Ⅰ 的有效高度 $h_{0\mathrm{I}}=h-a_{\mathrm{s}}$。

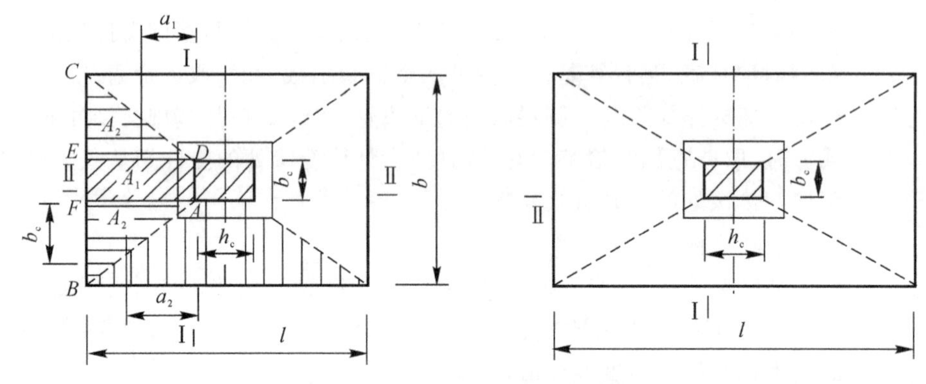

图 7 - 11　矩形基础底板计算简图

② Ⅱ—Ⅱ 截面的计算：

$$M_{\mathrm{II}}=\frac{1}{24}p_{\mathrm{s}}(b-b_{\mathrm{c}})^{2}(2l+h_{\mathrm{c}}) \tag{7-15}$$

沿短边方向的钢筋一般置于沿长边钢筋的上面，如果两个方向的钢筋直径均为 d，则截面 Ⅱ—Ⅱ 的有效高度 $h_{0\mathrm{II}}=h_{0\mathrm{I}}-d$，于是，沿短边方向的钢筋截面面积 A_{sII} 为

$$A_{\mathrm{sII}}=\frac{M_{\mathrm{II}}}{0.9f_{\mathrm{y}}(h_{0\mathrm{I}}-d)} \tag{7-16}$$

③ 对于偏心受压基础，配筋计算仍可应用上述公式，但在计算 M_{I} 和 M_{II} 时需分别用 $(p_{\mathrm{s,max}}+p_{\mathrm{s,I}})/2$ 和 $(p_{\mathrm{s,max}}+p_{\mathrm{s,min}})/2$ 替代。

对于变阶处，截面的配筋计算方法与柱边截面的配筋计算方法相同，只需将上述公式中柱截面边长 b_{c}、h_{c} 用变阶处的截面边长代替即可。

4）构造要求。

① 轴心受压基础的底面一般采用正方形。偏心受压基础底面应采用矩形，其长边与弯矩作用方向平行；长、短边长的比值在 1.5 ～ 2.0 之间，不应超过 3.0；锥形基础的边缘高度不宜小于 200 mm；阶梯形基础的每阶高度宜为 300 ～ 500 mm。

混凝土强度等级不宜低于 C20，常用 C20 或 C25；基础下通常要做低强度混凝土（宜采用

C15)垫层,其厚度宜为 50～100 mm。

底板受力钢筋一般采用 HPB300 级或 HRB335 级钢筋,其最小直径不宜小于 10 mm,间距不宜大于 200 mm。当有垫层时,受力钢筋的保护层厚度不宜小于 40 mm。无垫层时不宜小于 70 mm。基础底板的边长大于 2.5 m 时,沿此方向的钢筋长度可减短 10%,并应交错布置。

对于现浇柱基础,如与柱不同时浇灌,其插筋的根数及直径应与柱内纵向受力钢筋相同。插筋的锚固及柱的纵向受力钢筋的搭接长度,均应符合《混凝土结构设计规范》(GB 50010—2010)(2015 版)的规定。

②预制柱基础的杯口形式和柱的插入深度。当预制柱的截面为矩形及I形时,柱基础采用单杯口形式;当为双肢柱时,可采取双杯口,也可采用单杯口形式。杯口的构造如图 7-12 所示。

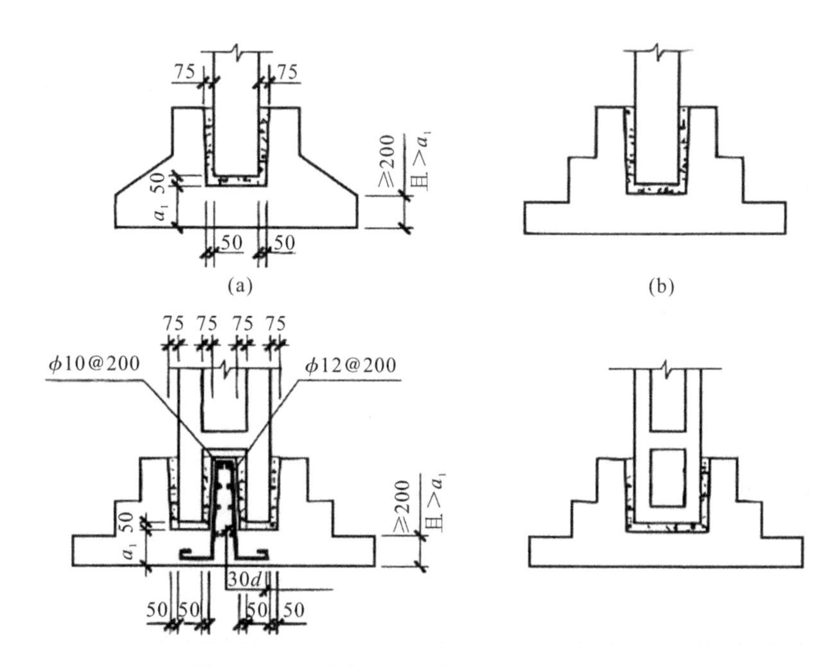

图 7-12　预制拄基础的杯口构造(单位:mm)

(a)单杯口锥形基础;(b)单杯口阶梯形基础;(c)双肢柱双杯口基础;(d)双肢柱单杯口基础

预制柱插入基础杯口应有足够的深度,使柱可靠地嵌固在基础中,插入深度 h_1 可按表 7-2 选用。此外,h_1 还应满足柱纵向受力钢筋锚固长度 l_a 的要求,详见《混凝土结构设计规范》(GB 50010—2010)(2015 版)规定和柱吊装时稳定性的要求,即应使 $h_1 \geqslant 0.05$ 倍柱长(指吊装时的柱长)。

表 7-2　柱的插入深度 h_1　　单位:mm

矩形或 I 形柱				单肢管柱	双肢柱
$h<500$	$500 \leqslant h<800$	$800 \leqslant h \leqslant 1\,000$	$h>1\,000$		
$h \sim 1.2h$	h	$0.9h$ 且 $\geqslant 800$	$0.8h$ 且 $\geqslant 1\,000$	$1.5d$ 且 $\geqslant 800$	$(1/3 \sim 2/3)h_a$ $(1.5 \sim 1.8)h_b$

注:1. h—柱截面长边尺寸;d—管柱的外直径;h_a—整个双肢截面长边尺寸;h_b—双肢柱整个截面短边尺寸;

2. 轴心受压或偏心受压时,h_1 可适当减小;偏心距大于 $2h$(或 $2d$),h_1 应适当加大。

基础的杯底厚度 a_1 和杯壁厚度 t 可参考表 7－3。

表 7－3　基础杯底厚度和杯壁厚度　　　单位：mm

柱截面长边尺寸 h	杯底厚度 a_1	杯壁厚度 t
h＜500	≥150	150～200
500≤h＜800	≥200	≥200
800≤h＜1 000	≥200	≥300
1 000≤h＜1 500	≥250	≥350
1 500≤h＜2 000	≥300	≥400

注：1. 双肢柱的杯底厚度值，可适当加大；

2. 当有基础梁时，基础梁下的杯壁厚度，应满足其支承宽度的要求；

3. 柱子插入杯口部分的表面应凿毛，柱子与杯口之间的空隙，应用比基础混凝土强度等级高一级的细石混凝土充填密实，当达到材料设计强度以上时，方能进行上部吊装。

③对砌体结构基础而言，在建筑的同一独立单元中，宜采用同一类型基础。将高压缩性土质或其他特殊土质作为天然地基时。除应采取消除地基不均匀沉降的措施外，还应在外墙体及承重墙下设置基础圈梁，以提高房屋建筑整体性。

对框架结构建筑物的基础而言，为了有效控制或减小基础不均匀沉降。在以下情况下一般布置连系梁：一、二级框架结构；结构中各柱承受的内力相差较大；基础埋置较深或相邻基础深度相差较大；在地基主要受力层范围内存在软弱土层或严重不均匀层。

3. 基础沉降

土体由矿物颗粒、水和空气三部分组成，土体在基础传来的压力作用下被压缩，孔隙中的水被挤走，由于土的透水性不同。土体完成压缩过程的时间有很大差别，即建筑物基础完成全部沉降需要一个过程，有时沉降趋于稳定时由于外界因素的干扰（如变化土体含水率），又有新的沉降产生。基础的沉降一般采用分层总和法求得，即沉降值等于基础底面以下计算深度范围内各土层压缩量的总和。基础的沉降实质上是基础土体压缩变形的结果，从反映上看是表现为建筑物的沉降，当建筑物各部分发生均匀沉降时，建筑物不会出现由沉降而产生的裂缝，但当建筑物产生不均匀沉降时，建筑物可能产生裂缝，规范规定了建筑物相对沉降的限制。需要提出的是，基础沉降不均匀时，将对上部结构产生附加内力，此附加内力又影响沉降，从理论上讲应该考虑上下部结构的共同作用。目前，我国规范仍按不考虑上下部结构共同作用计算。解决不均匀土质引起的房屋不均匀沉降问题有效的办法之一是提高房屋的整体性，如设置圈梁、构造柱、地梁等加强整体刚度的措施，也可设置沉降缝。表 7－4 给出了可不作地基变形验算的设计等级为丙级的建筑物范围。

表7-4　可不作地基变形验算的设计等级为丙级的建筑物范围

<table>
<tr><td rowspan="2">地基主要受力层情况</td><td colspan="3">地基承载力特征值
f_{ak}/kPa</td><td>$80 \leqslant f_{ak} < 100$</td><td>$100 \leqslant f_{ak} < 130$</td><td>$130 \leqslant f_{ak} < 160$</td><td>$160 \leqslant f_{ak} < 200$</td><td>$200 \leqslant f_{ak} < 300$</td></tr>
<tr><td colspan="3">各土层坡度/(%)</td><td>≤5</td><td>≤10</td><td>≤10</td><td>≤10</td><td>≤10</td></tr>
<tr><td rowspan="5">建筑类型</td><td colspan="3">砌体承重结构，
框架结构/层</td><td>≤5</td><td>≤5</td><td>≤6</td><td>≤6</td><td>≤7</td></tr>
<tr><td rowspan="4">单层排架结构（6 m柱距）</td><td rowspan="2">单跨</td><td>吊车额定起重量/t</td><td>10～15</td><td>15～20</td><td>20～30</td><td>30～50</td><td>50～100</td></tr>
<tr><td>厂房跨度/m</td><td>≤18</td><td>≤24</td><td>≤30</td><td>≤30</td><td>≤30</td></tr>
<tr><td rowspan="2">多跨</td><td>吊车额定起重量/t</td><td>5～10</td><td>10～15</td><td>15～20</td><td>20～30</td><td>30～75</td></tr>
<tr><td>厂房跨度/m</td><td>≤18</td><td>≤24</td><td>≤30</td><td>≤30</td><td>≤30</td></tr>
<tr><td rowspan="2">地基主要受力层情况</td><td colspan="3">地基承载力特征值
f_{ak}/kPa</td><td>$80 \leqslant f_{ak} < 100$</td><td>$100 \leqslant f_{ak} < 130$</td><td>$130 \leqslant f_{ak} < 160$</td><td>$160 \leqslant f_{ak} < 200$</td><td>$200 \leqslant f_{ak} < 300$</td></tr>
<tr><td colspan="3">各土层坡度/(%)</td><td>≤5</td><td>≤10</td><td>≤10</td><td>≤10</td><td>≤10</td></tr>
<tr><td rowspan="3">建筑类型</td><td colspan="2">烟囱</td><td>高度/m</td><td>≤40</td><td>≤50</td><td colspan="2">≤75</td><td>≤100</td></tr>
<tr><td colspan="2" rowspan="2">水塔</td><td>高度/m</td><td>≤20</td><td>≤30</td><td colspan="2">≤30</td><td>≤30</td></tr>
<tr><td>容积/m^3</td><td>50～100</td><td>100～200</td><td>200～300</td><td>300～500</td><td>500～1 000</td></tr>
</table>

注：1. 地基主要受力层系指条形基础底面下深度为$3b$（b为基础底面宽度），独立基础下为$1.5b$，且厚度均不小于5 m的范围（二层以下一般的民用建筑除外）；

2. 地基主要受力层中如有承载力特征值小于130 kPa的土层，表中砌体承重结构的设计，应符合本规范第7章的有关要求；

3. 表中砌体承重结构和框架结构均指民用建筑，对于工业建筑可按厂房高度、荷载情况折合成与其相当的民用建筑层数；

4. 表中吊车额定起重量、烟囱高度和水塔容积的数值系指最大值。

7.3　地基基础的破坏分析

7.3.1　地基的变形

地基变形可分为以下三个阶段（见图7-13）。

（1）弹性压密阶段，图7-13中Oa段。$P-S$曲线接近于直线，各点剪应力均小于土的抗剪强度，处于弹性平衡状态。此阶段荷载板的沉降主要是由于土的压密变形引起的。

(2)塑性变形阶段，图 7-13 中 ab 段。$p-S$ 曲线已不再保持线性关系，沉降的增长率随荷载的增大而增大，b 点对应的荷载称为极限荷载。

(3)破坏阶段。荷载超过极限荷载后，荷载板急剧下沉，即使不增加荷载，沉降也不能稳定，这表明地基进入了破坏阶段。在这一阶段，由于土中塑性区范围的不断扩展，最后在土中形成连续滑动面，土从载荷板四周挤出隆起，基础急剧下沉或向一侧倾斜，地基发生整体剪切破坏。

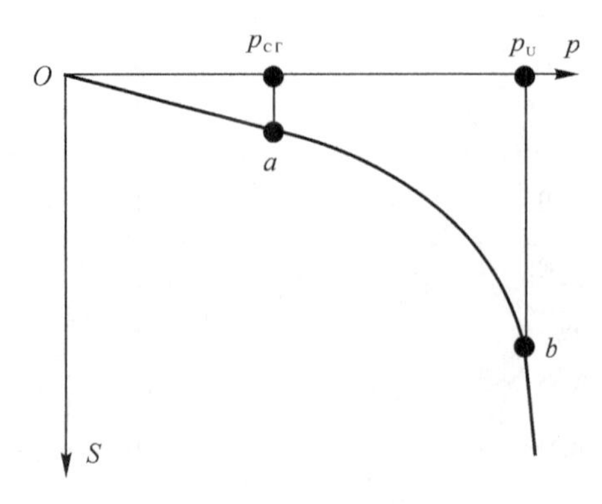

图 7-13　变形阶段下的 $p-S$ 曲线

7.3.2　地基的破坏形式

地基的破坏形式有整体剪切破坏、刺入式剪切破坏和局部剪切破坏三种。

(1)整体剪切破坏。荷载作用下，荷载较小时，基础下形成一个三角形压密区，随同基础压入土中，这时的 $p-S$ 曲线(见图 7-14)呈直线关系，随着荷载增加，压密区挤向两侧，基础边缘土中首先产生塑性区，随着荷载增大，塑性区逐渐扩大、逐步形成连续的滑动面，最后滑动面贯通整个基底，并发展到地面，基底两侧土体隆起，基础下沉或倾斜而破坏。整体剪切破坏常发生于浅埋基础下的密实砂土或密实黏土中。

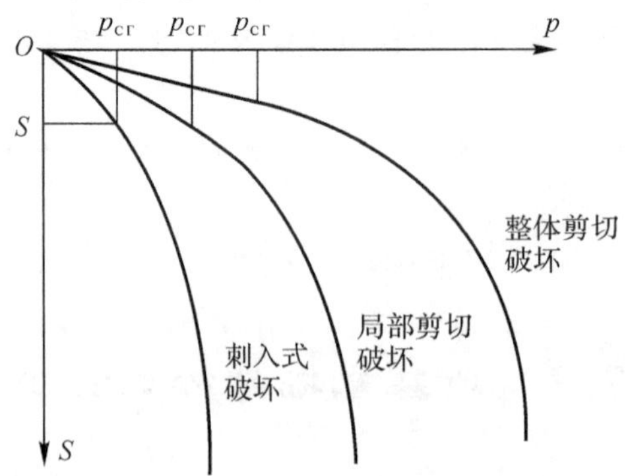

图 7-14　破坏形式下的 $p-S$ 曲线

(2)刺入式剪切破坏。软土(松砂或软黏土)中,随荷载的增加,基础下土层发生压缩变形,基础随之下沉。荷载继续增加,基础周围的土体发生竖向剪切破坏,使基础沉入土中。其 $p-S$ 曲线没有明显的转折点。

(3)局部剪切破坏。类似于整体剪切破坏,但土中塑性区仅发展到一定范围便停止,基础两侧的土体虽然隆起,但不如整体剪切破坏明显,常发生于中密土层中。其 $p-S$ 曲线也有一个转折点,但不如整体剪切破坏明显,过了转折点后,沉降较前一段明显增大,弹性阶段末期对应的基底压力记为 p_{cr},相当于材料力学的比例极限。

7.3.3 浅基础地基的临塑荷载、临界荷载和极限承载力

地基中将要出现而尚未出现塑性区时的基底压力称为浅基础地基的临塑荷载,记为 p_{cr} 控制塑性区最大深度为某一定值时的基底压力。如取塑性区的最大深度 $Z_{max}=b/4$,则相对应的临界荷载记为 $p_{1/4}$。

1. 求解极限承载力的两种途径

(1)按照极限平衡理论求解。根据极限平衡理论,假定地基土是刚塑体,计算土中各点达到极限平衡时的应力及滑动面方向,由此解得基底极限荷载。它属于纯理论解;出于数学原因,只有在简单的边界条件下,才有解析解。

(2)按照假定滑动面方法求解。先假定在极限荷载作用下时土中滑动面的形状,然后根据滑动土体的静力平衡条件求解极限荷载。它属于半理论、半经验解,这类解在实际中应用较多,其极限荷载公式也有很多个,但公认完美的公式目前还没有。

2. 普朗德尔解

普朗德尔按极限平衡理论求解。将一个光滑的条形基础置于地表面,计算出的滑动面形状如图 7-15 所示,它由三个平衡区组成。

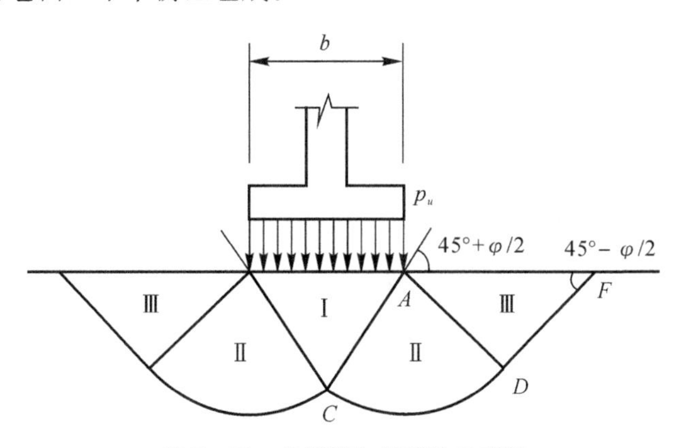

图 7-15　普朗德尔解理论示意图

Ⅰ区:主动朗肯区基底无摩擦,基底平面是大主应力作用面,两组滑动面与基底平面(水平面)成$(45°+\varphi/2)$角,随基础下沉,Ⅰ区向两侧挤压。

Ⅲ区:被动朗肯区,滑动面也为两组平面,与地表面成$(45°-\varphi/2)$角。

Ⅱ区:中间过渡区,滑动面分为 2 组,AD 为辐射线,CD 为对数螺线,其方程为 $\gamma=$

$\gamma_0 e\theta^{\tan}\varphi$。假定土体自重等于零时，利用极限平衡关系式、解微分方程、推导后得：

$$p_u = c\left[e^{\pi\cdot\tan\varphi}\tan^2\left(45°+\frac{\varphi}{2}\right)-1\right]\cot\varphi \tag{7-17}$$

$$N_c = \left[e^{\pi\tan\varphi}\tan^2\left(45°+\frac{\varphi}{2}\right)-1\right]\cot\varphi \tag{7-18}$$

实际的基础都有一定的埋深，将埋深范围内的土重换算成等效均布旁侧荷载 $q=\gamma_m d$，γ_m 为埋深范围内土体加权平均重度(kN/m^3)；d 为基础埋深(m)。

思 考 题

1. 为什么要对地基承载力特征值进行修正？

2. 基础设计的主要内容包含哪些？

3. 简述基础连系梁的作用。

4. 基础类型有哪些？

5. 什么是天然地基？什么是人工地基？

6. 什么是地基？什么是基础？它们各自的作用是什么？

7. 基础埋置深度选择考虑的主要因素有哪些？

8. 地基基础主要破坏特点是什么？

9. 工程中常用的地基处理方法可分为哪几类？

10. 浅基础有哪些主要形式？

11. 深基础有哪些主要形式？

12. 刚性基础的含义是什么？刚性角的概念是什么？刚性基础主要材料有哪些？刚性基础的优缺点有哪些？

13. 地基承载力确定要满足什么要求？确定地基承载力有哪些方法？

第8章 钢筋混凝土结构

8.1 钢筋混凝土结构的特点及应用

8.1.1 钢筋混凝土的结构特点

钢筋混凝土结构是以钢筋和混凝土，即钢筋混凝土材料为主要承重结构的土木工程构筑物。钢筋混凝土结构由钢筋混凝土梁、板、柱等受力类型不同的构件所组成，这些构件称为基本构件。钢筋混凝土基本构件按其受力特点的不同可以分为：受弯构件，如各种单独的梁、板以及由梁组成的楼盖、屋盖等；受压构件，如柱、剪力墙和屋架的压杆等；受拉构件，如屋架的拉杆、水池的池壁等；受扭构件，如带有悬挑雨篷的过梁-框架的边梁等。

钢筋混凝土结构在土木工程中应用非常广泛，其主要优点有以下几方面：

(1)材料利用合理。钢筋的抗拉强度高、结构重量轻，并且塑性和韧性好，而混凝土又具有较高的抗压强度，在钢筋混凝土结构中钢筋和混凝土两种材料的强度均可得到充分发挥。对于一般工程结构，钢筋混凝土结构的经济指标要优于钢结构。

(2)耐久性好。在一般环境条件下，钢筋可以受到混凝土的保护不发生锈蚀，而且混凝土的强度随着时间的增长还会有所增大，并能减少维护费用。

(3)耐火性好。混凝土是不良导热体，当发生火灾时，由于有混凝土作为保护层，混凝土内的钢筋不会像钢结构那样很快升温达到软化而丧失承载能力。在常温至300 ℃范围内，混凝土强度基本不降低。

(4)可模性好。钢筋混凝土可以根据需要浇筑成各种形状和尺寸的结构，如空间结构、箱形结构等。采用高性能混凝土可浇筑清水混凝土，具有很好的建筑效果。

(5)整体性好。现浇式或装配整体式的钢筋混凝土结构整体性好，对抗震、抗爆有利。

(6)易于就地取材。在混凝土结构中，钢筋和水泥这两种工业产品所占的比例较小，砂、石等材料所占比例虽然较大，但属于地方材料，可就地供应。近年来利用建筑垃圾、工业废渣制造再生骨料，利用粉煤灰作为水泥或混凝土的外加成分，这些做法既可变废为宝，又有利于保护环境。

但是钢筋混凝土结构也存在一些缺点，主要是结构自重较大，抗裂性较差，一旦损坏修复比较困难，施工受季节环境影响较大等，这使得钢筋混凝土结构的应用范围受到一定限制。随着科学技术的发展，上述缺点已在一定程度上得到了克服和改善。如采用轻质混凝土可以减轻结构自重，采用预应力混凝土可以提高结构或构件的抗裂性能，采用植筋或黏钢等技术可以较好地对发生局部损坏的混凝土结构或构件进行修复等。

8.1.2 钢筋混凝土结构的应用情况

1. 房屋建筑工程

在房屋建筑工程中，厂房、住宅、办公楼等多高层建筑广泛采用混凝土结构、在7层以下的多层房屋中，虽然墙体大多采用砌体结构，但其楼板几乎全部采用预制混凝土楼板或现浇混凝土楼盖，采用混凝土结构的高层和超高层建筑已十分普遍。美国芝加哥的威克德赖夫大楼（高296 m，65层）、德国的密思垛姆大厦（高256 m，70层）、中国香港中心大厦（高374 m，78层）等都采用了混凝土结构。马来西亚吉隆坡高450 m的双塔大厦为钢筋混凝土结构。我国目前最高的钢筋混凝土建筑是广州新电视塔（高600 m）。

在大跨度建筑方面，预应力混凝土屋架、薄腹梁、V形折板、SP板、钢筋混凝土拱-薄壳等已得到广泛应用。例如，法国巴黎国家工业与发展技术展览中心大厅的平面为三角形，屋盖结构采用拱身为钢筋混凝土装配整体式薄壁结构的落地搂，跨度为206 m；美国旧金山地下展厅，采用钢筋混凝土拱16片，跨度达83.8 m；意大利都灵展览馆拱顶由装配式混凝土构件组成，跨度达95 m；澳大利亚悉尼歌剧院的主体结构由三组巨大的壳片组成，壳片曲率半径为76 m，建筑涂白色，状如帆船，已成为世界著名的建筑。

2. 桥梁工程

在桥梁建设方面，很大一部分中小跨度桥梁采用钢筋混凝土建造，结构形式有梁、拱、桁架等。一些大跨度桥虽已采用钢悬索或钢斜拉索，但其桥面结构也有用混凝土结构。如图8-1所示诺曼底大桥，由M. Virlogeux设计，它是一座与当地景观完美协调的斜拉桥，以其细长的结构和典雅的造型而著称，跨856 m，为混合梁，其中624 m为钢梁，其他为混凝土梁，边跨全部为混凝土梁，用顶推法施工。

图8-1 诺曼底大桥

3. 特种结构与高耸结构

混凝土结构在道路、港口工程中也有大量应用，许多储水池、储仓构筑物、电线杆、上下水管道等均可见到混凝土结构的应用。由于滑模施工技术的发展，许多高耸建筑可以采用混凝土结构。阿联酋的哈利法塔（见图 8－2），高 828 m，是目前世界上最高的混凝土结构建筑物。其他混凝土结构高耸建筑物还有莫斯科奥斯坦金电视塔（高 533.3 m）、麦加皇家钟饭店（高 601 m）、乐天世界大厦（高 554.5 m）等。

图 8－2　阿联酋的哈利法塔

4. 水利及其他工程

在水利工程中，因混凝土自重大，尤其其中砂石比例大，易于就地取材，故常用来修建大坝。例如，俄罗斯的萨扬舒申斯克水电站（见图 8－3），是世界最高的混凝土重力坝，同时也是欧洲最高的水坝，最大坝高 285 m，坝顶长 695 m。水坝位于瑞士罗讷河支流迪克桑斯河上，坝址处河谷呈 V 形，形成一个 4 km 长的人工湖——迪斯湖。丰水期，湖深可达 284 m，并容纳 4 亿 m^3 的水，通过管道将罗讷河水引至三座总装机容量为 130 万 kW 的水电站。

混凝土结构在其他特殊的工程结构中也有广泛的应用，如地下铁道的支护和站台工程、核电站的安全壳、飞机场的跑道、海上采油平台和填海造地工程等。

图 8－3　俄罗斯的萨扬舒申斯克水电站

8.2 钢筋混凝土结构的材料特性

混凝土是脆性材料，钢筋和混凝土是两种物理力学性能很不相同的材料，它们能够有效地结合在一起共同工作，其主要原因有：

(1)混凝土硬化后，钢筋和混凝土之间存在黏结力，使两者之间能传递力和变形。黏结力是使这两种不同性质的材料能够共同工作的基础。

(2)钢筋和混凝土两种材料的线膨胀系数接近。钢筋的线膨胀系数为 $1.2\times10^{-5}/℃$，混凝土的线膨胀系数为 $(1.0\sim1.5)\times10^{-5}/℃$，因此当温度变化时，钢筋和混凝土的黏结力不会因两者之间过大的相对变形而破坏。

混凝土已成为现代最主要的工程结构材料之一，我国更是广泛应用这一材料的国家之一。目前，我国水泥年产量已超过 20 亿 t，年混凝土用量已达到 40 亿 m^3，年钢筋用量达到 1.5 亿 t，混凝土结构在各类工程结构中占有主导地位。

1. 钢筋

(1)钢筋的品种和级别。混凝土结构中使用的钢筋按化学成分可分为碳素钢和普通低合金钢两大类。碳素钢除含有铁元素外，还含有少量的碳、硅、锰、硫、磷等元素。根据含碳量的多少，碳素钢又可分为低碳钢(含碳量小于 0.25%)、中碳钢(含碳量为 0.25%～0.6%)和高碳钢(含碳量为 0.6%～1.4%)，含碳量越高，钢筋的强度越高，但塑性和可焊性越低。普通低合金钢除含有碳素钢已有的成分外，再加入了一定量的硅、锰、钒、钛、铬等合金元素，这样既可以有效地提高钢筋的强度，又可以使钢筋保持较好的塑性。由于我国钢材的产量和用量巨大，为了节约低合金资源，冶金行业近年来研制开发出细晶粒钢筋。这种钢筋不需要添加或只需添加很少的合金元素，通过控制轧钢的温度形成细晶粒的金相组织，就可以达到与添加合金元素相同的效果，其强度和延性完全满足混凝土结构对钢筋性能的要求。

按照钢筋的生产加工工艺和力学性能的不同，《混凝土结构设计规范》(GB50010—2010)(2015 版)规定用于钢筋混凝土结构和预应力混凝土结构中的钢筋或钢丝分为热轧钢筋、中强度预应力钢丝、消除应力钢丝、钢绞线和预应力螺纹钢筋等。

热轧钢筋是由低碳钢、普通低合金钢或细晶粒钢在高温状态下轧制而成的，有明显的屈服点和流幅，断裂时有"颈缩"现象，伸长率比较大。热轧钢筋根据其强度的高低分为 HPB300 级(符号(A))、HRB335 级(符号 B)、HRB400 级(符号 C)、HRBF400 级(符号 C^F)、RRB400 级(符号 C^R)、HRB500 级(符号 D)和 HRBF500 级(符号 D^F)。其中 HPB300 级为光面钢筋，HRB335 级、HRB400 级和 HRB500 级为普通低合金热轧月牙纹变形钢筋，HRBF400 级和 HRBF500 级为细晶粒热轧月牙纹变形钢筋，RRB400 级为余热处理月牙纹变形钢筋。余热处理钢筋是由轧制的钢筋经高温淬水、余热回温处理后得到的，其强度提高，价格相对较低，但可焊性、机械联结性能及施工适应性稍差，可在对延性及加工性要求不高的构件中使用，如基础、大体积混凝土以及跨度及荷载不大的楼板、墙体。

中强度预应力钢丝、消除应力钢丝、钢绞线和预应力螺纹钢筋是用于预应力混凝土结构的预应力筋。其中，中强度预应力钢丝的抗拉强度为 800～1 270 N/mm^2，外形有光面(符号 A^{PM}

和螺旋肋（符号 A^{HM}）两种；消除应力钢丝的抗拉强度为 1 470～1 860 N/mm²，外形也有光面（符号 A^{P}）和螺旋肋（符号 A^{H}）两种；钢绞线（符号 A^{S}）抗拉强度为 1 570～1 960 N/mm²，是由多根高强钢丝扭结而成的。常用的有 1×7（7 股）和 1×3（3 股）等；预应力螺纹钢筋（符号 A^{T}）又称精轧螺纹粗钢筋，抗拉强度为 980～1 230 N/mm²，是用于预应力混凝土结构的大直径高强钢筋，这种钢筋在轧制时沿钢筋纵向全部轧有规律性的螺纹肋条，可用螺丝套筒联结和螺帽锚固，不需要再加工螺丝，也不需要焊接。常用钢筋、钢丝和钢绞线的外形如图 8－4 所示。

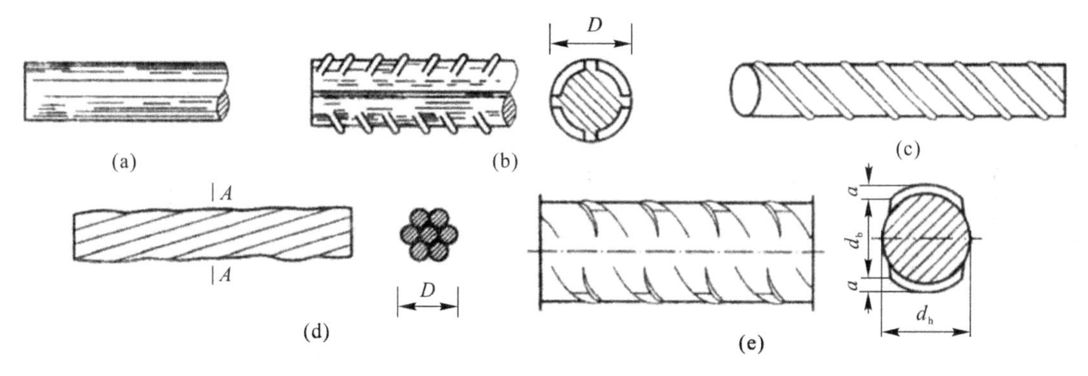

图 8－4　常用钢筋、钢丝和钢绞线的外形

（a）光面钢筋；（b）月牙纹钢筋；（c）螺旋肋钢丝；（d）钢绞线（7 股）；（e）预应力螺纹钢筋（精轧螺纹粗钢筋）

冷加工钢筋在混凝土结构中也有一定应用。冷加工钢筋是将某些热轧光面钢筋（称为母材）经冷拉、冷拔或冷轧、冷扭等工艺进行再加工而得到的直径较细的光面或变形钢筋，有冷拉钢筋、冷拔钢丝、冷轧带肋钢筋和冷轧扭钢筋等。热轧钢筋经冷加工后强度提高，但塑性（伸长率）明显降低，因此冷加工钢筋主要用于对延性要求不高的板类构件，或作为非受力构造钢筋。由于冷加工钢筋的性能受母材和冷加工工艺影响较大，《混凝土结构设计规范》（GB50010—2010）（2015 版）中未列入冷加工钢筋，工程应用时可按相关的冷加工钢筋技术标准执行。

（2）钢筋强度和变形。

1）钢筋的应力-应变关系。根据钢筋单调受拉时应力-应变关系特点的不同，可分为有明显屈服点钢筋和无明显屈服点钢筋两种，习惯上也分别称为软钢和硬钢。一般热轧钢筋属于有明显屈服点的钢筋，而高强钢丝等多属于无明显屈服点的钢筋。

a. 有明显屈服点钢筋。有明显屈服点钢筋拉伸时的典型应力-应变曲线（$\sigma-\varepsilon$ 曲线）如图 8－5 所示。图中 a' 点称为比例极限，a 点称为弹性极限，通常 a' 点与 a 点很接近。b 点称为屈服上限，在应力超过 b 点后，钢筋即进入塑性阶段，随之应力下降到 c 点（称为屈服下限），c 点以后钢筋开始塑性流动，应力不变而应变增加很快，曲线为一水平段，称为屈服台阶。屈服上限不太稳定，受加载速度、钢筋截面形式和表面光洁度的影响而波动，屈服下限则比较稳定，通常以屈服下限 c 点的应力作为屈服强度。在钢筋的屈服塑性流动到达 f 点以后，随着应变的增加。应力又继续增大，至 d 点时应力达到最大值。d 点的应力称为钢筋的极限抗拉强度，cd 段称为强化段。d 点以后，在试件的薄弱位置出现颈缩现象，变形增加迅速，钢筋断面缩小，应力降低，直至 e 点被拉断。

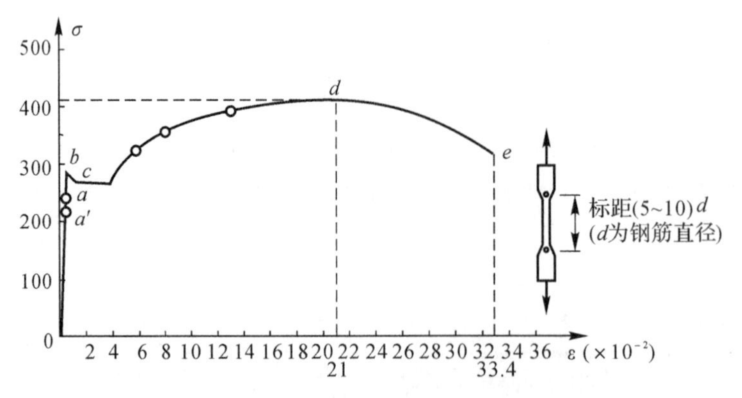

图 8-5　有明显屈服点钢筋的应力-应变曲线

钢筋受压时在达到屈服强度之前与受拉时的应力-应变规律相同，其屈服强度值与受拉时也基本相同。在应力达到屈服强度后，由于试件发生明显的横向塑性变形，截面面积增大，不会发生材料破坏，因此，难以得出明显的极限抗压强度。

有明显屈服点钢筋有两个强度指标：一个是对应 c 点的屈服强度，它是混凝土构件计算的强度限值，因为构件某一截面的钢筋应力达到屈服强度后，将在荷载基本不变的情况下产生持续的塑性变形，使构件的变形和裂缝宽度显著增大以致无法使用，所以一般结构计算中不考虑钢筋的强化段而取屈服强度作为设计强度的依据；另一个是对应于点的极限抗拉强度，一般情况下用作材料的实际破坏强度，钢筋的强屈比（极限抗拉强度与屈服强度的比值）表示结构的可靠性潜力，在抗震结构中考虑到受拉钢筋可能进入强化阶段，要求强屈比不小于 1.25。

b. 无明显屈服点钢筋。无明显屈服点钢筋拉伸的典型应力-应变曲线如图 8-6 所示。在应力未超过 a 点时，钢筋仍具有理想的弹性性质，a 点的应力称为比例极限，其值约为极限抗拉强度的 65%。超过 a 点后应力-应变关系为非线性，没有明显的屈服点。达到极限抗拉强度后钢筋很快被拉断，破坏时呈脆性。

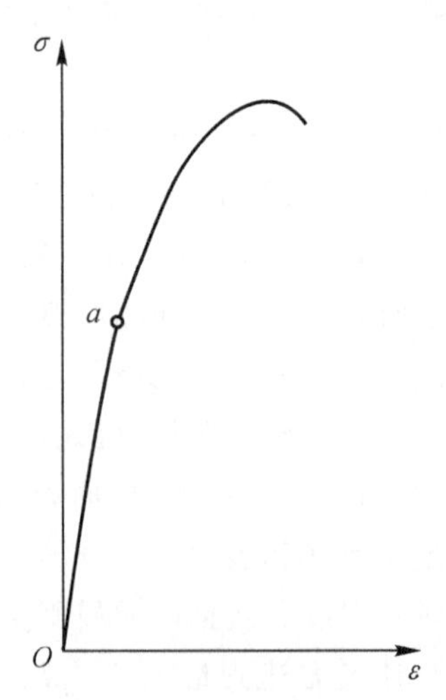

图 8-6　无明显屈服点钢筋的应力-应变曲线

对无明显屈服点的钢筋，在工程设计中一般取残余应变为 0.2% 时所对应的应力。作为强度设计指标，称为条件屈服强度。其值约为极限抗拉强度的 85%。

(3)钢筋的伸长率。钢筋除了要有足够的强度外，还应具有一定的塑性变形能力，伸长率即反映钢筋塑性性能的一个指标。伸长率大的钢筋塑性性能好，拉断前有明显预兆；伸长率小的钢筋塑性性能较差，其破坏突然发生，呈脆性特征。因此，《混凝土结构设计规范》(GB 50010—2010)(2015 版)除规定了钢筋的强度指标外，还规定了钢筋的伸长率指标。

钢筋拉断后的伸长量与原长的比称为钢筋的断后伸长率，计算公式见式(5-6)。断后伸长率只能反映钢筋残余变形的大小，其中还包含断口颈缩区域的局部变形。这一方面使得不同量测标距长度 l_0 得到的结果不一致，对同一钢筋，当 l_0 取值较小时得到的 δ 值较大，而当 l_0 取值较大时得到的 δ 值则较小；另一方面断后伸长率忽略了钢筋的弹性变形，不能反映钢筋受力时的总体变形能力。此外，量测钢筋拉断后的标距长度 l 时，需将拉断的两段钢筋对合后再量测，也容易产生人为误差。因此，近年来国际上已采用钢筋最大力下的总伸长率(均匀伸长率)δ_{gt} 来表示钢筋的变形能力。

如图 8-7 所示，钢筋在达到最大应力 σ_b 时的变形包括塑性残余变形 ε_r 和弹性变形 ε_e 两部分，最大力下的总伸长率(均匀伸长率)δ_{gt} 知可用下式表示：

$$\delta_{gt}=\left(\frac{L-L_0}{L_0}+\frac{\sigma_b}{E_s}\right)\times 100\%$$

式中　L_0—— 试验前的原始标距(不包含颈缩区)；

L—— 试验后量测标记之间的距离；

σ_b—— 钢筋的最大拉应力(即极限抗拉强度)；

E_s—— 钢筋的弹性模量。

式(8-1)括号中的第一项反映了钢筋的塑性残余变形，第二项反映了钢筋在最大拉应力下的弹性变形。钢筋最大力下的总伸长率 δ_{gt} 既能反映钢筋的残余变形，又能反映钢筋的弹性变形，量测结果受原始标距 L_0 的影响较小，也不易产生人为误差。

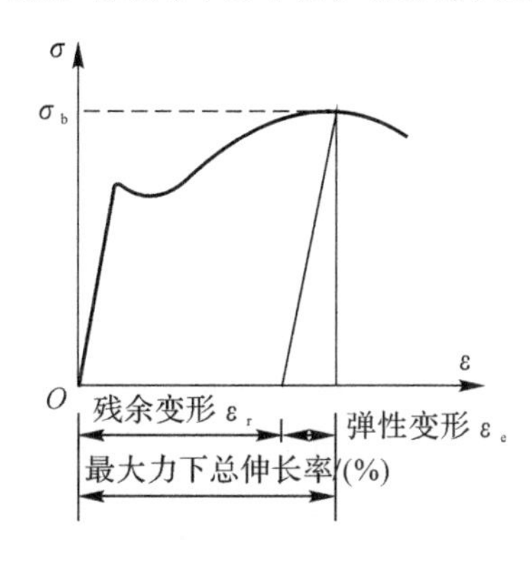

图 8-7　钢筋最大力下的总伸长率

(4) 钢筋的冷弯性能。钢筋的冷弯性能是检验钢筋韧性、内部质量和可加工性的有效方法，是将直径为 d 的钢筋绕直径为 D 的弯芯进行弯折(见图 8-8)，在达到规定冷弯角度 α 时，钢筋不发生裂纹、断裂或起层现象。冷弯性能也是评价钢筋塑性的指标，弯芯的直径 D 越小，弯折角 α 越大，说明钢筋的塑性越好。

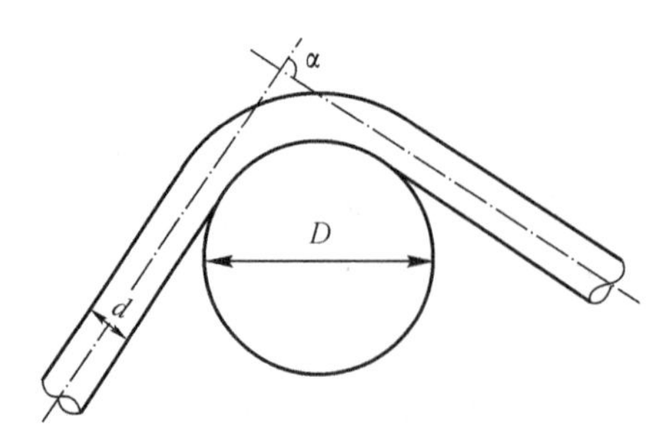

图 8-8　钢筋的冷弯

对有明显屈服点的钢筋，其检验指标为屈服强度、极限抗拉强度、伸长率和冷弯性能四项。对无明显屈服点的钢筋，其检验指标则为极限抗拉强度、伸长率和冷弯性能三项。对在混凝土结构中应用的热轧钢筋和预应力筋的具体性能要求见有关国家标准，如《钢筋混凝土用钢 第 2 部分：热轧带肋钢筋》(GB1499.2—2007)、《预应力混凝土用钢丝》(GB/T 5223—2014) 等。

(5) 钢筋的疲劳。钢筋的疲劳是指钢筋在承受重复、周期性的动荷载作用下，经过一定次数后，从塑性破坏变为脆性破坏的现象。吊车梁、桥面板、轨枕等承受重复荷载的混凝土构件，在正常使用期间会由于疲劳而发生破坏。钢筋的疲劳强度与一次循环应力中最大应力 σ_{max}^{f} 和最小应力 σ_{min}^{f} 的差值 $\Delta\sigma^{f}$ 有关，$\Delta\sigma^{f}=\sigma_{max}^{f}-\sigma_{max}^{f}$ 称疲劳应力幅。钢筋的疲劳强度是指在某一规定的应力幅内，经受一定次数(我国规定为 200 万次) 循环荷载后发生疲劳破坏的最大应力值。

通常认为，在外力作用下钢筋发生疲劳断裂是由于钢筋内部和外表面的缺陷引起应力集中，钢筋中晶粒发生滑移，产生疲劳裂纹，最后断裂。影响钢筋疲劳强度的因素很多，如疲劳应力幅、最小应力值的大小、钢筋外表面几何形状、钢筋直径、钢筋强度和试验方法等。《混凝土结构设计规范》(GB 50010—2010) 规定了不同等级钢筋的疲劳应力幅度限值，并规定该值与截面同一层钢筋最小应力与最大应力的比值 ρ^{f} 有关，ρ^{f} 称为疲劳应力比值。对预应力钢筋，当 $\rho^{f}\geqslant 0.9$ 时，可不进行疲劳强度验算。

(6) 混凝土结构对钢筋性能的要求。

1) 钢筋的强度。钢筋的强度是指钢筋的屈服强度及极限抗拉强度，其中钢筋的屈服强度(对无明显流幅的钢筋取条件屈服强度) 是设计计算时的主要依据。采用高强度钢筋可以节约钢材，减少资源和能源的消耗，从而取得良好的社会效益和经济效益。在钢筋混凝土结构中推广应用500 N/mm^2 级或 400 N/mm^2 级强度高、延性好的热乳钢筋，在预应力混凝土结构中推广应用高强预应力钢丝、钢绞线和预应力螺纹钢筋，限制并逐步淘汰强度较低、延性较差的钢筋，符合我国可持续发展的要求。

2) 钢筋的塑性。钢筋有一定的塑性，可使其在断裂前有足够的变形，能给出构件将要破坏的预兆，因此要求钢筋的伸长率和冷弯性能合格。《混凝土结构设计规范》(GB 50010—2010)(2015 版) 和相关的国家标准中对各种钢筋的伸长率(心) 和冷弯性能均有明确规定。

3)钢筋的可焊性。可焊性是评定钢筋焊接后的接头性能的指标。要求在一定的工艺条件下，钢筋焊接后不产生裂纹及过大的变形，保证焊接后的接头性能良好。

4)钢筋与混凝土的黏结力。为了保证钢筋与混凝土共同工作,要求钢筋与混凝土之间必须有足够的黏结力。钢筋表面的形状是影响黏结力的重要因素。

2. 混凝土

混凝土材料主要发展方向是高强、轻质、耐久、易于成型和提高抗裂性,而钢筋的发展方向是高强、较好的延性和较好的黏结锚固性能。

目前国内常用的混凝土强度等级为 20～50 N/mm^2,国外常用的强度等级为 60 N/mm^2。在实验室中,我国已制成强度等级 100 N/mm^2 以上的混凝土,美国已制成 200 N/mm^2 的混凝土。今后常用的混凝土强度可达 100 N/mm^2 在特殊结构(如高耸、大跨、薄壁空间结构等)的应用中,可配制出 400 N/mm^2 的混凝土。为了减轻混凝土结构的自重,国内外都在大力发展轻质混凝土,轻质混凝土主要采用轻质骨料,而轻质骨料主要有天然轻骨料(浮石、凝灰岩等)、人造轻骨料(页岩陶粒、黏土陶粒、膨胀珍珠岩等)和工业废料(炉渣、矿渣粉煤灰陶粒等)。轻质混凝土可在预制或现浇混凝土结构中使用。目前国外轻质混凝土的强度为 30～60 N/mm^2,国内轻质混凝土的强度为 15～60 N/mm^2。由轻质混凝土制成的结构自重可比普通混凝土减少 20%～30%,在地震区采用轻质混凝土结构可有效地减小地震作用,节约材料,降低造价利用建筑垃圾、工业废流制作再生骨料的再生混凝土也已开始在工程中应用,这对实现资源的再生利用保护环境有重要意义。

另外,为了提高混凝土的抗裂性和耐久性而接入高分子化合物的混凝土,如纤维混凝土、聚合物混凝土、树脂混凝土等。据有关研究显示,这类混凝土不仅抗压强度高,抗拉性能很好,而且耐磨、抗渗、抗冲击、耐冻等性能大大优于普通混凝土。纤维混凝土因改善了混凝土的抗裂性、耐磨件及延性,在一些有特殊要求的工程中已有较多应用。外加剂的发明与应用对改善混凝土的性能起到了很大作用。目前的外加剂主要有四类:改善混凝土拌合物流动性的外加剂,如各种减水剂、增塑剂等;调节混凝土固结时间的外加剂,如缓凝剂、早强剂、速凝剂等;改善混凝土耐久性的外加剂,如引气剂、防水剂、阻锈剂等;改善混凝土其他性能的外加剂,如加气剂、防冻剂,膨胀剂、着色剂等。

我国用于普通混凝土结构的钢筋强度已达 500 N/mm^2,在中等跨度的预应力构件中将采用强度为 800～1 370 N/mm^2 的中强螺旋肋钢丝,在大跨度的预应力构件中采用强度为 1 570～1 960 N/mm^2 的高强钢丝和钢绞线。试验结果显示中强和高强螺旋肋钢丝不仅强度高、延性好,而且与混凝土的黏结锚固性能也优于其他钢筋。为了提高钢筋的防腐性能,带有环氧树脂涂层的热轧钢筋已开始在某些有特殊防腐要求的工程中应用。

预应力混凝土是 20 世纪工程结构的重大发明之一,现在已有先张法、后张法、无黏结预应力和体外张拉等技术。在锚具方面将发展高效而耐久的锚具和夹具,在施加预应力方面也有新的技术出现。近期在国内外已研究将预应力用于组合结构,如体外张拉预应力筋的技术,初期只是用于结构的加固补强,因体外张拉预应力筋可以避免制孔、穿筋、灌浆等工序,并且发现问题时易于更换预应力筋,目前已开始应用于新建结构。在预制构件方面正在发展采用高强钢丝、钢纹线和高强度混凝土的大跨度高效预应力楼板,以适应大开间住宅的需要钢和混凝土组合结构近年来应用范围逐渐扩大,有约束混凝土概念的指导下。钢管混凝土柱-外包钢混凝土柱已在高层建筑,地下铁道、桥梁、火电厂厂房以及石油化工企业构筑物中大量应用。钢-混凝土组合梁、钢骨混凝土(劲性钢筋混凝土)构件,由于其具有强度高、截面小、延性好以及施工简化等优点,今后也将得到更加广泛的应用在工程结构实践的基础上,将会有更多的大型、巨型工程采用混凝土结构。

施工技术的改善对混凝土结构施工过程有很大作用，预应力技术的发明使混凝土结构的跨度大大增加，滑模施工法的发明使高耸结构和贮仓、水池等特种结构的施工进度大大加快，预拌混凝土的应用和泵送混凝土技术的出现使高层建筑、大跨桥梁可以方便地整体浇筑，蒸汽养护法使预制构件成品出厂时间大为缩短。另外，喷射混凝土、碾压混凝土等施工技术也日益广泛地应用于公路、水利工程中。在模板方面，除了目前使用的木模板、钢模板、竹模板、硬塑料模板外，今后将向多功能方向发展，如发展美观、廉价又能与混凝土牢固结合的永久性模板，使模板可以作为结构的一部分参与受力，还可省去装修工序、透水模板的使用，可以滤去混凝土中多余的水分，大大提高混凝土的密实性和耐久性在钢筋的绑扎成型方面，正在大力发展各种钢筋成型机械及绑扎机具，以减少大量的手工操作。在钢筋的联结方面，除了现有的绑扎搭接、焊接、螺栓联结及挤压联结方式外，随着化工胶结材料的发展将来胶接方式也会有较大发展。

(1)混凝土的组成结构。混凝土是用水泥、水、砂(细骨料)、石材(粗骨料)以及外加剂等原材料经搅拌后入模浇筑，经养护硬化形成的人工石材。混凝土各组成成分的数量比例、水泥的强度、骨料的性质以及水与水泥胶凝材料的比例(水胶比)对混凝土的强度和变形有着重要的影响。另外，在很大程度上，混凝土的性能还取决于搅拌质量、浇筑的密实性和养护条件。

混凝土在凝结硬化过程中，水化反应形成的水泥结晶体和水泥凝胶体组成的水泥胶块把砂、石骨料黏结在一起。水泥结晶体和砂、石骨料组成了混凝土中错综复杂的弹性骨架，主要依靠它来承受外力，并使混凝土具有弹性变形的特点。水泥凝胶体是混凝土产生塑性变形的根源，并起着调整和扩散混凝土应力的作用。

(2)混凝土的强度。强度是指结构材料所能承受的某种极限应力。从混凝土结构受力分析和设计计算的角度，需要了解如何确定混凝土的强度等级，以及用不同方式测定的混凝土强度指标与各类构件中混凝土真实强度之间的相互关系。

1)混凝土的立方体抗压强度。混凝土的立方体抗压强度(简称立方体强度)是衡量混凝土强度的基本指标，用 f_{cu} 表示。我国规范采用立方体抗压强度作为评定混凝土强度等级的标准，规定按标准方法制作、养护的边长为 150 mm 的立方体试件，在 28d 或规定龄期用标准试验方法测得的具有 95%保证率的抗压强度值(以 N/mm^2 计)作为混凝土的强度等级。《混凝土结构设计规范》(GB 50010—2010)(2015 版)规定的混凝土强度等级有 14 级，分别为 C15、C20、C25、C30、C35、C40、C45、C50、C55、C60、C65、C70、C75 和 C80。符号“C”代表混凝土，后面的数字表示混凝土的立方体抗压强度的标准值(以 N/mm^2 计)，如 C60 表示混凝土立方体抗压强度标准值为 60 N/mm^2。

2)混凝土的轴心抗压强度。实际工程中的构件一般不是立方体而是棱柱体，因此棱柱体试件的抗压强度能更好地反映混凝土构件的实际受力情况。用混凝土棱柱体试件测得的抗压强度称为混凝土的轴心抗压强度，也称棱柱体抗压强度，用 f_c 表示。

3)混凝土的抗拉强度。混凝土的抗拉强度也是其基本力学性能指标之一。混凝土构件的开裂、裂缝宽度、变形验算以及受剪、受扭、受冲切等承载力的计算均与抗拉强度有关。混凝土的抗拉强度比抗压强度低得多，一般只有抗压强度的 1/20～1/10，且不与抗压强度成正比，如图 8－9 所示。混凝土的强度等级越高，抗拉强度与抗压强度的比值越低。

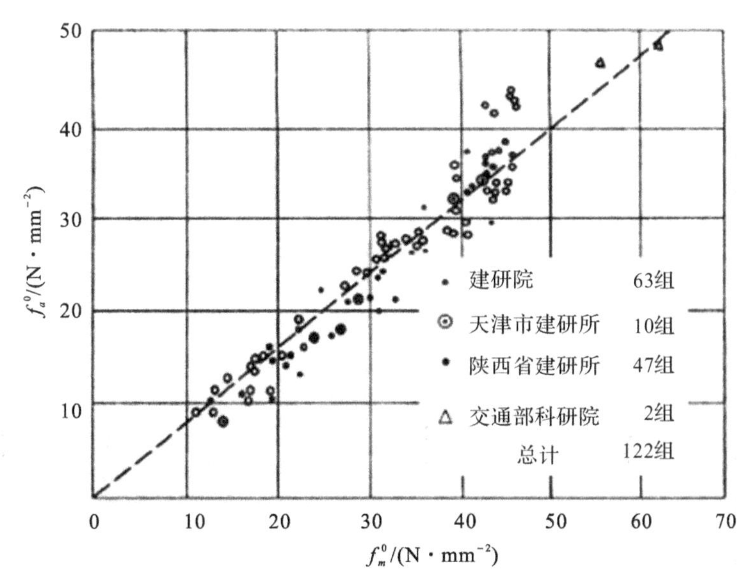

图 8－9　混凝土轴心抗压强度与立方体抗压强度的关系

4)混凝土在复合应力作用下的强度。实际工程中的混凝土结构或构件通常受到轴力、弯矩、剪力及扭矩的不同组合作用，混凝土很少处于单向受力状态，往往处于双向或三向受力状态。在复合应力状态下，混凝土的强度和变形性能有明显的变化。

(3)混凝土的变形。混凝土的变形可分为两类：一类是混凝土的受力变形，包括一次短期加荷的变形、荷载长期作用下的变形和多次重复荷载作用下的变形等；另一类为混凝土由于收缩或由于温度变化产生的变形。

1)混凝土受压应力-应变曲线。混凝土的应力-应变关系是混凝土力学性能的一个重要方面，它是研究钢筋混凝土构件截面应力分析，建立强度和变形计算理论所必不可少的依据。我国采用棱柱体试件测定混凝土一次短期加荷时的变形性能，图 8－10 所示为实测的典型混凝土棱柱体在一次短期加荷下的应力-应变全曲线。可以看到，应力-应变曲线分为上升段和下降段两个部分。

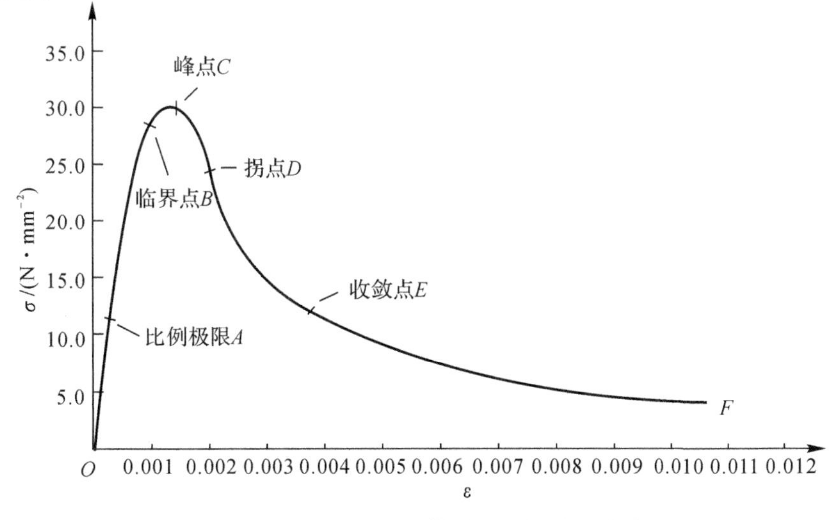

图 8－10　混凝土棱柱体受压应力-应变曲线

上升段(OC):上升段(OC)又可分为三个阶段。第一阶段 OA 为准弹性阶段,从开始加载到 A 点(混凝土应力 σ 约为 $0.3f_c$),应力-应变关系接近于直线,A 点称为比例极限,其变形主要是骨料和水泥石结晶体受压后的弹性变形,已存在于混凝土内部的微裂缝没有明显发展。第二阶段为裂缝稳定扩展阶段,随着荷载的增大压应力逐渐提高,混凝土逐渐表现出明显的非弹性性质,应变增长速度超过应力增长速度,应力-应变曲线逐渐弯曲,B 点为临界点(混凝土应力一般取 $0.8f_c$)。在这一阶段,混凝土内原有的微裂缝开始扩展,并产生新的裂缝,但裂缝的发展仍能保持稳定,即应力不增加,裂缝也不继续发展,B 点的应力可作为混凝土长期受压强度的依据。第三阶段 BC 为裂缝不稳定扩展阶段,随着荷载的进一步增加,曲线明显弯曲,直至峰值 C 点,这一阶段内裂缝发展很快并相互贯通,进入不稳定状态,峰值 C 点的应力即为混凝土的轴心抗压强度 f_c,相应的应变称为峰值应变 ε_0,其值为 0.001 5~0.002 5,对 C50 及以下的素混凝土通常取 $\varepsilon_0=0.002$。

下降段(CF):在混凝土的应力达到 C 点以后,承载力开始下降,试验机受力也随之下降而产生恢复变形。对于一般的试验机,由于机器的刚度小,恢复变形较大,试件将在机器的冲击作用下迅速破坏而测不出下降段。如果能控制机器的恢复变形(如在试件旁附加弹性元件吸收试验机所积蓄的变形能,或采用有伺服装置控制下降段应变速度的特殊试验机),则在达到最大应力后,试件并不立即破坏,而是随着应变的增长应力逐渐减小,呈现出明显的下降段。下降段曲线开始为凸曲线,随后变为凹曲线,D 点为拐点,超过 D 点后曲线下降加快,至 E 点曲率最大,E 点称为收敛点。超过 E 点后,试件的贯通主裂缝已经很宽,已失去结构意义。混凝土达到极限强度后,在应力下降幅度相同的情况下,变形能力大的混凝土延性要好。

混凝土应力-应变曲线的形状和特征是混凝土内部结构变化的力学标志,影响应力-应变曲线的因素有混凝土的强度、加荷速度、横向约束以及纵向钢筋的配筋率等。不同强度混凝土的应力-应变曲线如图 8-11 所示。可以看出,随着混凝土强度的提高,上升段曲线的直线部分增大,峰值应变 ε_0 也有所增大,但混凝土强度越高,曲线下降段越陡,延性也越差。图 8-12 所示为相同强度的混凝土在不同应变速度下的低峰值应力逐渐减小,但与峰值应力对应的应变却增大应力-应变曲线。可以看出,随着应变速度的降低,下降段也变得平缓一些。

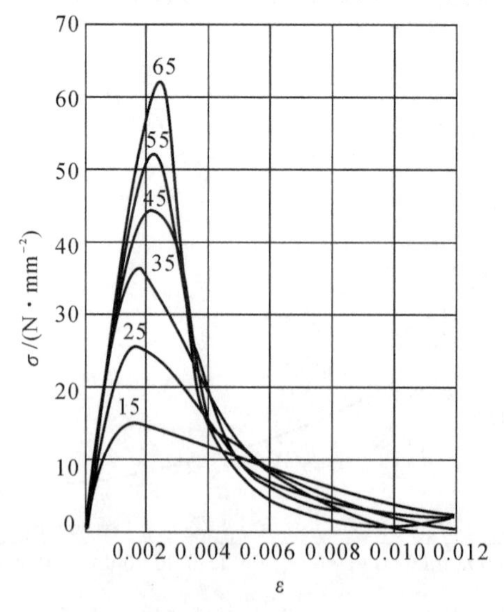

图 8-11　不同强度混凝土的应力-应变曲线

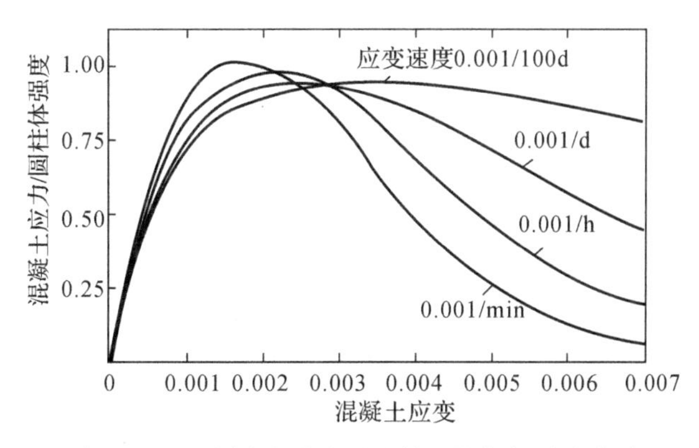

图 8-12　不同应变速度下混凝土的应力-应变曲线

混凝土受到横向约束时，其强度和变形能力均可明显提高，在实际工程中可采用密排螺旋筋或箍筋来约束混凝土，以改善混凝土的受力性能。在混凝土轴向压力很小时，螺旋筋或箍筋几乎不受力，混凝土基本不受约束。当混凝土应力达到临界应力时，混凝土内裂缝引起体积膨胀，使螺旋筋或箍筋受拉，而螺旋筋或箍筋反过来又约束混凝土，使混凝土处于三向受压状态，从而使混凝土的受力性能得到改善。螺旋筋能很好地提高混凝土的强度和延性，密排箍筋能较好地提高混凝土延性，但提高强度的效果不明显。这是因为箍筋是方形的，仅能使箍筋的角上和核心的混凝土受到约束。

2) 混凝土受压时纵向应变与横向应变的关系。混凝土试件在一次短期加荷时，除了产生纵向压应变外，还将在横向产生膨胀应变。横向应变与纵向应变的比值称横向变形系数 ν_c 又称为泊松比。当应力值小于 $0.5f_c$ 时，横向变形系数基本保持为常数；应力值超过 $0.5f_c$，横向变形系数逐渐增大，应力越大，增大的速度越快，表明试件内部的微裂缝迅速发展。材料处于弹性阶段时，混凝土的横向变形系数(泊松比)ν_c 可取为 0.2。

3. 钢筋与混凝土的相互作用 —— 黏结

(1) 黏结的作用与性质。在钢筋混凝土结构中，钢筋和混凝土这两种性质不同的材料之所以能够共同工作，主要是依靠钢筋和混凝土之间的黏结应力。黏结应力是钢筋和混凝土接触面上的剪应力，这种剪应力的存在，使钢筋和周围混凝土之间的内力得到传递。

钢筋受力后，由于钢筋和周围混凝土的作用，使钢筋应力发生变化，钢筋应力的变化率取决于黏结力的大小。

钢筋与混凝土的黏结性能按其在构件中作用的性质可分为两类：第一类是钢筋的锚固黏结或延伸黏结，该情况下受拉钢筋必须有足够的锚固长度，以便通过这段长度上黏结应力的积累，使钢筋中建立起所需发挥的拉力；第二类是混凝土构件裂缝间的黏结，在两个开裂截面之间，钢筋应力的变化受到黏结应力的影响，钢筋应力变化的幅度反映了裂缝间混凝土参加工作的程度。

(2) 黏结机理分析。钢筋和混凝土的黏结力主要由以下三部分组成。

第一部分是钢筋和混凝土接触面上的化学胶结力，来源于浇筑时水泥浆体向钢筋表面氧化层的渗透和养护过程中水泥晶体的生长和硬化，从而使水泥胶体和钢筋表面产生吸附胶着作用。化学胶结力只能在钢筋和混凝土界面处于原生状态时才起作用，一旦发生滑移，它就失去作用。

第二部分是钢筋与混凝土之间的摩阻力，混凝土凝结时收缩，使钢筋和混凝土接触面上产生正应力。摩阻力的大小取决于垂直摩擦面上的压应力，还取决于摩擦因数，即钢筋与混凝土接触面的粗糙程度。

第三部分是钢筋与混凝土之间的机械咬合力。对光面钢筋，是指表面粗糙不平产生的咬合应力；对变形钢筋，是指变形钢筋肋间嵌入混凝土而形成的机械咬合作用，这是变形钢筋与混凝土黏结力的主要来源。

(3) 影响黏结强度的主要因素。影响钢筋与混凝土黏结强度的因素很多，主要有以下几种：

1) 钢筋表面形状。试验表明，变形钢筋的黏结力比光面钢筋高出 2 ～ 3 倍，因此变形钢筋所需的锚固长度比光面钢筋要短，而光面钢筋的锚固端头则需要作弯钩以提高黏结强度。

2) 混凝土强度。变形钢筋和光面钢筋的黏结强度均随混凝土强度的提高而提高，但不与立方体抗压强度 f_{cu} 成正比。黏结强度 τ_u 与混凝土的抗拉强度 f_t 大致成正比例关系。

3)保护层厚度和钢筋净距。混凝土保护层和钢筋间距对黏结强度也有重要影响。对于高强度的变形钢筋，当混凝土保护层厚度较小时，外围混凝土可能发生劈裂而使黏结强度降低；当钢筋之间净距过小时，将可能出现水平劈裂而导致整个保护层崩落，从而使黏结强度显著降低。

4)钢筋浇筑位置。黏结强度与浇筑混凝土时钢筋所处的位置也有明显的关系。对于混凝土浇筑深度过大的“顶部”水平钢筋，其底面的混凝土由于水分、气泡的逸出和骨料泌水下沉，与钢筋间形成了空隙层，从而削弱了钢筋与混凝土的黏结作用。

5)横向钢筋。横向钢筋(如梁中的箍筋)可以延缓径向劈裂裂缝的发展或限制裂缝的宽度，从而提高黏结强度。在较大直径钢筋的锚固区或钢筋搭接长度范围内，以及当一排并列的钢筋根数较多时，均应设置一定数量的附加箍筋，以防止保护层的劈裂崩落。

6)侧向压力。当钢筋的锚固区作用有侧向压应力时，可增强钢筋与混凝土之间的摩阻作用，使黏结强度提高。因此，在直接支承的支座处，如梁的简支端，考虑支座压力的有利影响，伸入支座的钢筋锚固长度可适当减少。

8.3 混凝土构件的承载力分析

8.3.1 受弯混凝土构件承载力分析

图 8 - 13(a)所示为素混凝土制成的简支梁，由试验可知，由于混凝土抗拉强度很低，在不大的荷载作用下，梁下部受拉区边缘的混凝土即出现裂缝，而受拉区混凝土一旦开裂，裂缝将迅速发展，梁瞬间断裂而破坏。此时受压区混凝土的抗压强度还远远没有充分利用，梁的承载力很低。如果在梁的底部受拉区配置抗拉强度较高的钢筋，如图 8 - 13(b)所示，形成钢筋混凝土梁，当荷载增加到一定值时，梁的受拉区混凝土仍会开裂，但钢筋可以代替混凝土承受拉力，裂缝不会迅速发展，且梁的承载能力还会继续提高。如果配筋适当，梁在较大的荷载作用下才破坏，破坏时钢筋的应力达到屈服强度，受压区混凝土的抗压强度也能得到充分利用。在破坏前，混凝土裂缝充分发展，梁的变形迅速增大，有明显的破坏预兆。因此，在混凝土中配置

一定形式和数量的钢筋形成钢筋混凝土构件后，可以使构件的承载力得到很大提高，构件的受力性能也得到显著改善。

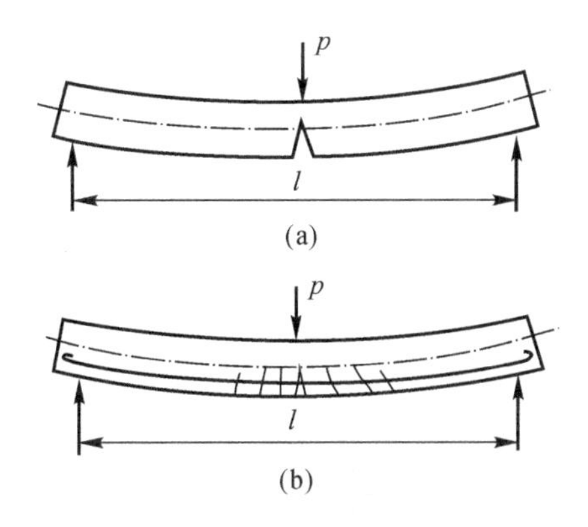

图 8 - 13　素混凝土梁和钢筋混凝土梁的破坏情况

(a)素混凝土梁；(b)钢筋混凝土梁

受弯构件是指截面上通常有弯矩和剪力共同作用而轴力可忽略不计的构件，梁和板是典型的受弯构件。

受弯构件常用的截面形式如图 8 - 14 所示。梁和板的区别在于梁的高度一般大于其宽度，而板的宽度远大于板的高度(厚度)。有时为了降低楼层的高度，将梁做成十字形。有时为了节省混凝土用量，同时减小梁自重，将矩形梁做成工字形梁。当梁和板整体浇筑时，由于梁和板共同承受荷载，梁就成了 T 形梁或形梁。

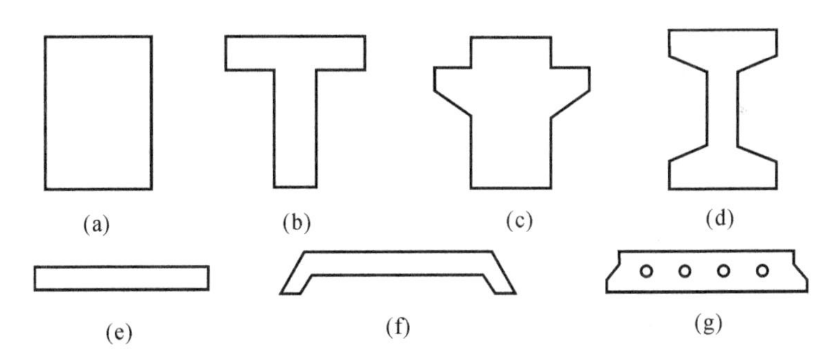

图 8 - 14　工程中受弯构件的截面形式

(a)～(d)梁；(e)～(g)板

受弯构件在荷载等因素的作用下，截面有可能发生破坏：一种是沿弯矩最大截面的破坏，另一种是沿剪力最大或弯矩和剪力都较大的截面破坏。当受弯构件沿弯矩最大的截面破坏时，破坏截面与构件的轴线垂直，故称为沿正截面破坏；当受弯构件沿剪力最大或弯矩和剪力都较大的截面破坏时，破坏截面与构件的轴线斜交，称为沿斜截面破坏。

8.3.2　受拉混凝土构件承载力分析

构件上作用有轴向拉力或同时有轴向拉力与弯矩作用，称为受拉构件。与受压构件相同，钢筋混凝土受拉构件根据轴向拉力作用的位置，分为轴心受拉构件和偏心受拉构件。

当拉力沿构件截面形心作用时，为轴心受拉构件，如钢筋混凝土桁架中的拉杆、有内压力的环形截面管壁、圆形储液池的池壁等，通常均按轴心受拉构件计算。当拉力偏离构件截面形心作用，或构件上有轴向拉力和弯矩同时作用时，则为偏心受拉构件，如矩形水池的池壁、双肢柱的受拉肢以及受地震作用的框架边柱等，均属于偏心受拉构件，同样，受拉构件除轴向拉力或轴向拉力与弯矩作用外，还同时受剪力作用。

在对称配筋的钢筋混凝土轴心受拉构件中，钢筋与混凝土共同承受拉力 N 作用，如图 8－15(a)所示轴心受拉构件受力状况。

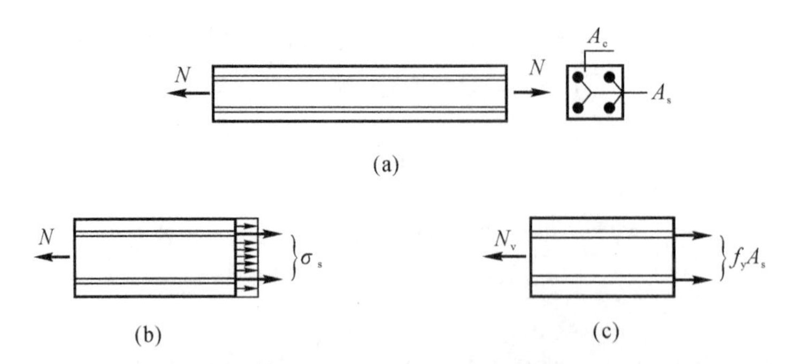

图 8－15　轴心受拉构件受力状况

(a)轴心受拉构件；（b)开裂前截面应力；（c)截面极限状态

8.3.3　受压混凝土构件承载力分析

受压构件是工程中以承受压力作用为主的受力构件，如建筑结构中的柱和墙、桁架中的受压腹杆和弦杆、桥梁中的桥墩等。受压构件一般在结构中起着重要的作用，其破坏与否将直接影响整个结构是否破坏或倒塌。

通常在荷载作用下受压构件其截面上作用有轴力、弯矩和剪力。在计算受压构件时，常将作用在截面上的弯矩化为等效的偏离截面重心的轴向力考虑。当轴向力作用线与构件截面重心轴重合时，称为轴心受压构件；当弯矩和轴力共同作用于构件上或当轴向力作用线与构件截面重心轴不重合时，称为偏心受压构件；当轴向力作用线与截面的重心轴平行且沿某一主轴偏离重心时，称为单向偏心受压构件；当轴向力作用线与截面的重心轴平行且偏离两个主轴时，称为双向偏心受压构件，如图 8－16 所示。

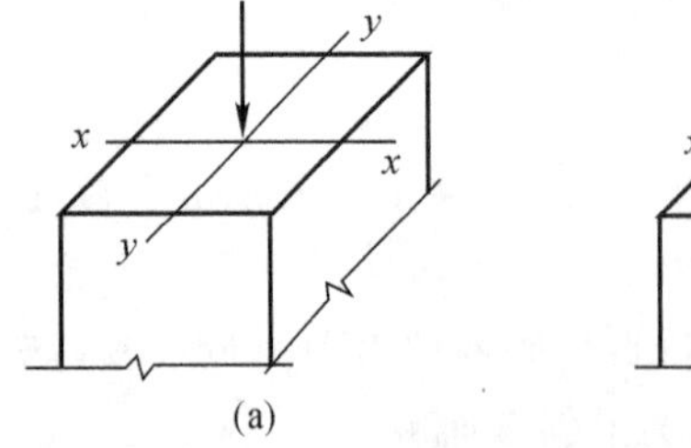

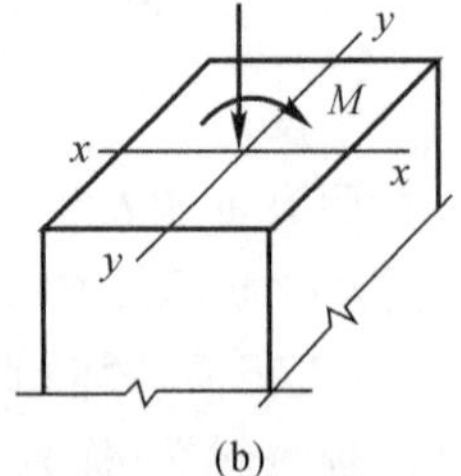

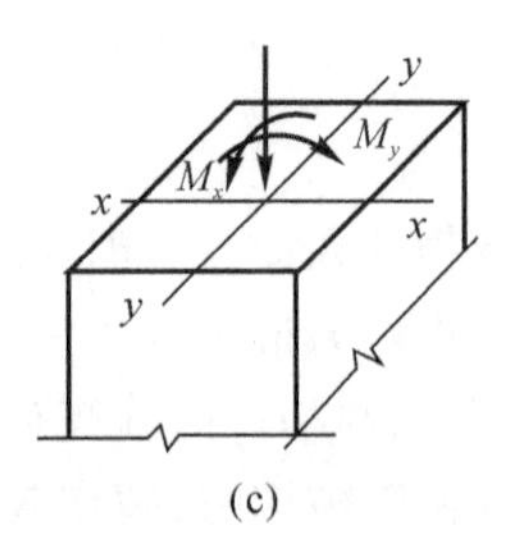

图 8－16　轴心受压与偏心受压

(a)轴心受压；（b)单向偏心受压；（c)双向偏心受压

受压构件除满足承载力计算要求外，还应满足相应的构造要求。结合《混凝土结构设计规范》(GB 50010—2010)(2015 版)的规定介绍钢筋混凝土受压构件的一般构造要求。

截面形式及尺寸：受压构件常用的截面形式多为矩形，用于桥墩、桩和公共建筑的柱，可做成圆形或多边形。为了节省混凝土及减轻结构自重，预制偏心受压构件也常采用工形截面等形式。钢筋混凝土受压构件截面尺寸一般不宜小于 250 mm × 250 mm，以避免长细比过大，降低受压构件截面承载力。一般长细比宜控制在 $\frac{l_0}{b} \leqslant 30$、$\frac{l_0}{h} \leqslant 25$、$\frac{l_0}{d} \leqslant 25$，此处 l_0 为柱的计算长度，b、h、d 分别为柱的短边、长边尺寸和圆形柱的截面直径。为了施工制作方便，在 800 mm 以内时宜取 50 mm 为模数，800 mm 以上时可取 100 mm 为模数。

纵向钢筋：钢筋混凝土受压构件中，纵向受力钢筋的作用是与混凝土共同承担由外荷载引起的内力，防止构件突然脆性破坏，减小混凝土非均质性引起的影响。同时，纵向钢筋还可以承担构件失稳破坏时凸出面出现的拉力以及由于荷载的初始偏心、混凝土收缩徐变、构件的温度变形等原因所引起的拉力等。

受压构件中，为了增加钢筋骨架的刚度，减小钢筋在施工时的纵向弯曲及减少箍筋用量，宜采用较粗直径的钢筋，以便形成刚性较好的骨架。因此，纵向受力钢筋直径不宜小于 12 mm，其直径 d 一般在 12～32 mm 范围内选用。

矩形截面受压构件中纵向受力钢筋根数不得少于 4 根，以便与箍筋形成钢筋骨架。轴心受压构件中的纵向钢筋应沿构件截面周边均匀布置，偏心受压构件中的纵向钢筋应按计算要求布置在有偏心距方向作用平面的两侧。圆柱中纵向钢筋根数不宜少于 8 根，且不应少于 6 根，宜沿周边均匀布置。柱中纵向钢筋的净间距不应小于 50 mm，且不宜大于 300 mm。在偏心受压柱中，垂直于弯矩作用平面的侧面上的纵向受力钢筋以及轴心受压柱中各边的纵向受力钢筋，其间距不宜大于 300 mm。水平浇筑的预制柱，纵向钢筋的最小净间距可按梁的有关规定取用。当矩形截面偏心受压构件的截面高度 $h > 600$ mm 时，应在截面两个侧面设置直径 d 为 10～16 mm 的纵向构造钢筋，以防止构件因温度变化和混凝土收缩应力而产生裂缝，并相应地设置复合箍筋或拉筋。为使纵向受力钢筋起到提高受压构件截面承载力的作用，纵向钢筋应满足最小配筋率的要求。

箍筋：钢筋混凝土受压构件中箍筋的作用是为了防止纵向钢筋受压时压屈，同时保证纵向钢筋的正确位置，并与纵向钢筋组成整体骨架。柱中箍筋应做成封闭式箍筋，也可焊接成封闭环式。当柱截面短边尺寸大于 400 mm 且各边纵向钢筋多于 3 根，或当柱截面短边尺寸不大于 400 mm 但各边纵向钢筋多于 4 根时，应设置复合箍筋。采用热轧钢筋时，箍筋直径不应小于 $d/4$，且不应小于 6 mm，其中 d 为纵向钢筋的最大直径。箍筋间距不应大于 400 mm 及构件截面的短边尺寸，且不应大于 $15d$，此处 d 为纵向钢筋的最小直径。柱中全部纵向受力钢筋的配筋率大于 3%时，箍筋直径不应小于 8 mm，间距不应大于 $10d$，且不应大于 200 mm，d 为纵向受力钢筋的最小直径，箍筋末端应做成 135°弯钩，且弯钩末端平直长度不应小于箍筋直径的 10 倍。在配有螺旋式或焊接式间接钢筋的柱中，如计算中考虑间接钢筋的作用，则间接钢筋的间距不应大于 80 mm，且不宜小于 40 mm，此处为按间接钢筋内表面确定的核心截面直径。

混凝土及钢筋强度：受压构件承载力受混凝土强度等级影响较大，为了充分利用混凝土承压，节约钢材，减小构件的截面尺寸，受压构件宜采用较高强度等级的混凝土。一般设计中常用的混凝土强度等级为 C30～C50 或更高。

试验表明，混凝土内配有纵向钢筋可使混凝土的变形能力有一定提高，随着纵筋配筋率的增大，混凝土的峰值应力变化不大，但峰值应变 ε_0 和极限应变 ε_{cu} 均有较明显增大。这是由于钢筋和混凝土之间存在很好的黏结，当混凝土应力接近或达到峰值时，其应力可向纵筋卸载，同时所配箍筋也对混凝土起到一定的约束作用，使受弯和偏心受压构件中受压钢筋（包括HRB500 级、HRBF500 级钢筋）的抗压强度能够得到充分发挥。

在实际结构中，由于混凝土质量不均匀、配筋的不对称、制作和安装误差等原因，往往存在着或多或少的偏心，所以，在工程中理想的轴心受压构件是不存在的。因此，目前有些国家在设计规范中已经取消了轴心受压构件的计算。我国考虑到对以恒载为主的多层房屋的内柱、屋架的斜压腹杆和压杆等构件，往往因弯矩很小而略去不计，因此，仍近似简化为轴心受压构件进行计算。依据钢筋混凝土柱中箍筋的配置方式和作用不同，轴心受压构件分为两种情况：普通箍筋轴心受压柱和螺旋箍筋轴心受压柱。普通箍筋的作用是防止纵筋压曲，改善构件的延性，并与纵筋形成钢筋骨架，便于施工。而螺旋箍筋柱中，箍筋外形为圆形（在纵筋外围连续缠绕或焊接），且较密，除了具有普通箍筋的作用外，还对核心混凝土起约束作用，提高了混凝土的抗压强度和延性。

8.4 受弯混凝土结构的破坏分析

受弯构件截面除弯矩 M 作用外，通常还有剪力 V 作用。在弯矩 M 和剪力 V 的共同作用下，可能产生斜裂缝，并产生沿斜裂缝截面的破坏。这种破坏主要由剪力引起，一般都具有脆性破坏特征。因此，防止受弯构件在正截面受弯破坏前先发生斜截面受剪破坏，是钢筋混凝土受弯构件设计的重要内容。

图 8-17 所示为一钢筋混凝土简支梁 AD，在 B、C 截面作用有对称集中荷载，其中 BC 段仅有弯矩 M 作用，称为纯弯区段，纯弯段截面仅产生正应力（受拉和受压）。而 AB 段和 CD 段，截面上既有弯矩 M 又有剪力 V 的作用，称为剪弯区段。

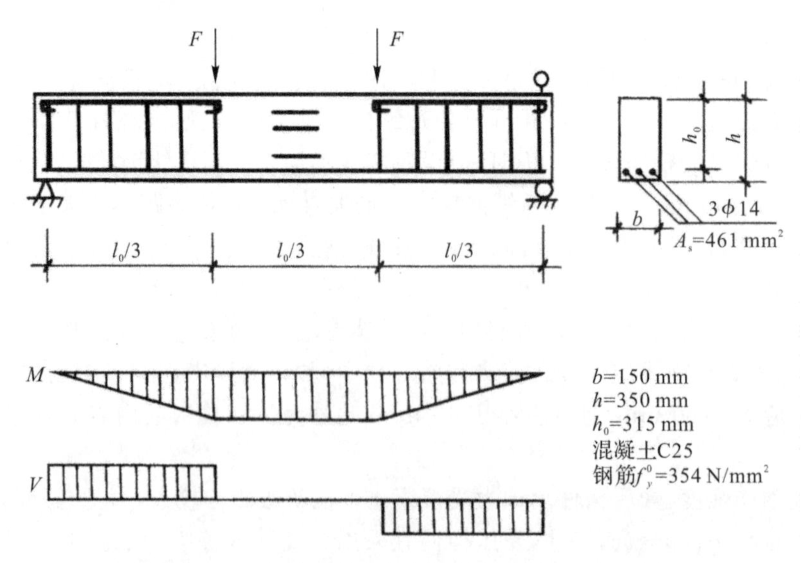

图 8-17　钢筋混凝土简支梁剪弯区段及纯弯区段

由于弯矩和剪力共同作用,弯矩使截面产生正应力 σ,剪力使截面产生剪应力 τ,两者合成在梁截面上任意点的两个相互垂直的截面上形成主拉应力 σ_{tp} 和主压应力 σ_{cp}。对钢筋混凝土梁,在裂缝出现前,梁基本处于弹性阶段。在中和轴处正应力 $\sigma=0$(见图 8－18 中 ① 点),仅有剪应力作用,主拉应力 σ_{tp} 和主压应力 σ_{cp} 与梁轴线成 45° 角。在受压区内(见图 8－18 中 ② 点),正应力 σ 为压应力,使 σ_{tp} 减小,σ_{cp} 增大,主拉应力 σ_{tp} 与梁轴线的夹角大于45°。在受拉区(见图 8－18 中 ③ 点),正应力 σ 为拉应力,使 σ_{tp} 增大,σ_{cp} 减小,主拉应力 σ_{tp} 与梁轴线的夹角小于 45°。各点主拉应力方向连成的曲线即主拉应力轨迹线,如图 8－18 中实线所示。图中虚线则为主压应力轨迹线。主拉应力轨迹线与主压应力轨迹线是正交的。

随着荷载不断增加,梁内各点的主应力也随之增大,当拉应力 σ_{tp} 超过混凝土抗拉强度 f_t 时,梁的剪弯区段将出现裂缝,裂缝方向垂直于主拉应力轨迹线方向,即沿主压应力轨迹线方向发展,形成斜裂缝。

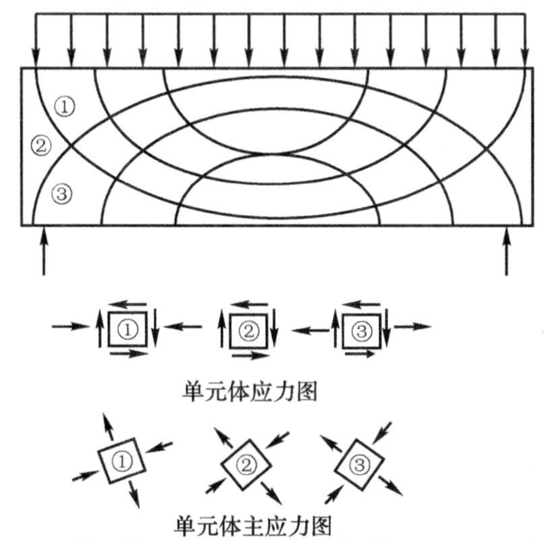

图 8－18　梁的主应力轨迹线

梁的斜裂缝形式主要有两种:一种是因受弯正截面拉应力较大,梁底先出现垂直弯曲裂缝,然后向上沿主压应力轨迹线发展,形成弯剪斜裂缝,如图 8－19(a)所示;另一种斜裂缝通常出现在梁腹部剪应力较大处,由于梁腹主拉应力 σ_{tp} 超过混凝土的抗拉强度 f_t 而开裂,然后分别向上、向下沿主压应力轨迹线发展形成腹剪斜裂缝,如图 8－19(b)所示。斜裂缝出现并不断延伸,将会导致沿斜裂缝截面的受剪承载力不足。随荷载继续增加,当斜截面承载力小于正截面承载力时,梁将发生斜截面破坏。

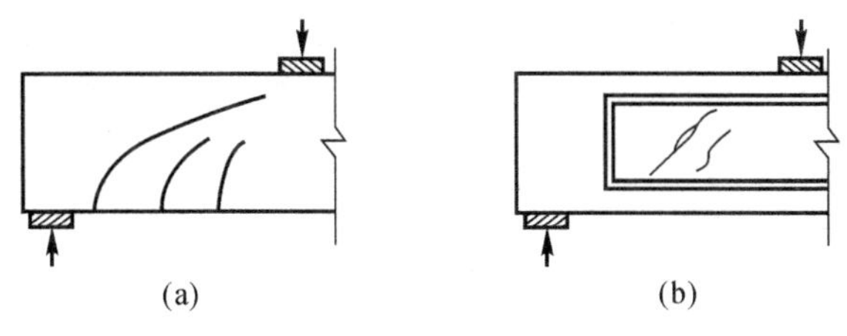

图 8－19　斜裂缝的形式

(a)弯剪斜裂缝;　(b)腹剪斜裂缝

为防止斜截面破坏，通常需要在梁中配置垂直箍筋或将梁内按正截面受弯计算配置的纵向钢筋弯起形成弯起钢筋(或斜筋)，来提高斜截面的承载力，箍筋和弯起钢筋统称为腹筋。配置了箍筋、弯起钢筋和纵筋的梁称为有腹筋梁，仅有纵筋而未配置腹筋的梁称为无腹筋梁。受弯构件梁中，由腹筋、纵筋以及架立钢筋一起构成梁的钢筋骨架，如图 8-20 所示。

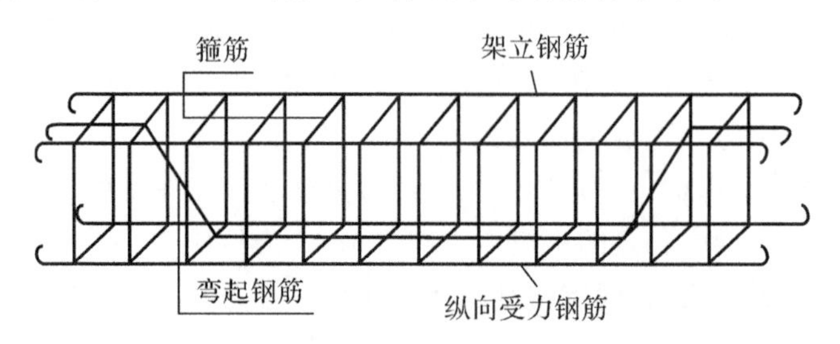

图 8-20　纵筋、腹筋以及架立钢筋构成的钢筋骨架

8.5　钢筋混凝土结构的破坏分析

钢筋混凝土构件受弯的破坏过程总共分为三个阶段：

第Ⅰ阶段，刚开始加载时由于弯矩很小，延梁高丈量到的各个纤维应变也很小，所以混凝土未发生开裂，钢筋还未受力，此阶段的特点：

(1)混凝土没有开裂；

(2)受压区混凝土应力图形是直线，受压区混凝土的应力图形在第Ⅰ阶段前期是直线，后期是曲线；

(3)弯矩与截面曲率基本上是直线关系。此阶段可作为构件抗裂度的计算依据。

第Ⅱ阶段，弯矩继续增大，最下部混凝土达到其抗拉极限值，混凝土开裂，而且裂缝随着弯矩的增大快速延伸，下部受拉区混凝土逐渐退出工作，钢筋应力逐渐增大，裂缝不断扩增，故裂缝出现时梁的扰度和截面曲率都突然增大，裂缝截面处的中和轴上移，受压区的混凝土塑性变形特征越来越明显。总之，第Ⅱ阶段是裂缝发生，开展的阶段，在此阶段中梁是带缝工作的，其受力特点是：

(1)在裂缝截面处，受拉区大部分混凝土退出工作，拉力主要由纵向受拉钢筋承担，但钢筋没有发生屈服；

(2)受压区混凝土已经发生塑性变形，但不充分，压力图形只有上升段的曲线；

(3)弯矩与截面曲率是曲线关系，截面曲率与扰度增长加快。此阶段是正常使用极限状态阶段验算变形和裂缝开展宽度的依据。

第Ⅲ阶段，由于弯矩继续增大，钢筋发生屈服，截面曲率和梁的挠度也突然增大，裂缝宽度随之扩展并沿梁高向上扩展，中和轴上移，混凝土塑性变形越来越明显，当压应力达到混凝土抗压强度时，混凝土压碎，与此同时受拉钢筋的拉应力恰好达到其抗拉强度极限，钢筋屈服。故此阶段的特点是：

(1)纵向受拉钢筋屈服,屈服后钢筋拉力为常值;

(2)受压区混凝土和压力作用点外移使得内力臂增大,故弯矩还略有增加;

(3)受压区边沿混凝土达到其极限压应变,混凝土被压碎,截面破坏,此阶段作为受弯承载力计算的依据。

由于钢筋混凝土构件中所配置的受拉钢筋的面积小于最小配筋率,所以在受拉区混凝土开裂瞬间,钢筋应力达到其屈服强度,受拉屈服,所以一出现裂缝即刻发生混凝土构件的破坏,没有经历上述破坏过程,无任何明显征兆,所以属于脆性破坏,是工程中所要防止的。

适筋梁的破坏过程和上述混凝土构件破坏过程相似,其破坏特点是纵向受拉钢筋率先屈服,随后受压区混凝土压碎,整个过程中钢筋要经历较大的塑性变形,随之引起裂缝开展和梁的扰度激增,整个破坏过程给人以明显的征兆,属于延性破坏,是工程中所期待的破坏类型。

配筋率超出最大配筋率的时候会发生超筋破坏。由于钢筋的量比较大,因此在受力过程中,钢筋始终不能屈服,相反,由于混凝土的受压区高度缺乏,当荷载持续增加的时候,混凝土受压区由于混凝土承载力缺乏而发生混凝土被率先压碎,导致构件突然垮掉,没有任何征兆的破坏过程,属于超筋破坏。

斜压破坏,指的是在剪跨比较小的情况下,由于混凝土的抗剪承载力较弱,一般在腹筋配得过多,腹板又较薄,或者剪跨比较小的情况下发生。随着荷载的增加,梁腹部出现一系列平行的斜裂缝。破坏时,钢筋应力一般达不到钢筋屈服强度。其抗剪能力一般高于剪压破坏时的抗剪能力。

斜拉破坏,通常在梁内未配置腹筋或者腹筋配得很少,剪跨比又较大的情况下发生。其破坏过程是斜裂缝一旦出现,迅速发展到受压区边沿,斜拉为两部分而破坏。斜拉破坏从斜裂缝出现到破坏,过程很短,很突然,无明显的预兆。其抗剪能力一般小于剪压破坏时的抗剪能力。

剪压破坏,其破坏过程为:首先由于主拉应力达到混凝土抗拉强度而出现裂缝,在斜裂缝截面上,拉区混凝土退出工作,主拉应力由与斜裂缝相交的腹筋承担。当出现了临界斜裂缝(即危险截面)时,与临界斜裂缝相交的钢筋应力达到钢筋的屈服强度,剪压区混凝土在剪应力和正应力共同作用下达到极限强度而破坏。剪压破坏从斜裂缝出现到斜截面破坏有较长的过程,破坏具有明显的预兆,钢筋和混凝土均能充分发挥作用。

以上三种破坏形态,与适筋正截面破坏相比,斜压破坏、剪压破坏和斜拉破坏时梁的变形较小,且具有脆性破坏的特征,尤其是斜拉破坏,破坏前梁的变形很小,有明显的脆性。剪压破坏属于稍有延性的破坏,斜拉和斜压破坏属于突然的脆性破坏。

思　考　题

1. 在混凝土构件中配置一定形式和数量的钢筋有哪些作用?

2. 钢筋和混凝土这两种不同材料能够有效地结合在一起共同工作的主要原因是什么?

3. 钢筋混凝土结构有哪些优点和缺点? 如何克服这些缺点?

4. 我国用于钢筋混凝土结构和预应力混凝土结构中的钢筋或钢丝有哪些种类? 有明显屈

服点钢筋和没有明显屈服点钢筋的应力-应变关系有什么不同？为什么将屈服强度作为强度设计指标？

5.钢筋的力学性能指标有哪些？混凝土结构对钢筋性能有哪些基本要求？

6.受弯混凝土结构的主要破坏特点是什么？

7.钢筋混凝土结构的主要破坏特点是什么？

第9章 钢 结 构

钢结构是指用钢板、型钢等轧制成的钢材或通过冷加工形成的薄壁型钢，通过焊接、螺栓联结、铆接或栓接等方式制作的工程结构。钢结构是土木工程的主要结构形式之一，随着我国国民经济的迅速发展，钢结构的发展极为迅速，在土木工程各个领域都得到广泛的应用，如大跨结构、工业厂房、高层结构、高耸结构、容器、储罐、管道及可拆卸或移动的结构等。

钢结构制造业正在趋向于设计→制作→安装一体化，世界发达国家已通过相关的软件和设备初步实现了上述目标，我国钢结构产业在这方面差距明显，必须加大力度、迎头赶上。

9.1 钢结构的特点

9.1.1 钢结构的应用

钢结构的应用除了需要根据钢结构的特点做出合理的选择外，还需要根据我国的国情，针对具体情况进行综合考虑。目前，我国钢结构的应用大致如下：

(1)重型厂房结构。对于设有重量较大的吊车或吊车运转频繁的车间，如冶金工厂的炼钢车间、轧钢车间、重型机械厂的铸钢车间、水压机车间、造船厂的船体车间等适合采用重型厂房结构。

(2)受动力载荷作用的厂房结构，设有较大锻锤或其他动力设备的厂房，以及对抗震性能要求高的，适合采用钢结构。

(3)高层和超高层建筑。采用钢框架结构体系、钢框架-混凝土核心筒结构体系、钢框架-支承体系等。

(4)高耸构筑物。电视塔、环境气象检测塔、无线电天线桅杆、输电线塔、钻井塔等，适合采用塔架和桅杆结构。

(5)大跨结构。飞机制造厂的装配车间、飞机库、体育馆、大会堂、剧场、展览馆等，采用网架、拱架、悬索及框架等结构体系。

(6)容器、储罐、管道、大型油库、气罐、煤气柜、煤气管、输油管等，多采用板壳结构。

(7)可拆卸、装配式房屋，商业、旅游业和建筑工地用活动房屋，多采用轻型钢结构，用螺栓或扣件联结。

(8)其他构筑物。高炉、热风炉、锅炉骨架、起重架、起重桅杆、运输通廊、管道支架等，一般均采用钢结构。

9.1.2 钢结构的特点

1. 强度高

钢材的强度比混凝土、砖石和木材要高出很多倍，因此，在荷载相同的条件下，钢结构的自重较轻。例如，在跨度和荷载都相同时，普通钢屋架的重量只有钢筋混凝土屋架重量的1/4～1/3，若采用薄壁型钢屋架，则会更轻。由于自重小、跨度大，钢结构特别适合用于建筑大跨度和超高、超重型的建筑物。同时由于重量轻，便于运输和吊装，还可减轻下部结构和基础的负担。

2. 塑性、韧性好

钢材具有良好的塑性。钢结构在一般情况下，不会发生突发性破坏，而是在事先有较大变形的预兆。此外，钢材还具有良好的韧性，能很好地承受动力荷载。这些都为钢结构的安全应用提供了可靠保证。

3. 材质均匀

钢材的内部组织比较均匀，接近于各向同性体。在一定的应力范围内，属于理想弹性工作，符合工程力学所采用的基本假定。因此，钢结构的计算方法根据力学原理，计算结果准确可靠。

4. 工业化程度高

钢结构所用材料都是各种型材和钢板，径切割、焊接等工序制造成钢构件，然后运到工地安装。一般钢结构的制造都可在金属结构厂进行，采用机械化程度高的专业化生产，所以精确度高，制造周期短。由于安装是装配化作业，从而效率高，工期也短。

5. 拆迁方便

钢结构由于强度高及采用螺栓联结，所以可建造出重量轻、联结简便的可拆迁结构。

6. 密封性好

焊接的钢结构可以做到完全封闭，因此可用于建造气密性和水密性好的气罐、油罐和高压容器。

7. 耐腐蚀性差

钢材在湿度大和有侵蚀性介质的环境中容易锈蚀，因此，需要采取防护措施，如除锈、刷油漆等，故维护费用较高。

8. 耐热不耐火

当辐射热温度低于100 ℃时，即使长期作用，钢材的主要性能变化很小，其屈服点和弹性模量均降低不多，因此其耐热性能较好。但当温度超过150 ℃时，材质变化较大，需采取隔热措施。钢结构不耐火，故需采取防火措施。

9.2 钢结构的材料特性

9.2.1 钢结构对材料的要求

钢结构在工作中所处环境不同(如温度的高低),承受荷载的形式不同(如动荷载或静荷载),结构构件的受力形式不同,都有可能使钢结构发生突然的脆性破坏。因此,应掌握钢材性能及其影响因素,了解结构发生脆性破坏的原因,合理选择钢材,正确设计、加工和使用钢材,在保证结构安全的前提下,降低结构造价。

1. 建筑钢结构用钢的要求

(1) 较高的抗拉强度 f_u 和屈服点 f_y。f_u 是衡量钢材经过较大变形后的抗拉能力,直接反映钢材内部组织的优劣,同时 f_u 高可以增加结构的安全保障。f_y 是衡量结构承载能力的指标,f_y 高则可减轻结构的自重,节约钢材和降低造价。

(2) 较高的塑性和韧性。塑性和韧性好,结构在静荷载和动荷载作用下有足够的应变能力,既可减轻结构脆性破坏的倾向,又能通过较大的塑性变形调整局部应力,同时又具有较好的抵抗重复荷载作用的能力。

(3) 良好的工艺性能(包括冷加工、热加工和焊接性能)。良好的工艺性能不但要易于将结构钢材加工成各种形式的结构,而且不致因加工而对结构的强度、塑性、韧性等造成较大的不利影响。

此外,根据结构的具体工作条件,有时还要求钢材具有适应低温、高温和腐蚀性环境的能力。

2. 几种典型钢结构用钢

(1)高强度钢材。钢材的发展是钢结构发展的关键因素,应用高强度钢材,对大跨重型结构非常有利,可以有效减轻结构自重。现行国家标准《钢结构设计规范》(GB 50017—2017)将Q420钢列为推荐钢种,Q460钢已在国家体育场等工程成功应用。从发展趋势来看,强度更高的结构用钢将会不断出现。

(2)冷成型钢。冷成型钢是指用薄钢板经冷轧形成各种截面形式的型钢。由于其壁薄、材料离形心轴较普通型钢远,因此能有效地利用材料,节约钢材。近年来,冷成型钢的生产在我国已形成了一定规模,壁厚不断增加,截面形式也越来越多样化。冷成型钢主要用于轻钢结构住宅,并形成产业化,将会使我国的住宅建筑出现新面貌。

(3)耐火钢和耐候钢。随着钢结构广泛应用于各种领域,对钢材各种性能的要求也不断提高,包括耐腐蚀和耐火性能等。目前,我国对于这两种钢材的开发有了很大的进步。中国宝武钢铁集团有限公司等生产的耐火钢,在600℃时屈服强度下降幅度不大于其常温标准值的1/3,同国外的耐火钢相当。

9.2.2 钢材的主要性能

钢材的主要性能主要包括其强度性能、塑性性能、冷弯性能、冲击韧性、可焊性能等。

1. 强度性能

钢材标准试件在常温静荷载情况下，单向均匀受拉试验时的应力-应变($\sigma-\varepsilon$)曲线如图9-1所示。OP 段为直线，表示钢材具有完全弹性性质，这时应力可由弹性模量 E 定义，即 $\sigma=E\varepsilon$，而 $E=\tan\alpha$，P 点应力 f_p 称为比例极限。曲线的 PE 段仍具有弹性，但非线性，即非线性弹性阶段，这时的模量叫作切线模量，$E_t=d_\sigma/d_\varepsilon$。此段上限 E 点的应力 f_e 称为弹性极限。弹性极限和比例极限相距很近，实际上很难区分，故通常只提及比例极限。随着荷载的增加，曲线出现 ES 段，这时表现为非弹性性质，即卸载曲线为与 OP 平行的曲线(见图9-1中的虚线)，留下永久性的残余变形。此段上限 S 点的应力 f_y 称为屈服点。

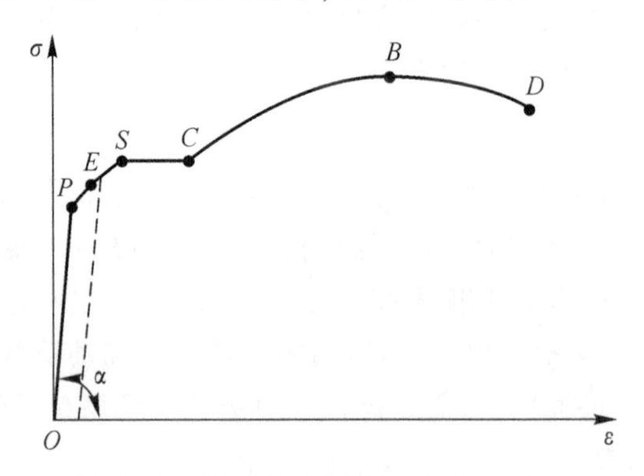

图 9-1　碳素结构钢的应力-应变曲线

对于低碳钢，出现明显的屈服台阶 SC 段，即在应力保持不变的情况下，应变继续增加。在开始进入塑性流动范围时，曲线波动较大，以后逐渐趋于平稳，其最高点和最低点分别称为上屈服点和下屈服点。上屈服点和试验条件(加载速度、试件形状、试件对中的准确性)有关，下屈服点则对此不太敏感，设计中则以下屈服点为依据。

对于没有缺陷和残余应力影响的试件，比例极限和屈服点比较接近，且屈服点前的应变很小(低碳钢约为0.15%)。为了简化计算，通常假定屈服点以前钢材为完全弹性的，屈服点以后则为完全塑性的，这样就可以把钢材视为理想的弹-塑性体，其应力-应变曲线表现为双直线，如图9-2所示。在应力达到屈服点后，结构将产生很大的在使用上不容许的残余变形(此时，对低碳钢 $\varepsilon_c=2.5\%$)，表明钢材的承载能力达到了最大限度。因此，在设计时取屈服点为钢材可以达到的最大应力的代表值。

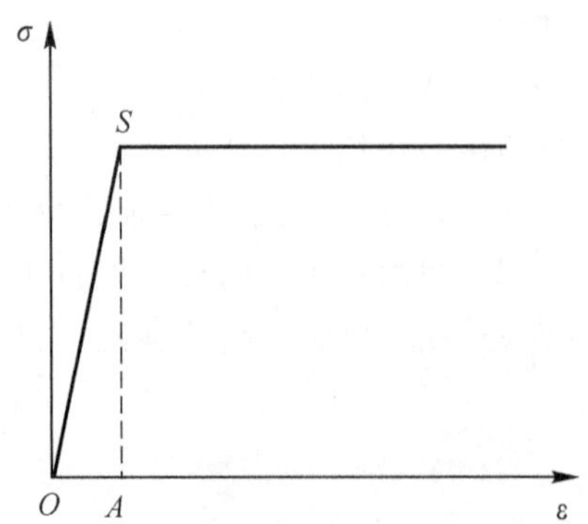

图 9-2　理想的弹-塑性体的应力-应变曲线

超过屈服台阶，材料出现应变硬化，曲线上升，直至曲线最高处的 B 点，这点的应力 f_u 称为抗拉强度或极限强度。当应力达到 B 点时，试件发生颈缩现象，至 D 点而断裂。当以屈服点的应力 f_y 作为强度极限值时，抗拉强度 f_u 则成为材料的强度储备。

高强度钢没有明显的屈服点和屈服台阶。这类钢的屈服条件是根据试验分析结果人为规定的，故称为条件屈服点（或屈服强度）。条件屈服点是以卸载后试件中残余应力 ε_r 为0.2%时所对应的应力定义的（有时用 $f_{0.2}$ 表示），如图 9－3 所示。由于这类钢材不具有明显的塑性平台，所以设计中不宜利用它的塑性。

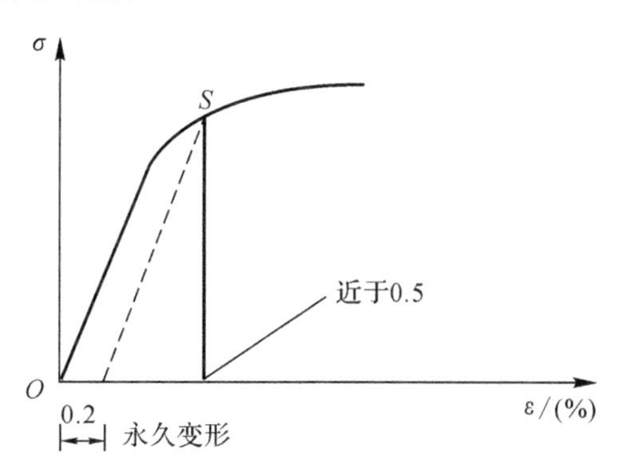

图 9－3　高强度钢的应力-应变曲线

2. 塑性性能

试件被拉断时的绝对变形值与试件原标距之比的百分数，称为伸长率。当试件标距长度与试件的直径 d（圆形试件）之比为 10 时，以 δ_{10} 表示；当该比值为 5 时，以 δ_5 表示。伸长率代表材料在单向拉伸时的抵抗塑性应变的能力。

3. 冷弯性能

冷弯性能由冷弯试验来确定（见图 9－4）。试验时按照规定的弯心直径在试验机上用冲头加压，使试件弯成 180°，如试件外表面不出现裂纹和分层，即合格。冷弯试验不仅能直接检验钢材的弯曲变形能力或塑性性能，还能暴露钢材内部的冶金缺陷（如硫、磷偏析和硫化物与氧化物的掺杂情况），这些缺陷都将降低钢材的冷弯性能。因此，冷弯性能是鉴定钢材在弯曲状态下塑性应变能力和钢材质量的综合指标。

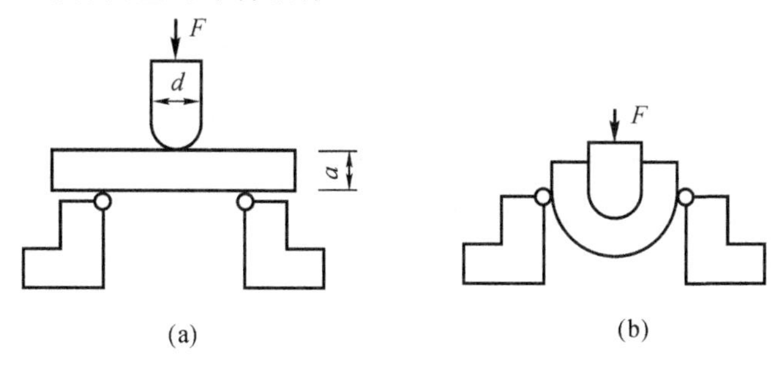

图 9－4　钢材冷弯试验示意图

（a）冲头加压前；（b）冲头加压后

4. 冲击韧性

钢材的冲击韧性是衡量钢材在冲击荷载作用下，抵抗脆性断裂能力的一项力学指标。钢材的冲击韧性通常采用在材料试验机上对标准试件进行冲击荷载试验来测定。常用的标准试件的形式有夏比V形和梅氏U形两种缺口，如图9-5所示。U形缺口试件的冲击韧性用冲击荷载下试件断裂所吸收或消耗的冲击功除以横截面面积的量值来表示。V形缺口试件的冲击韧性用试件断裂时所吸收的功 C_{kv} 或 A_{kv} 来表示，其单位为J。由于V形缺口试件对冲击尤为敏感，更能反映结构类裂纹性缺陷的影响，《碳素结构钢》(GB/T 700—2006)规定，钢材的冲击韧性用V形缺口试件冲击功 C_{kv} 或 A_{kv} 来表示。

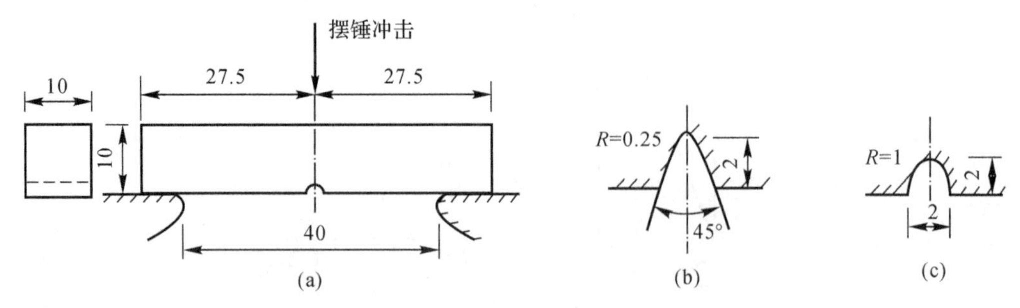

图9-5 冲击韧性试验

(a)冲击试验； (b)夏比V形缺口； (c)梅氏U形缺口

由于低温对钢材的脆性破坏有显著影响，在寒冷地区建造的结构不但要求钢材具有常温(20 ℃)冲击韧性指标，而且要求具有0 ℃、负温(−20 ℃或−40 ℃)冲击韧性指标，以保证结构具有足够的抗脆性破坏能力。

5. 可焊性能

钢材的焊接性能是指在一定的焊接工艺条件下，获得性能良好的焊接接头。焊接过程中，要求焊缝及焊缝附近金属不产生热裂纹或冷却收缩裂纹。在使用过程中，焊缝处的冲击韧性和热影响区内塑性良好。《钢结构设计规范》(GB 50017—2017)中除了Q235-A不能作为焊接构件外，其他的几种牌号的钢材均具有良好的焊接性能。在高强度低合金钢中，低合金元素大多对可焊性有不利影响，我国的行业标准《建筑钢结构焊接技术规程》(JGJ 81—2002)推荐使用碳当量来衡量低合金钢的可焊性，其计算公式如下：

$$C_E = C + \frac{Mn}{6} + \frac{Cr+Mo+V}{5} + \frac{Ni+Cu}{5} \tag{9-1}$$

式中：C、Mn、Cr、Mo、V、Ni、Cu为碳、锰、铬、钼、钒、镍和铜的百分含量。

当 C_E 不超过0.38%时，钢材的可焊性很好，可以不采取措施直接施焊；当 C_E 在0.38%～0.45%范围内时，钢材呈现淬硬倾向，施焊时要控制焊接工艺、采用预热措施并使热影响区缓慢冷却，以免发生淬硬开裂。当 C_E 大于0.45%时，钢材的淬硬倾向更加明显，需严格控制焊接工艺和预热温度，才能获得合格的焊缝。

钢材焊接性能的优劣除了与钢材的碳当量有直接关系外，还与母材的厚度、焊接的方法、焊接工艺参数以及结构形式等条件有关。钢材的设计强度指标，根据钢材牌号、厚度或直径见表9-1。铸钢件的强度设计值见表9-2。

表 9－1　钢材的强度设计值　　单位：N/mm^2

钢材		抗拉、抗压和抗弯 f	抗剪 f_v	端面承压（刨平顶紧）f_{ce}
牌号	厚度或直径/mm			
Q235 钢	≤16	215	125	325
	>16～40	205	120	
	>40～60	200	115	
	>60～100	190	110	
Q345 钢	≤16	310	180	400
	>16～35	295	170	
	>35～50	265	155	
	>50～100	250	145	
Q390 钢	≤16	350	205	415
	>16～35	335	190	
	>35～50	315	180	
	>50～100	295	170	
Q420 钢	≤16	380	220	440
	>16～35	360	210	
	>35～50	340	195	
	>50～100	325	185	

注：1. 表中厚度系指计算点的钢材厚度，对轴心受拉和轴心受压构件系指截面中较厚板件的厚度；

2. 壁厚不大于 6 mm 的冷弯型材和冷弯钢管，其强度设计值应按《冷弯型钢结构技术规范》(GB50018—2002)的规定采用。

表 9－2　铸钢件的强度设计值　　单位：N/mm^2

钢　号	抗拉、抗压和抗弯 f	抗剪 f_v	端面承压（刨平顶紧）f_{ce}
ZG200－400	155	90	260
ZG230－450	180	105	290
ZG270－500	210	120	325
ZG310－570	240	140	370

设计用无缝钢管的强度指标见表 9-3，焊缝的强度设计值见表 9-4。

表 9-3　设计用无缝钢管的强度指标　　单位：N/mm^2

钢管钢材牌号	壁厚	强度设计值			钢材屈服强度标准值 f_y	极限抗拉强度设计值 f_u
		抗拉、抗压和抗弯 f	抗剪 f_v	端面承压（刨平顶紧）f_{cu}		
Q235	≤16	215	125	320	235	375
	>16～30	205	120		225	375
	>30	195	115		215	375
Q345	≤16	305	175	400	345	470
	>16～30	290	170		325	470
	>30	260	150		295	470
Q390	≤16	345	200	415	390	490
	>16～30	330	190		370	490
	>30	310	180		350	490
Q420	≤16	375	220	445	420	520
	>16～30	355	205		400	520
	>30	340	195		380	520
520 Q460	≤16	410	240	470	460	550
	>16～30	390	225		440	550
	>30	360	210		420	550

表 9-4　焊缝的强度设计值　　单位：N/mm^2

焊接方法和焊条型号	钢材牌号规格和标准号		对接焊缝				角焊缝
	牌号	厚度或直径/mm	抗压 f_c^w	焊缝质量为下列等级时，抗拉 f_t^w		抗剪 f_v^w	抗拉、抗压和抗剪 f_f^w
				一级、二级	三级		
自动焊、半自动焊和 E43 型焊条手工焊	Q235 钢	≤16	215	215	185	125	160
		>16～40	205	205	175	120	
		>40～60	200	200	170	115	
		>60～100	200	200	170	115	

续表

焊接方法和焊条型号	钢材牌号规格和标准号		对接焊缝				角焊缝
	牌号	厚度或直径/mm	抗压 f_c^w	焊缝质量为下列等级时，抗拉 f_t^w		抗剪 f_v^w	抗拉、抗压和抗剪 f_f^w
				一级、二级	三级		
自动焊、半自动焊和 E50、E55 型焊条手工焊	Q345 钢	≤16	305	305	260	175	200
		>16～40	295	295	250	170	
		>40～63	290	290	245	165	
		>63～80	280	280	240	160	
		>80～100	270	270	230	155	
	Q390 钢	≤16	345	345	395	200	200(E50) 220(E55)
		>16～40	330	330	280	190	
		>40～63	310	310	265	180	
		>63～80	295	295	250	170	
		>80～100	295	295	250	170	
	Q420 钢	≤16	375	375	320	215	220(E55) 240(E60)
		>16～40	355	355	300	205	
		>40～63	320	320	270	185	
		>63～80	305	305	260	175	
		>80～100	305	305	260	175	
	Q460 钢	≤16	410	410	350	235	220(E55) 240(E60)
		>16～40	390	390	330	225	
		>40～63	355	355	300	205	
		>63～80	340	340	290	195	
		>80～100	340	340	290	195	
	Q345J 钢	>16～35	310	310	265	180	200
		>35～50	290	290	245	170	
		>50～100	285	285	240	165	

9.2.3 影响钢材主要性能的因素

1. 化学成分

钢是由各种化学成分组成的，化学成分及其含量对钢的性能，特别是力学性能有着重要的影响。铁(Fe)是钢材的基本元素，纯铁质软，在碳素结构钢中约占99%，碳和其他元素仅占1%，但对钢材的力学性能却有着决定性的影响。其他元素还包括硅(Si)、锰(Mn)、硫(S)、磷(P)、氮(N)、氧(O)等。低合金钢中还含有少量(低于5%)合金元素，如铜(Cu)、钒(V)、钛(Ti)、铌(Nb)、铬(Cr)等。

在碳素结构钢中，碳是仅次于纯铁的主要元素，它直接影响钢材的强度、塑性、韧性和焊接性能等。碳含量增加，钢的强度提高，而塑性、韧性和疲劳强度下降，同时损坏钢的焊接性能和抗腐蚀性。因此，尽管碳是使钢材获得足够强度的主要元素，但在钢结构中采用的碳素结构钢，对碳含量要加以限制，一般不应超过0.22%，在焊接结构钢中还应低于0.20%。

硫和磷(特别是硫)是钢中的有害成分，它们可降低钢材的塑性、韧性、焊接性能和疲劳强度。在高温时，硫使钢变脆，称为热脆；在低温时，磷使钢变脆，称为冷脆。一般，硫和磷的含量不超过0.045%。但是，磷可提高钢材的强度和抗锈蚀性。常使用的高磷钢，磷含量可达0.12%，这时应减少钢材中的含碳量，以保持一定的塑性和韧性。

氧和氮都是钢材中的有害杂质。氧的作用和硫类似，使钢热脆；氮的作用和磷类似，使钢冷脆。氧、氮一般不会超过极限含量，故通常不要求做含量分析。

硅和锰都是钢材中的有益元素，都是炼钢的脱氧剂。它们可使钢材的强度提高，当含量不过高时，对塑性和韧性无显著的不良影响。在碳素结构钢中，硅的含量不应大于0.3%，锰的含量为0.3%～0.8%。对于低合金高强度钢，锰的含量可达1.0%～1.6%，硅的含量可达0.55%。

钒和钛是钢中的合金元素，能提高钢的强度和抗腐蚀性能，又不显著降低钢的塑性。

铜在碳素结构钢中属于杂质成分。它可以显著提高钢的抗腐蚀性能，也可以提高钢的强度，但对焊接性能有不利影响。

2. 冶炼、浇铸(注)、轧制过程及热处理

钢材的力学性能也与其制作工艺息息相关，冶炼、浇铸(注)、轧制过程及热处理都对钢材有一定的影响。

(1)冶炼。我国目前结构用钢主要用平炉和氧化转炉冶炼而成，而侧吹转炉钢质量较差，不宜作为承重结构用钢。目前，侧吹转炉炼钢已基本被淘汰，在建筑钢结构中，主要使用氧气顶吹转炉生产的钢材。氧气顶吹转炉具有投资少、生产率高、原料适应性大等特点，已成为主流炼钢方法。

冶炼过程控制钢的化学成分与含量，不可避免地产生冶金缺陷，从而影响不同钢种、钢号的力学性能。

(2)浇铸(注)。把熔炼好的钢水浇铸成钢锭或钢坯有两种方法：一种是浇入铸模做成钢锭；另一种是浇入连续浇铸机做成钢坯。前者是传统的方法，所得钢锭需要经过初轧才成为钢坯；后者是近年来迅速发展的新技术，浇铸和脱氧同时进行。铸锭过程中因脱氧程度不同，最终成为镇静钢和沸腾钢。镇静钢因浇铸时加入强脱氧剂(如硅)，有时还加入铝或钛，因而氧气

杂质少且晶粒较细，偏析等缺陷不严重，所以钢材性能比沸腾钢好，但传统的浇铸方法因存在缩孔而导致成材率较低。连续浇铸可以产出镇静钢而没有缩孔，并且化学成分分布比较均匀，只有轻微的偏析现象，因此，这种浇铸技术既能提高产量又能降低成本。

钢在冶炼和浇铸的过程中不可避免地产生冶金缺陷。常见的冶金缺陷有偏析、非金属杂质、气孔等。偏析是指金属结晶后化学成分分布不均匀；非金属杂质是指钢中含有硫化物等杂质；气孔是指浇铸时有 FeO 与 C 作用所产生的 CO 气体因不能充分逸出而滞留在钢锭内形成的微小空洞。这些缺陷都将影响钢的力学性能。

(3)轧制。钢材的轧制能使金属的晶粒变细，也能使气泡、裂纹等焊合，因而改善钢材的力学性能。薄板因轧制的次数多，其强度比厚板略高，浇铸时的非金属夹杂物在轧制后能造成钢材的分层，所以分层是钢材(尤其是厚板)的一种缺陷。设计时应尽量避免拉力垂直于板面的情况，以防止层间撕裂。

(4)热处理。一般钢材以热轧状态交货，某些高强度钢材则在轧制后经热处理才出厂。热处理的目的在于取得高强度的同时能够保持良好的塑性和韧性。

3. 钢材硬化

冷拉、冷弯、冲孔、机械剪切等冷加工使钢材产生很大塑性变形，从而提高钢的屈服点，同时降低钢的塑性和韧性，这种现象称为冷作硬化(或应变硬化)。

在高温时熔化于铁中的少量氮和碳，随着时间的增长逐渐从纯铁中析出，形成自由碳化物和氮化物，对机体的塑性变形起遏制作用，从而使钢材的强度提高，塑性、韧性下降，这种现象称为时效硬化，俗称老化。时效硬化的过程一般很长，但如在材料塑性变形后加热，可使时效硬化发展特别迅速，这种方法称为人工时效。此外，还有应变时效，如图 9-6 所示。

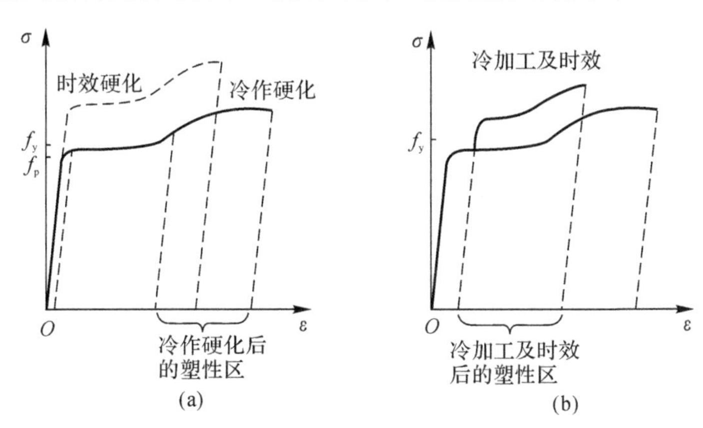

图 9-6 硬化对钢材性能的影响

(a)时效硬化及冷作硬化； (b)应变时效硬化

4. 温度

钢材的性能随温度变动而有所变化。总的趋势是：温度升高，钢材强度降低，应变增大；反之，温度降低，钢材强度会略有增加，塑性和韧性却会降低而变脆，如图 9-7 所示。

温度升高，在 200 ℃以内钢材性能没有很大变化，430～540 ℃之间强度急剧下降，600 ℃时强度很低，不能承受荷载。但在 250 ℃左右，钢材的强度反而略有提高，同时塑性和韧性均下降，材料有转脆的倾向，钢材表面氧化膜呈现蓝色，称为蓝脆现象。钢材应避免在蓝脆温度范围内进行热加工。当温度在 260～320 ℃时，在应力持续不变的情况下，钢材以很缓慢的速度继续变形，这种现象称为徐变。

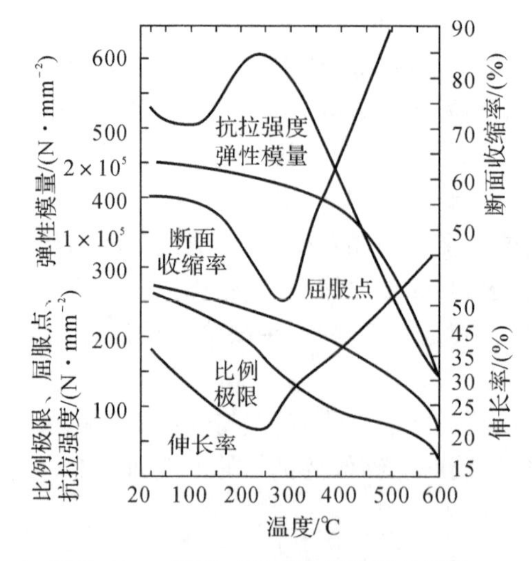

图 9－7　温度对钢材机械性能的影响

当温度低于常温时，随着温度的降低，钢材的强度提高，而塑性和韧性降低，逐渐变脆，称为钢材的低温冷脆。钢材的冲击韧性对温度十分敏感，为了工程实用，根据大量的使用经验和试验资料的统计分析，我国有关标准对不同牌号和等级的钢材，规定了在不同温度下的冲击韧性指标，例如对 Q235 钢，除 A 级不要求外，其他各级钢均取 C_v＝27 J；对低合金高强度钢，除 A 级不要求外，E 级钢采用 C_v＝27 J，其他各级钢均取 C_v＝34 J。只要钢材在规定的温度下满足这些指标，那么就可按《钢结构设计规范》(GB 50017—2017)的有关规定，根据结构所处的工作温度，选择相应的钢材作为防脆断措施。

5. 应力集中

钢材的工作性能和力学性能指标都是以轴心受拉杆件中应力沿界面均匀分布的情况作为基础的。实际上，在钢结构的构件中常存在着孔洞、槽口、凹角、截面突然改变以及钢材内部缺陷等。此时，构件中的应力分布将不再保持均匀，而是在某些区域产生局部高峰应力，在另外一些区域应力降低，形成所谓的应力集中现象，如图 9－8 所示。不同缺口形状的钢材拉伸试验结果也表明(见图 9－9)，第 1 种试件为标准试件，第 2、3、4 种为不同应力集中水平对比试件，截面改变的尖锐程度越大的试件，其应力集中现象就越严重，引起钢材脆性破坏的危险性就越大。第 4 种试件已无明显屈服点，表现出高强钢的脆性破坏特征。

6. 反复荷载作用

钢材在反复荷载作用下，结构的抗力及性能都会发生重要变化，甚至发生疲劳破坏。在直接的连续反复动力荷载作用下，钢材的强度将降低，即低于一次静力荷载作用下的拉伸试验的极限强度 f_u，这种现象称为钢的疲劳。钢材的疲劳破坏表现为突然发生的脆性断裂。

实际上疲劳破坏是累计损伤的结果。材料总是有“缺陷”的，在反复荷载作用下，先在其缺陷处发生塑性变形和硬化而生成一些极小的裂纹，此后这种微观裂纹逐渐发展为宏观裂纹，试件截面削弱，而在裂纹根部出现应力集中现象，使材料处于三向拉伸应力状态，塑性变形受到限制。当反复荷载达到一定的循环次数时，材料终于被破坏，并表现为突然的脆性断裂。

实践证明，构件的应力水平不高或反复次数不多的钢材一般不会发生疲劳破坏，计算中不必考虑疲劳因素的影响。但是，长期承受频繁的反复荷载的结构及其联结（如承受重级工作制式起重机的起重机梁等），在设计中就必须考虑结构的疲劳问题。

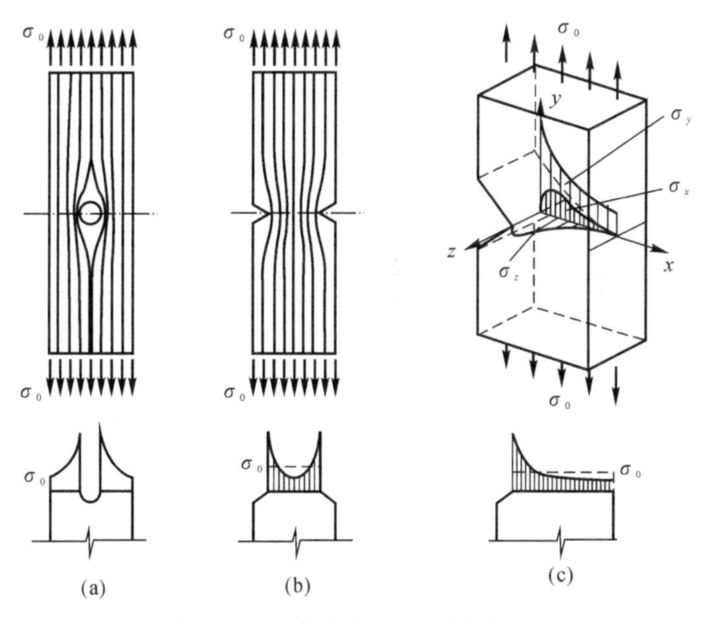

图 9－8　板件在孔口处的应力集中

（a）薄板圆孔处的应力分布；（b）薄板缺口处的应力分布；（c）厚板缺口处的应力分布

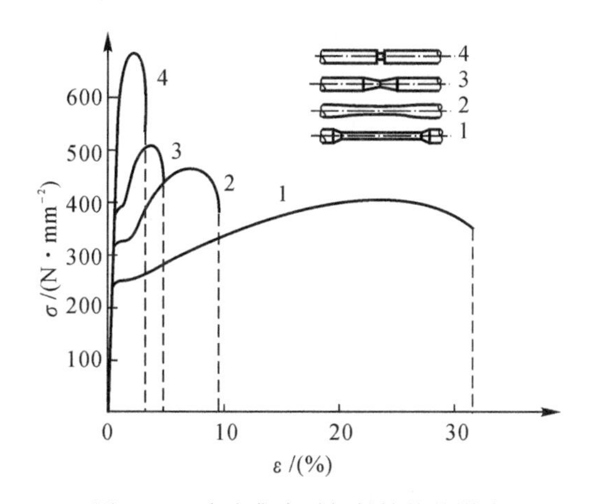

图 9－9　应力集中对钢材性能的影响

7. 复杂应力作用下钢材的屈服条件

在单向拉伸试验中，单向应力达到屈服点时，钢材即进入塑性状态。在复杂应力（如平面或立体应力）作用下，钢材由弹性状态转入塑性状态的条件是按能量强度理论（或第四强度理论）计算的折算应力 σ_{red} 与单向应力下的屈服点相比较来判断：

$$\sigma_{red}=\sqrt{\sigma_x^2+\sigma_y^2+\sigma_z^2-(\sigma_x\sigma_y+\sigma_y\sigma_z+\sigma_z\sigma_x)+3(\tau_{xy}^2+\tau_{yz}^2+\tau_{zx}^2)} \qquad (9-2)$$

当 σ_{red} 小于 f_y 时，为弹性状态；当 σ_{red} 大于或等于 f_y 时，为塑性状态。

如果三向应力中有一向应力很小（如厚度较小，厚度方向的应力可忽略不计）或为0时，则属于平面应力状态，上式为

$$\sigma_{red}=\sqrt{\sigma_x^2+\sigma_y^2-\sigma_x\sigma_y+3\tau_{xy}^2} \tag{9-3}$$

在一般的梁中，只存在正应力 σ 和剪应力 τ，则

$$\sigma_{red}=\sqrt{\sigma^2+3\tau^2} \tag{9-4}$$

当只有剪应力时，$\sigma=0$，则

$$\sigma_{red}=\sqrt{3\tau^2}=\sqrt{3}\tau=f_y \tag{9-5}$$

由此得

$$\tau=\frac{f_y}{\sqrt{3}}=0.58f_y \tag{9-6}$$

因此，从《钢结构设计规范》(GB 50017—2017)中可以确定钢材抗剪设计强度为抗拉设计强度的0.58倍。

当平面或立体应力皆为拉应力时，材料破坏时没有明显的塑性变形产生，即材料处于脆性状态。

9.2.4 钢材的种类和规格

1. 钢材的种类

钢结构用的钢材主要有两类，即碳素结构钢和低合金高强度结构钢。后者因含有锰、钒等金属元素而具有较高的强度。此外，处在腐蚀介质中的结构，则采用高耐候性结构钢，这种钢因含铜、磷、铬、镍等合金元素而具有较高的抗锈能力。

(1)碳素结构钢。我国于2006年11月1日发布了新的国家标准《碳素结构钢》(GB/T 700—2006)，于2007年2月1日实施。新标准按质量等级，将碳素结构钢分为A、B、C、D四级。在保证钢材力学性能符合标准规定的情况下，各牌号A级钢的碳、锰、硅含量可以不作为交货条件，但其含量应在质量说明书中注明。B、C、D级钢均应保证屈服强度、抗拉强度、拉长率、冷弯及冲击韧性等力学性能。

碳素结构钢的牌号由代表屈服强度的汉语拼音字母(Q)、屈服强度数值、质量等级符号(A、B、C、D)、脱氧方法符号(F、Z、TZ)四个部分按顺序组成，如Q235-AF、Q235-B等。

其钢号的表示方法和代表的意义如下：

a. Q235-A：屈服强度为235 N/mm^2，A级，镇静钢。

b. Q235-AF：屈服强度为235 N/mm^2，A级，沸腾钢。

c. Q235-B：屈服强度为235 N/mm^2，B级，镇静钢。

d. Q235-C：屈服强度为235 N/mm^2，C级，镇静钢。

从Q195到Q275，是按强度由低到高排列的。Q195、Q215的强度比较低，而Q255及Q275的含碳量都超出了低碳钢的范围，所以建筑结构在碳素结构钢中主要应用Q235这一钢号。

(2)低合金高强度结构钢。低合金高强度结构钢是在钢的冶炼过程中添加少量的几种合金元素（含碳量均不大于0.02%，合金元素总量不大于0.05%），使钢的强度明显提高，故称低

合金高强度结构钢。国家标准《低合金高强度结构钢》(GB/T 1591—2018)规定，低合金高强度结构钢分为 Q295、Q345、Q390、Q420、Q460 五种，其符号的含义和碳素结构钢牌号的含义相同。其中，Q345、Q390、Q420 是《钢结构设计规范》(GB 50017—2017)中规定采用的钢种。

(3)优质碳素结构钢。优质碳素结构钢不以热处理或热处理状态(正火、淬火、回火)交货，用作压力加工用钢和切削加工用钢。由于价格较高，钢结构中使用较少，仅用经热处理的优质碳素结构钢冷拔高强度钢丝或制作高强度螺栓、自攻螺钉等。

2.钢材的规格

钢结构采用的型材有热轧成型的钢板、型钢以及冷弯(或冷压)成型的薄壁型钢。

(1)热轧钢板。热轧钢板有厚钢板(厚度 4.5～60 mm)和薄钢板(厚度 0.35～4 mm)，还有扁钢(厚度 4～60 mm，宽度 30～200 mm，此钢板宽度小)。需要特别注意的是，当钢板厚度不小于 40 mm 且承受沿板厚度方向的拉力时，为避免焊接时产生层状撕裂，需采用抗层状撕裂的钢材(一般称为“Z 向钢”)。厚板存在层状撕裂问题，故要提出 Z 向性能测试。

(2)热轧型钢。热轧型钢有角钢、工字钢、槽钢和钢管，如图 9-10 所示。角钢分等边和不等边两种。不等边角钢的表示方法是在符号“∟”后加“长边宽×短边宽×厚度”，如∟ 100×80×8；等边角钢则以“边宽×厚度”表示，如∟ 100×8，单位皆为 mm。

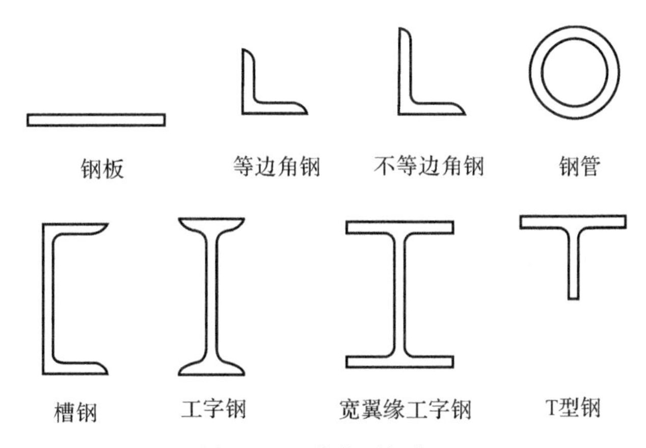

图 9-10 热轧型钢截面

工字钢有普通工字钢、轻型工字钢和 H 型钢。普通工字钢和轻型工字钢用号数表示，号数即其截面高度的厘米数。20 号以上的工字钢，同一号数有三种腹板厚度分别为 a、b、c 三类，如 I30a、I30b、I30c，由于 a 类腹板较薄，用作受弯构件较为经济。轻型工字钢的腹板和翼缘均较普通工字钢薄，因而在相同质量下其截面模量和回转半径较大。H 型钢是世界各国使用很广泛的热轧型钢，与普通工字钢相比，其翼缘内外两侧平行，便于与其他构件相连。它可分为宽翼缘 H 型钢(HW)、中翼缘 H 型钢(HM)。各种 H 型钢均可剖分为 T 型钢供应，代号分别为 TW、TM 和 TN。H 型钢和剖分 T 型钢的规格标记均采用“高度 H×宽度 B×腹板厚度 t_1×翼缘厚度 t_2”表示，例如 HM340×250×9×14，其剖分 T 型钢为 TM170×250×9×14，单位均为 mm。

槽钢有普通槽钢和轻型槽钢两种，也以其截面高度的厘米数编号。号码相同的轻型槽钢，其翼缘较普通槽钢宽且薄，腹板也较薄，回转半径较大，质量较轻。

(3)薄壁型钢。薄壁型钢(见图 9-11)是用薄钢板(一般采用 Q235 或 Q345 钢)经模压或弯曲而制成，其壁厚一般为1.5～5 mm，在国外薄壁型钢厚度有加大范围的趋势，如美国可用到1 in(约25.4 mm)厚。

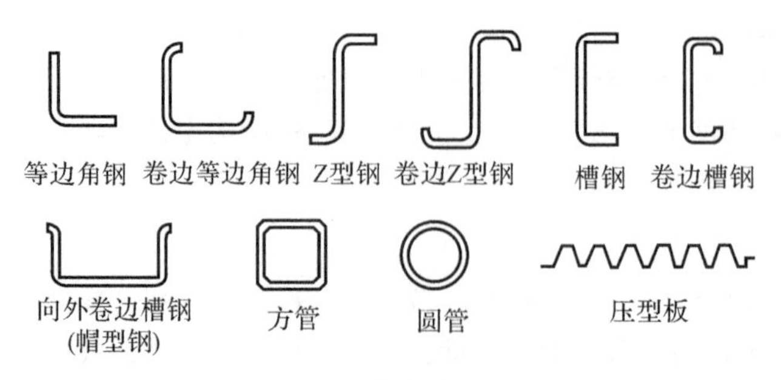

图9-11　冷弯薄壁型钢截面

建筑钢结构中，承重结构的钢材宜采用Q235钢、Q345钢、Q390钢、Q420钢、Q460钢、Q345GJ钢，其质量应分别符合现行国家标准《碳素结构钢》(GB/T 700—2006)、《低合金高强度结构钢》(GB/T 1591—2018)和《建筑结构用钢板》(GB/T 19879—2015)的规定。

结构用钢板的厚度和外形尺寸应符合现行国家标准《热轧钢板和钢带的尺寸、外形、重量及允许偏差》(GB/T 709—2019)的规定。热轧工字钢、槽钢、角钢、H型钢和钢管等型材产品的规格、外形、重量和允许偏差应符合相关的现行国家标准的规定。

当焊接承重结构为防止钢材的层状撕裂而采用Z向钢时，其材质应符合现行国家标准《厚度方向性能钢板》(GB/T 5313—2010)的规定。对处于外露环境，且对耐腐蚀有特殊要求或在腐蚀性气体和固态介质作用下的承重结构，宜采用Q235NH、Q355NH和Q415NH牌号的耐候结构钢，其性能和技术条件应符合现行国家标准《耐候结构钢》(GB/T 4171—2008)的规定，非焊接结构用铸钢件的材质与性能应符合现行国家标准《一般工程用铸造碳钢件》(GB/T 11352—2009)的规定。焊接结构用铸钢件的材质与性能应符合现行国家标准《焊接结构用碳素钢铸件》(GB/T 7659—2010)的规定。

9.3　钢结构的联结

9.3.1　钢结构焊缝联结

焊缝联结是现代钢结构最主要的联结方法，是通过电弧产生高温，将构件联结边缘及焊条金属熔化，冷却后凝成一体，形成牢固联结。焊接联结的优点有：构造简单，制造省工；不削弱截面，经济；联结刚度大，密闭性能好；易采用自动化作业，生产效率高。其缺点是：焊缝附近有热影响区，该处材质变脆，在焊件中产生焊接残余应力和残余应变，对结构工作常有不利影响。焊接结构对裂纹很敏感，裂缝易扩展，尤其在低温下易发生脆断。另外，焊缝联结的塑性和韧性较差，施焊时可能会产生缺陷，使结构的疲劳强度降低。

钢结构焊接联结构造设计宜符合下列要求：

(1)尽量减少焊缝的数量和尺寸。

(2)焊缝的布置宜对称于构件截面的形心轴。

(3)节点区留有足够空间，便于焊接操作和焊后检测。

(4)避免焊缝密集和双向、三向相交。

(5)焊缝位置避开高应力区。

(6)根据不同焊接工艺方法合理选用坡口形状和尺寸。

(7)焊缝金属应与主体金属相适应。当不同强度的钢材联结时,可采用与低强度钢材相适应的焊接材料。

1.一般规定

焊缝设计应根据结构的重要性、荷载特性、焊缝形式、工作环境以及应力状态等情况,按下述原则分别选用不同的焊缝质量等级。

(1)在承受动荷载且需要进行疲劳验算的构件中,凡要求与母材等强联结的焊缝应予焊透,其质量等级为:

1)作用力垂直于焊缝长度方向的横向对接焊缝或T形对接与角接组合焊缝,受拉时应为一级,受压时应为二级;

2)作用力平行于焊缝长度方向的纵向对接焊缝应为二级。

(2)不需要疲劳计算的构件中,凡要求与母材等强的对接焊缝宜予焊透,其质量等级当受拉时应不低于二级,受压时宜为二级。

(3)重级工作制(A6～A8)和起重量 $Q\geqslant50$ t的中级工作制(A4、A5)吊车梁的腹板与上翼缘之间以及吊车桁架上弦杆与节点板之间的T形接头焊缝均要求焊透,焊缝形式宜为对接与角接的组合焊缝,其质量等级不应低于二级。

(4)部分焊透的对接焊缝,不要求焊透的T形接头采用的角焊缝或部分焊透的对接与角接组合焊缝,以及搭接联结采用的角焊缝,其质量等级为:

1)对直接承受动荷载且需要验算疲劳的构件和起重机起重量等于或大于50 t的中级工作制吊车梁以及梁柱、牛腿等重要节点,焊缝的质量等级应符合二级;

2)对其他结构,焊缝的外观质量等级可为三级。

2.构造要求

受力和构造焊缝可采用对接焊缝、角接焊缝、对接-角接组合焊缝、圆形塞焊缝、圆孔或槽孔内角焊缝,对接焊缝包括熔透对接焊缝和部分熔透对接焊缝。

对接焊缝的坡口形式,宜根据板厚和施工条件按《钢结构焊接规范》(GB50661—2011)要求选用。在对接焊缝的拼接处,当焊件的宽度不同或厚度在一侧相差4 mm以上时,应分别在宽度方向或厚度方向从一侧或两侧做成坡度不大于1∶2.5的斜角(见图9-12)。当厚度不同时,焊缝坡口形式应根据较薄焊件厚度选用坡口形式。直接承受动力荷载且需要进行疲劳计算的结构,斜角坡度不应大于1∶4。

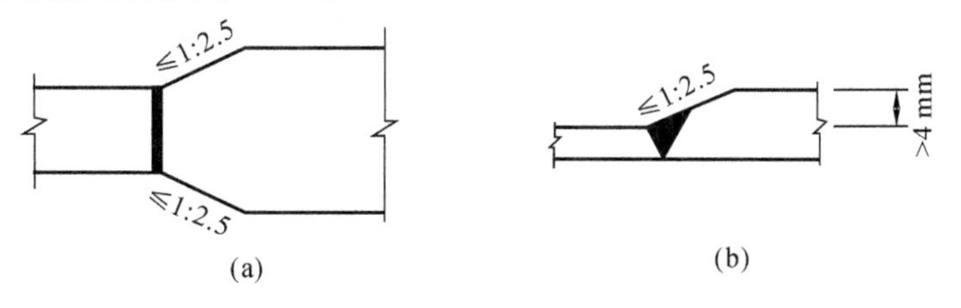

图9-12　不同宽度或厚度钢板的拼接

(a)不同宽度；(b)不同厚度

全熔透对接焊缝采用双面焊时，反面应清根后焊接，其计算厚度 h_e 应为焊接部位较薄的板厚；采用加衬垫单面焊时，其计算厚度 h_e 应为坡口根部至焊缝表面（不计余高）的最短距离。

部分熔透对接焊缝及对接与角接焊缝，其焊缝计算厚度应根据焊接方法、坡口形状及尺寸、焊接位置分别对坡口深度予以折减，其计算方法按《钢结构焊接规范》(GB50661—2011) 执行。在直接承受动力荷载的结构中，垂直于受力方向的焊缝不宜采用部分熔透对接焊缝。角焊缝两焊脚边的夹角 α 一般为 90°（直角角焊缝）。夹角 $\alpha > 135°$ 或 $\alpha < 60°$ 的斜角角焊缝，不宜作受力焊缝（钢管结构除外）。

在直接承受动力荷载的结构中，角焊缝表面应做成直线形或凹形。焊脚尺寸的比例：对正面角焊缝宜为 1 : 1.5（长边顺内力方向），对侧面角焊缝可为 1 : 1。

角焊缝的尺寸应符合下列要求：

(1) 角焊缝的焊脚尺寸 h_f(mm) 不得小于 $1.5\sqrt{t}$，t(mm) 为较厚焊件厚度（当采用低氢型碱性焊条施焊时，t 可采用较薄焊件的厚度）。但对埋弧自动焊，最小焊脚尺寸可减小 1 mm；对 T 形联结的单面角焊缝，应增加 1 mm。当焊件厚度等于或小于 4 mm 时，则最小焊脚尺寸应与焊件厚度相同。

(2) 角焊缝的焊脚尺寸不宜大于较薄焊件厚度的 1.2 倍（钢管结构除外），但板件（厚度为 t）边缘的角焊缝最大焊脚尺寸尚应符合：当 $t \leqslant 6$ mm 时，$h_f \leqslant t$；当 $t > 6$ mm 时，$h_f \leqslant t - (1 \sim 2)$mm；圆孔或槽孔内的角焊缝焊脚尺寸不宜大于圆孔直径或槽孔短径的 1/3。

(3) 角焊缝的两焊脚尺寸一般相等。当焊件的厚度相差较大且等焊脚尺寸不能符合第(1)(2) 条要求时，可采用不等焊脚尺寸，与较薄焊件接触的焊脚边应符合第(2) 条的要求；与较厚焊件接触的焊脚边应符合第(1) 条的要求。

(4) 角焊缝的计算长度小于 $8h_f$ 或 40 mm 时不应用作受力焊缝。

(5) 侧面角焊缝的计算长度不宜大于 $60h_f$。若内力沿侧面角焊缝全长分布时，其计算长度不受此限。

(6) 圆形塞焊缝的直径不应小于$(t + 8)$ mm，t 为开孔焊件的厚度，且焊脚尺寸应符合：当 $t \leqslant 16$ mm 时，$h_f = t$；当 $t > 16$ mm 时，$h_f > t/2$ 且 $h_f > 16$ mm。

在次要构件或次要焊接联结中，可采用断续角焊缝。断续角焊缝焊段的长度不得小于 $10h_f$ 或 50 mm，其净距不应大于 $15t$（对受压构件）或 $30t$（对受拉构件），t 为较薄焊件厚度。腐蚀环境中不宜采用断续角焊缝。

角焊缝联结，应符合下列规定：当板件的端部仅有两侧面焊缝联结时，每条侧面角焊缝长度不宜小于两侧面角焊缝之间的距离，同时两侧面角焊缝之间的距离不宜大于 $16t$（当 $t > 12$ mm）或 190 mm（当 $t \leqslant 12$ mm），t 为较薄焊件的厚度。当角焊缝的端部在构件的转角做长度为 $2h_f$ 的绕角焊时，转角处必须连续施焊。在搭接联结中，搭接长度不得小于焊件较小厚度的 5 倍，并不得小于 25 mm。

3. 焊缝联结计算

熔透对接焊缝或对接与角接组合焊缝的强度计算如下：

(1) 在对接接头和 T 形接头中，垂直于轴心拉力或轴心压力的对接焊接或对接角接组合焊缝，其强度应按下式计算：

$$\sigma = \frac{N}{l_w h_e} \leqslant f_t^w \text{ 或 } f_c^w \tag{9-7}$$

式中 N——轴心拉力或轴心压力；

l_w——焊缝长度；

h_e——对接焊缝的计算厚度，在对接接头中取联结件的较小厚度；在T形接头中取腹板的厚度；

f_t^w、f_c^w——对接焊缝的抗拉、抗压强度设计值。

(2) 在对接接头和T形接头中，承受弯矩和剪力共同作用的对接焊缝或对接角接组合焊缝，其正应力和剪应力应分别进行计算。但在同时受有较大正应力和剪应力处（例如梁腹板横向对接焊缝的端部）应按下式计算折算应力：

$$\sqrt{\sigma^2 + 3\tau^2} \leqslant 1.1 f_t^w \tag{9-8}$$

式中 σ——轴心拉力或轴心压力；

τ——切应力；

f_t^w——对接焊缝的抗拉强度设计值。

9.3.2 钢结构螺栓联结

螺栓联结可分为普通螺栓联结和高强螺栓联结两种。螺栓联结具有易于安装、施工进度和质量容易保证、方便拆装维护的优点，其缺点是因开孔对构件截面有一定削弱，有时在构造上还须增设辅助联结件，故用料增加，构造较繁。螺栓联结需制孔，拼装和安装时需对孔，工作量增加，且对制造的精度要求较高，但螺栓联结仍是钢结构联结的重要方式之一。

1. 常用螺栓

(1) 普通螺栓。按照普通螺栓的形式，又可将其分为六角头螺栓、双头螺栓和地脚螺栓等。

1) 六角头螺栓。按照制造质量和产品等级，六角头螺栓可分为A、B、C三个等级，其中，A、B级为精制螺栓，C级为粗制螺栓。在钢结构螺栓联结中，除特别注明外，一般均为C级粗制螺栓。

六角头螺栓的特点及应用如下：

a. A级螺栓统称为精制螺栓，B级螺栓统称为半精制螺栓。A级和B级螺栓用毛坯在车床上切削加工而成，螺栓直径应和螺栓孔径一样，并且不允许在组装的螺栓孔中有"错孔"现象，螺栓杆和螺栓孔之间空隙甚小。它们适用于拆装式结构，或联结部位需传递较大剪力的重要结构的安装中。

b. C级螺栓统称为粗制螺栓，由未经加工的圆杆压制而成。C级螺栓直径较螺栓孔径小1.0～2.0 mm，二者之间存在着较大空隙，承受剪力相对较差，只允许在承受钢板间的摩擦阻力限度内使用，或在钢结构安装中做临时固定之用。对于重要的联结，采用粗制螺栓联结时，须另加特殊支托（牛腿或剪力板）来承受剪力。

此外，还可根据支承面大小及安装位置尺寸将其分为大六角头与六角头2种，也可根据其性能等级，将其分为3.6、4.6、4.8等10个等级。

2) 双头螺栓与地脚螺栓。双头螺栓一般称作螺栓，多用于联结厚板和不便使用六角螺栓联结的地方，如混凝土屋架、屋面梁悬挂单轨梁吊挂件等。地脚螺栓预埋在基础混凝土中，可分为一般地脚螺栓、直角地脚螺栓、锤头螺栓、锚固地脚螺栓 4 种。

a. 一般地脚螺栓和直角地脚螺栓，是在浇制混凝土基础时预埋在基础之中用以固定钢柱的。

b. 锤头螺栓是基础螺栓的一种特殊形式，是在混凝土基础浇灌时将特制模箱（锚固板）预埋在基础内，用以固定钢柱的。

c. 锚固地脚螺栓是在已成型的混凝土基础上借用钻机制孔后，再用浇注剂固定基础的一种地脚螺栓。这种螺栓适用于房屋改造工程，对原基础不用破坏，而且定位准确、安装快速、省工省时。

（2）高强螺栓。高强螺栓从外形上可分为高强大六角头螺栓和扭剪型高强螺栓两种，具体规定如下。

1）高强大六角头螺栓（性能等级 8.8S 和 10.9S）联结副的材质、性能等应分别符合现行国家标准《钢结构用高强度大六角头螺栓》（GB/T 1228—2006）、《钢结构用高强度大六角螺母》（GB/T 1229—2006）、《钢结构用高强度垫圈》（GB/T 1230—2006）、《钢结构用高强度大六角头螺栓、大六角螺母、垫圈技术条件》（GB/T 1231—2006）的规定。

2）扭剪型高强螺栓（性能等级 10.9S）联结副的材质、性能等应符合现行国家标准《钢结构用扭剪型高强度螺栓联结副》（GB/T 3632—2008）的规定。

3）当高强螺栓的性能等级为 8.8S 时，热处理后硬度为 21～29 HRC；性能等级为 10.9 级时，热处理后硬度为 32～36 HRC。

4）高强螺栓不允许存在任何淬火裂纹，螺栓表面要进行发黑处理。

5）高强螺栓联结摩擦面应平整、干燥，表面不得有氧化皮、毛刺、焊疤、油漆和油污等。

6）高强螺栓制造厂应将制造螺栓的材料取样，经与螺栓制造中相同的热处理工艺处理后，制成试件进行拉伸试验，其结果应满足高强螺栓力学性能规定。当螺栓的材料直径≥16mm 时，根据用户要求，制造厂还应增加常温冲击试验。

（3）螺母。在建筑钢结构中，螺母的性能等级分为 4、5、6、8、9、10、12 等，其中 8 级（含 8 级）以上螺母与高强螺栓匹配，8 级以下螺母与普通螺栓匹配。表 9-5 为螺母与螺栓性能等级相匹配的参照表。

表 9-5 螺母与螺栓性能等级相匹配的参照表

螺母性能等级	相匹配的螺栓性能等级	
	性能等级	直径范围/mm
4	3.6、4.6、4.8	>16
5	3.6、4.6、4.8	≤16
	5.6、5.8	所有的直径
6	6.8	所有的直径
8	8.8	所有的直径
9	8.8	16<直径≤39
	9.8	≤16
10	10.9	所有的直径

续表

螺母性能等级	相匹配的螺栓性能等级	
	性能等级	直径范围/mm
12	12.9	≤39

螺母的螺纹应和螺栓相一致，一般应为粗牙螺纹(除非特殊注明用细牙螺纹)。螺母的机械性能主要是螺母的保证应力和硬度，其值应符合《紧固件机械性能螺母》(GB/T 3098.2—2015)的规定。

选用的螺母应与相匹配的螺栓性能等级一致，当拧紧螺母达到规定程度时，不允许发生螺纹脱扣现象。为此，可选用柱接结构用六角螺母及相应的栓接结构用大六角头螺栓、平垫圈，使联结副能防止因超拧而引起螺纹脱扣。

(4)垫圈。根据垫圈的形状和使用功能，钢结构螺栓联结常用的垫圈为圆平垫圈，一般放置于紧固螺栓头及螺母的支承面下，用以增加螺栓头及螺母的支承面，同时防止被联结件表面损伤。

方形垫圈一般置于地脚螺栓头及螺母支承面下，用以增加支承面及遮盖较大的螺栓孔眼。

斜垫圈主要用于工字钢、槽钢翼缘倾斜面的垫平，使螺母支承面垂直于螺杆，避免紧固时造成螺母支承面和被联结的倾斜面局部接触，以确保螺栓连安全。为防止螺栓拧紧后因动载作用产生振动和松动，可依靠垫圈的弹性功能及斜口摩擦面来防止螺栓松动，一般用于有动荷载(振动)或经常拆卸的结构联结处。

(5)紧固件材料要求。钢结构联结用4.6级与4.8级普通螺栓(C级螺栓)及5.6级与8.8级普通螺栓(A级或B级螺栓)，其性能和质量应符合国家现行标准《紧固件机械性能 螺栓、螺钉和螺柱》(GB/T 3098.1—2010)的规定。C级螺栓与A级、B级螺栓的规格和尺寸应分别符合国家现行标准《六角头螺栓 C级》(GB/T 5780—2016)与《六角头螺栓》(GB/T 5782—2016)的规定。

联结件用圆柱头焊(栓)钉的材质和性能应符合国家现行标准《电弧螺柱焊用圆柱头焊钉》(GB/T 10433—2002)的规定。

钢结构用大六角高强度螺栓的材质和性能应符合国家现行标准《钢结构用高强度大六角头螺栓》(GB/T 1228—2006)、《钢结构用高强度大六角螺母》(GB/T 1229—2006)、《钢结构用高强度垫圈》(GB/T 1230—2006)、《钢结构用高强度大六角头螺栓、大六角螺母、垫圈技术条件》(GB/T 1231—2006)的规定。扭剪型高强度螺栓的材质和性能应符合国家现行标准《钢结构用扭剪型高强度螺栓联结副》(GB/T 3632—2008)的规定。

网架用高强度螺栓的材质和性能应符合国家现行标准《钢网架螺栓球节点用高强度螺栓》(GB/T 16939—2016) 的规定。

2.普通螺栓联结施工

(1)施工技术准备。普通螺栓联结施工前，应熟悉图纸，掌握设计对普通紧固件的技术要求，熟悉施工详图，核实普通紧固件联结的孔距、钉距以及排列方式。如有问题，应及时反馈给设计部门，还要分规格统计所需的普通紧固件数量。

(2)普通螺栓的选用。

1)螺栓的破坏形式。螺栓的可能破坏形式如图 9-13 所示,常见的有螺杆被剪断破坏、被联结板被挤压破坏、被联结板被拉(压)破坏、被联结板被剪破坏、栓杆受弯破坏。

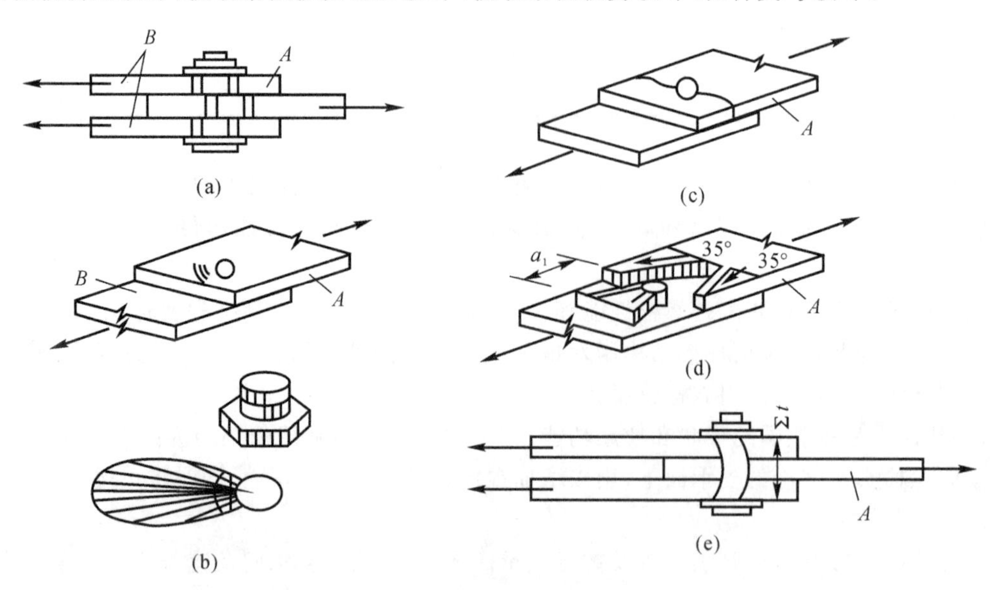

图 9-13 螺栓的破坏形式

(a)螺杆被剪断破坏; (b)被联结板被挤压破坏; (c)被联结板被拉(压)破坏;
(d)被联结板被剪破坏——拉豁; (e)栓杆受弯破坏

2)螺栓直径的确定。螺栓直径的确定应由设计人员按等强度原则参照《钢结构设计规范》(GB 50017—2017)通过计算确定,但对某一个工程来讲,螺栓直径规格应尽可能少,有的还需要适当归类,以便于施工和管理。一般情况下,螺栓直径应与被联结件的厚度相匹配。表 9-6 为不同的联结厚度所推荐选用的螺栓直径。

表 9-6 不同的联结厚度推荐选用的螺栓直径 单位:mm

联结件厚度	4~6	5~8	7~11	10~14	13~21
推荐螺栓直径	12	16	20	24	27

3)螺栓长度的确定。联结螺栓的长度应根据联结螺栓的直径和厚度确定。螺栓长度指的是螺栓头内侧到尾部的距离,一般为 5 mm 进制,可按下式计算:

$$L=\delta+m+nh+C \tag{9-9}$$

式中 δ—— 被联结件的总厚度,mm;

m—— 螺母厚度,mm;

n—— 垫圈个数;

h—— 垫圈厚度,mm;

C—— 螺纹外露部分长度(2 ~ 3 丝扣为宜,$\leqslant$ 5 mm),mm。

4)螺栓间距的确定。螺栓的布置应使各螺栓受力合理,同时要求各螺栓尽可能远离形心和中性轴,以便充分和均衡地利用各个螺栓的承载能力。螺栓间的间距确定,既要考虑螺栓联结的强度与变形等要求,又要考虑便于装拆的操作要求,各螺栓间及螺栓中心线与机件之间应留有扳手操作空间。螺栓的最大、最小容许距离见表 9－7。

表 9－7　螺栓的最大、最小容许距离

<table>
<tr><th>名称</th><th colspan="3">位置和方向</th><th>最大容许距离
（取两者的较小值）</th><th>最小容许距离</th></tr>
<tr><td rowspan="5">中心间距</td><td colspan="3">外排（垂直内力方向或顺内力方向）</td><td>$8d_0$ 或 $12t$</td><td rowspan="5">$3d_0$</td></tr>
<tr><td rowspan="3">中间排</td><td colspan="2">垂直内力方向</td><td>$16d_0$ 或 $42t$</td></tr>
<tr><td rowspan="2">顺内力方向</td><td>构件受压力</td><td>$12d_0$ 或 $18t$</td></tr>
<tr><td>构件受拉力</td><td>$16d_0$ 或 $24t$</td></tr>
<tr><td colspan="3">沿对角线方向</td><td>—</td></tr>
<tr><td rowspan="4">中心至构件边缘距离</td><td colspan="3">顺内力方向</td><td rowspan="4">$4d_0$ 或 $8t$</td><td>$2d_0$</td></tr>
<tr><td rowspan="3">垂直内力方向</td><td colspan="2">剪切边或手工气割边</td><td>$1.5d_0$</td></tr>
<tr><td rowspan="2">轧制边、自动气割或锯割边</td><td>高强螺栓</td><td rowspan="2">$1.2d_0$</td></tr>
<tr><td>其他螺栓</td></tr>
</table>

注：1. d_0 为螺栓的孔径；t 为外层较薄板件的厚度；

2. 钢板边缘与刚性构件（如角钢、槽钢等）相连的螺栓的最大间距，可按中间排的数值采用。

(3)螺栓孔加工。螺栓联结前，需对螺栓孔进行加工，可根据联结板的大小采用钻孔或冲孔加工。冲孔一般只用于较薄钢板和非圆孔的加工，而且要求孔径一般不小于钢板的厚度。

1)钻孔前，将工件按图样要求划线，检查后打样冲眼。冲眼应打大些，使钻头不易偏离中心。在工件孔的位置划出孔径圆和检查圆，并在孔径圆上及其中心冲出小坑。

2)当螺栓孔要求较高，叠板层数较多，同类孔距也较多时，可采用钻模钻孔或预钻小孔，再在组装时扩孔的方法。预钻小孔直径的大小取决于叠板的层数，当叠板少于五层时，预钻小孔的直径一般小于 3 mm。当叠板层数大于五层时，预钻小孔直径应小于 6 mm。

3)当使用精制螺栓（A、B 级螺栓）时，其螺栓孔的加工应谨慎钻削，尺寸精度不低于 IT13～IT11 级，表面粗糙度 Ra 不大于 12.5 μm，或按基准孔（H12）加工，重要场合宜经铰削成孔，以保证配合要求。

普通螺栓（C 级）的配合孔，可应用钻削成型。但其内孔表面粗糙度 Ra 值不应大于 25 μm，其允许偏差应符合相关规定。

(4)螺栓装配与紧固。普通螺栓可采用普通扳手紧固，螺栓紧固应使被联结件接触面、螺栓头和螺母与构件表面密贴。普通螺栓紧固应从中间开始，对称向两边进行，大型接头宜采用复拧。

普通螺栓作为永久性联结螺栓时，紧固联结应符合下列规定：

1)螺栓头和螺母侧应分别放置平垫圈，螺栓头侧放置的垫圈不应多于 2 个，螺母侧放置的垫圈不应多于 1 个；

2)承受动力荷载或重要部位的螺栓联结，设计有防松动要求时，应采取有防松动装置的螺母或弹簧垫圈，弹簧垫圈应放置在螺母侧；

3)对工字钢、槽钢等有斜面的螺栓联结,宜采用斜垫圈;

4)同一个联结接头螺栓数量不应少于 2 个;

5)螺栓紧固后,外露丝扣不应少于 2 扣,紧固质量检验可采用锤敲检验。

3. 高强螺栓联结施工

(1)高强螺栓联结施工设计指标。

1)承压型高强螺栓联结的强度设计值应按表 9-8 采用。

表 9-8　承压型高强螺栓联结的强度设计值　　单位:N/mm^2

螺栓的性能等级、构件钢材的牌号和联结类型			抗拉强度 f_t^b	抗剪强度 f_v^b	承压强度 f_c^b
承压型联结	高强螺栓联结副	8.8S	400	250	—
		10.9S	500	310	—
承压型联结	联结处构件	Q235	—	—	470
		Q345	—	—	590
		Q390	—	—	615
		Q420	—	—	655

2)高强螺栓联结摩擦面抗滑移系数 μ 的取值应符合表 9-9 和表 9-10 的规定。

表 9-9　钢材摩擦面的抗滑移系数　　单位:N/mm^2

联结处构件接触面的处理方法		构件的钢号			
		Q235	Q345	Q390	Q420
普通钢结构	喷砂(丸)	0.45	0.50		0.50
	喷砂(丸)后生赤锈	0.45	0.50		0.50
	钢丝刷清除浮锈或未经处理的干净轧制表面	0.40	0.35		0.40
冷弯薄壁型钢结构	喷砂(丸)	0.40	0.45	—	—
	热轧钢材轧制表面清除浮锈	0.30	0.35	—	—
	冷轧钢材轧制表面清除浮锈	0.25	—	—	—

注:1. 钢丝刷除锈方向应与受力方向垂直;

2. 当联结构件采用不同钢号时,μ 应按相应的较低值取值;

3. 采用其他方法处理时,其处理工艺及抗滑移系数值均应经试验确定。

表 9-10　涂层摩擦面的抗滑移系数 μ

涂层类型	钢材表面处理要求	涂层厚度/μm	抗滑移系数
无机富锌漆	Sa2 $\frac{1}{2}$	60～80	0.40
锌加底漆(ZINGA)		80～120	0.45
防滑防锈硅酸锌漆			0.45
聚氨酯富锌底漆或醇酸铁红漆	Sa2 及以上	60～80	0.15

注:1. 当设计要求使用其他涂层(热喷铝、镀锌等)时,其钢材表面处理要求、涂层厚度以及抗滑移系数均应经试验确定;

2. 当联结板材为Q235钢时，对于无机富锌漆涂层，抗滑移系数 μ 值取0.35；
3. 锌加底漆(ZINGA)、防滑防锈硅酸锌漆不应采用手工涂刷的施工方法。

3)各种高强螺栓的预拉力设计取值应按表9-11采用。

表9-11　各种高强螺栓的预拉力 p　　单位:kN

螺栓的性能等级	螺栓公称直径/mm						
	M12	M16	M20	M22	M24	M27	M30
8.8S	50	90	140	163	195	255	310
10.9S	60	110	170	210	250	320	390

4)高强螺栓联结的极限承载力值应符合现行国家标准《建筑抗震设计规范(附条文说明)》(GB 50011—2010)的有关规定。

(2)施工准备。

1)施工前应按设计文件和施工图的要求编制工艺规程和安装施工组织设计(或施工方案)，并认真贯彻执行。在设计图、施工图中均应注明所用的高强螺栓联结副的性能等级、规格、联结形式、预拉力、摩擦面抗滑移等级以及联结后的防锈要求。高强螺栓的有关技术参数已按有关规定进行复验合格；抗滑移系数试验也合格。

2)检查螺栓孔的孔径尺寸，孔边毛刺必须彻底清理干净。

3)高强螺栓联结副的质量，必须达到技术条件的要求，不符合技术条件的产品不得使用。因此，每个制造批必须由制造厂出具质量保证书。

4)高强螺栓联结副运到工地后，必须进行有关的力学性能检验，合格后方准使用。

a. 运到工地的大六角头高强螺栓联结副应及时检验其螺栓荷载、螺母保证荷载、螺母及垫圈硬度、联结副的扭矩系数平均值和标准偏差，合格后方可使用。

b. 运到工地的扭剪型高强螺栓联结副应及时检验其螺栓荷载、螺母保证荷载、螺母及垫圈硬度、联结副的紧固轴力平均值和变异系数。

5)大六角头高强螺栓施工前，应按出厂批复验高强螺栓联结副的扭矩系数，每批复验5套。5套扭矩系数的平均值应为0.11～0.15，其标准偏差应不大于0.010。

6)扭剪型高强螺栓施工前，应按出厂批复验高强螺栓联结副的紧固轴力，每批复验5套。5套紧固轴力的平均值和变异系数应符合表9-12的规定，变异系数可用下式计算：

$$变异系数=\frac{标准偏差}{紧固轴力的平均值}\times 100\% \tag{9-10}$$

表9-12　扭剪型高强螺栓的紧固轴力

螺栓直径 d/mm		16	20	24
每批紧固轴力的平均值	公称	109	170	245
	最大	120	186	270
	最小	99	154	222
紧固轴力变异系数	≤10%			

(3)高强螺栓孔加工。高强螺栓孔应采用钻孔,如用冲孔工艺,会使孔边产生微裂纹,降低钢结构疲劳强度,还会使钢板表面局部不平整,所以必须采用钻孔工艺。一般高强螺栓联结是靠板面摩擦传力,为使板层密贴,有良好的面接触,孔边应无飞边、毛刺。

1)一般要求。

a. 划线后的零件在剪切或钻孔加工前后,均应认真检查,以防止划线、剪切、钻孔过程中,零件的边缘和孔心、孔距尺寸产生偏差。零件钻孔时,为防止产生偏差,相同对称零件钻孔时,除可选用较精确的钻孔设备进行钻孔外,还应用统一的钻孔模具来钻孔,以达到其互换性;对每组相连的板束钻孔时,可将板束按联结的方式、位置,用电焊临时点焊,一起进行钻孔,拼装联结时,可按钻孔的编号进行,可防止每组构件孔的系列尺寸产生偏差。

b. 零部件小单元拼装焊接时,为防止孔位移产生偏差,可将拼装件在底样上按实际位置进行拼装。为防止焊接变形使孔位移产生偏差,应在底样上按孔位选用划线或挡铁、插销等方法限位固定。

c. 为防止零件孔位偏差,对钻孔前的零件变形应认真矫正。钻孔及焊接后的变形在矫正时均应避开孔位及其边缘。

2)孔的分组。

a. 在节点中联结板与一根杆件相联结的孔划为一组。

b. 接头处的孔:通用接头与半个拼接板上的孔为一组;阶梯接头与两接头之间的孔为一组。

c. 两相邻节点或接头间的联结孔为一组,但不包括上述 a、b 两项所指的孔。

d. 受弯构件翼缘上,每米长度内的孔为一组。

3)孔径的选配。高强螺栓制孔时,其孔径的大小可参照表 9-13 进行选配。

表 9-13　高强螺栓孔径选配表　　单位:mm

螺栓公称直径	12	16	20	22	24	27	30
螺栓孔直径	13.5	17.5	22	24	26	30	33

4)螺栓孔距。零件的孔距要求应按设计执行。高强螺栓的孔距值见表 9-14。安装时,还应注意两孔间的距离允许偏差,可参照表 9-14 所列数值来控制。

表 9-14　螺栓孔距允许偏差　　单位:mm

螺栓孔孔距范围	≤500	501～1 200	1 201～3 000	≥3 000
同一组内任意两孔间距离	±1.0	±1.5	—	—
相邻两组的端孔间距离	±1.5	±2.0	±2.5	±3.0

注:1. 在节点中联结板与一根杆件相连的所有螺栓孔为一组;

2. 对接接头在拼接板一侧的螺栓孔为一组;

3. 两相邻节点或接头间的螺栓孔为一组,但不包括上述两项所规定的螺栓孔;

4. 受弯构件翼缘上,每米长度范围内的螺栓孔为一组;

5. 螺栓孔位移处理。

高强螺栓孔位移时,应先用不同规格的孔量规分次进行检查,第一次用比孔公称直径小

1.0 mm 的量规检查，应通过每组孔数 85%；第二次用比螺栓公称直径大 0.2～0.3 mm 的量规检查，应全部通过。对二次不能通过的孔应经主管设计同意后，方可采用扩孔或补焊后重新钻孔来处理。扩孔或补焊后再钻孔应符合以下要求：

a. 扩孔后的孔径不得大于原设计孔径 2.0 mm。

b. 补孔时应用与原孔母材相同的焊条(禁止用钢块等填塞焊)补焊，每组孔中补焊重新钻孔的数量不得超过 20%，处理后均应做出记录。

(4)摩擦面处理。高强螺栓摩擦面因板厚公差、制造偏差或安装偏差等产生的接触面间隙应按表 9－15 的规定处理。

表 9－15　接触面间隙处理

项目	示意图	处理方法
1	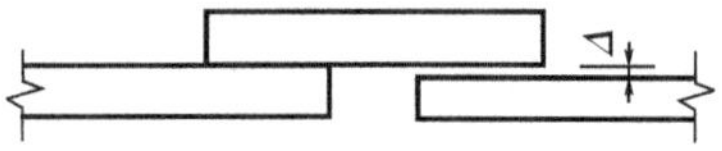	Δ<1.0 mm 时不予处理
2	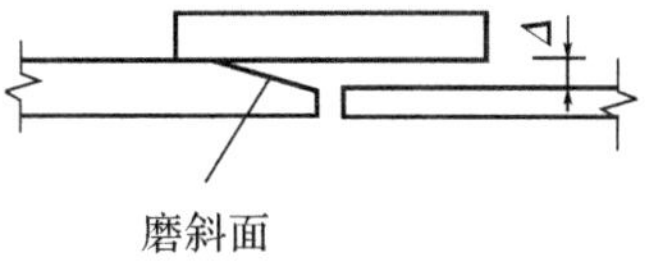 磨斜面	Δ=1.0～3.0 mm 时将厚板一侧磨成 1∶10 缓坡，使间隙小于 1.0 mm
3	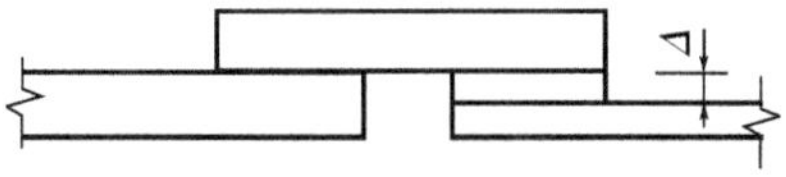	Δ>3.0 mm 时加垫板，垫板厚度不小于 3 mm，最多不超过三层，垫板材质和摩擦面处理方法应与构件相同

高强螺栓联结处的摩擦面可根据设计抗滑移系数的要求选择处理工艺，抗滑移系数应符合设计要求。采用手工砂轮打磨时，打磨方向应与受力方向垂直，且打磨范围不应小于螺栓孔径的 4 倍。

经表面处理后的高强螺栓联结摩擦面，应符合下列规定：

a. 联结摩擦面应保持干燥、清洁，不应有飞边、毛刺、焊接飞溅物、焊疤、氧化铁皮、污垢等；

b. 经处理后的摩擦面应采取保护措施，不得在摩擦面上作标记；

c. 摩擦面采用生锈处理方法时，安装前应以细钢丝刷垂直于构件受力方向除去摩擦面上的浮锈。

在高强螺栓联结中，摩擦面的状态对联结接头的抗滑移承载力有很大的影响。为了使接触摩擦面处理后达到规定摩擦因数要求，首先应采用合理的施工工艺。钢结构工程中，常用的处理方法见表 9－16。

表 9－16　钢结构工程中常用的摩擦面处理方法

方法	具体内容
喷砂(丸)法	应选用干燥的石英砂，粒径为 1.5～4.0 mm；压缩空气的压力为 0.4～0.6 MPa；喷枪喷口直径为 ϕ10 mm；喷嘴距离钢材表面 100～150 mm；加工处理后的钢材表面应以露出金属光泽或灰白色为宜

续表

方法	具体内容
酸洗处理加工法	酸洗处理加工过程是经过酸洗—中和—清洗检验，具体工艺参数如下： (1)硫酸浓度18%(质量分数)，内加少量硫脲；温度为70～80 ℃；停留时间为30～40 min，其停留时间不能过长，否则酸洗过度，钢材厚度减薄。 (2)中和使用石灰水，温度为60 ℃左右，钢材放入停留1～2 min提起，然后继续放入水槽中1～2 min，再转入清洗工序。 (3)清洗的水温为60 ℃左右，清洗2～3次。 (4)最后用酸度(pH)试纸检查中和清洗程度，应达到无酸、无锈和洁净为合格
砂轮打磨处理加工	一般用手提式电动砂轮，打磨方向应与构件受力方向垂直，打磨的范围应按接触面全部进行，最小的打磨范围不少于4倍螺栓直径(4d)；砂轮片的规格为40号，打磨用力应均匀，不应在钢材表面磨出明显的划痕
钢丝刷处理加工	采用圆形钢丝刷安装在手提式电动砂轮机上，其操作方法与砂轮打磨处理加工法相同；小型零件还可用手持钢丝刷进行打磨处理

(5)高强螺栓联结副的组成。高强大六角头螺栓联结副应由一个螺栓、一个螺母和两个垫圈组成，扭剪型高强螺栓联结副由一个螺栓、一个螺母和一个垫圈组成，使用组合应符合表9-17的规定。

表9-17　高强螺栓联结副的使用组合

螺栓	螺母	垫圈
10.9S	10H	35～45HRC
8.8S	8H	35～45HRC

(6)高强螺栓长度确定。高强螺栓长度应以螺栓联结副终拧后外露2～3扣丝为标准计算，可按下列公式计算。选用的高强螺栓公称长度应取修约后的长度，应根据计算出的螺栓长度按修约间隔5 mm进行修约。

$$\left.\begin{aligned} l &= l' + \Delta l \\ \Delta l &= m + ns + 3p \end{aligned}\right\} \tag{9-11}$$

式中　l'—— 联结板层总厚度；

Δl—— 附加长度；

m—— 高强螺母公称厚度；

n—— 垫圈个数，扭剪型高强螺栓为1、高强大六角头螺栓为2；

s—— 高强垫圈公称厚度，当采用大圆孔或槽孔时，高强垫圈公称厚度按实际厚度取值；

p—— 螺纹的螺距。

(7)高强螺栓的安装与紧固。

1)安装螺栓和冲钉数量要求。高强螺栓安装时，应先使用安装螺栓和冲钉。在每个节点上穿入的安装螺栓和冲钉数量应根据安装过程所承受的荷载计算确定，并应符合下列规定：

a. 不应少于安装孔总数的1/3；

b. 安装螺栓不应少于2个；

c. 冲钉穿入数量不宜多于安装螺栓数量的30%；

d. 不得用高强螺栓兼作安装螺栓。

2)高强螺栓安装。高强螺栓应在构件安装精度调整后进行拧紧。高强螺栓安装应符合下列规定：

a. 扭剪型高强螺栓安装时，螺母带圆台面的一侧应朝向垫圈有倒角的一侧；

b. 大六角头高强螺栓安装时，螺栓头下垫圈有倒角的一侧应朝向螺栓头，螺母带圆台面的一侧应朝向垫圈有倒角的一侧。

高强螺栓现场安装时，应能自由穿入螺栓孔，不得强行穿入。螺栓不能自由穿入时，可采用铰刀或锉刀修整螺栓孔，不得采用气割扩孔，扩孔数量应征得设计单位同意，修整后或扩孔后的孔径不应超过螺栓直径的1.2倍。

3)高强螺栓联结副施拧。高强螺栓联结副的初拧、复拧、终拧宜在24 h内完成。

a. 高强大六角头螺栓联结副施拧。高强大六角头螺栓联结副施拧可采用扭矩法或转角法。施工时应符合下列规定：

Ⅰ. 施工用的扭矩扳手使用前应进行校正，其扭矩相对误差不得大于±5%；校正用的扭矩扳手，其扭矩相对误差不得大于±3%；

Ⅱ. 施拧时，应在螺母上施加扭矩；

Ⅲ. 施拧应分为初拧和终拧，大型节点应在初拧和终拧间增加复拧。初拧扭矩可取施工终拧扭矩的50%，复拧扭矩应等于初拧扭矩。终拧扭矩应按下式计算：

$$T_c = kp_c d \tag{9-12}$$

式中　T_c—— 施工终拧扭矩，N·m；

k—— 高强螺栓联结副的扭矩系数平均值，取0.110～0.150；

p_c—— 高强大六角头螺栓施工预拉力，可按表9-18选用；

d—— 高强螺栓公称直径，mm。

表9-18　高强大六角头螺栓施工预拉力　　单位：kN

螺栓性能等级	螺栓公称直径/mm						
	M12	M16	M20	M22	M24	M27	M30
8.8S	50	90	140	165	195	255	310
10.9S	60	110	170	210	250	320	390

Ⅳ. 采用转角法施工时，初拧(复拧)后联结副的终拧角度应符合表9-19的要求。

表9-19　初拧(复拧)后联结副的终拧角度

螺栓长度 l	螺母转角	联结状态
$l \leqslant 4d$	1/3圈(120°)	联结形式为一层芯板加两层盖板
$4d < l \leqslant 8d$ 或200 mm及以下	1/2圈(180°)	
$8d < l \leqslant 12d$ 或200 mm及以上	2/3圈(240°)	

注：1. d 为螺栓公称直径；

2. 螺母的转角为螺母与螺栓杆间的相对转角；
3. 当螺栓长度 l 超过螺栓公称直径 d 的 12 倍时，螺母的终拧角度应由试验确定。

Ⅴ. 初拧或复拧后应对螺母涂画有颜色的标记。

b. 扭剪型高强螺栓联结副施拧。扭剪型高强螺栓联结副应采用专用电动扳手施拧，施拧应分为初拧和终拧。大型节点宜在初拧和终拧间增加复拧。初拧扭矩值应按上述“a.”的计算值的 50%计取，其中 k 取 0.13，也可按表 9－20 选用，复拧扭矩应等于初拧扭矩。

表 9－20　扭剪型高强螺栓初拧(复拧)扭矩值　　单位：N・m

螺栓公称直径	M16	M20	M22	M24	M27	M30
初拧(复拧)扭矩	115	220	300	390	560	760

终拧应以拧掉螺栓尾部梅花头为准，少数不能用专用扳手进行终拧的螺栓，可按上述“a.”的方法终拧，扭矩系数 k 应取 0.13。

初拧或复拧后应对螺母涂画有颜色的标记。

4)高强螺栓联结点螺栓紧固。高强螺栓联结点螺栓群初拧、复拧和终拧应采用合理的施拧顺序。高强螺栓和焊接混用的联结节点，当设计文件无规定时，宜按先螺栓紧固后焊接的施工顺序操作。

4. 螺栓联结检验

(1)高强大六角头螺栓联结用扭矩法施工紧固时，应进行下列质量检查：

1)应检查终拧颜色标记，并应用 0.3 kg 重小锤敲击螺母，对高强螺栓进行逐个检查；

2)终拧扭矩应按节点数 10%抽查，且不应少于 10 个节点，对每个被抽查节点，应按螺栓数 10%抽查，且不应少于 2 个螺栓；

3)检查时，应先在螺杆端面和螺母上画一直线，然后将螺母拧松约 60°，再用扭矩扳手重新拧紧，使两线重合，测得此时的扭矩应为$(0.9\sim1.1)T_{ch}$。T_{ch} 可按下式计算：

$$T_{ch}=kPd \tag{9-13}$$

式中　T_{ch}—— 检查扭矩，N・m；

P—— 高强螺栓设计预拉力，kN；

k—— 扭矩系数。

4)发现有不符合规定时，应再扩大 1 倍检查；仍有不合格时，则整个节点的高强螺栓应重新施拧；

5)扭矩检查宜在螺栓终拧 1 h 以后、24 h 之前完成，检查用的扭矩扳手，其相对误差不得大于±3%。

(2)高强大六角头螺栓联结转角法施工紧固，应进行下列质量检查：

1)应检查终拧颜色标记，同时应用约 0.3 kg 重小锤敲击螺母，对高强螺栓进行逐个检查；

2)终拧转角应按节点数抽查 10%，且不应少于 10 个节点，对每个被抽查节点应按螺栓数抽查 10%，且不应少于 2 个螺栓；

3)应在螺杆端面和螺母相对位置画线，然后全部卸松螺母，再按规定的初拧扭矩和终拧角度重新拧紧螺栓，测量终止线与原终止线划线间的角度，应符合表 9－19 的要求，误差在±30°

者应为合格；

4)发现有不符合规定时，应再扩大1倍数量检查，仍有不合格时，则整个节点的高强螺栓应重新施拧；

5)转角检查宜在螺栓终拧1 h以后、24 h之前完成。

(3)扭剪型高强螺栓终拧检查，应以目测尾部梅花头拧断为合格。不能用专用扳手拧紧的扭剪型高强螺栓，应按上述(1)的规定进行质量检查。

(4)螺栓球节点网架总拼完成后，高强螺栓与球节点应紧固联结。螺栓拧入螺栓球内的螺纹长度不应小于螺栓直径的1.1倍，联结处不应出现有间隙、松动等未拧紧情况。

5.螺栓防松措施

(1)普通螺栓防松措施。一般螺纹联结均具有自锁性，在受静载和工作温度变化不大时，不会自行松脱。但在冲击、振动或变荷载作用下，以及在工作温度变化较大时，这种联结有可能松动，以致影响工作，甚至发生事故。为了保证联结安全可靠，对螺纹联结必须采取有效的防松措施。

常用的防松措施有增大摩擦力、机械防松和不可拆三大类。

1)增大摩擦力的防松措施。其措施是使拧紧的螺纹之间不因外载荷变化而失去压力，因而始终有摩擦阻力防止联结松脱。增大摩擦力的防松措施有安装弹簧垫圈和使用双螺母等。

2)机械防松措施。此类防松措施是利用各种止动零件，阻止螺纹零件的相对转动来实现的。机械防松较为可靠，故应用较多。常用的机械防松措施有开口销与槽形螺母、止退垫圈与圆螺母、止动垫圈与螺母、串联钢丝等。

3)不可拆防松措施。利用点焊、点铆等方法把螺母固定在螺栓或被联结件上，或者把螺钉固定在被联结件上，以达到防松的目的。

(2)高强螺栓防松措施。

1)垫放弹簧垫圈时，可在螺母下面垫一开口弹簧垫圈，螺母紧固后，在上下轴向产生弹性压力，可起到防松作用。为防止开口垫圈损伤构件表面，可在开口垫圈下面垫平垫圈；

2)在紧固后的螺母上面，增加一个较薄的副螺母，使两螺母之间产生轴向压力，同时也能增加螺栓、螺母凹凸螺纹的咬合自锁长度，达到相互制约而不使螺母松动。使用副螺母防松的螺栓，在安装前应计算螺栓的准确长度，待防松副螺母紧固后，应使螺栓伸出副螺母的长度不少于2个螺距；

3)对永久性螺栓，可将螺母紧固后，用电焊将螺母与螺栓的相邻位置对称点焊3～4处，或将螺母与构件相点焊。

9.3.3　钢结构铆钉联结

利用铆钉将两个以上的零部件(一般是金属板或型钢)联结为一个整体的联结方法称为铆接。铆钉联结需要先在构件上开孔，用加热的铆钉进行铆合，有时也可用常温的铆钉进行铆合，但需要较大的铆合力。铆钉联结费钢费工，现在很少采用。但是，铆钉联结传力可靠，韧性和塑性较好，质量易于检查，对经常受动力荷载作用、荷载较大和跨度较大的结构，有时仍然采用铆接结构。

1.铆接的种类及其联结形式

(1)铆接的种类。铆接有强固铆接、密固铆接和紧密铆接三种，现分述如下：

1)强固铆接。这种铆接要求能承受足够的压力和抗剪力,但对铆接处的密封性能要求较低。如桥梁、起重机吊壁、汽车底盘等,均属于强固铆接。

2)密固铆接。这种铆接除要求承受足够的压力和抗剪力外,还要求在铆接处密封性能好,在一定压力作用下,液体或气体均不能渗漏。如锅炉、压缩空气罐等高压容器的铆接,都属于密封铆接。目前,这种铆接几乎被焊接所代替。

3)紧密铆接。这种铆接的金属构件,不能承受大的压力和剪力,但对铆接处要求具有高度的密封性,以防泄漏。如水箱、气罐、油罐等容器,即属于紧密铆接。目前,这种铆接更为少用,同样被焊接代替。

(2)铆接的联结形式。在钢结构铆接施工中,常见的联结方式有三种,即搭接、对接和角接。

1)搭接。搭接是将板件边缘对搭在一起,用铆钉加以固定联结的结构形式,如图 9-14 所示。

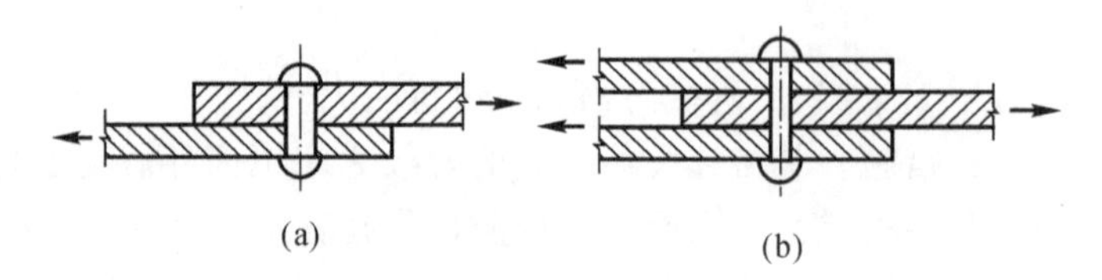

图 9-14　搭接形式

(a)单剪切铆接法; (b)双剪切铆接法

2)对接。将两块要联结的板条置于同一平面,利用盖板把板件铆接在一起。这种联结可分为单盖板式和双盖板式两种对接形式,如图 9-15 所示。

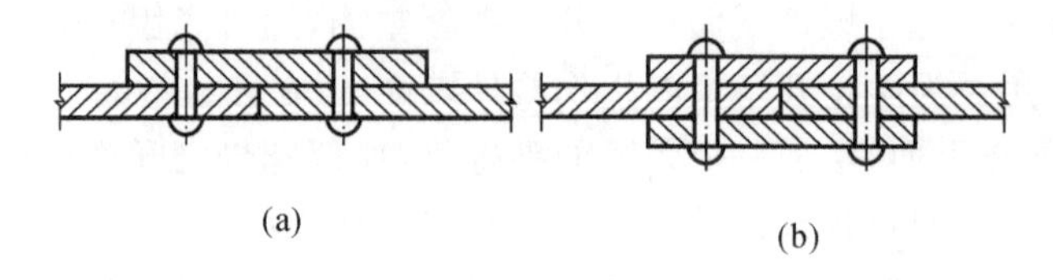

图 9-15　对接形式

(a)单盖板式; (b)双盖板式

3)角接。两块板件互相垂直或按一定角度用铆钉固定联结,用这种方式联结时,要在角接外利用搭接件——角钢。角接时,板件上的角钢接头有一侧角钢联结或两侧角钢联结两种形式,如图 9-16 所示。

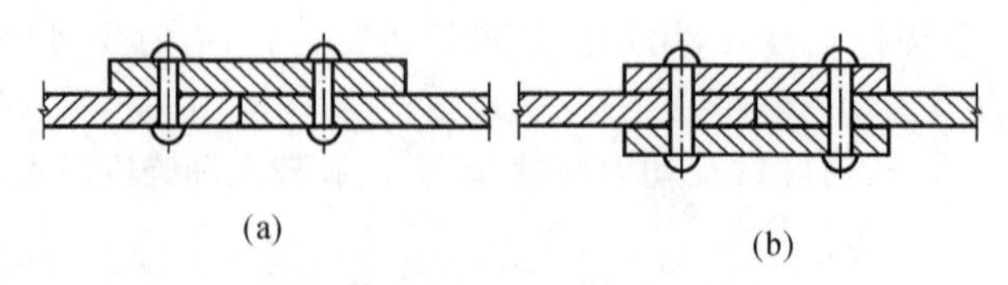

图 9-16　角接形式

(a)一侧角钢联结; (b)两侧角钢联结

2. 铆接参数的确定

(1)铆钉的直径。铆接时,铆钉直径的大小和铆钉中心距离,应根据结构件的受力情况和需要强度确定。确定铆钉直径时,应以板件厚度为准。板件的厚度应满足下列要求:

a. 板件搭接铆焊时,如厚度接近,可按较厚钢板的厚度计算;

b. 厚度相差较大的板件铆接,可以较薄板件的厚度为准;

c. 板料与型材铆接时,以两者的平均厚度确定。

板料的总厚度(指被铆件的总厚度)不应超过铆钉直径的5倍。铆钉直径与板料厚度的关系见表9-21。铆杆直径与钉孔直径之间的关系见表9-22。

表9-21 铆钉直径与板料厚度的关系 单位:mm

板料厚度	5～6	7～9	9.5～12.5	13～18	19～24	25以上
铆钉直径	10～12	14～18	20～22	24～27	27～30	20～36

表9-22 铆钉直径与钉孔直径之间的关系 单位:mm

铆钉直径 d		2	2.5	3	3.5	4	5	6	8	10
钉孔直径 d_0	精装配	2.1	2.6	3.1	3.6	4.1	5.2	6.2	8.2	10.3
	粗装配	2.2	2.7	3.4	3.9	4.5	5.5	6.5	8.5	11
铆钉直径 d		12	14	16	18	22	24	27	30	
钉孔直径 d_0	精装配	12.4	14.5	16.5	—	—	—	—	—	
	粗装配	13	15	17	19	23.5	25.5	28.5	32	

(2)铆钉杆的长度。铆钉杆的长度应根据被铆接件总厚度、铆钉孔直径与铆钉工艺过程等因素来确定。钢结构铆接施工时,常用铆钉杆长度应选择以下几种公式计算求得:

半圆头铆钉: $l=1.5d+1.1t$

半沉头铆钉: $l=1.1d+1.1t$

沉头铆钉: $l=0.8d+1.1t$

式中 l—— 铆钉杆长度,mm;

d—— 铆钉直径,mm;

t—— 被铆接件总厚度,mm。

确定铆钉杆长度后,应通过试验进行检验。

(3)铆钉排列位置。在构件联结处,铆钉的排列形式是以联结件的强度为基础的。铆钉的排列形式有单排、双排和多排三种。采用双排或多排铆钉联结时,又可分为平行式排列和交错式排列。排列时,铆钉的钉距、排距和边距应符合设计规定。铆钉的钉距是指在一排铆钉中,相邻两个铆钉中心的距离。铆钉单行或双行排列时,其钉距 $S\geqslant 3d$(d 为铆钉杆直径)。铆钉交错式排列时,其对角距离 $c\geqslant 3.5d$。为了使板件相互联结严密,应使相邻两个铆钉孔中心的最大距离 $S\leqslant 8d$ 或 $S\leqslant 12t$(t 为板料单件厚度)。铆钉的排距是指相邻两排铆钉孔中心的距离,用 a 表示,一般 $a\geqslant 3d$。铆钉排列时,外排铆钉中心至工件边缘的距离 $l_1\geqslant 1.5d$。为使板边在铆接后不翘起来(两块板接触紧密),应使铆钉中心到板边的最大距离 l 和 l_1 小于

或等于 $4d$，l 和 l_1 小于或等于 $8t$。

3. 铆接施工

(1)冷铆施工。钢结构冷铆施工，就是铆钉在常温状态下进行的铆接。其施工要求如下：

1)铆钉应具有良好的塑性。铆钉冷铆前，应先进行清除硬化、提高塑性的退火处理。

2)用铆钉枪冷铆时，铆钉直径一般不超过 13 mm。用铆接机冷铆时，铆钉最大直径不能超过 25 mm。用手工冷铆时，铆钉直径通常小于 8 mm。

3)手工冷铆时，首先将铆钉穿入被铆件的孔中，然后用顶把顶住铆钉头，压紧被铆件接头处，用手锤锤击伸出钉孔部分的铆钉杆端头，使其形成钉头，最后将窝头绕铆钉轴线倾斜转动，直至得到理想的铆钉头。

4)在镦粗钉杆形成钉头时，锤击次数不宜过多，否则，材质将出现冷作硬化现象，致使钉头产生裂纹。

(2)热铆施工。热铆是指将铆钉加热后的铆接。铆钉加热后，铆钉材质的硬度降低、塑性提高，铆钉头成型较容易，主要适用于铆钉材质的塑性较差或直径较大、铆接力不足的情况下。

1)修整钉孔。

a. 铆接前，应将铆接件各层板之间的钉孔对齐。

b. 在构件装配中，由于加工误差，常出现部分钉孔不同心的现象，铆接前需用矫正冲或铰刀修整钉孔。另外，也需要用铰刀对在预加工中因质量要求较高而留有余量的孔径进行扩孔修整。

c. 铰孔需依据孔径选定铰刀，铰刀装卡在风钻或电钻上。铰孔时，先开动风钻或电钻，再逐渐把铰刀垂直插入钉孔内进行铰孔。在操作时，要防止钻头歪斜而损坏铰刀或将孔铰偏。

d. 在铰孔过程中，应先铰未拧螺栓的钉孔，铰完后拧入螺栓，然后再将原螺栓卸掉进行铰孔。需修整的钉孔应一次铰完。

2)铆钉加热。

a. 铆钉的加热温度取决于铆钉的材质和施铆方法。用铆钉枪铆接时，铆钉需加热到 1 000～1 100 ℃；用铆接机铆接时，加热温度为 650～670 ℃。

b. 铆钉的终铆温度应在 450～600 ℃。终铆温度过高，会降低钉杆的初应力；终铆温度过低，铆钉会发生蓝脆现象。因此，热铆铆钉时，要求在允许温度间迅速完成。

c. 铆钉加热用加热炉位置应尽可能接近铆接现场，如用焦炭炉时，焦炭粒度要均匀，且不宜过大。铆钉在炉内要有秩序地摆放，钉与钉之间相隔适当距离。

d. 当铆钉烧至橙黄色(900～1 100 ℃)时，改为缓火焖烧，使铆钉内外受热均匀，即可取出进行铆接。绝不能用过热和加热不足的铆钉，以免影响产品质量。

e. 在加热铆钉过程中，烧钉钳应经常浸入水中冷却，避免烧化钳口。

3)接钉与穿钉。

a. 加热后的铆钉在传递时，操作者需要熟练掌握扔钉技术，扔钉要做到准和稳。

b. 当接钉者向烧钉者索取热钉时，可用穿钉钳在接钉桶上敲几下，给烧钉者发出扔钉的信号。

c. 接钉时，应将接钉桶顺着铆钉运动的方向后移一段距离，使铆钉落在接钉桶内时冲击力得到缓解，避免铆钉滑出桶外。

d. 穿钉动作要求迅速、准确，争取铆钉在要求的温度下铆接。接钉后，快速用穿钉钳夹住靠铆钉头的一端，并在硬物上敲掉铆钉上的氧化皮，再将铆钉穿入钉孔内。

4）顶钉。顶钉是铆钉穿入钉孔后，用顶把顶住铆钉头的操作。顶钉好坏，将直接影响铆接质量。不论用手顶把还是用气顶把，顶把上的窝头形状、规格都应与预制的铆接头相符。

5）热铆操作。

a. 热铆开始时，铆钉枪风量要小些，待钉杆镦粗后，加大风量，逐渐将钉杆外伸端打成钉头形状。

b. 如果出现钉杆弯曲、钉头偏斜时，可将铆钉枪对应倾斜适当角度进行矫正；钉头正位后，再将铆钉枪略微倾斜绕钉头旋转一周，迫使钉头周边与被铆接表面严密接触。注意铆钉枪不要过分倾斜，以免窝头磕伤被铆件的表面。

c. 发现窝头或铆钉枪过热时，应及时更换备用的窝头或铆钉枪。窝头可以放到水中冷却。

d. 为了保证质量，压缩空气的压力不应低于 0.5 MPa。

e. 为了防止铆件侧移，最好沿铆接件的全长，对称地先铆几颗铆钉，起定位作用，然后再铆其他铆钉。

f. 铆接时，铆钉枪的开关应灵活可靠，禁止碰撞。经常检查铆钉枪与风管接头的螺纹联结是否松动，如发现松动，应及时紧固，以免发生事故。每天铆接结束时，应将窝头和活塞卸掉，妥善保管，以备再用。

4. 铆接检验

铆钉质量检验采用外观检验和敲打两种方法。外观检查主要检验外观是否存在瑕疵，敲击法检验是用 0.3 kg 的小锤敲打铆钉的头部，以检验铆钉的铆合情况。铆钉头不得有丝毫跳动，铆钉的钉杆应填满钉孔，钉杆和钉孔的平均直径误差不得超过 0.4 mm，其同一截面的直径误差不得超过 0.6 mm。对于有缺陷的铆钉，应予以更换，不得采用捻塞、焊补或加热再铆等方法进行修整。铆成的铆钉和外形的偏差超过表 9-23 的规定时，不得采用捻塞、焊补或加热再铆等方法整修有缺陷的铆钉，应予作废，更换铆钉。

表 9-23 铆钉的允许偏差

序号	偏差名称	示意图	允许偏差值	偏差原因	检查方法
1	铆钉头的周围全部与被铆板不密贴		不允许	（1）铆钉头和钉杆在联结处有凸起部分；（2）铆钉头未顶紧	（1）外观检查；（2）用厚 0.1 mm 的塞尺检查
2	铆钉头刻伤	a	$a \leqslant 2$ mm	铆接不良	外观检查
3	铆钉头的周围部分与被铆板不密贴		不允许	顶把位置歪斜	（1）外观检查；（2）用厚 0.1 mm 的塞尺检查

续表

序号	偏差名称	示意图	允许偏差值	偏差原因	检查方法
4	铆钉头偏心	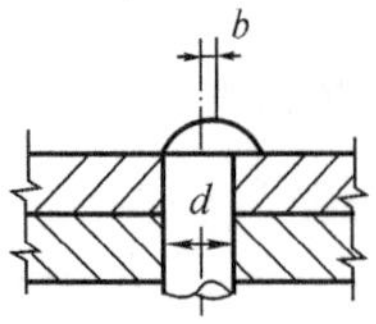	$b\leqslant\frac{d}{10}$	铆接不良	外观检查
5	铆钉头裂纹	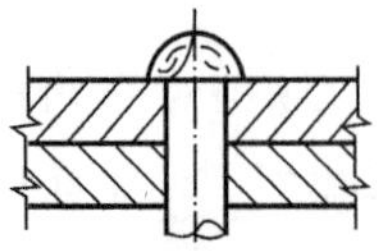	不允许	(1)加热过度；(2)铆钉钢材质量不良	外观检查
6	铆钉头周围不完整	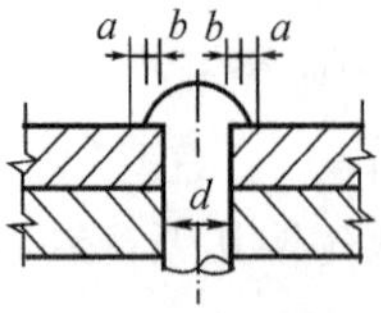	$a+b\leqslant\frac{d}{10}$	(1)钉杆长度不够；(2)铆钉头顶压不正	外观检查并用样板检查
7	铆钉头过小	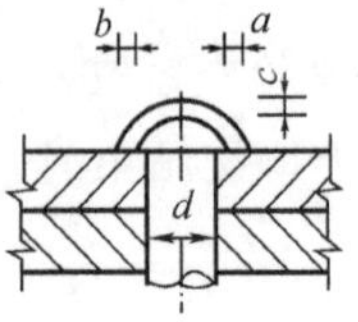	$a+b\leqslant\frac{d}{10}$ $c\leqslant\frac{d}{20}$	铆模过小	外观检查并用样板检查
8	埋头不密贴	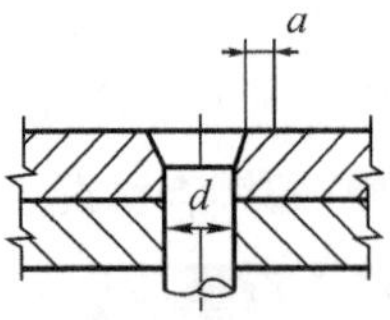	$a\leqslant\frac{d}{10}$	(1)划边不准确；(2)钉杆过短	外观检查
9	埋头凸出	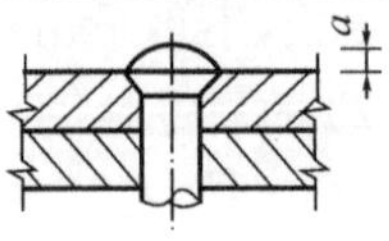	$a\leqslant0.5$ mm	钉杆过长	外观检查
10	铆钉头周围有正边	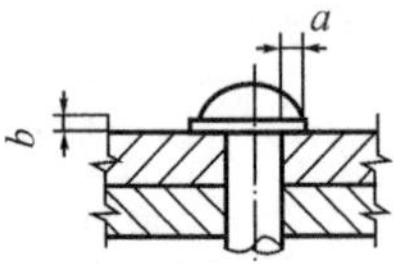	$a\leqslant3$ mm $0.5\text{ mm}\leqslant b\leqslant3$ mm	钉杆过长	外观检查
11	铆模刻伤钢材	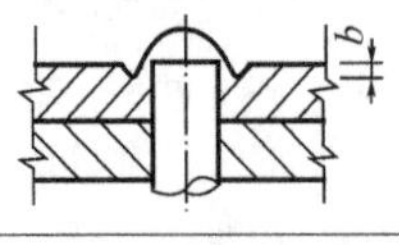	$b\leqslant0.5$ mm	铆接不良	外观检查
12	铆钉头表面不平	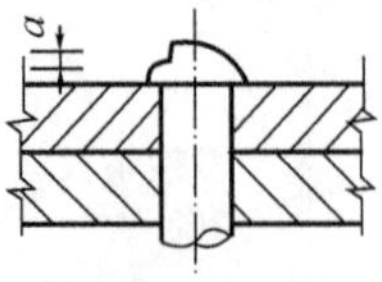	$a\leqslant0.3$ mm	(1)铆钉钢材质量不良；(2)加热过度	外观检查

续表

序号	偏差名称	示意图	允许偏差值	偏差原因	检查方法
13	铆钉歪斜	100 3	板叠厚度的3%，但不得大于3 mm	扩孔不正确	(1)外观检查； (2)测量相邻铆钉的中心距离
14	埋头凹进	d	$a\leqslant 0.5$ mm	钉杆过短	外观检查
15	埋头钉周围有部分或全部缺边	a a d	$a\leqslant \frac{d}{10}$	(1)钉杆过短； (2)划边不准确	外观检查

9.4 钢结构构件受力分析

常见的钢结构房屋的结构体系有框架结构、框架-支撑结构、框架-抗震墙板结构、筒体结构以及巨型框架结构等。

9.4.1 框架结构

框架结构是高层建筑中出现的结构体系(见图9-17)。图9-18所示为多层多跨框架结构示意图，该种体系是仅由梁、柱形成的构造简单、传力明确的结构体系，从综合经济指标及承载性能看，这类结构体系使用于建造20层以下的中低层房屋。沿纵横方向的多榀框架既是承受侧向水平荷载的抗侧力构件，也是承受竖向荷载的构件。结构的整体侧向变形为剪切型(多层)或弯剪型(高层)，抗侧力能力主要取决于梁柱的抗弯能力和节点的强度和延性，因而节点常采用刚性联结。

采用框架结构时，甲、乙类建筑和高层的丙类建筑不应采用单跨框架，多层的丙类建筑不宜采用单跨框架。

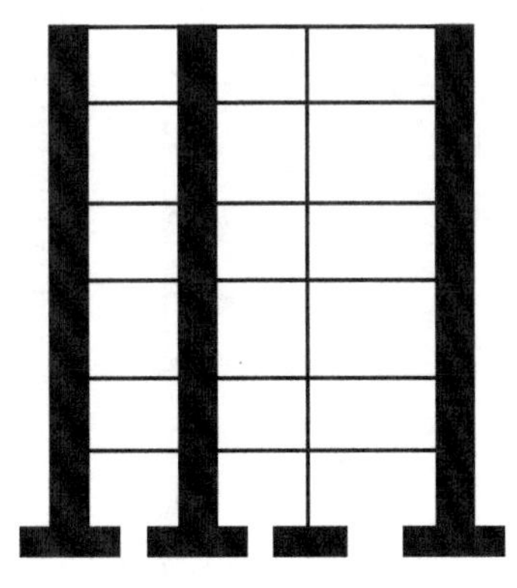

图9-17 框架结构图

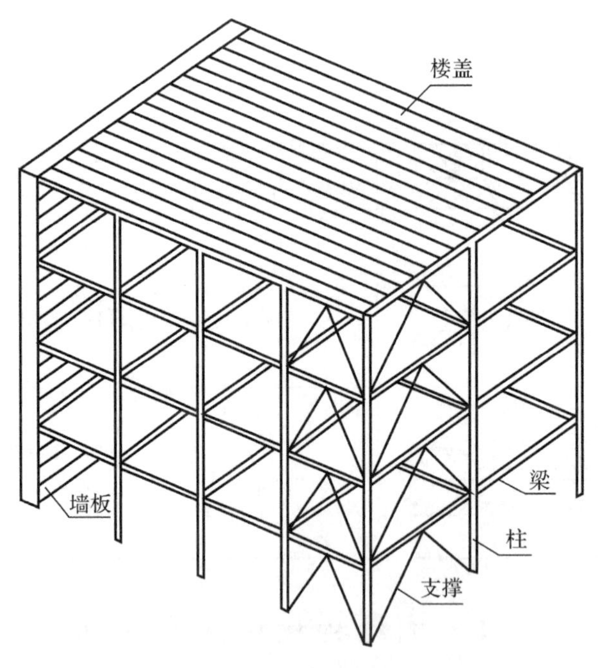

图 9-18　多层多跨框架结构的组成

9.4.2　框架-支撑结构

框架-支撑结构是在框架结构的基础上，通过沿结构的纵横方向分别布置一定数量的支撑所形成的结构体系，如图 9-19 所示。该种结构体系分为中心支撑框架(见图 9-19)和偏心支撑框架(见图 9-20)。

中心支撑是指斜杆与梁、柱汇交与一点，或两根斜杆与横梁汇交与一点，也可与柱子汇交与一点，但汇交时均无偏心距，如图 9-20 所示。中心支撑依靠支撑杆件的轴向刚度和轴向承载力为结构提供水平刚度和水平承载力，从而增加了结构的抗侧移刚度，提高了抗震能力。但是，支撑承受的过大压力很可能导致支撑屈曲，致使原结构承载力降低。

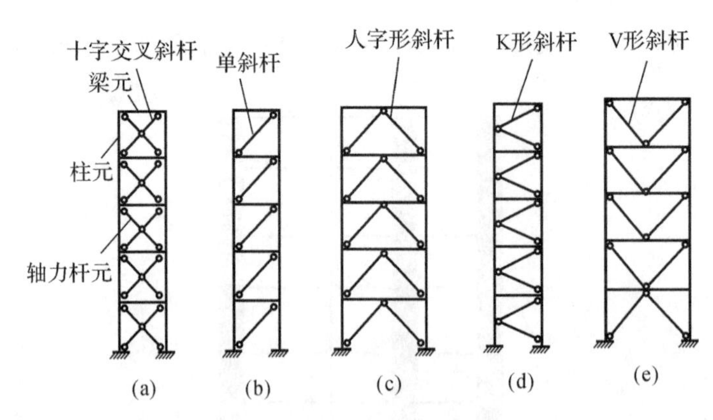

图 9-19　中心支撑框架示意图

(a)X 形支撑；(b)单斜支撑；(c)人字形支撑；(d)K 形支撑；(e)V 形支撑

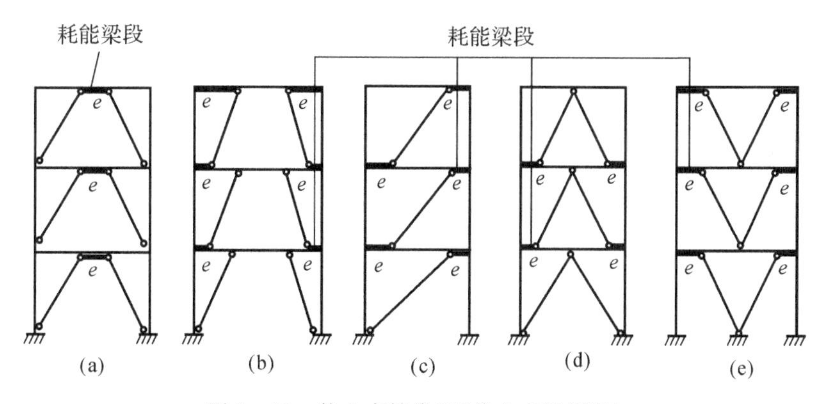

图 9-20 偏心支撑类型(偏心支撑框架)

(a)门式刚架 1; (b)门式刚架 2; (c)单斜杆式; (d)人字形式; (e)V字形式

偏心支撑是指支撑斜杆的两端,至少有一端与梁相交(不在柱节点处),另一端可在梁与柱交点处联结,或偏离另一根支撑斜杆一段长度与梁联结,并在支撑斜杆杆端与柱子之间构成一耗能梁段,或在两根支撑与杆之间构成一耗能梁段的支撑。消能梁段率先屈服成为消耗地震能量的消能区,从而避免支撑屈曲或使支撑屈曲在后,保证结构具有稳定的承载力和良好的抗震性能。偏心支撑比中心支撑有更大的延性,它是适宜于高强度地震区的一种新型支撑体系。采用框架-支撑结构的钢结构房屋应符合下列规定:

(1)支撑框架在两个方向的布置均宜基本对称,支撑框架之间楼盖的长宽比不宜大于 3。

(2)三、四级且高度不大于 50 m 的钢结构宜采用中心支撑,也可采用偏心支撑、屈曲约束支撑等消能支撑。

(3)中心支撑框架宜采用交叉支撑,也可采用人字形支撑或单斜杆支撑,不宜采用 K 形支撑;支撑的轴线宜交汇于梁柱构件轴线的交点,偏离交点时的偏心距不应超过支撑杆件宽度,并应计入由此产生的附加弯矩。当中心支撑采用只能受拉的单斜杆体系时,应同时设置不同倾斜方向的两组斜杆,且每组中不同方向单斜杆的截面面积在水平方向的投影面积之差不应大于 10%。

(4)偏心支撑框架的每根支撑应至少有一端与框架梁联结,并在支撑与梁交点和柱之间或同一跨内另一支撑与梁交点之间形成消能梁段。

(5)采用屈曲约束支撑时,宜采用人字支撑、成对布置的单斜杆支撑等形式,不应采用 K 形或 X 形,支撑与柱的夹角宜在 35°~55°之间。屈曲约束支撑受压时,其设计参数、性能检验和作为二种消能部件的计算方法可按相关要求设计。

9.4.3 框架-抗震墙板结构

框架-抗震墙板结构是在钢框架中嵌入一定数量的抗震墙板形成的。抗震墙板包括带竖缝的钢筋混凝土墙板、内藏钢支撑混凝土墙板及钢抗震墙板,通过抗震墙板的设置,为结构提供更大的侧移刚度。带竖缝墙板在小震作用下处于弹性阶段,具有较大的抗侧移刚度,在强震作用下即进入塑性屈服耗能阶段并保证其承载力(见图 9-21)。内藏钢板支撑混凝土墙板是以钢板为主要支撑,外包钢筋混凝土墙板的预制构件,它只在支撑节点处与钢框架联结(见图 9-22)。钢抗震墙板是一种用钢板或带有加劲肋的钢板制成的墙板。一般来说,在多高层建筑中，结合楼梯间、竖向防火通道等的设置，较多地采用钢筋混凝土墙板。

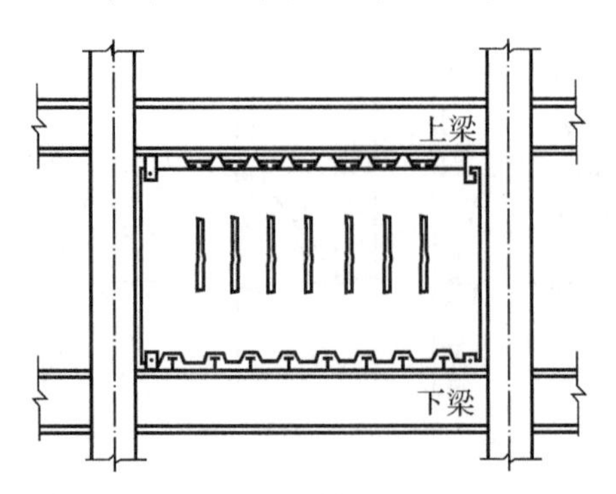

图 9-21 带竖缝剪力墙板与框架的联结

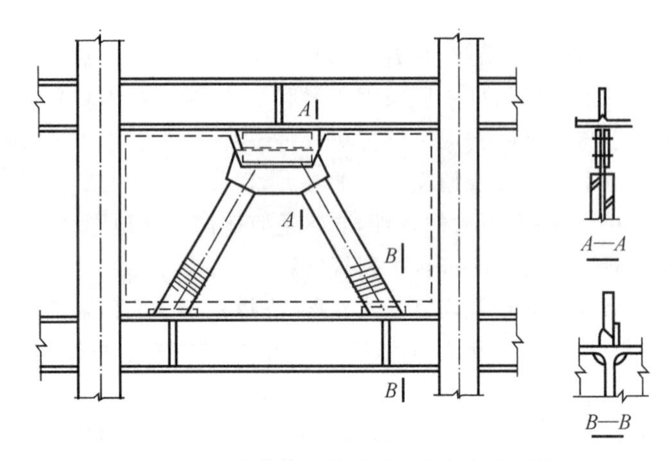

图 9-22 内藏钢板剪力墙板与框架的联结

9.4.4 筒体结构

筒体结构体系较多应用在超高层建筑，由一个或多个竖向筒体(由剪力墙围成的薄壁筒或由密柱框架构成的框筒)组成的结构。筒体结构由框架-剪力墙结构与全剪力墙结构综合演变和发展而来。筒体结构是将剪力墙或密柱框架集中到房屋的内部和外围而形成的空间封闭式的筒体。它在满足结构刚度要求的同时，也能形成较大的使用空间。按筒体的结构布置和形成方式的不同，可以分为框筒、桁架筒、筒中筒和束筒等体系。

1. 框筒体系

框筒体系的筒体部分是由密柱深梁刚性联结构成的外筒结构，由它来抵抗侧向水平荷载，结构内部的梁柱铰接，柱子只承受重力荷载而不考虑其抗侧力作用。柱网布置如图 9-23(a)所示。钢框架-筒体结构，必要时可设置由筒体外伸臂或外伸臂和周边桁架组成的加强层。

2. 桁架筒体系

以框筒体系为主体，沿外框筒的外框增设大型交叉支撑构成桁架筒体系，如图 9-23(b)所示。支撑的设置大大提高了结构的空间刚度，由于剪力主要由支撑斜杆承担，避免了横梁受剪切力变形，基本上消除了剪力滞后现象。

3. 筒中筒体系

筒中筒体系就是集外围框筒和核心筒为一体的结构体系，其外围多为密柱深梁的钢框筒，核心为钢结构构成的筒体，如图 9-23(c)所示。通过楼盖系统联结内筒和外筒，保证各筒体协同工作，从而大大提高了抗侧刚度，承受更大的侧向水平荷载。这种结构体系在工程中应用较多。

4. 束筒体系

束筒体系就是由几个筒体并列组合在一起而形成的组合筒体，是筒体结构概念的外伸，如图 9-23(d)所示。由于各个筒体本身就具有较高的刚度，因此该体系抗侧强度很大。

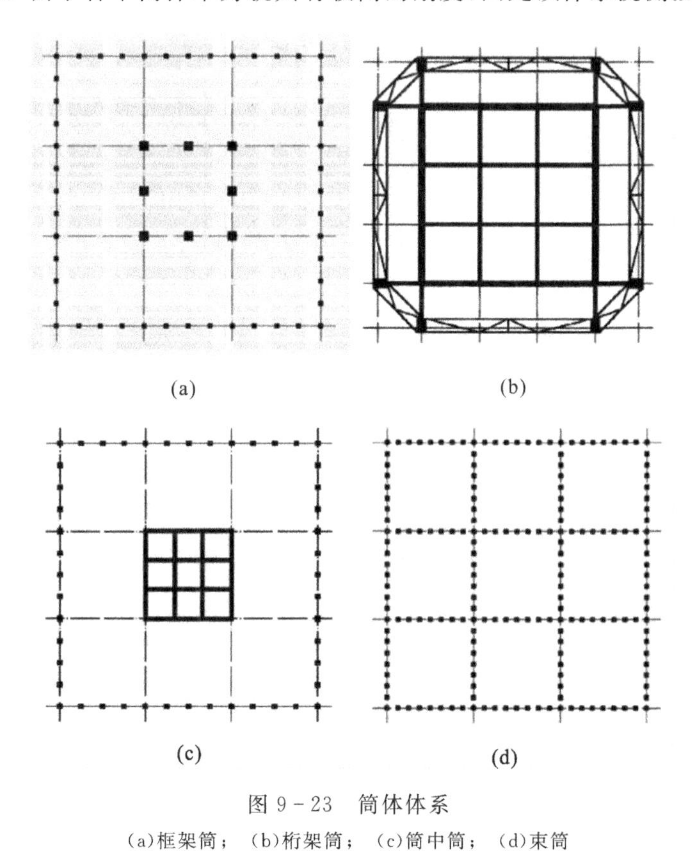

图 9-23 筒体体系

(a)框架筒； (b)桁架筒； (c)筒中筒； (d)束筒

9.4.5 巨型框架结构

巨型框架结构体系是由柱距较大的立体桁架柱和梁分别形成巨型柱和梁，巨型梁沿纵横向布置形成空间桁架层，在空间桁架层之间设置次桁架结构，以承受空间桁架层之间的各楼层面荷载，并将其传递给巨型梁和柱。这种体系能满足建筑设置大空间要求，同时又保证结构具有较大的刚度和强度。

钢结构房屋需要设置防震缝时，缝宽应不小于相应钢筋混凝土结构房屋的 1.5 倍。一、二级的建筑钢结构房屋，宜设置偏心支撑、带竖缝钢筋混凝土抗震墙板、内藏钢支撑钢筋混凝土墙板、屈曲约束支撑等消能支撑或筒体。

9.5 钢结构压弯构件的稳定

同时承受轴向力和弯矩的构件称为压弯(或拉弯)构件,如图 9-24 和图 9-25 所示。弯矩可能由轴向力的偏心作用、端弯矩作用和横向荷载作用三种因素形成。当弯矩作用在截面的一个主轴平面内时称为单向压弯(或拉弯)构件,作用在两主轴平面的称为双向压弯(或拉弯)构件。

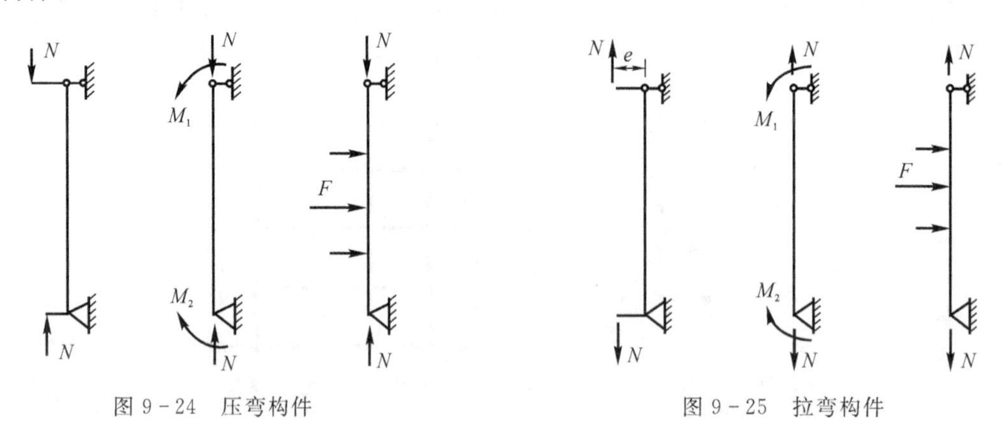

图 9-24 压弯构件　　图 9-25 拉弯构件

在钢结构中压弯和拉弯构件的应用十分广泛,例如有节间荷载作用的桁架上下弦杆,受风荷载作用的墙架柱以及天窗架的侧立柱等。

压弯构件也广泛用作柱子,如工业建筑中的厂房框架柱(见图 9-26),多层(或高层)建筑中的框架林(见图 9-27)以及海洋平台的立林等。它们不仅要承受上部结构传下来的轴向压力,同时还受有弯矩和剪力。

与轴心受力构件一样,在进行拉弯和压弯构件设计时,应同时满足承载能力极限状态和正常使用极限状态的要求。拉弯构件需要计算其强度和刚度(限制长细比),对压弯构件,则需要计算强度,整体稳定(弯矩作用平面内稳定和弯矩作用平面外稳定)、局部稳定和刚度(限制长细比)。

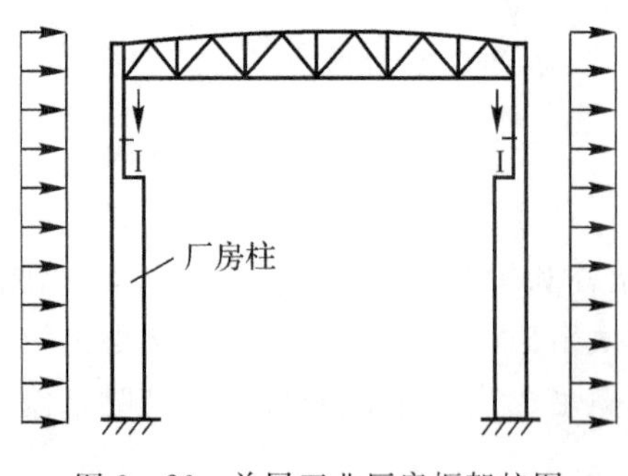

图 9-26 单层工业厂房框架柱图

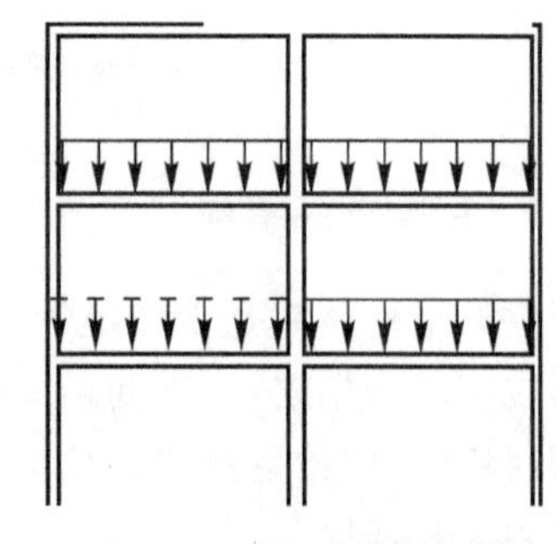

图 9-27 多层框架柱图

拉弯构件的容许长细比与轴心拉杆相同;压弯构件的容许长细比与轴心压杆相同。

压弯构件的截面尺寸通常由稳定承载力确定。对双轴对称截面一般将弯矩绕强轴作用,而单轴对称截面则将弯矩作用在对称轴平面内。这些构件可能在弯矩作用平面内弯曲失稳，也可能在弯矩作用平面外弯曲失稳。因此，压弯构件要分别计算弯矩作用平面内和弯矩作用平面外的稳定性。

目前确定压弯构件弯矩作用平面内极限承载力的方法很多，可分为两大类：一类是边缘屈服准则的计算方法，另一类是精度较高的数值计算方法。

1. 边缘纤维屈服准则

对于一两端铰支、跨中最大初弯曲值为 W 的弹性压弯构件，沿全长均匀弯矩作用下，截面的受压最大边缘屈服时，其边缘纤维的应力可用下式表达，即

$$\frac{N}{A}+\frac{M_x+Nv_0}{W_{1x}\left(1-\frac{N}{N_{Ex}}\right)}=f_y \tag{9-14}$$

若式中的 $M_x=0$，则轴心力 N 即有初始缺陷的轴心压杆的临界力 N_0，得

$$\frac{N_0}{A}+\frac{N_0v_0}{W_{1x}\left(1-\frac{N_0}{N_{Ex}}\right)}=f_y \tag{9-15}$$

上式应与轴心受压构件的整体稳定计算式协调，解得

$$v_0=\left(\frac{1}{\varphi_x}-1\right)\left(1-\varphi_x\frac{Af_y}{N_{Ex}}\right)\frac{W_{1x}}{A} \tag{9-16}$$

经整理得

$$\frac{N}{\varphi_xA}+\frac{M_x}{W_{1x}\left(1-\varphi_x\frac{N_0}{N_{Ex}}\right)}=f_y \tag{9-17}$$

2. 最大强度准则

边缘纤维屈服准则考虑当构件截面最大纤维刚一屈服时构件即失去承载能力而发生破坏，较适用于格构式构件。对于实腹式压弯构件，当受压最大边缘刚开始屈服时尚有较大的强度储备，即容许截面塑性深入。因此若要反映构件的实际受力情况，宜采用最大强度准则，即以具有各种初始缺陷的构件为计算模型，求解其极限承载能力。

具有初始缺陷（初弯曲、初偏心和残余应力）的轴心受压构件的稳定计算方法实际上是考虑初弯曲和初偏心的轴心受压构件就是压弯构件，只不过弯矩由偶然因素引起，主要内力是轴向应力、《钢结构设计标准》(GB50017—2017)采用数值计算方法（逆算单元长度法），考虑构件存在1/1 000的初弯曲和实测的残余应力分布，算出了近200条压弯构件极限承载力曲线。图9-28绘出了翼缘为火焰切割边的焊接工字形截面压弯构件在两端相等弯矩作用下的相关曲线，其中实线为理论计算的结果。

对于不同的截面形式或虽然截面形式相同但尺寸不同、残余应力的分布不同以及失稳方向的不同等，其计算曲线都将有很大的差异。很明显，包括各种截面形式的近200条曲线，很难用一个统一的公式来表达。但修订《钢结构设计标准》(GB50017—2017)时，经过分析证明，发现采用相关公式的形式可以较好地解决上述困难。由于影响稳定极限承载力的因素很多，且构件失稳时已进入弹塑性工作阶段，要得到精确的、符合各种不同情况的理论相关公式是不可能的。因此，只能根据理论分析的结果，经过数值运算，得出比较符实际且能满足工程精度

要求的实用相关公式。

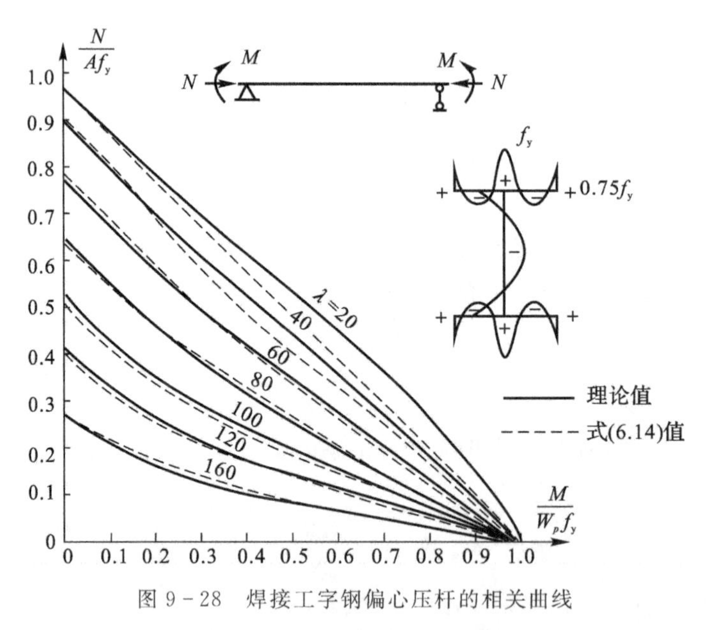

图 9-28　焊接工字钢偏心压杆的相关曲线

《钢结构设计标准》(GB50017—2017)将用数值方法得到的压弯构件的极限承载力 N,与用边缘纤维屈服准则导出的相关公式(9-1)中的轴心压力 N 进行比较,发现对于短粗的实腹杆上式偏于安全,而对于细长的实腹杆上式偏于不安全。因此,《钢结构设计标准》(GB50017—2017)借用了弹性压弯构件边缘纤维屈服时计算公式的形式,但在计算弯曲应力时考虑了截面的塑性发展和二阶弯矩,对于初弯曲和残余应力的影响则综合在一个等效偏心距心内。

9.6　钢结构构件的破坏分析

城市用地紧张,推动了多、高层建筑的迅速发展,超高层钢结构技术更是飞速发展。图 9-29(a)为上海浦东超高层群——上海金茂大厦、上海环球金融中心和上海中心大厦,图 9-29(b)为广州塔,图 9-29(c)为我国台北 101 大楼。台北 101 大楼在规划阶段初期原名台北国际金融中心,是当时世界第一高楼。它位于我国台湾省台北市信义区,处于地震带上,地质情况异常复杂,在台北盆地的范围内,又有三条小断层,场地条件复杂。为了兴建台北 101 大楼,这个建筑的设计必定要能防止强震的破坏。台湾每年夏天都会受到太平洋上形成的台风影响,防震和防风是台北 101 大楼所需解决的两大建筑问题。为了评估地震对台北 101 大楼所产生的影响,通过地质勘察、建筑仿真地震试验、风洞试验等方式详细分析大楼将要遇到的各种荷载和灾害的影响。在设计中,通过增加大楼的弹性来避免强震所带来的破坏,台北 101 大楼的中心是由一个外围 8 根钢筋的巨柱所组成。但是良好的弹性,却也让大楼面临微风冲击,即有摇晃的问题。抵消风力所产生摇晃的主要设计是阻尼器,将大楼外形设计为锯齿状,经由风洞测试,能减少 30%～40%风所产生的摇晃。在防震措施方面,台北 101 大楼采用新式的“巨型结构”,在大楼的四个外侧分别各有两支巨柱,共 8 支巨柱,每支截面长 3 m、宽 2.4 m,自地下 5 层贯通至地上 90 层,柱内灌入高密度混凝土,外以钢板包覆。

(a)

(b)

(c)

图 9-29 超高层钢结构

(a)上海浦东超高层群； (b)广州塔； (c)台北 101 大楼

钢结构被认为具有卓越的抗震性能，钢结构房屋的震害要小于钢筋混凝土结构房屋，很少会发生整体破坏或倒塌现象。例如，在 1985 年 9 月的墨西哥大地震中，钢筋混凝土房屋的破坏就要比钢结构房屋严重得多。尽管如此，由于焊接、联结、冷加工等工艺技术以及外部环境的影响，钢材料的优点将受到影响，特别是若设计、施工以及维护不当，就会为我们所依赖的建筑安全埋下隐患。根据钢结构特有的性能及在近年来国内外发生的大地震中出现的具体破坏形态，将破坏形式分为以下几类。

1. 结构倒塌

结构倒塌是结构破坏最严重的形式。造成结构倒塌的主要原因是结构薄弱层的形成，导致结构整体失稳。薄弱层的形成是结构楼层屈服强度系数和抗侧刚度沿高度分布不均匀造成的，这就要求在设计过程中整体考虑结构的整体稳定性和局部稳定性。图 9-30 为墨西哥城大地震中某高层钢结构办公楼在地震作用下钢结构框架整体结构倒塌的现场图。

图 9-30 高层钢结构整体倒塌

2. 节点破坏

节点破坏是地震中发生最多的一种破坏形式。一般的联结方式有铆接、螺栓联结、焊接联结以及相互组合的形式联结。刚性联结的结构构件一般采用铆接或焊接形式联结。如果在节点的设计和施工中，构造及焊缝存在缺陷，节点区就可能出现应力集中、受力不均的现象，在地震中很容易出现联结破坏。在1994年美国北岭大地震和1995年日本阪神大地震中，出现了大量的梁柱节点的破坏。梁柱节点可能出现的破坏现象主要表现为：铆接断裂，焊接部位拉脱，加劲板断裂、屈曲，腹板断裂、屈曲等。图9-31(a)为日本阪神大地震某梁柱节点螺栓破坏照片，图9-31(b)为日本阪神大地震某梁柱节点破坏示意图。

(a)

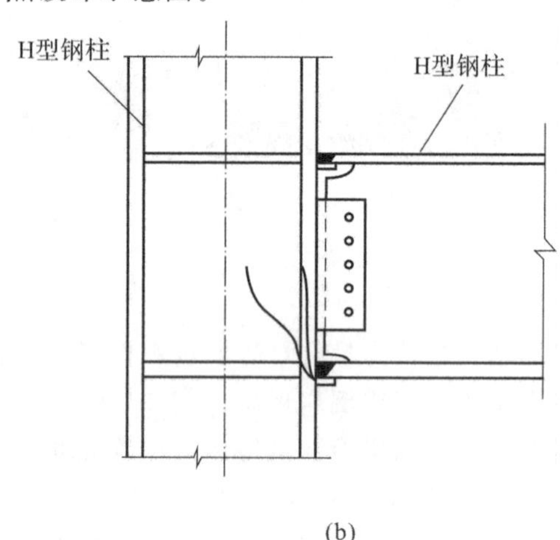

(b)

图9-31 节点破坏

(a)梁柱节点螺栓破坏图；(b)日本阪神地震梁柱节点破坏

3. 构件破坏

结合以往地震中钢结构构件破坏的现象，多高层建筑钢结构构件的主要震害可分为支撑的破坏与失稳和梁柱的局部破坏。

(1)支撑的破坏与失稳。当地震强度较大时，支撑承受反复拉压的轴向力作用，一旦压力超出支撑的屈曲临界力时，就会出现破坏或失稳。图9-32(a)为支撑节点处受拉破坏，图9-32(b)为支撑节点处受压破坏。

(a)

(b)

图9-32 支撑节点处破坏

(a)支撑节点处受拉破坏图；(b)支撑节点处受压破坏图

(2)梁柱的局部破坏。对于框架柱,主要有翼缘屈曲、翼缝撕裂,甚至框架柱会出现水平裂缝或断裂破坏。图 9－33(a)为日本阪神大地震中某高层钢结构住宅的梁柱支撑节点附近,支撑受压屈曲,箱型截面柱子发生断裂破坏。对于框架梁,主要有翼缘屈曲、腹板屈曲和开裂、扭转屈曲等破坏形态。图 9－33(b)为日本阪神大地震中某高层钢结构柱焊缝处翼缝撕裂破坏。

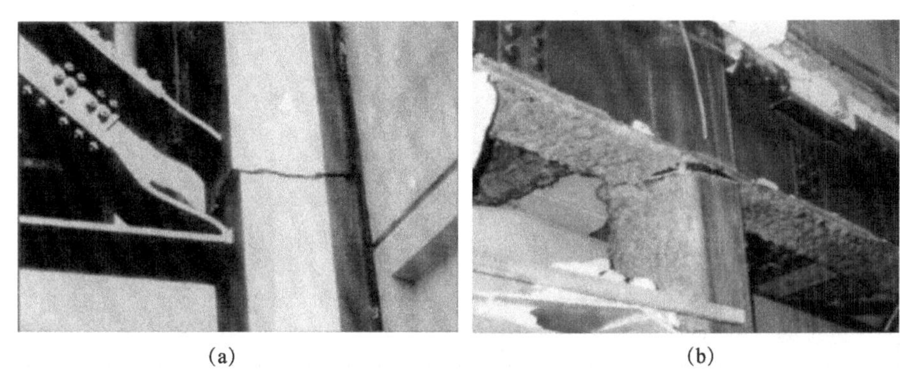

(a)　　(b)

图 9－33　梁柱支撑节点破坏

(a)梁柱支撑节点处破坏；(b)柱焊缝处破坏

4.基础锚固破坏

构件与基础的锚固破坏主要表现为柱脚处的地脚螺栓脱开、混凝土被挤碎导致锚固失效、联结板断裂等。柱脚破坏的主要原因为设计中地震作用力计算不能真实反映真实地震时产生的竖向和横向地震力作用,造成柱脚需承受超大的拉应力和剪应力。图 9－34 为日本阪神大地震中某钢结构建筑的钢柱脚锚固破坏。

图 9－34　钢柱脚锚固破坏

根据对上述钢结构房屋震害特征的分析可知,尽管钢结构抗震性能较好,但在历次的地震中,也会出现不同程度的震害。究其原因,无非是和结构设计、结构构造、施工质量、材料质量、日常维护等有关。为了预防以上震害的出现,减轻震害带来的损失,多高层钢结构房屋抗震设计必须严格遵循有关规程进行。

单层钢结构厂房在 7～9 度的地震作用下,其主要震害是柱间支撑的失稳变形和联结节点的断裂或拉脱，柱脚锚栓剪断和拉断，以及锚栓锚固过短所致的拔出破坏。亦有少量厂房的屋盖支撑杆件失稳变形或联结节点板开裂破坏。

尽管钢结构的抗震性能良好，但在经历历次的地震灾害后，也暴露出不同类型、不同程度的震害。究其原因，还是与钢结构结构概念设计、模型建立计算分析、抗震构造、施工措施、施工质量、材料质量以及后期日常维护等方面有密切关系。

9.7 钢结构的破坏分析

建筑工程中钢结构的事故按破坏形式可分为钢结构失稳、钢结构的脆性断裂、钢结构承载力和刚度失效、钢结构疲劳破坏和钢结构的腐蚀破坏等。它们其中有些是属于突然性的脆性破坏，有些属于可提前发现的延性破坏。

9.7.1 失稳破坏

失稳指结构因微小干扰而失去原有平衡状态，并转移到另一种新的平衡状态。结构的失稳主要发生在轴压、压弯和受弯构件。它可分为两类：丧失局部稳定性和丧失整体稳定性。钢结构一旦发生失稳破坏，破坏速度极快，来不及采取补救措施，后果较严重。

结构的整体失稳破坏：结构整体失稳破坏是结构所承受的外荷载尚未达到按强度计算达到的结构强度破坏荷载时，结构已不能承载并产生较大的变形，整个结构偏离原来的平衡位置而碾坏。钢构件的整体失稳因截面形式的不同和受力状态的不同可以有各种形式。

结构的局部失稳破坏：结构和构件局部失稳是指结构和构件在保持整体稳定的条件下，结构中的局部构件或构件中的板件在外荷载的作用下而失去稳定，如图 9-35 所示。这些局部构件在结构中可以是受压的柱和受弯的梁，在构件中可以是受压的翼缘板和受压的腹板。当发生局部失稳时，一般整个结构或构件并不会完全丧失承载能力，具有屈曲后强度。

图 9-35 失稳破坏

9.7.2 钢结构的脆性断裂

钢结构脆性破坏发生时，应力通常都远小于钢材的屈服强度，破坏前没有显著变形，吸收能量很小，破坏突然发生，无事故征兆，断口平齐光亮，如图 9－36 所示。脆性断裂破坏时，荷载可能很小，甚至没有外荷载作用，一般突然发生，瞬间破坏，来不及补救，结构破坏的危险性大。

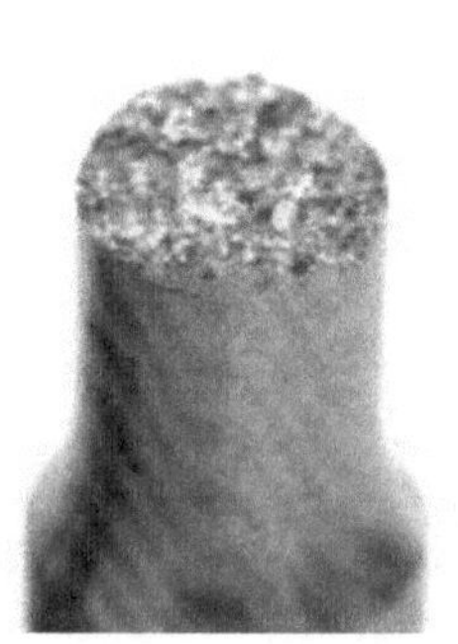

图 9－36　脆性断裂

9.7.3　钢结构承载力和刚度失效

钢结构承载力失效指正常使用状态下结构构件或联结因材料强度被超越而导致破坏。主要原因通常有以下几种：超载或者受荷方式改变，超过结构构件的设计应力强度；联结构件发生破坏（见图 9－37）等。

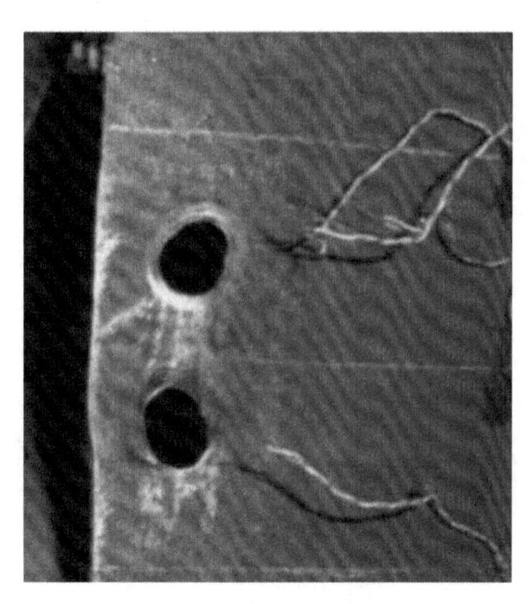

图 9－37　联结构件破坏

9.7.4　钢结构疲劳破坏

钢结构疲劳破坏是指钢材或构件在反复交变荷载作用下在拉力远小于抗拉极限强度甚至

屈服点的情况下发生的一种破坏，主要分为裂缝起始、扩展和断裂的漫长过程，裂纹的扩展是十分缓慢的，而断裂是裂纹扩展到一定尺寸时瞬间完成的。在裂纹扩展部分，断口因经反复荷载频繁作用的磨合，表面光滑，而瞬间断裂的裂口部分比较粗糙并呈颗粒状，具有脆性断裂的特征。

疲劳破坏断口一般有疲劳区和瞬断区，疲劳区记录了裂缝扩展和闭合的过程，瞬断区反映了脆性断裂的特点，如图 9-38 所示。

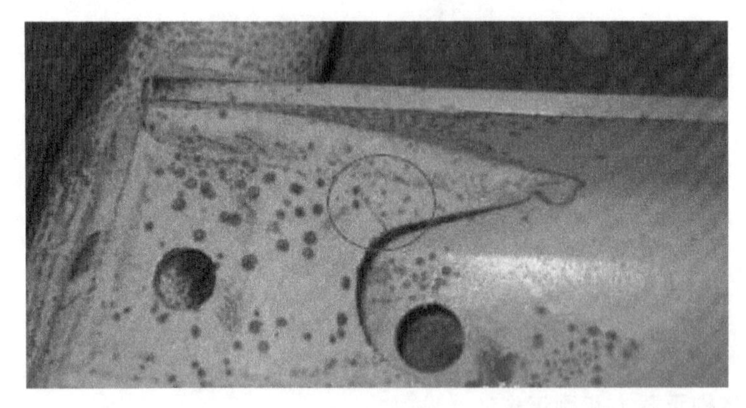

图 9-38 疲劳破坏

9.7.5 钢结构的腐蚀破坏

生锈腐蚀将会引起构件截面减小，承载力下降，因腐蚀产生的锈坑将使钢结构的脆性破坏的可能性增大，如图 9-39 所示。

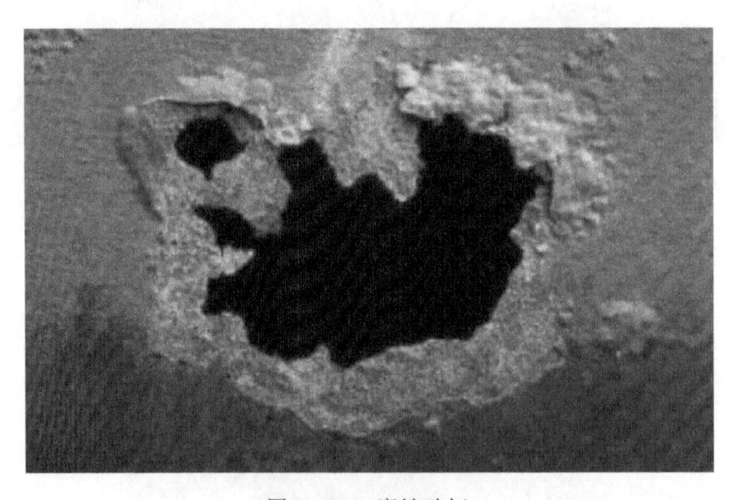

图 9-39 腐蚀破坏

在各种钢结构发生破坏的种类中，钢结构失稳破坏是最常见的一种。例如，泉州某处一酒店发生整体垮塌，如图 9-40 所示。垮塌原因是建筑物由原四层违法增加夹层改建成七层，达到极限承载能力并处于坍塌临界状态，加之事发前对底层支承钢柱违规加固焊接作业引发钢柱失稳破坏，导致建筑物整体坍塌，如图 9-41 所示。

图 9-40 某建筑物倒塌事故

图 9-41 钢结构倒塌

事故原因简而言之是超载导致钢结构柱的稳定承载力出现了问题，造成房屋的整体垮塌。通常钢结构建筑不同于混凝土结构建筑，当钢结构柱子发生失稳破坏时，通常的表现出“破坏迅速”“反应强烈”的特点，钢结构房屋最容易发生的一种破坏形式——“失稳破坏”，特别是竖向构件的失稳。

思 考 题

1. 钢结构有什么优点和缺点？
2. 钢结构的抗腐蚀性与什么因素有关？
3. 常用的建筑钢材有哪些牌号和型号？
4. 钢材有哪几项主要力学指标？各项指标可用来衡量钢材哪些方面性能？
5. 为什么会出现整体失稳现象？如何考虑整体失稳？
6. 为什么会出现局部失稳现象？如何考虑局部失稳？
7. 钢结构联结的主要方式有哪些？各自优缺点是什么？
8. 钢结构主要的破坏特点是什么？
9. 钢结构构件的受力特点是什么？
10. 钢结构的工程应用情况怎么样？

第10章　砌体结构

砖石结构在人类历史发展中占据了非常重要的地位，尤其是砖发明以来。砖的历史发展可追溯到人类文明的发展历程，砖是人类历史发展进程中最先使用的砌筑材料，早在公元前5000年左右两河流域南部地区的欧贝德文化时期就开始被少量使用，至苏美尔、阿卡德时期已被大量普及使用。

砖在我国最早的出现时间是先周时期，早在陕西省岐山县周公庙附近的凤凰山南麓贵族大墓群遗址被大量出土了条砖、空心砖为主要的建筑材料。这个重大的考古发现，侧面证实了我国使用砖材料的历史起点在人类文明史上是非常具有代表意义的。同时大量的历史资料表明，我国的春秋战国时期砖的发展开始多元化，出现了多种类型的砖，除了之前提及的条砖和空心砖外，还有方砖和楔形砌体筑砖拱。秦汉时期，砖的生产工艺与应用逐渐成熟，并形成了一个独立的手工制造业，砖材料自身耐久的特性得到当时人们的极力推崇与广泛使用。唐宋时期，由于技术工艺的进步，砖在生产工艺上得到进一步的发展。北宋的土木建筑家李诫编写的我国第一部详细论述当时大部分建筑工程做法的《营造法式》中，在砖的发展史上第一次指出需要对砖的生产工艺进行规范统一。

10.1　砌体结构的特点

10.1.1　砌体结构的特点

砌体结构是由砖、石、各种砌块等块材通过砂浆黏结而成的结构。组成砌体的块材和砂浆的种类不同，砌体的性能也有所差异，应用时应根据砌体的使用环境、受力要求、建筑功能及施工方法合理选用砌体材料。

砌体结构是砖砌体、砌块砌体、石砌体建造的结构的统称，这些砌体是分别将黏土砖、各种砌块或石材等块体用砂浆砌筑而成的。由于过去大量应用的是砖砌体和石砌体，所以习惯上称为砖石结构。

众所周知，砖、石是地方材料，用其建造房屋符合“因地制宜、就地取材”的原则。和钢筋混凝土结构相比，可以节约水泥和钢材，降低造价。砖石材料具有良好的耐火性、较好的化学稳定性和大气稳定性。在施工方面，砖石砌体砌筑时不需要特殊的技术设备。此外，砖石砌体特别是砖砌体，具有较好的隔热、隔声性能。砌体结构的另一个特点是其抗压强度远大于抗拉、抗剪强度，即使砌体强度不是很高，也能具有较高的结构承载力，特别适合以受压为主的构件。由于上述这些特点，砌体结构得到了广泛的应用，不但大量应用于一般工业与民用建筑，而且在高塔、烟囱、料仓、挡墙等构筑物以及桥梁、涵洞、墩台等也有广泛的应用。闻名世界的中国万里长城和埃及金字塔就是古代砌体结构的光辉典范。

砌体结构与其他材料结构相比也有许多缺点：砌体的强度较低，因而必须采用较大截面的墙、柱构件；体积大、自重大、材料用量多、运输量也随之增加；砂浆和块材之间的黏结力较弱，因此砌体的抗拉、抗弯和抗剪强度较低；抗震性能差，使砌体结构的应用受到限制；砌体基本上采用手工方式砌筑，劳动量大，生产效率较低。此外，在我国大量采用的黏土砖与农田争地的矛盾十分突出，现在大部分地方已经禁用黏土砖了。

10.1.2　砌体结构的应用

目前，砌体结构作为承重构件，主要应用于五层以内的办公楼、教学楼、实验楼，七层以内的住宅、旅馆等民用房屋以及中小型工业厂房和烟囱、水塔、小型水池、重力式挡土墙等特种结构中。

砖混结构是最常见的一种砌体结构，砖混结构是指建筑物中竖向承重结构的墙采用砖或者砌块砌筑，构造柱以及横向承重的梁、楼板、屋面板等采用钢筋混凝土结构。也就是说砖混结构是以小部分钢筋混凝土及大部分砖墙承重的结构。

砖混结构是混合结构的一种，采用砖墙来承重，钢筋混凝土梁柱板等构件构成的混合结构体系。砖混结构适合开间进深较小，房间面积小，多层或低层的建筑，对于砖混结构承重墙体不能改动，而框架结构则对墙体大部可以改动。总体来说砖混结构使用寿命和抗震等级要低些。如今砖混结构建筑已经改为框架结构、钢筋混凝土结构。

砖混结构建筑的墙体布置方式如下：

(1)横墙承重。用平行于山墙的横墙来支承楼层。常用于平面布局有规律的住宅、宿舍、旅馆、办公楼等小开间的建筑。横墙兼作隔墙和承重墙之用，间距为3～4 m。

(2)纵墙承重。用檐墙和平行于檐墙的纵墙支承楼层，开间可以灵活布置，但建筑物刚度较差，立面不能开设大面积门窗。

(3)纵横墙混合承重。部分用横墙、部分用纵墙支承楼层。多用于平面复杂、内部空间划分多样化的建筑。

(4)砖墙和内框架混合承重。内部以梁柱代替墙承重，外围护墙兼起承重作用。这种布置方式可获得较大的内部空间，平面布局灵活，但建筑物的刚度不够。常用于空间较大的大厅。

(5)底层为钢筋混凝土框架，上部为砖墙承重结构。常用于沿街底层为商店，或底层为公共活动的大空间，上面为住宅、办公用房或宿舍等建筑。

框架结构住宅的承重结构是梁、板、柱，而砖混结构的住宅承重结构是楼板和墙体。在牢固性上，理论上说框架结构能够达到的牢固性要大于砖混结构，所以砖混结构在做建筑设计时，楼高不能超过6层，而框架结构可以做到几十层。但在实际建设过程中，国家规定了建筑物要达到的抗震等级，无论是砖混还是框架，都要达到这个等级，而开发商即使用框架结构盖房子，也不会为了提高建筑坚固程度而增加投资，只要满足抗震等级就可以了。在隔音效果上来说，砖混住宅的隔音效果是中等的，框架结构的隔音效果取决于隔断材料的选择，一些高级的隔断材料的隔音效果要比砖混好，而普通的隔断材料，如水泥空心板之类的，隔音效果很差。

如果要进行室内空间的改造，框架结构因为多数墙体不承重，所以改造起来比较简单，敲掉墙体就可以了，而砖混结构中很多墙体是承重结构，不允许拆除的，只能在少数非承重墙体上做文章。区别承重墙和非承重墙的一个简单方法是看原始结构图,通常墙体厚度在240 mm的墙体是承重的,120 mm或者更薄的墙体是非承重的,但有时为了和梁或者承重墙齐平,非承重墙也会做到240 mm的厚度。

10.2 砌体结构的材料性能

10.2.1 砌体的材料及种类

1. *砌体材料*

块体材料是砌体的主要组成部分,通常占砌体总体积的78%以上。目前我国砌体结构中常用的块体材料有以下几类。

(1)烧结黏土砖。烧结黏土砖可分为普通黏土砖和黏土空心砖。普通黏土砖是指用塑压黏土制坯,干燥后送入焙烧窑经过高温烧结而成的实心黏土砖。这种砖在我国应用普遍且历史悠久。我国目前生产的标准普通黏土砖的尺寸为240 mm×115 mm×53 mm,重力密度为18～19 kN/m^3。普通黏土砖是一种耐久性很好的材料,适用于各类地上和地下砌体结构。但是,普通黏土砖自重大,制砖所需黏土量大,消耗燃料多。自20世纪60年代以来,我国研制和生产了多种形式的黏土空心砖,在不少砌体结构中全部或部分取代了普通黏土砖。在黏土砖中竖向或水平向设有许多孔,且孔洞率大于15%的砖,称为黏土空心砖,简称空心砖或多孔砖。按照用途不同,黏土空心砖又分为承重黏土空心砖和非承重黏土空心砖。烧结普通砖的强度等级按抗压强度划分为MU30、MU25、MU20、MU15和MU10五级。

试验证明,当加荷方向平行于空心砖孔洞时,空心砖的极限强度较高。当垂直于孔洞方向加荷时,极限强度有明显降低,所以承重空心砖采用竖向孔洞较为合理。新的建材国家标准《烧结多孔砖和多孔砌块》(GB/T 13544—2011)称为烧结多孔砖。烧结多孔砖的强度等级按抗压强度划分为MU30、MU25、MU20、MU15、MU10五级。由于多孔砖的抗压强度是按毛面积计算的,故设计时不必考虑孔洞的影响。

(2)混凝土砌块。混凝土砌块是指采用普通混凝土或利用浮石、火山渣、陶粒等为骨料的轻集料混凝土制成的实心或空心砌块。混凝土砌块规格多样,一般将高度在180～350 mm的砌块称为小型砌块,高度在360～900 mm的砌块称为中型砌块,高度大于900 mm的砌块称为大型砌块。小型砌块尺寸较小、自重较轻、型号多、使用灵活、便于手工操作,目前在我国广泛应用。

中型、大型砌块尺寸较大、自重较重、适用于机械起吊和安装,可提高施工速度、减轻劳动强度,但其型号不多,使用不够灵活,在我国很少采用。

混凝土砌块的强度等级按毛截面的抗压强度划分为MU20、MU15、MU10、MU7.5、MU5五级。

(3)石材。石材一般采用重质天然石,如花岗岩、砂岩、石灰岩等。天然石材具有抗压强度高、抗冻性能和耐久性好等优点。在石材资源丰富的地区,可用石材砌筑承重墙体、基础、挡土墙等。石材导石材按其加工的外形规则程度分为料石和毛石两类。

料石按照其加工的外形规则精度不同又可分细料石、半细料石、粗料石和毛料石。细料石通过细加工,外形规则,叠砌面凹入深度不大于10 mm,截面宽度、高度不小于200 mm,且不小于长度的1/4，半细料石的规格尺寸同细料石，叠砌面凹入深度不大于15 mm，粗料石的规格尺寸同细料石，叠砌面凹入深度不大于20 mm，毛料石外形大致方正，一般不加工或稍加工修整，高度不小于200 mm，叠砌面凹入深度不大于25 mm的石材。

毛石是指形状不规则，中部厚度不小于200 mm的块石。按70 mm的立方体试块的抗压强度来划分石材的强度等级，分为MU100、U80、MU60、MU50、MU40、MU30和MU20七级。

2. *砂浆*

砂浆是由胶结材料、细骨料、掺合料加水拌合而成的黏结材料。砂浆在砌体中把块材黏结成整体，并在块材之间起均匀传递压力的作用。用砂浆填满块材之间的缝隙，减少砌体的透气性，提高砌体的隔热性和抗冻性。

砂浆应具有足够的强度和耐久性，并具有一定的保水性和流动性。保水性和流动性好的砂浆，在砌筑过程中容易铺摊均匀，水分不易被块材吸收，使胶凝材料正常硬化，砂浆与砖的黏结性能好。

砂浆的强度等级是根据边长为70.7 mm的立方体标准试块，以标准养护28天龄期的抗压强度平均值划分的，分为MU15、MU10、MU7.5、MU5和MU2.5五个强度等级。

砂浆按其组成成分分为纯水泥砂浆、混合砂浆、非水泥砂浆和专用砂浆四类。

纯水泥砂浆由水泥、砂和水拌合而成，具有较高的强度和耐久性，但水泥砂浆的保水性、流动性差，水泥用量大。纯水泥砂浆适用于对砂浆强度要求较高的砌体和潮湿环境中的砌体。计算砌体承载力时应考虑水泥砂浆保水性、流动性对砌体强度的影响。

混合砂浆是在水泥砂浆中加入适量塑性掺合材料拌制而成，如水泥石灰砂浆。这种砂浆掺加了石灰后，大大改善了砂浆的保水性、流动性，因而砌体质量较好。与同等条件的水泥砂浆相比，混合砂浆砌筑的砌体强度可提高10%～15%，因而广泛应用于一般墙、柱砌体，但不宜用于潮湿环境中的砌体。

非水泥砂浆即不用水泥作胶结材料的砂浆，如石灰砂浆、黏土砂浆等，这类砂浆强度低、耐久性差，只适用于干燥环境下受力较小的砌体，以及临时性房屋的墙体。

专用砂浆是由水泥、砂、水以及按一定比例掺入的掺合材料经搅拌而成。与一般砂浆相比，砌块专用砂浆的和易性好，黏结性能好，用于砌筑混凝土砌块可减少墙体的开裂和渗漏。砌块专用砂浆的强度等级分为Mb30、Mb25、Mb20、Mb15、Mb10、Mb7.5和Mb5.0七个等级。

3. *砌体种类*

砌体按其配筋与否可分为无筋砌体和配筋砌体两大类。仅由块材和砂浆组成的砌体称为无筋砌体，无筋砌体包括砖砌体、砌块砌体和石砌体。无筋砌体应用范围广泛，但抗震性能较差；配筋砌体是在砌体中设置了钢筋或钢筋混凝土材料的砌体。配筋砌体的抗压、抗剪和抗弯承载力远大于无筋砌体，并有良好的抗震性能。

(1)无筋砌体。

1)砖砌体。按照采用砖的类型不同，砖砌体可分为普通黏土砖砌体、黏土空心砖砌体以及各种硅酸盐砖砌体。按照砌筑形式不同，砖砌体又可分为实心砌体和空心砌体。工程中大量采用实心砌体，例如建筑物的墙、柱、基础，挡土墙、小型水池池壁、涵洞等。

实心砌体通常采用一顺一丁、三顺一丁和梅花丁的砌筑方式(见图 10－1)。普通黏土砖和非烧结硅酸盐砖砌体的墙厚可为 120 mm(半砖)、240 mm(1 砖)、370 mm(3/2 砖)、490 mm(2 砖),620 mm(5/2 砖)、740 mm(3 砖)等。如果墙厚不按半砖而按 1/4 砖进位,则需加一块侧砖而使厚度为 180 mm、300 mm、430 mm 等。目前国内常用的几种规格空心砖可砌成 90 mm、180 mm、190 mm、240 mm、290 mm、370 mm 和 390 mm 等厚度的墙体。

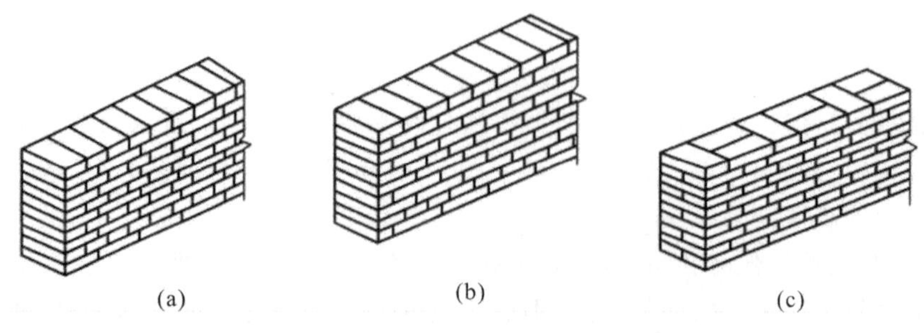

图 10－1　砖砌体组合形式

(a)一顺一丁；(b)三顺一丁；(c)梅花丁

有时,为了提高砌体的隔热和保温性能,将墙体做成由外叶墙、内叶墙和中间连续空腔组成的空心砌体,在空心部位填充隔热保温材料,墙内叶和外叶之间用防锈金属拉结件联结,这种墙体称为“夹心墙”,如图 10－2 所示。

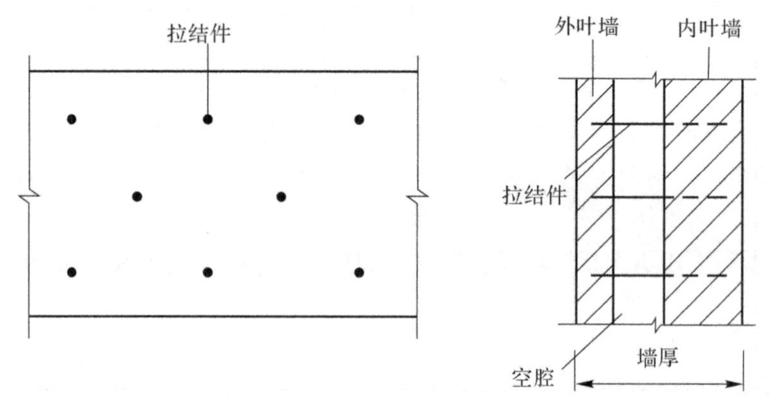

图 10－2　夹心墙结构

2)砌块砌体。由于砌块孔洞率大,墙体自重较轻,常被用于住宅、办公楼、学校等建筑物的承重墙和框架等骨架结构房屋的围护墙及隔墙。目前常用的有普通和轻集料型混凝土空心砌块,又可分为无筋和配筋砌块结构。有时,由于工程需要也可做成夹心墙。

3)石砌体。石砌体一般分为料石砌体、毛石砌体和毛石混凝土砌体(见图 10－3)。料石砌体除用于山区建造房屋外,有时也用于砌筑拱桥、石坝等。毛石和毛石混凝土砌体一般用于砌筑房屋的基础或挡土墙。毛石混凝土砌体是在模板内浇筑混凝土,并在混凝土内投放不规则的毛石而形成的,它一般用于地下结构和基础。

(2)配筋砌体。为提高砌体的承载力和减小构件的截面尺寸,可在砌体内配置适量的钢筋形成配筋砌体。常用的配筋砌体有网状配筋砌体、组合砖砌体和配筋砌块砌体。

网状配筋砌体是在砖砌体中每隔 3～5 层砖,在水平灰缝中放置钢筋网片而形成的。在砌筑过程，应使钢筋网片上下均有不少于2 mm的砂浆覆盖(见图10-4)。主要用于轴心受压或偏心距较小的偏心受压砌体中。

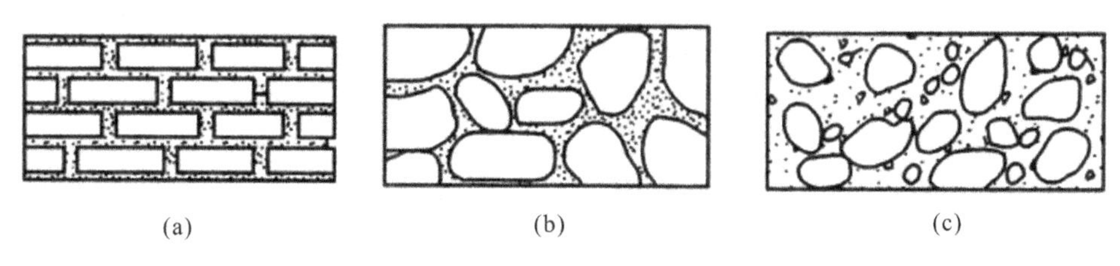

图10-3 石砌体的类型

(a)料石砌体；(b)毛石砌体；(c)毛石混凝土砌体

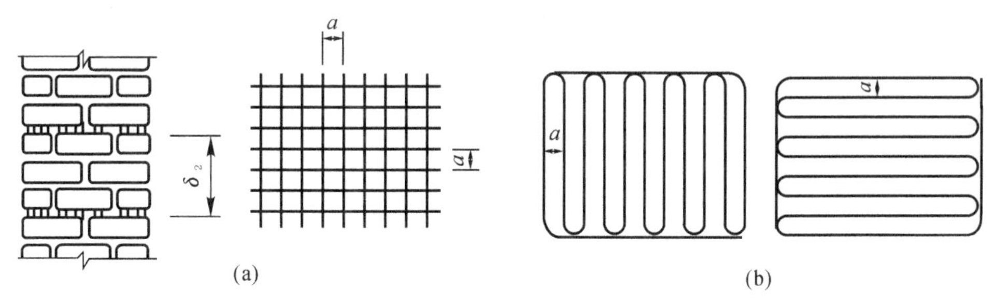

图10-4 网状配筋砌体

(a)用方格网配筋的砖柱；(b)连弯钢筋网

组合砖砌体有外包式和内嵌式两种组合砖砌体。外包式组合砖砌体是在砌体外侧预留的竖向凹槽内配置纵向钢筋，再浇筑混凝土面层或配筋砂浆面层构成[见图10-5(a)]。内嵌式组合砖砌体是在砖砌体中每隔一定距离设置钢筋混凝土的构造柱，并在各层楼盖处设置钢筋混凝土圈梁，使砖砌体墙与钢筋混凝土构造柱及圈梁组成一个复合构件共同受力[见图10-5(b)]。

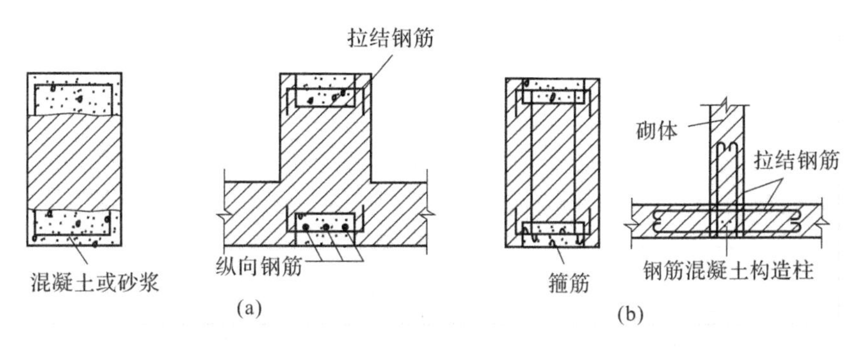

图10-5 组合砖砌体

(a)外嵌式组合砖砌体；(b)内嵌式组合砖砌体

配筋砌块砌体是在混凝土空心砌块体的孔洞内配置纵向钢筋，并用混凝土灌芯，在砌块水平灰缝中配置横向钢筋而形成的组合构件。配筋混凝土空心砌块墙体除了能显著提高墙体受压的承载力外，还能抵抗由地震作用和风荷载引起的水平力，其作用类似于钢筋混凝土剪力墙。在国外，配筋砌块砌体已用于建造20层左右的高层建筑。

组合砌体分为组合砖砌体和构造柱组合墙，分别如图 10－5 和图 10－6 所示。

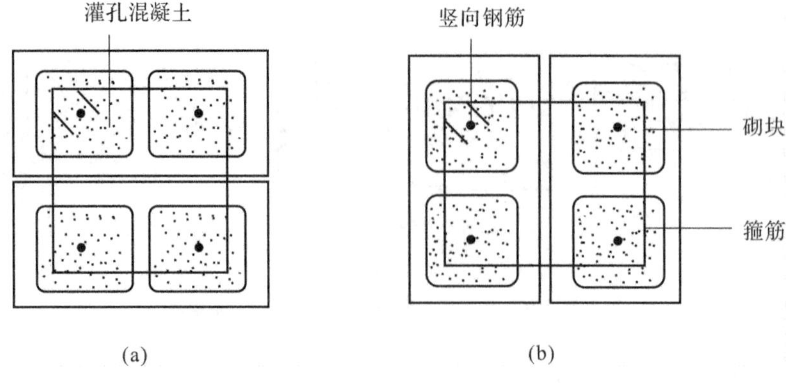

图 10－6　配筋混凝土砌块砌体柱截面

(a)下皮；(b)上皮

10.2.2　砌体的受压性能

1. 砖砌体受压的三个阶段

试验研究表明，砌体轴心受压从加载到破坏大致经历三个阶段。

第一阶段：从砌体受压开始，普通砖砌体当压力增大至 50％～70％的破坏荷载时，多孔砖砌体当压力增大至 70％～80％的破坏荷载时，砌体内某些单块砖在拉、弯、剪复合作用下出现第一批裂缝。在此阶段裂缝细小，未能穿过砂浆层，如果不再增加压力，单块砖内的裂缝也不继续发展，如图 10－7(a)所示。

第二阶段：随着荷载的增加，当压力增大至 80％～90％的破坏荷载时，单块砖内的裂缝将不断发展并沿着竖向灰缝通过若干皮砖，在砌体内逐渐联结成一段段较连续的裂缝。若此时荷载不再增加，裂缝仍会继续发展，砌体已临近破坏，在工程实践中应视为构件处于危险状态，如图 10－7(b)所示。

第三阶段：随着荷载的继续增加，砌体中的裂缝迅速延伸、宽度增大，并连成通缝，连续的竖向贯通裂缝把砌体分割成 1/2 砖左右的小柱体(个别砖可能压碎)而失稳破坏，如图 10－7(c)所示。砌体破坏时的压力除以体截面面积所得的应力值称为砌体的极限抗压强度。

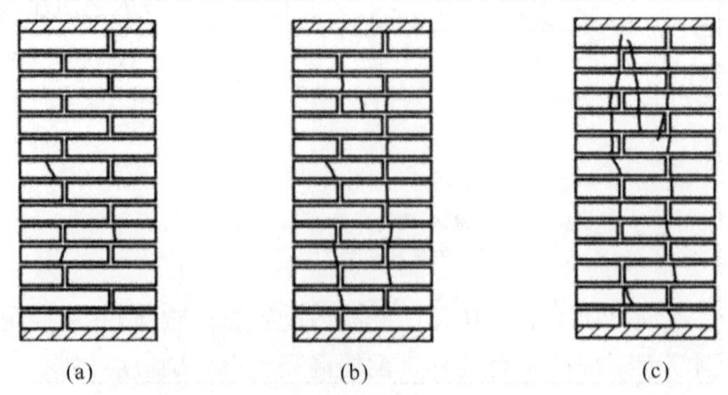

图 10－7　砖砌体受压的三个阶段

(a)开裂阶段；(b)连续裂缝发展阶段；(c)破坏阶段

2. 砖砌体受压应力状态的分析

(1)砌体中的非均匀受压。由于砌体的砖面不平整,水平灰缝不均匀,导致砖在砌体中处于受弯、受剪、局部受压的复杂应力状态,如图10-8所示。虽然砖有较高的抗压强度,但其抗弯、抗剪强度均很低,在非均匀受压的状态下,导致砖体因抗弯、抗剪强度不足而出现裂缝。

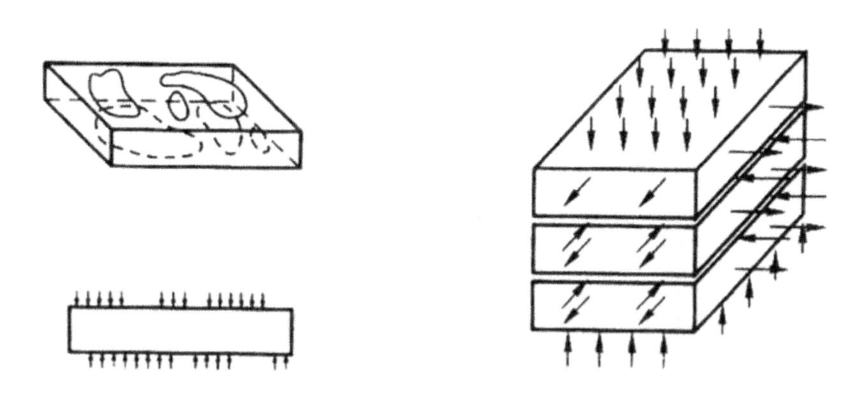

图10-8　砖在砌体中的复杂受力状态

(2)砖和砂浆的横向变形。砌体轴向受压时,产生横向变形,在受压状态下,砖和砂浆均产生横向变形,砖的强度、弹性模量和横向变形系数与砂浆不同,两者横向变形的大小不同(砖的横向变形较中等强度等级以下的砂浆小)。受压后砖的横向变形小,砂浆的横向变形大,而砖和砂浆之间存在着黏结力和摩擦力,砖对砂浆的横向变形起阻碍作用,在纵向受压的同时,砌体中的砖横向受拉,砂浆则横向受压。单块砖在砌体中处于压、弯、剪及拉的复合应力状态,其抗压强度降低;相反砂浆的横向变形由于砖的约束而减小,因而砂浆处于三向受压状态,抗压强度提高。砖与砂浆的这种交互作用,使得砌体的抗压强度比相应砖的强度要低得多,而对于用较低强度等级砂浆砌筑的砌体抗压强度有时较砂浆本身的强度高很多,甚至刚砌筑好的砌体(砂浆强度为零)也能承受一定荷载。砖和砂浆的交互作用在砖内产生了附加拉应力,从而加快了砖内裂缝的出现,因此在用较低强度等级砂浆砌筑的砌体内,砖内裂缝出现较早。

(3)竖向灰缝的应力集中。砌体的竖向灰缝很难用砂浆填满,同时竖向灰缝内的砂浆和砖的黏结力也不能保证砌体的整体性,影响了砌体的连续性和整体性,在有竖缝砂浆处,砖存在着应力集中现象,从而加快砖的开裂,导致砌体抗压强度降低。

(4)弹性地基梁作用。单块砖受弯、受剪的应力值不仅与灰缝的厚度和密实性不均匀有关,还与砂浆的弹性性质有关。每块砖可视为作用在弹性地基上的梁,其下面的砌体即可视为“弹性地基”。砖上面承受由上部砌体传来的力。这块砖下面引起的反压力又反过来形成自下而上的荷载,使它又成为倒置的弹性地基梁,上面的砌体则又成为它的弹性地基。这一“地基”的弹性模量越小,砖的变形越大,在砖内产生的弯剪应力也越高。

3. 影响砌体抗压强度的因素

通过对砖砌体轴心受压时的受力分析及试验结果表明,影响砌体抗压强度的主要因素有以下几方面。

(1)块体与砂浆的强度等级。块体与砂浆的强度等级是确定砌体强度最主要的因素。单个块体的抗弯、抗拉强度在某种程度上决定了砌体的抗压强度。一般来说，强度等级高的块体的抗弯、抗拉强度也较高，因而相应砌体的抗压强度也高，但并不与块体强度等级的提高成正比。砂浆的强度等级越高，砂浆的横向变形越小，砌体的抗压强度也有所提高。应该注意的是，在砖的强度等级一定时，过多提高砂浆强度等级，砌体抗压强度的提高并不很显著。在可能的条件下，应尽量采用强度等级高的砖。

(2)块体的尺寸与形状。块体的尺寸，尤其是其高度对砌体抗压强度的影响较大。块体的几何形状及表面的平整程度对砌体的抗压强度也有一定的影响。较高块体，其抗弯、抗剪及抗拉能力较大。块体较长时，块体在砌体中引起的弯、剪应力也较大。因此，砌体强度随块体高度的增大而加大，随块体长度的增大而降低，而块体的形状越规则，表面越平整，则块体的受弯、受剪作用越小，可推迟单块块材内竖向裂缝的出现，因而提高砌体的抗压强度。

(3)砂浆的流动性、保水性及弹性模量的影响。砂浆的流动性大与保水性好时，容易铺成厚度和密实性较均匀的灰缝，因而可减少单块砖内的弯剪应力而提高砌体强度。纯水泥砂浆的流动性较差，所以同一强度等级的混合砂浆砌筑的砌体强度要比相应纯水泥砂浆砌体高。砂浆弹性模量的大小对砌体强度亦具有决定性的作用，当砖强度不变时，砂浆的弹性模量决定其变形率，而砖与砂浆的相对变形大小影响单块砖的弯剪应力及横向变形的大小，因此砂浆的弹性模量越大，相应砌体的抗压强度越高。

(4)砌筑质量与灰缝的厚度。砂浆铺砌饱满、均匀可改善块体在砌体中的受力性能，使之较均匀地受压而提高砌体抗压强度，反之则降低砌体强度。因此，《砌体结构工程施工质量验收规范》(GB50203—2011)规定，砌体水平灰缝的砂浆饱满程度不得低于80%，砖杆和宽度小于1 m的窗间墙竖向灰缝的砂浆饱满程度不得低于60%砂浆厚度对体抗压强度也有影响。灰缝厚，容易铺砌均匀，对改善单块砖的受力性能有利，但砂浆横向变形的不利影响也相应增大。实践证明，灰缝厚度以10～12 mm为宜。

在保证质量的前提下，快速砌筑能使砌体在砂浆硬化前即受压，可增加水平灰缝的密实性而提高砌体的抗压强度。此外，块体的搭缝方式、砂浆和砖的黏结性以及竖向灰缝的饱满程度等对砌体的抗压强度也有一定影响。

4. *砌体强度设计值的调整系数*

表10-1～表10-6给出的砌体强度设计值是进行砌体结构计算的依据。当实际情况较特殊时，应对表中的砌体强度设计值予以调整。《砌体结构设计规范》(GB50003—2011)的规定，对于表10-7所列的各种使用情况，砌体强度设计值还应乘以调整系数γ_a连乘后，再对砌体强度设计值进行调整。

表10-1　烧结普通砖和烧结多孔砖砌体的抗压强度设计值　　单位:MPa

砖强度等级	砂浆强度等级			砂浆强度		
	M15	M10	M7.5	M5	M2.5	0
MU30	3.94	3.27	2.93	2.59	2.26	1.15
MU25	3.60	2.98	2.68	2.37	2.06	1.05
MU20	3.22	2.67	2.39	2.21	1.84	0.94
MU15	2.97	2.31	2.07	1.83	1.60	0.82

续表

砖强度等级	砂浆强度等级					砂浆强度
	M15	M10	M7.5	M5	M2.5	0
MU10	—	1.89	1.69	1.50	1.30	0.67

表 10－2　蒸压灰砂砖和粉煤灰砖砌体的抗压强度设计值　单位:MPa

砂强度等级	砂浆强度等级				砂浆强度
	M15	M10	M7.5	M5	0
MU25	3.60	2.98	2.68	2.37	1.05
MU20	3.22	2.67	2.39	2.12	0.94
MU15	2.79	2.31	2.07	1.83	0.82
MU10	—	1.89	1.69	1.50	0.67

表 10－3　单排混凝土和轻骨料混凝土砌块砌体的抗压强度设计值　单位:MPa

砌块强度等级	砂浆强度等级				砂浆强度
	Mb15	Mb10	Mb7.5	Mb5	0
MU20	5.68	4.95	4.44	3.94	2.33
MU15	4.61	4.02	3.61	3.20	1.89
MU10	—	2.79	2.50	2.22	1.31
MU7.5	—	—	1.93	1.71	1.01
MU5	—	—	—	1.19	0.70

注:1.对错孔砌筑的砌体,应按表中数值乘以0.8;

2.对独立柱或厚度为双排组砌的砌块砌体,应按表中数值乘以0.7;

3.对T形截面砌体,应按表中数值乘以0.85;

4.表中轻骨料混凝土砌块为煤矸石和水泥煤渣混凝土砌块。

表 10－4　轻骨料混凝土砌块砌体的抗压强度设计值　单位:MPa

砌块强度等级	砂浆强度等级			砂浆强度
	Mb10	Mb7.5	Mb5	0
MU10	3.08	2.76	2.45	1.44
MU7.5	—	2.13	1.88	1.12
MU5	—	—	1.31	0.78

注:1.表中砌块为火山渣,浮石和陶料轻骨料混凝土砌块;

2.对厚度方向为双排组砌的轻骨料混凝土砌块砌体的抗压强度设计值,应按表中数值乘以0.8。

表 10－5　毛料石砌体的抗压强度设计值　　单位：MPa

毛料石强度等级	砂浆强度等级			砂浆强度
	M7.5	M5	M2.5	0
MU100	5.42	4.80	4.18	2.13
MU80	4.85	4.29	3.73	1.91
MU60	4.20	3.71	3.23	1.65
MU50	3.83	3.39	2.95	1.51
MU40	3.43	3.04	2.64	1.35
MU30	2.97	2.63	2.29	1.17
MU20	2.42	2.15	1.87	0.95

注：对下列各类料石砌体，应按表中数值分别乘以系数：细料石砌体 1.5；半细料石砌体 1.3；粗料石砌体 1.2；干砌勾缝石砌体 0.8。

表 10－6　毛石砌体的抗压强度设计值　　单位：MPa

毛石强度等级	砂浆强度等级			砂浆强度
	M7.5	M5	M2.5	0
MU100	1.27	1.12	0.98	0.34
MU80	1.13	1.00	0.87	0.30
MU60	0.98	0.87	0.76	0.26
MU50	0.90	0.80	0.69	0.23
MU40	0.80	0.71	0.62	0.21
MU30	0.69	0.61	0.53	0.18
MU20	0.56	0.51	0.44	0.15

表 10－7　砌体强度设计值的调整系数

使用情况		γ_a
有吊车房屋砌体、跨度＞9 m 的梁下烧结普通砖砌体、跨度＞7.5 m 的梁下烧结多孔砖、蒸压灰砂砖、蒸压粉煤灰砖砌体、混凝土和轻骨料混凝土砌块砌体		0.9
构件截面面积 A＜0.3 m² 的无筋砌体		0.7＋A
构件截面面积 A＜0.2 m² 的配筋砌体		0.8＋A
采用水泥砂浆砌筑的砌体（若为配筋砌体，仅对其强度设计值调整）	对表 10－1～表 10－6 中的数值	0.9
	对表 10－9 中的数值	0.8
施工质量控制等级为 C 级时（配筋砌体不允许采用 C 级）		0.89
验算施工中房屋的构件时		1.1

10.2.3　砌体抗压强度计算公式

近年来，我国对各类砌体抗压强度的试验研究表明，各类砌体轴心抗压强度平均值主要取决于块体的抗压强度平均值，其次为砂浆的抗压平均值，《砌体结构设计规范》(GB50003—2011)在原规范(GBJ3—1988)的基础上进行了适当的调整、补充，以统一公式表达为

$$f_m = k_1 f_1^{\alpha}(1 + 0.07 f_2) k_2 \tag{10-1}$$

式中　f_m——砌体轴心抗压强度平均值，MPa；

f_1，f_2——块体、砂浆的抗压强度平均值，MPa；

α——与块体类别及砌体类别有关的参数，见表10-8；

k_2——砂浆强度影响的修正参数，见表10-8。

表10-8　砌体轴心抗压强度平均值计算参数

序号	砌体类别	计算参数		
		k_1	α	k_2
1	烧结普通砖、烧结多孔砖、蒸压灰砂砖、蒸压粉煤灰砖砌体	0.78	0.5	当 $f_2<1$ 时，$k_2=0.6+0.4f_2$
2	混凝土砌块砌体	0.46	0.9	当 $f_2=0$ 时，$k_2=0.8$
3	毛料石砌体	0.79	0.5	当 $f_2<1$ 时，$k_2=0.6+0.4f_2$
4	毛石砌体	0.22	0.5	当 $f_2<2.5$ 时，$k_2=0.6+0.24f_2$

注：1. k_2 在表列条件以外时均等于1.0；

2. 混凝土砌块砌体的轴心抗压强度平均值，当 $f_2>10$ MPa时，应乘以系数$(1.1\sim0.01)f_2$，MU20的砌体应乘以系数0.95，且满足 $f_1 \geqslant f_2$，$f_1 \leqslant 20$ MPa。

《砌体结构设计规范》中关于砌体抗压强度平均值计算公式(10-1)具有以下特点：

(1)继承了原规范(GBJ3—1988)的特点，采用形式上一致的计算公式，避免了对各类砌体采取不同计算公式的缺点。公式形式简单，不但与国际标准接近，而且式中的各参数的物理概念明确。式中主要变量反映块体与砂浆强度(f_1、f_2)对砌体抗压强度的影响，与块体类别和砌筑方法有关的参数 k_1、与块体高度有关的参数 α 以及考虑砂浆强度较低或较高时砌体抗压强度的修正系数 k_2，因此式(10-1)值与试验结果符合较好。

(2)引入了近年来的新型材料，如蒸压灰砂砖、蒸压粉煤灰砖、轻骨料混凝土砌块及混凝土小型空心砌块灌孔体的计算指标。

(3)为适应砌块建筑的发展，增加了MU20强度等级的混凝土砌块，补充收集了高强混凝土块抗压强度试验数据，发现原规范《砌体结构设计规范》(GBJ3—1988)对于高强砌块砌体的计算结果偏高，并进行了适当的修正使之更符合试验结果。

10.2.4　砌体的抗拉、抗弯和抗剪强度

砌体的抗压强度比抗拉、抗弯、抗剪强度高得多，因此砌体大多用于受压构件。但实际工程中砌体有时还承受轴心拉力、弯矩和剪力的作用。当砌体承受轴心拉力和弯矩的作用时，均有可能产生沿齿缝截面的破坏和沿通缝截面的破坏。

当砌体中块材强度较高，砂浆强度较低时，轴心拉力或弯矩引起的弯曲拉应力使砂浆的黏结力破坏，所以产生了沿齿缝截面的破坏，如图 10－9(a)(b)所示。

轴心受拉构件中，当拉力垂直于水平灰缝时，破坏发生在水平灰缝与块材的界面上，造成了砌体沿通缝的破坏。由于砂浆与块材的黏结强度很低，所以在工程中不允许采用此类受拉构件。砌体受弯出现沿通缝截面积坏的情况多见于悬臂式挡土墙或扶壁式挡土墙的扶壁等悬臂构件，如图 10－9(c)所示。

砌体受剪时可能产生沿砌体通缝的破坏或沿附梯形截面破坏，如图 10－10 所示。根据试验结果，两种破坏情况可取一致的强度值。

各类砌体的轴心抗拉、弯曲抗拉和抗剪强度设计值可按表 10－9 取用。

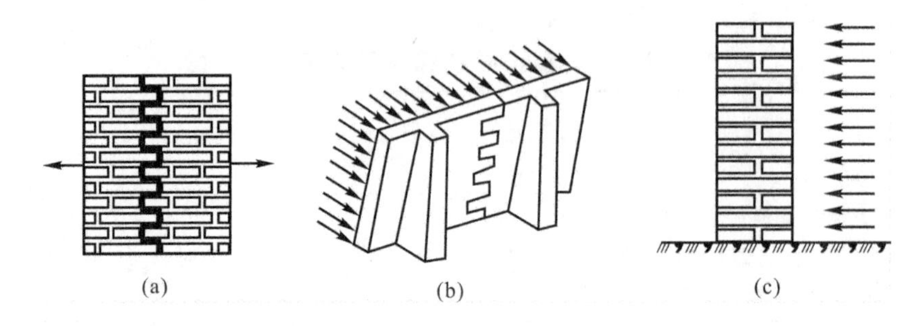

图 10－9　砌体沿齿缝和通缝破坏

(a)轴心受拉沿齿缝截面破坏；(b)弯曲受拉沿齿缝截面破坏；(c)弯曲受拉沿通缝截面破坏

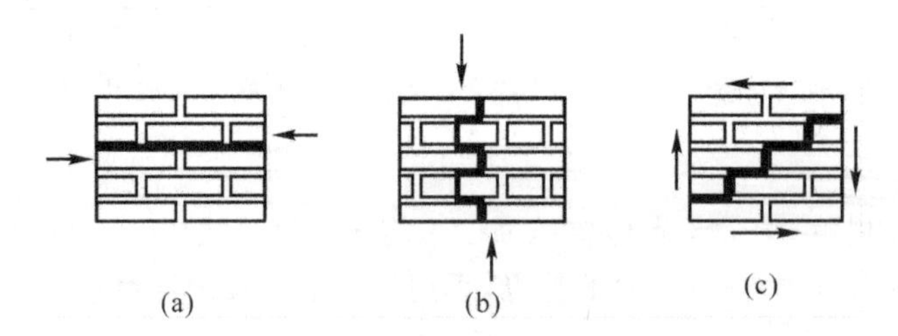

图 10－10　砌体受剪破坏

(a)水平灰缝破坏；(b)齿缝破坏；(c)梯形缝破坏

表 10－9　沿砌体灰缝截面破坏时砌体的轴心抗拉强度设计值、弯曲抗拉强度设计值和抗剪强度设计值　　单位：mm

强度类别	破坏特征砌体种类		砂浆强度等级			
			≥M10	M7.5	M5	M2.5
轴心抗拉	沿齿缝	烧结普通砖、烧结多孔砖	0.19	0.16	0.13	0.09
		蒸压灰砂砖、蒸压粉煤灰砖	0.12	0.10	0.08	0.06
		混凝土砌块	0.09	0.08	0.07	—
		毛石	0.08	0.07	0.06	0.04

续表

强度类别	破坏特征砌体种类		砂浆强度等级			
			≥M10	M7.5	M5	M2.5
弯曲抗拉	沿齿缝	烧结普通砖、烧结多孔砖	0.33	0.29	0.23	0.17
		蒸压灰砂砖、蒸压粉煤灰砖	0.24	0.20	0.16	0.12
		混凝土砌块	0.11	0.09	0.08	—
		毛石	0.13	0.11	0.09	0.07
	沿通缝	烧结普通砖、烧结多孔砖	0.17	0.14	0.11	0.08
		蒸压灰砂砖、蒸压粉煤灰砖	0.12	0.10	0.08	0.06
		混凝土砌块	0.08	0.06	0.05	—
抗剪	烧结普通砖、烧结多孔砖		0.17	0.14	0.11	0.08
	蒸压灰砂砖、蒸压粉煤灰砖		0.12	0.10	0.08	0.06
	混凝土和轻骨料混凝土砌块		0.09	0.08	0.06	—
	毛石		0.21	0.19	0.16	0.11

注：1. 对于用形状规则的块体砌筑的砌体，当搭接长度与块体高度的比值小于1时，其轴心抗拉强度设计值 f_t 和弯曲抗拉强度设计值 f_{tm} 应按表中数值乘以搭接长度与块体高度比值后采用；

2. 对孔洞率不大于35%的双排孔或多排孔轻骨料混凝土砌块砌体的抗剪强度设计值，可按表中混凝土砌体抗剪强度设计值乘以1.1；

3. 对蒸压灰砂砖、蒸压粉煤灰砖砌体，当有可靠的试验数据时，表中强度设计值，允许作适当调整；

4. 对烧结页岩砖、烧结煤矸石砖、烧结粉煤灰砖砌体，当有可靠的试验数据时，表中强度设计值，允许作适当调整。

10.3　墙、柱的承载力分析

10.3.1　受压短柱的承载力分析

图10-11所示的砌体受压短柱，当承受轴向压力 N 时，如果将砌体视为匀质弹性体，按照材料力学公式计算，则截面较大受压边缘的应力 σ 为

$$\sigma=\frac{N}{A}+\frac{Ne}{I}y=\frac{N}{A}\left(1+\frac{ey}{i^2}\right) \tag{10-2}$$

式中　A,I,i——砌体的截面面积、惯性矩和回转半径；

e,y——轴向压力的偏心距及受压边缘到截面形心轴的距离。

在偏心距不是很大，全截面受压或受拉边缘尚未开裂的情况下[见图10-11(b)(c)]，当受压边缘的应力达到砌体的抗压强度 σ 时，该短柱所能承受的压力为

$$N_u=\frac{1}{1+\dfrac{ey}{i^2}}Af_m=\alpha' Af_m \tag{10-3}$$

$$\alpha'=1+\frac{ey}{i^2} \tag{10-4}$$

对于矩形截面，若无为沿轴向力偏心方向的边长，则有

$$\alpha' = \frac{1}{1+\frac{6e}{h}} \tag{10-5}$$

对于偏心距较大，受拉边缘已开裂的情况，如图 10－11(d) 所示，若不考虑砌体受拉，则矩形截面受力的有效高度为

$$h' = 3\left(\frac{h}{2}-e\right) = h\left(1.5-\frac{3e}{h}\right) \tag{10-6}$$

则

$$N_u = \frac{1}{2}bh'f_m = \frac{1}{2}bh\left(1.5-\frac{3e}{h}\right)f_m = \left(0.75-\frac{e}{h}\right)Af_m \tag{10-7}$$

此时

$$\alpha' = 0.75-\frac{e}{h} \tag{10-8}$$

从上述公式可以看出，当为轴心受压时，$e=0$，如图 10－11(a) 所示，$\alpha'=1$；当为偏心受压时，$\alpha'<1$。α' 称为按材料力学公式计算的砌体偏心距影响系数。

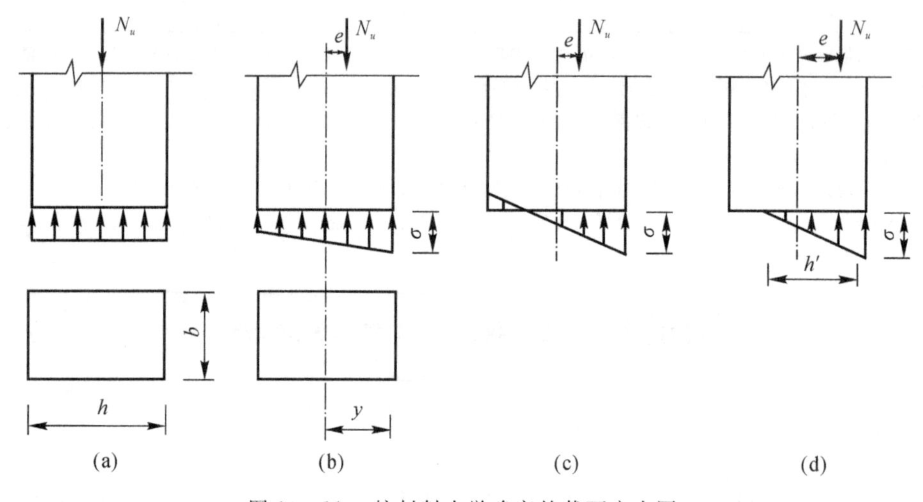

图 10－11　按材料力学确定的截面应力图

(a) 轴心受压，$e=0$；(b) 全截面受压，e 较小；(c) 受拉边缘未开裂，e 较小；(d) 受拉边缘开裂，e 较大

大量的砌体构件受压试验表明，按上述材料力学公式的砌体偏心距影响系数计算，其承载力远低于试验结果(见图 10－12)，这是因为一方面随着荷载偏心距的增大，砌体表现出弹塑性性能，截面中应力曲线分布(见图 10－13)，其丰满程度较直线分布时要大一些；另一方面是当受拉边缘的应力大于砌体沿通缝截面的弯曲抗拉强度时，虽然将产生水平裂缝，但随着裂缝的发展，受压面积逐渐减小，有载对实际受压面积的偏心距也逐渐变小，故裂缝不至于无限制发展而导致构件破坏，而是在剩余截面和减小的偏心距的作用下达到新的平衡，此时压应力虽然增大较多，但构件承载力仍未耗尽而可以继续承受荷载。随着荷载的不断增加，裂缝不断展开，旧平衡不断被破坏而达到新的平衡，砌体所受的压应力也随之不断增大，当剩余截面减小到一定程度时，砌体受压边出现竖向裂缝，最后导致构件破坏。

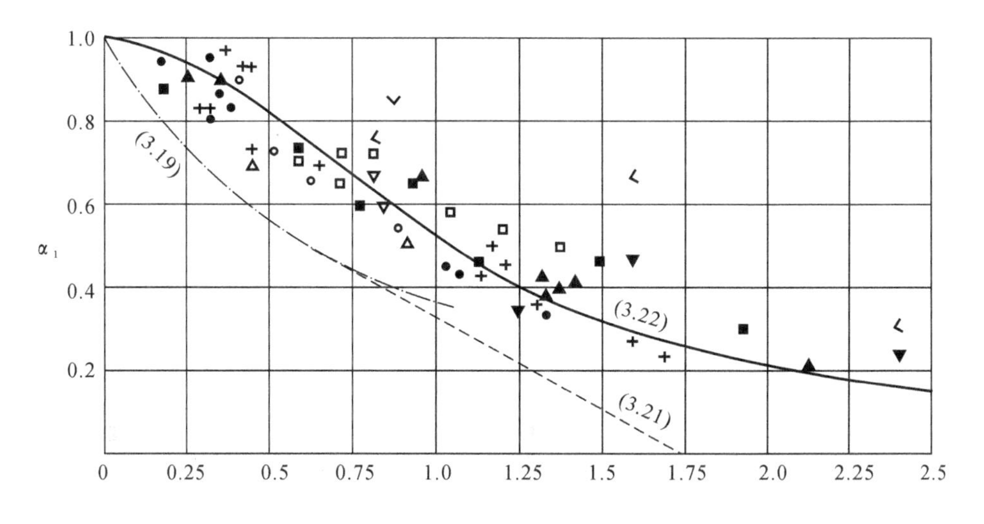

图10－12　砌体的偏心距影响系数

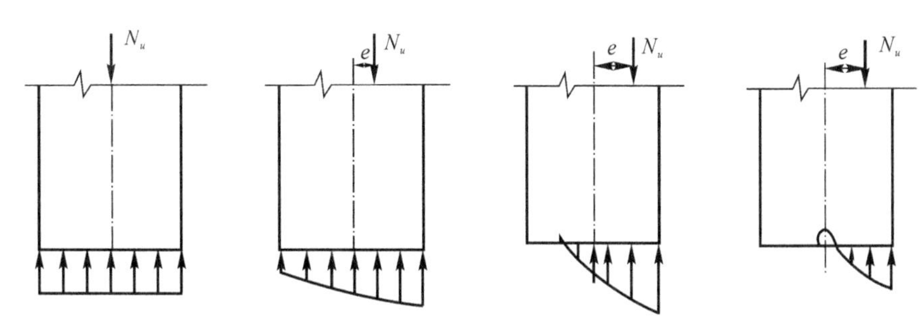

图10－13　砌体受压时截面应力变化

在材料力学偏心距影响系数公式的基础上，根据我国大量的试验资料，经过统计分析，对矩形截面，规定砌体受压时的偏心距影响系数为

$$\alpha_1=\frac{1}{1+\left(\frac{e}{i}\right)^2} \tag{10-9}$$

式中：i 为截面回转半径。

对T形和十字形截面，也可以采用折算厚度 $h_T=3.46i\approx3.5i$，偏心距影响系数可按下式计算

$$\alpha_1=\frac{1}{1+12\left(\frac{e}{h_T}\right)^2} \tag{10-10}$$

从图10－13可以看出，按上式计算的偏心距影响系数与试验结果符合。式(10－10)形式简单，改善了过去按偏心距的大小分别用两个公式计算的不方便和不连续的情况，这是我国在砌体结构计算上的一项较大进展。

10.3.2　轴心受压长柱的受力分析

当长细比较大的砌体柱在承受轴心压力时，往往由于侧向变形增大而产生纵向弯曲破坏，因而长柱的受压承载力比短柱要低，所以在受压构件的承载力计算中要考虑稳定系数 φ_0 的影响，根据欧拉公式，长柱发生纵向弯曲破坏的临界应力为

$$\sigma_{cri}=\frac{\pi^2 EI}{AH_0^2}=\pi^2 E\left(\frac{i}{H_0}\right)^2 \tag{10-11}$$

式中 E—— 弹性模量；

H_0—— 柱的计算高度。

由于砌体的弹性模量随应力的增大而降低，当应力达到临界应力时，弹性模量已有较大程度的降低，此时的弹性模量可取为在临界应力处的切线模量 $E'=\xi f_m(1-\frac{\sigma_{cri}}{f_m})$，相应的临界应力为

$$\sigma_{cri}=\pi^2 E\left(\frac{i}{H_0}\right)^2=\frac{\xi f_m\left(1-\frac{\sigma_{cri}}{f_m}\right)}{\lambda^2} \tag{10-12}$$

式中：λ 为构件柔度或长细比，$\lambda=\frac{H_0}{i}$。

轴心受压时的稳定系数为

$$\varphi_0=\frac{\sigma_{cri}}{f_m}=\frac{1}{1+\frac{1}{\pi^2\xi}\lambda^2} \tag{10-13}$$

当为 T 形或十字形截面时，取 $\beta=\frac{H_0}{h_T}(h_T=3.5i)$，当为矩形截面时，取 $\beta=\frac{H_0}{h}$，则也有 $\lambda^2=12\beta^2$，因此式(10-13)可表示为

$$\varphi_0=\frac{\sigma_{cri}}{f_m}=\frac{1}{1+\frac{1}{\pi^2\xi}\lambda^2}=\frac{1}{1+\alpha\beta^2} \tag{10-14}$$

式中：α 为与砂浆强度有关的系数。当砂浆强度等级大于或等于 M5 时，$\alpha=0.0015$；当砂浆强度等级为 M2.5 时，$\alpha=0.002$；当砂浆强度 $f_2=0$ 时，$\alpha=0.0093$。

10.3.3 偏心受压长柱的受力分析

长柱在承受偏心压力作用时，因柱的纵向弯曲产生一个附加偏心距(见图 10-14)，使砌体柱中截面的轴向压力偏心距增大，所以应考虑附加偏心距对承载力的影响。

在图 10-14 所示的偏心受压构件中，设轴向压力的偏心距为 e，柱中截面产生的附加偏心距为 e_i，以柱中截面总的偏心距 $e+e_i$ 代替式(10-9)中的原偏心距 e，可得受压长柱考虑纵向弯曲和偏心距影响的系数为

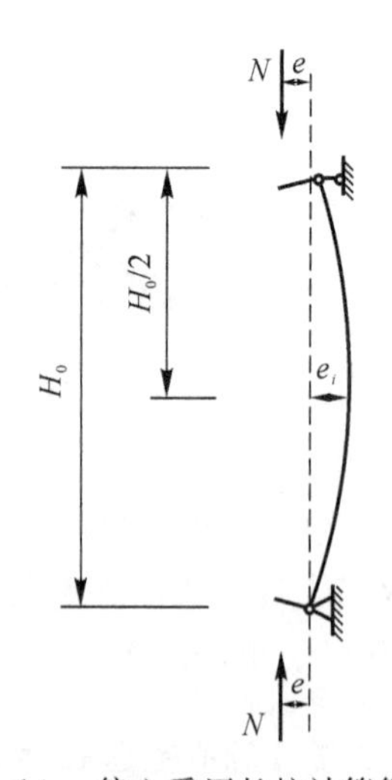

图 10-14 偏心受压长柱计算简图

$$\varphi = \frac{1}{1+\left(\frac{e+e_i}{i}\right)^2} \tag{10-15}$$

当轴心受压时 $e=0$,则有 $\varphi=\varphi_0$,即

$$\varphi_0 = \frac{1}{1+\left(\frac{e_i}{i}\right)^2} \tag{10-16}$$

于是由式(10－16)可得

$$e_i = i\sqrt{\frac{1}{\varphi_0}-1} \tag{10-17}$$

对矩形截面 $i=h/\sqrt{12}$,代入式(10－17)则有

$$e_i = \frac{h}{\sqrt{12}}\sqrt{\frac{1}{\varphi_0}-1} \tag{10-18}$$

将式(10－18)及 $i=h/\sqrt{12}$ 代入式(10－15),则可得到《砌体结构设计规范(GB50003—2011)》中考虑纵向弯曲和偏心距影响的系数为

$$\varphi = \frac{1}{1+12\left[\frac{e}{h}+\sqrt{\frac{1}{12}\left(\frac{1}{\varphi_0}-1\right)}\right]^2} \tag{10-19}$$

式中,φ_0 按式(10－14)计算。式(10－19)计算较复杂,因此规范中根据不同的砂浆强度等级和不同的及高厚比计算出 φ 值,列于表 10－10 至表 10－12,供计算时查用。

表 10－10　影响系数 φ(砂浆强度等级≥M5)

β	$\frac{e}{h}$ 或 $\frac{e}{h_T}$												
	0	0.025	0.05	0.075	0.1	0.125	0.15	0.175	0.2	0.225	0.25	0.275	0.3
≤3	1	0.99	0.97	0.94	0.89	0.84	0.79	0.73	0.68	0.62	0.57	0.52	0.48
4	0.98	0.95	0.90	0.85	0.80	0.74	0.69	0.64	0.58	0.52	0.49	0.45	0.41
6	0.95	0.91	0.86	0.81	0.75	0.69	0.64	0.59	0.54	0.49	0.46	0.42	0.38
8	0.91	0.86	0.81	0.76	0.70	0.64	0.59	0.64	0.50	0.46	0.42	0.39	0.36
10	0.87	0.82	0.76	0.71	0.65	0.60	0.55	0.50	0.46	0.42	0.39	0.36	0.33
12	0.82	0.77	0.71	0.66	0.60	0.55	0.51	0.47	0.43	0.39	0.36	0.33	0.31
14	0.77	0.72	0.66	0.61	0.56	0.51	0.47	0.43	0.40	0.36	0.34	0.31	0.29
16	0.72	0.67	0.61	0.56	0.52	0.47	0.44	0.40	0.37	0.34	0.31	0.29	0.27
18	0.67	0.62	0.57	0.52	0.48	0.44	0.40	0.37	0.34	0.31	0.29	0.27	0.25
20	0.62	0.57	0.53	0.48	0.44	0.40	0.37	0.34	0.32	0.29	0.27	0.25	0.23
22	0.58	0.53	0.49	0.45	0.41	0.38	0.35	0.32	0.30	0.27	0.25	0.24	0.22
24	0.54	0.49	0.45	0.41	0.38	0.35	0.32	0.30	0.28	0.26	0.34	0.22	0.21
26	0.50	0.46	0.42	0.38	0.35	0.33	0.30	0.28	0.26	0.34	0.22	0.21	0.19
28	0.46	0.42	0.39	0.36	0.33	0.30	0.28	0.26	0.24	0.22	0.21	0.19	0.18
30	0.42	0.39	0.36	0.33	0.31	0.28	0.36	024	0.22	0.21	0.20	0.18	0.17

表 10－11　影响系数 φ(砂浆强度等级≥M2.5)

β	$\frac{e}{h}$或$\frac{e}{h_T}$												
	0	0.025	0.05	0.075	0.1	0.125	0.15	0.175	0.2	0.225	0.25	0.275	0.3
≤3	1	0.99	0.97	0.94	0.89	0.84	0.79	0.73	0.68	0.62	0.57	0.52	0.48
4	0.97	0.94	0.89	0.84	0.78	0.73	0.67	0.62	0.57	0.52	0.48	0.44	0.40
6	0.93	0.89	0.84	0.78	0.73	0.67	0.62	0.57	0.52	0.48	0.44	0.40	0.37
8	0.89	0.84	0.78	0.72	0.67	0.62	0.57	0.52	0.48	0.44	0.40	0.37	0.34
10	0.83	0.78	0.72	0.67	0.61	0.56	0.52	0.47	0.43	0.40	0.37	0.34	0.31
12	0.78	0.72	0.67	0.61	0.56	0.52	0.47	0.43	0.40	0.37	0.34	0.31	0.29
14	0.72	0.66	0.61	0.56	0.51	0.47	0.43	0.40	0.36	0.34	0.31	0.29	0.27
16	0.66	0.61	0.56	0.51	0.47	0.43	0.40	0.36	0.34	0.31	0.29	0.26	0.25
18	0.61	0.56	0.51	0.47	0.43	0.40	0.36	0.33	0.31	0.29	0.26	0.24	0.23
20	0.56	0.51	0.47	0.43	0.39	0.36	0.33	0.31	0.28	0.26	0.24	0.23	0.21
22	0.51	0.47	0.43	0.39	0.36	0.33	0.31	0.28	0.26	0.24	0.23	0.21	0.20
24	0.46	0.43	0.39	0.36	0.33	0.31	0.28	0.26	0.24	0.23	0.21	0.20	0.18
26	0.42	0.39	0.36	0.33	0.31	0.28	0.26	0.24	0.22	0.21	0.20	0.18	0.17
28	0.39	0.36	0.33	0.30	0.28	0.26	0.24	0.22	0.21	0.20	0.18	0.17	0.16
30	0.36	0.33	0.30	0.28	0.26	0.24	0.22	0.21	0.20	0.18	0.17	0.16	0.15

表 10－12　影响系数 φ(砂浆强度等级 0)

β	$\frac{e}{h}$或$\frac{e}{h_T}$												
	0	0.025	0.05	0.075	0.1	0.125	0.15	0.175	0.2	0.225	0.25	0.275	0.3
≤3	1	0.99	0.97	0.94	0.89	0.84	0.79	0.73	0.68	0.62	0.57	0.52	0.48
4	0.87	0.82	0.77	0.71	0.66	0.60	0.55	0.51	0.46	0.43	0.39	0.36	0.33
6	0.76	0.70	0.65	0.59	0.54	0.50	0.46	0.42	0.39	0.36	0.33	0.30	0.28
8	0.63	0.58	0.54	0.49	0.45	0.41	0.38	0.35	0.32	0.30	0.28	0.25	0.24
10	0.53	0.48	0.44	0.41	0.37	0.34	0.32	0.29	0.27	0.25	0.23	0.22	0.20
12	0.44	0.40	0.37	0.34	0.31	0.29	0.27	0.25	0.23	0.21	0.20	0.19	0.17
14	0.36	0.33	0.31	0.28	0.26	0.24	0.23	0.21	0.20	0.18	0.17	0.16	0.15
16	0.30	0.28	0.26	0.24	0.22	0.21	0.19	0.18	0.17	0.16	0.15	0.14	0.13
18	0.26	0.24	0.22	0.21	0.19	0.18	0.17	0.16	0.15	0.14	0.13	0.12	0.12
20	0.22	0.20	0.19	0.18	0.17	0.16	0.15	0.14	0.13	0.12	0.12	0.11	0.10
22	0.19	0.18	0.16	0.15	0.14	0.14	0.13	0.12	0.12	0.11	0.10	0.10	0.09
24	0.160.	0.15	0.14	0.13	0.13	0.12	0.11	0.11	0.10	0.10	0.09	0.09	0.08
26	0.14	0.13	0.13	0.12	0.11	0.11	0.10	0.10	0.09	0.09	0.08	0.08	0.07
28	0.12	0.12	0.11	0.11	0.10	0.10	0.09	0.09	0.08	0.08	0.08	0.07	0.07
30	0.11	0.10	0.10	0.09	0.09	0.09	0.08	0.08	0.07	0.07	0.07	0.07	0.06

对矩形截面构件，当轴向力偏心方向的截面边长大于另一方向的边长时，除按偏心受压计算外，还应对较小边长方向按轴心受压进行验算。

轴向力的偏心距 e 按内力设计值计算，且不应超过 $0.6y$，y 为截面重心到轴向力所在偏心方向截面边缘的距离。当轴向力的偏心距超过上述规定限值时，可采取修改构件截面尺寸的方法。当梁或屋架端部支承反力的偏心距较大时，可在其端部下的砌体上设置具有中心装置的垫块或缺口垫块(见图10-15)，中心装置的位置或缺口垫块的缺口尺寸，可视需要减小的偏心距而定。

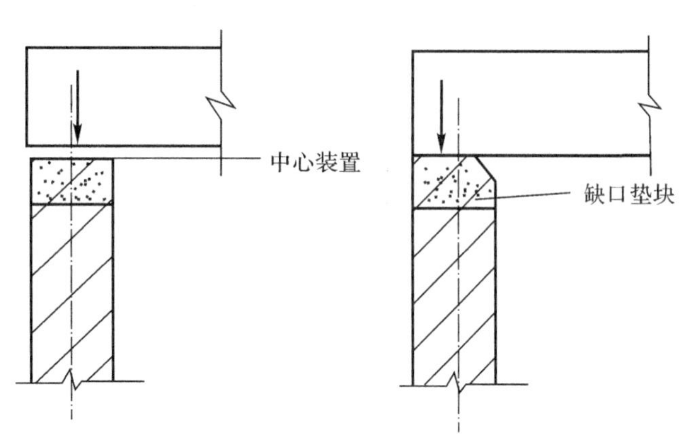

图10-15　不同宽度或厚度钢板的拼接

10.3.4　局部受压

局部受压是砌体结构中常见的一种受力状态，其特点在于轴向力仅作用于砌体的部分截面上。当砌体截面上作用局部均匀压力时(如承受上部柱或墙传来压力的基础顶面)，称为局部均匀受压。当砌体截面上作用局部非均匀压力时(如支承梁或屋架的墙柱在梁或屋架端部支承处的砌体顶面)，则称为局部不均匀受压，试验研究结果表明，砌体局部受压大致有三种破坏形态：

1. 因纵向型缝发展而引起的破坏

这种破坏的特点是，在局部压力的作用下，第一批裂缝大多发生在距加载垫板1—2皮砖以下的砖内，随着局部压力的增加，裂缝数量增多，裂缝呈纵向或斜向分布，其中部分裂缝逐渐向上、向下延伸连成一条主要裂缝而引起破坏[见图10-16(a)]，在砌体的局部受压中，这是一种较常见也是较为基本的破坏形式。

2. 劈裂破坏

当砌体面积与局部受压面积之比很大时，在局部压应力的作用下产生的纵向裂缝少而集中，砌体一旦出现纵向裂缝，很快就发生劈裂破坏，开裂荷载与破坏荷载很接近[见图10-16(b)]。

3. 与垫板直接接触的砌体局部破坏

这种破坏在试验时很少出现，但在工程中当墙梁的梁高与跨度之比较大，砌体强度较低时，有可能产生支承附近砌体被压碎的现象。

局部受压时，直接受压的局部范围内的砌体抗压强度有一定程度的提高，一般认为这是由于存有“套箍强化”和“应力扩散”的作用，在局部压应力的作用下，局部受压的砌体在产生纵向变形的同时还产生横向变形，当局部受压部分的砌体四周或对边有砌体包围时，未直接承受压力的部分像套箍一样约束其横向变形，使与加载板接触的砌体处于三向受压或双向受压的应力状态，抗压能力大大提高。但并不是所有的局部受压情况都有“套箍强化”作用，当局部受压面积位于构件边缘或端部时，“套箍强化”作用则不明显甚至没有，但按“应力扩散”的概念加以分析，只要在其体内存在未直接承受压力的面积，就有应力扩散的现象，就可以在一定程度上提高砌体的抗压强度。

砌体的局部受压破坏比较突然，工程中曾经出现过因砌体局部抗压强度不足而发生房屋倒塌的事故，故设计时应予注意。

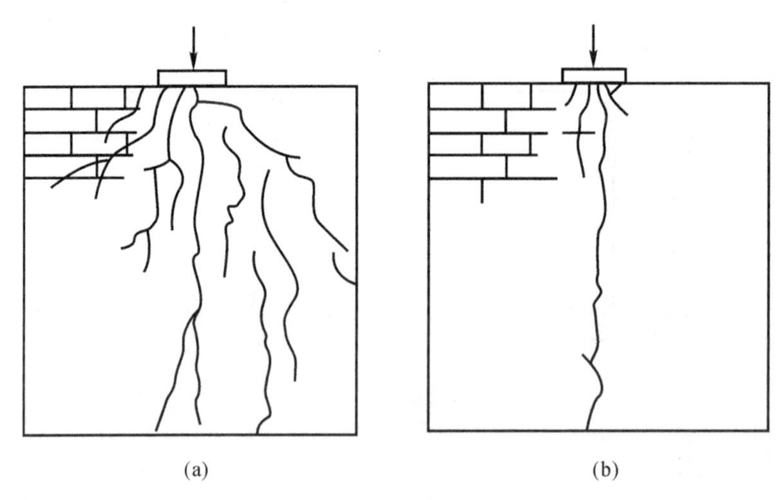

图 10-16　砌体局部均匀受压破坏形态

(a)因纵向型缝发展而引起的破坏；（b)劈裂破坏

10.4　砌体结构的破坏分析

砌体结构由砖、石或砌块组成，并用砂浆黏结而成的结构。由于砌体结构材料来源广泛，施工可以不用大型机械，手工操作比例大，相对造价低廉，所以得到广泛应用。许多住宅、办公楼、学校、医院等单层或多层建筑大多采用转、石或砌块墙体与钢筋混凝土楼盖组成的混合结构体系。虽然施工技术比较成熟，但质量事故仍屡见不鲜。砌体结构工程的质量事故，从现象上来看，主要有砌体开裂、砌体酥松脱皮、砌体倒塌等，但引起事故的原因却有很多。

1. 裂缝

设计马虎，不够细心。整体方案欠佳，尤其是未注意空旷房屋承载力的降低因素。有的设计人员注意了墙体总的承载力的计算，但忽视了墙体高厚比和局部承压的计算。未注意构造要求以及重计算、轻构造是没有经验的工程师容易忽视的问题。

2. 施工方面主要原因

砌筑质量差。在墙体上任意开洞，或未及时填补或填补不实，过多地削弱了断面。有的墙体比较高，横墙间距又大，在其未封顶时，未形成整体结构，处于长悬臂状态。另外就是材料质量把关不严或者施工工艺不正确导致。

10.4.1　砌体结构裂缝产生的主要原因

裂缝是砌体工程中最常见的事故，它是非常普遍的质量事故之一。砌体中发生裂缝的原因主要包括地基不均匀沉降、地基不均匀冻胀、温度变化引起的伸缩、地震等灾害作用以及砌体本身承载力不足等。

1. 地基不均匀沉降引起的裂缝

在地基发生不均匀沉降后，沉降大的部分砌体与沉降小的部分砌体会产生相对位移，从而使砌体中产生附加的拉力或剪力，当这种附加内力超过砌体的强度时，砌体中便产生相对裂缝。这种裂缝一般都是斜向的，且多发生在门窗洞口上下。这种裂缝的特点是：

(1)裂缝一般呈倾斜状，说明因砌体内主拉应力过大而使墙体开裂；

(2)裂缝较多出现在纵墙上，较少出现在横墙上，说明纵墙的抗弯刚度相对较小；

(3)在房屋空间刚度被削弱的部位，裂缝比较集中。

防止地基不均匀沉降导致墙体上产生各种裂缝的措施有：

(1)合理设置沉降缝将房屋划分成若干个刚度较好的单元，或将沉降不同的部分隔开一定距离，其间可设置能自由沉降的悬挑结构；

(2)合理地布置承重墙体，应尽量将纵墙拉通，尽量做到不转折或少转折，避免在中间或某些部位断开，使它能起到调整不均匀沉降的作用，同时每隔一定距离设置一道横墙，与内外纵墙联结，以加强房屋的空间刚度，进一步调整沿纵向的不均匀沉降；

(3)加强上部结构的刚度和整体性，提高墙体的稳定性和整体刚度，减少建筑物端部的门、窗洞口，设置钢筋混凝土圈梁，尤其是要加强地圈梁的刚度；

(4)加强对地基的检测，发现有不良地基应及时妥善处理，然后才能进行基础施工；

(5)房屋体形应力求简单，横墙间距不宜过大；

(6)合理安排施工顺序，先建较重单元，后建较轻单元。

2. 地基冻胀引起的裂缝

地基土上层温度降到0 ℃以下时，冻胀性土中的上部水开始冻结，下部水由于毛细管作用不断上升到冻结层中形成冰晶，体积膨胀并向上隆起，如图10－17所示。

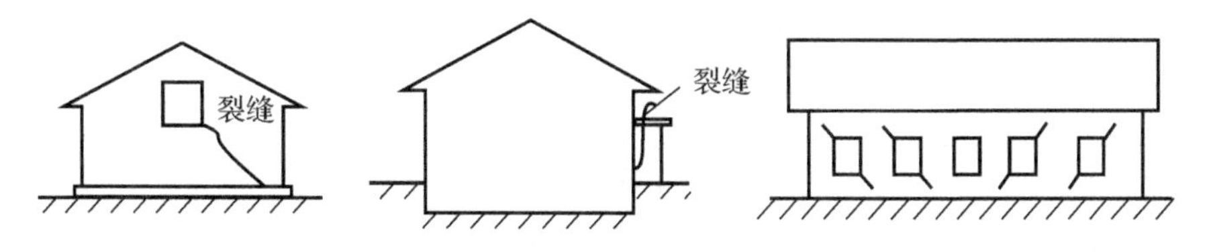

图10－17　地基冻胀引起的裂缝

防止冻胀引起裂缝的主要措施：

(1)基础的埋置深度一定要置于冰冻线以下；

(2)在某些情况下，当基础不能埋到冰冻线以下时，应采取换土(换成非冻胀土)等措施消除土的冻胀；

(3)用单独基础，采用基础梁承担墙体重量，其两端支承于单独基础上。

3. 温度差引起的裂缝

热胀冷缩是绝大多数物体的基本物理性能，砌体也不例外。温度变化不均匀使砌体产生不均匀收缩，或者砌体的伸缩受到约束时，则会引起砌体开裂。

由于房屋过长，室内外温差过大，因钢筋混凝土楼盖和墙体温度变形的差异，有可能使外纵墙在门窗洞口附近或楼梯间等薄弱部位发生向竖向贯通墙体全高的裂缝，这种裂缝有时会使楼盖的相应部位发生断裂，形成内外贯通的周圈裂缝。另外，当房屋空间高大时，墙体因受弯在截面薄弱处(如窗间墙)会出现水平裂缝。图 10-18 中列举了一些常见的因温度变化而引起的裂缝。

防止收缩和温度变化引起裂缝的主要措施有：

(1)在墙体中设置伸缩缝。将过长的房屋伸缩缝应设在因温度和收缩变形可能引起应力集中、砌体产生裂缝可能性最大的地方；

(2)屋面设保温隔热层。屋面的保温隔热层或刚性面层及砂浆找平层应设分隔缝，分隔缝的间距不宜大于 6 m，并与女儿墙隔开，其缝宽不小于 30 mm，屋面施工宜避开高温季节；

(3)楼(屋)面板下设置现浇钢筋混凝土圈梁，并沿内外墙拉通，房屋两端圈梁下的墙体宜适当设置水平钢筋；

(4)遇有较长的现浇屋面混凝土挑檐、圈梁时，可分段施工，预留伸缩缝，以避免混凝土伸缩对墙体的不良影响；

(5)在施工中要保证伸缩缝的合理做法，使之能起作用。

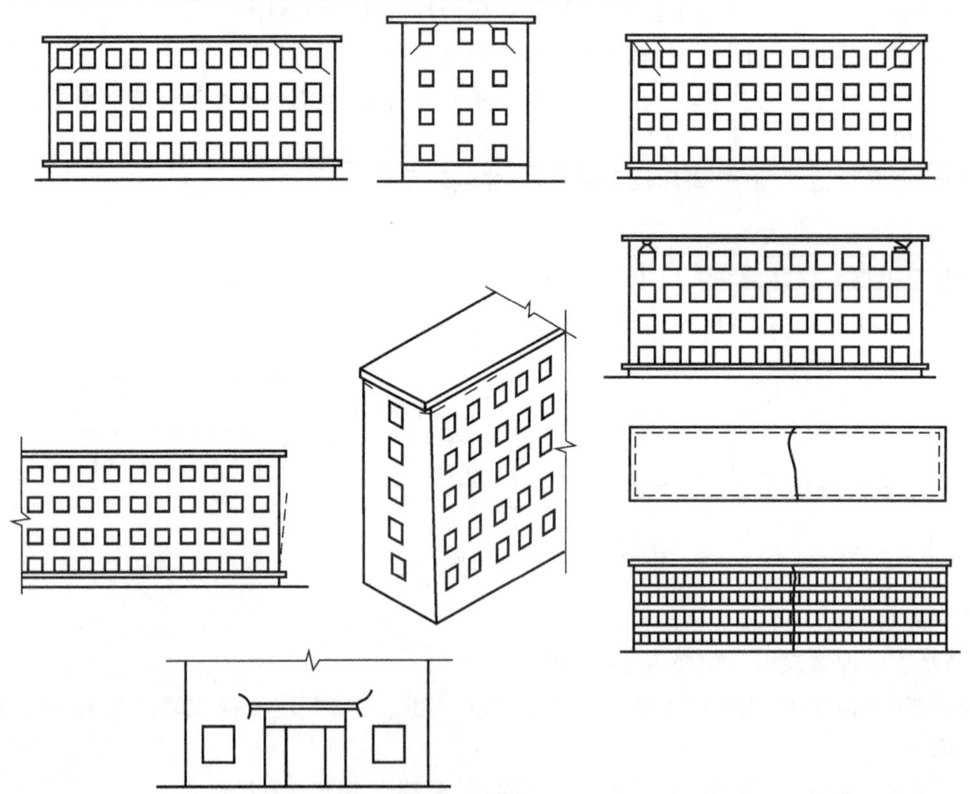

图 10-18　常见的因温度变化而引起的裂缝

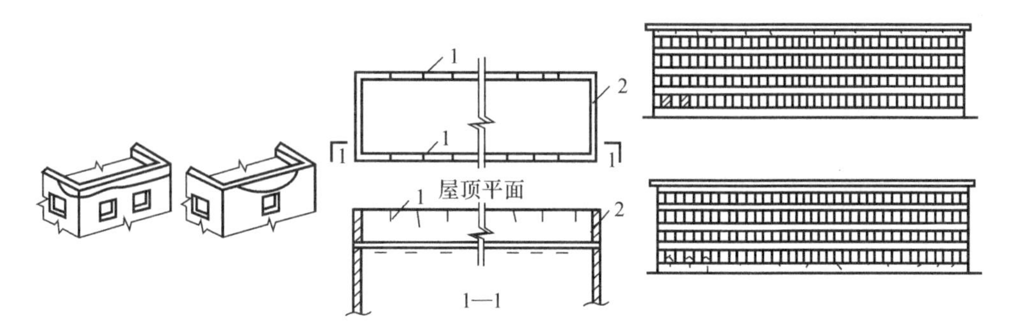

续图10-18　常见的因温度变化而引起的裂缝

4. 地震作用引起的裂缝

与钢结构和混凝土结构相比，砌体结构的抗震性是较差的。抗震设防烈度为6度时，地震对砌体结构就有破坏性，对设计不合理或施工质量差的房屋就会引起裂缝。当遇到7至8度地震时，砌体结构的墙体大多会产生不同程度的裂缝，标准低的一些砌体房屋还会还会发生倒塌。

地震引起的墙体裂缝大多呈X形(见图10-19)，是由于墙体受到反复作用的剪力所引起的。除此之外还会产生水平裂缝和垂直裂缝和竖直裂缝，甚至整个纵墙外倾或倒塌。

对于此类问题常采用的措施主要有以下几种：

(1)应按《建筑抗震设计规范》(GB 50011—2010)的要求设计圈梁，注意圈梁应闭合，遇有洞口时要满足搭接要求。圈梁截面高度按设计规范要求，遇到地基不良或空旷房屋等还应适当加强；

(2)设置构造柱。按规范设置构造柱，构造柱应与圈梁联结，下边不设单独基础，但应伸出室外地面500 mm或锚入地下。

图10-19　常见地震X形裂缝

5. 因承载力不足产生的裂缝

如果砌体的承载力不能满足要求，那么在荷载作用下，砌体将产生各种裂缝，甚至出现压碎、断裂、崩塌等现象，使建筑物处于极不安全的状态。这类裂缝的产生，很可能导致结构失效，因此应该加强观测，主要观察裂缝宽度和长度随时间的发展情况，在观测的基础上认真分析原因，及时采取有效措施，避免重大事故的发生。对因承载力不足而产生的裂缝，必须进行加固处理，图 10－20 所示为一些因承载力不足引起的裂缝。

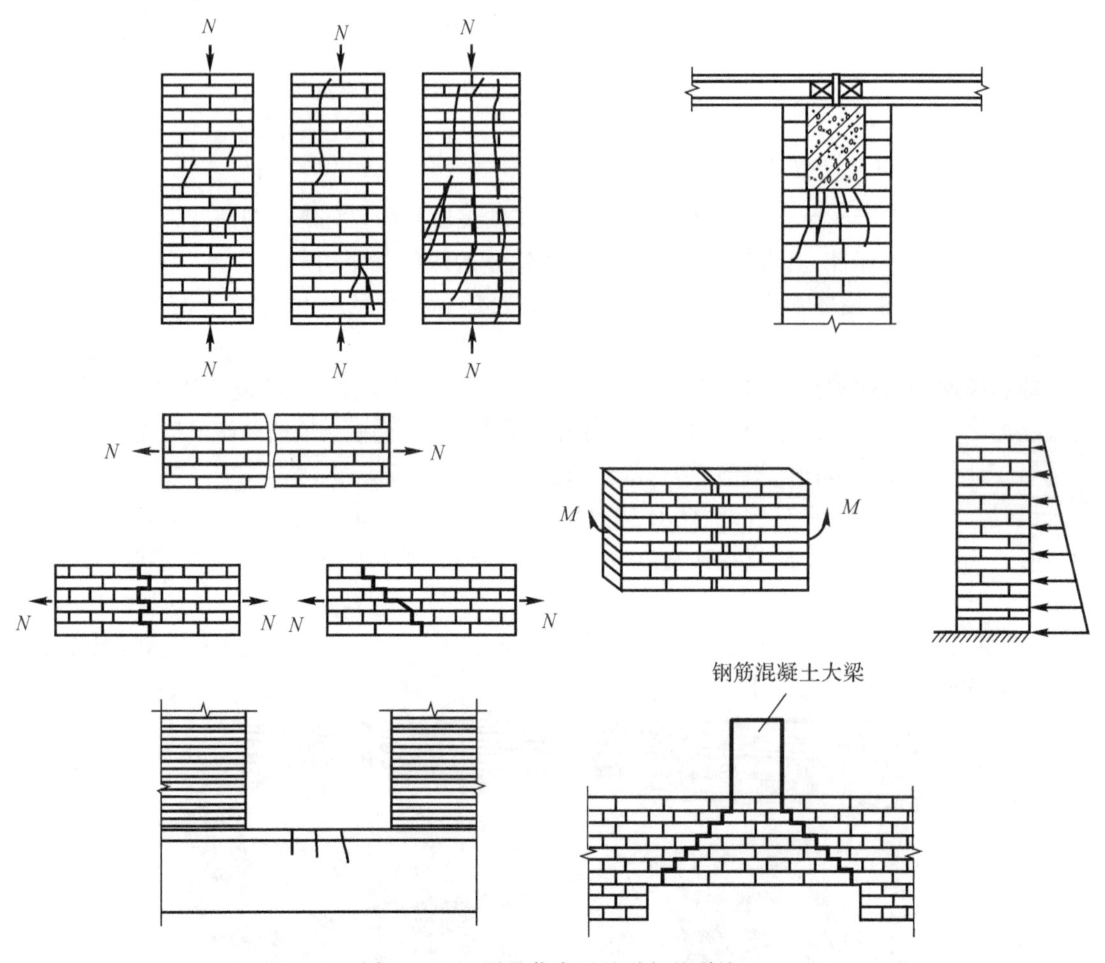

图 10－20　因承载力不足引起的裂缝

6. 常见的砌块房屋裂缝处理措施

(1)加固补强法。一般由于墙体裂缝影响建筑物的正常使用，墙体处于不稳定状态。加固补强法主要用于砖柱或小墙肢，把角钢锚固在砖柱的两侧，把原有的水泥砂浆面层剔凿，重新抹上一遍，使角钢与砖柱形成一个整体。

(2)钢筋网修补法。对于墙体中较多裂缝，但不影响墙体的刚度，可以先在墙体裂缝处用钢钉镶上钢丝网，然后用水泥砂浆进行涂抹、找平。

(3)填充材料法。对于一些裂缝，经过几个冬夏季交换，裂缝的宽度不再变化，可采用环氧树脂与水泥砂浆，用一定的比例配成水泥砂浆胶，堵在裂缝处，然后再用水泥砂浆加 107 胶抹裂缝表面与原面层找平。

(4)新旧墙体联结时，沿新旧墙体两侧沿高度每隔五皮砖剔凿一道长100 mm、深3 mm的灰逢，埋入2Φ6的钢筋，钢筋的端部加直钩，直钩伸入砖墙竖缝中，然后用1∶2膨胀水泥砂浆灌缝，灌缝前应将新旧墙体裂缝处用水湿润，再用水泥砂浆将缝修补平整，并按时浇水养护。

采取以上措施处理后，实践证明墙体裂缝能得到有效的控制。日常工程施工中，杜绝墙体裂缝的困难很大，有时即使严格按照规范施工，也很难保证砌体不出现裂缝，这就要求设计单位、建设单位、监理单位、施工单位及建设主管部门齐抓共管，从结构、材料、施工等环节入手，严格按照国家标准规范设计、施工，一旦裂缝出现，制定切实可行的处理原则，确保处理工作的安全实施。

10.4.2　砌体结构裂缝的处理方法

砌体结构出现裂缝后，是否需要处理，要符合国家标准中相关的规定。

建筑物出现裂缝后，首先要正确区别受力和变形两类不同性质的裂缝。当确认为变形裂缝时，应根据建筑物使用要求、周围环境条件及预计可能造成的危害，做适当处理。若变形裂缝已经稳定了，一般仅做恢复建筑功能的局部修补，不做结构性修补。对明显的受力裂缝均应认真分析，其中尤其应重视受压砌体的竖向裂缝、梁或梁垫下的斜向裂缝、柱身的水平裂缝以及墙身出现明显的交叉裂缝。只有在取得足够的依据时，才可不做处理。

1. 砌体结构裂缝的鉴别

砌体结构中常见的温度裂缝，一般不会危及结构安全，通常都不必加固补强；但若裂缝是由于砌体承载能力不足引起的，则必须及时采取措施加固或卸荷。因此，根据裂缝的特征鉴定裂缝的不同性质是十分必要的，具体见表10－13。

表10－13　砌体结构裂缝的鉴别方式

方　式	内　容
依据裂缝形态的鉴别	(1)温度裂缝最常见的是斜裂缝(正八字形裂缝、倒正八字形裂缝、X形裂缝)其中又以正八字形裂缝最为常见；其次是水平裂缝和竖向裂缝。斜裂缝形态有一端宽一端细和中间宽两端细两种，一般是对称分布，水平裂缝，多数呈断续状，中间宽两端细，竖向裂缝，多因纵向收缩产生放宽变化不大。 (2)沉降裂缝最常见的斜裂缝(正八字形裂缝，倒八字形裂缝)，其次是竖向裂缝，水平裂缝较少见，斜向裂缝大多数出现在纵墙上窗口两对角处，在紧靠窗口处较宽，逐渐向两边和上下缩小，走向往往是由沉降较小的一边向沉降较大的一边逐渐向上发展，建筑物下部裂缝较多，上部较少，竖向裂缝，不论是房屋上部或窗台下，还是贯穿房屋全高均有可能出现，其形状一般是上宽下细。 (3)荷载裂缝形状为中间宽两端细，受压构件裂缝方向于应力一致，受拉构件裂缝于应力垂直，受弯构件裂缝在构件的受拉区外边缘较宽，在受压区不明显
依据裂缝的成因鉴别	(1)温度裂缝往往能与建筑物的竖向变形(沉降)无关。一般只与横向(长或宽)变形有关。 (2)沉降裂缝一般出现在沉降曲线上曲率较大处，且与上部结构刚度有关。 (3)荷载裂缝的位置，完全与受力相对应，往往与横向或竖向变形无明显关系

续表

方　式	内　容
依据裂缝的位置鉴别	(1)温度裂缝多数出现在房屋顶部附近,以两墙最为常见。在纵墙和横墙上都有可能出现。而出现在房屋项部附近的竖向裂缝可能是温度裂缝,也可能是沉降裂缝。 (2)沉降裂缝多出现在底层,大窗台上的竖向裂缝多数也是沉降裂缝。对于等高的长条形房屋,沉降裂缝大多出现在两端附近;对于其他形状的房量,沉降裂缝都在沉降变化剧烈处近。沉降裂缝一般都出现在纵墙上,横墙上较为少见。 (3)梁或梁垫下砌体的裂缝,大多数是局部承压强度不是面造成的超载裂缝

2. *砌体结构裂缝的处理原则*

(1)需要处理的裂缝。砌体结构裂缝是否需要处理和如何处理,主要取决于裂缝的性质及其危害程度。对以下情况的裂缝,应及时采取措施加以处理:

1)明显的受压、受弯等荷载裂缝;

2)缝宽超过 1.5 mm 的变形裂缝;

3)缝长超过层高 1/2、缝宽大于 20 mm 的竖向裂缝,或产生缝长超过层高 1/3 的多条竖向裂缝;

4)梁支座下的墙体产生明显的竖向裂缝;

5)门窗洞口或窗间墙产生明显的交叉裂缝、竖向裂缝或水平裂缝。

(2)常见砌体裂缝的处理原则。一般情况下,温度裂缝、沉降裂缝和荷载裂缝的处理原则是:温度裂缝一般不影响结构安全,通过观测判断最宽裂缝出现的时间,用保护或局部修复方法处理即可。对沉降裂缝,要先对沉降和裂缝进行观测,对那些逐步减小的裂缝,待地基基本稳定后做逐步修复或封闭堵塞处理。若地基变形长期不稳定,沉降裂缝可能会严重恶化而危及结构安全,这时应对地基进行处理。荷载裂缝一般因承载能力或稳定性不足而危及结构安全,应及时采取卸荷或加固补强等处理方法,并应立即采取防护措施。

3. *砌体结构裂缝的处理方法*

(1)灌浆修补。灌浆修补是一种用压力设备把水泥浆液压入墙体的裂缝内,使裂缝黏合起来的修补方法。灌浆法修补裂缝可按下述工艺进行:

1)清理裂缝,使其成为一条通缝。

2)确定灌浆嘴位置,布嘴间距宜为 500 mm,裂缝交叉点和裂缝端均应布设。厚度大于 360 mm 的墙体,两面都应设灌浆嘴。在设灌浆嘴处,墙体先钻出孔径大于灌浆嘴外径的孔,孔深为 30～40 mm,孔内应冲洗干净,并用纯水泥浆涂刷,然后用 1∶2 水泥砂浆固定灌浆嘴。

3)用 1∶2 水泥砂浆嵌缝,以形成一个可以灌浆的空间嵌缝时,应注意将原砖墙裂缝附近的粉刷层剔除,用新砂浆嵌缝。

4)待封闭层砂浆达到一定强度后,先在每个灌浆嘴中灌入适量的水,然后进行灌浆。灌浆顺序自上而下,当附近灌浆嘴溢出或进浆嘴不进浆时方可停止灌浆。灌浆压力控制在 0.2 MPa 左右,但不宜超过 0.25 MPa。发现墙体局部冒浆时,应停灌约 15 min,或用水泥临时堵塞,再进行灌浆。在靠近基础或楼板处灌入大量浆液仍未饱灌时,应增大浆液浓度或停灌

12 h后再灌。

5)拆除或切断灌浆嘴,抹平孔眼,冲洗设备。

(2)填缝修补。砖砌体填缝修补的方法有水泥砂浆填缝和配筋水泥砂浆填缝两种,通常用于墙体外观维修和裂缝较浅的结构,主要用于温度裂缝和不影响结构稳定及安全的沉降裂缝。

水泥砂浆填缝的修补工序为:先将裂缝清理干净,用勾缝刀、抹子、刮刀等工具将1∶3的水泥砂浆或比砌筑砂浆高一级的水泥砂浆或掺有108胶的聚合水泥砂浆填入砖缝内。

配筋水泥砂浆填缝的修补方法是每隔4、5皮砖在砖缝中嵌入细钢筋,然后按水泥砂浆填缝的修补工序进行。

(3)局部更换。当砖墙裂缝较宽但数量不多时,可以采用局部更换砌体的办法,即将裂缝两侧的砖拆除,然后用M7.5或M10砂浆补砌。更换的顺序是自下而上,每次拆除4～5皮砖,经清洗后砌入新砖。

(4)整体加固法。当裂缝较宽且墙身变形明显,或内外墙拉结不良时,仅用封堵或灌浆措施难以取得理想的效果,这时可采用钢拉杆加固法,或用钢筋混凝土腰箍及钢筋杆加固法。

(5)剔缝埋入钢筋法。沿裂缝方向嵌入钢筋,相当于加一个"销"将裂缝两侧砌体销住。具体做法为:在墙体两侧每隔5皮砖剔凿一道长1 m(裂缝两侧各0.5 m)、深50 mm的砖缝,埋入Φ6钢筋一根,端部弯直钩并嵌入砖墙竖缝,然后用强度等级为M10的水泥砂浆嵌填严实,如图10-21所示。施工时,要注意先加固一面,砂浆达到一定强度后再加固另一面,注意采取保护措施使砂浆正常水化。

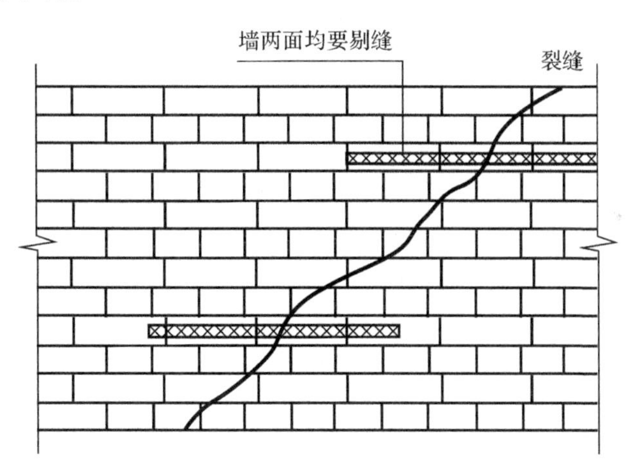

图10-21 剔缝埋入钢筋法

(6)拆砖重砌法。对裂缝较严重的砌体可采用局部拆砖重砌法,如图10-22所示。在裂缝位置拆除250 mm(跨裂缝两侧)长砖墙,用比原设计等级高一级的砂浆重新砌筑,新老砌体按规范要求结合密实。注意拆除墙体时,应采取措施保障安全。

(7)变换结构类型。当承载能力不足导致砌体裂缝时,常采用这类方法处理。最常见的是柱承重改为加砌一道墙变为墙承重,或用钢筋混凝土代替砌体等。

除了上述方法之外,砌体结构的加固还有压力灌浆、把裂缝转为伸缩缝、托梁加固、外包加固等方法。

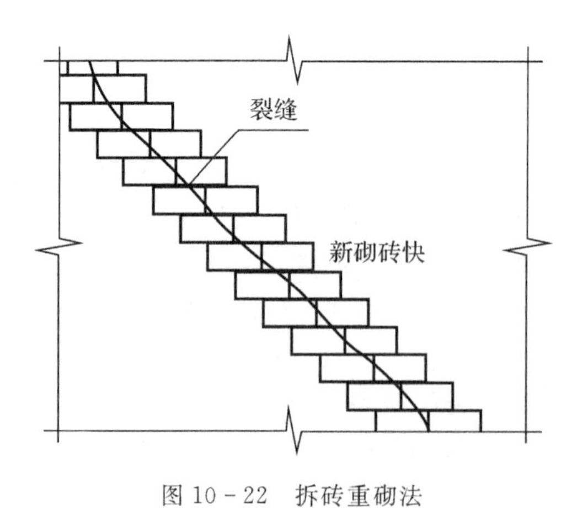

图 10－22　拆砖重砌法

10.4.3　砌体结构工程质量事故原因分析

1. 事故原因与分类

(1)强度不足。砌体强度不足，有的变形，有的开裂，严重的甚至倒塌。对待强度不足的事故，尤其需要特别重视没有明显外部缺陷的隐患性事故。

造成砌体强度不足的主要原因有：设计截面太小；水、电、暖、卫和设备留洞留槽削弱断面过多；材料质量不合格；施工质量差，如砌筑砂浆强度低下、砂浆饱满度严重不足等。

(2)稳定性不足。这类事故是指墙或柱的高厚比过大或施工原因导致结构在施工阶段或使用阶段失稳变形。造成砌体稳定性不足的主要原因有：设计时不验算高厚比，违反了砌体设计规范有关限值的规定；砌筑砂浆实际强度达不到设计要求；施工顺序不当，如纵横墙不同地砌筑，导致新砌纵墙失稳；施工工艺不当，如灰砂砖砌筑时浇水，导致砌筑中失稳；挡土墙抗倾覆、抗滑移稳定性不足等。

(3)刚度不足事故。房屋刚度不足事故是指设计构造不良或选用的计算方案欠妥，或门窗洞口对墙面削弱过大等原因，造成房屋使用中刚度不足，出现颤动，影响正常使用。

(4)局部倒塌事故。砌体结构局部倒塌最多的是柱、墙工程。柱、墙砌体破坏、倒塌的原因主要有以下几种：设计构造方案或计算简图错误，砌体设计强度不足，乱改设计，施工期失稳，材料质量差，事故工艺错误或施工质量低劣，旧房加层。

2. 事故的处理方法

(1)强度、刚度、稳定性不足事故的处理方法。

1)应急措施与临时加固。对那些强度或稳定性不足可能导致倒塌的建筑物，应及时支撑防止事故恶化，如临时加固有危险，则不要冒险作业，应画出安全线严禁无关人员进入，避免不必要的伤亡。

2)校正砌体变形，采用支撑顶压或用钢丝或钢筋校正砌体变形后再做加固等方式处理。

3)封堵孔洞。由墙身留洞过大造成的事故可采用仔细封堵孔洞，恢复墙整体性的处理措施，也可在孔洞处增做钢筋混凝土边框加强。

4)增设壁柱，有明设和暗设两类，壁柱材料可用同类砌体，或用钢筋混凝土或钢结构。

5)加大砌体截面，用同材料加大砖柱截面，有时也加配钢筋。

6)外包钢筋混凝土或钢,常用于柱子加固。

7)改变结构方案,如增加横墙,弹性方案改为刚性方案;柱承重改为墙承重;山墙增设抗风圈梁(墙长较小时)等。

8)增设卸荷结构,如墙柱增设预应力补强撑杆。

9)预应力锚杆加固,如重力式挡土墙用预应力锚杆加固后提高抗倾覆、抗滑移能力。

10)局部拆除重做,主要用于柱子强度、刚度严重不足时。

(2)局部倒塌事故的处理方法。仅因施工错误而造成的局部倒塌事故,一般采用按原设计重建方法处理,但是多数倒塌事故均与设计和施工两方面的原因有关,这类事故均需要重新设计并严格按照施工规范的要求重建。

思考题

1. 砌块和砂浆在砌体中有何作用?常用的砌块和砂浆是如何分类的?

2. 为什么砌体的抗压强度远低于块材和砂浆的抗压强度?

3. 轴心受压砌体的破坏特征如何?影响砌体抗压强度的主要因素有哪些?

4. 砌体轴心受拉、弯曲受拉和受剪破坏形态如何?影响不同破坏形态的主要因素是什么?

5. 受压构件的高厚比和轴向力的偏心距对砌体受力承载力有何影响?进行受压构件计算时,为什么要对偏心距加以限制?

6. 为什么砌体局部受压强度高于砌体受压强度?

7. 配筋砖砌体有哪些种类?各有何特点?

8. 混合结构房屋有哪几种承重体系,它们的特点是什么?

9. 砌体结构房屋墙体开裂的主要原因是什么?有哪些主要预防措施?

10. 砌体结构裂缝的处理措施有哪些?

第 11 章　高层建筑结构

随着轻质、高强材料的研制成功，抗侧力结构体系的发展，以及电子计算机的快速发展和技术设备的不断完善，世界各国已经建成了大量的高层和超高层建筑。世界各国对多层建筑与高层建筑的划分界限并不统一。我国《高层建筑混凝土结构技术规程》规定 10 层及以上的住宅建筑或高度超过 24 m 的公共建筑称为高层建筑，1 至 3 层建筑称为低层建筑，层数介于高层和低层之间的建筑称为多层建筑，高度超过 100 m 的建筑称为超高层建筑。

11.1　高层建筑结构的特点

高层建筑的设计与建造不仅要考虑建筑功能和结构受力，还要考虑文化、社会、经济和技术等各方面的要求。按单位建筑面积计算，高层建筑的造价和管理费用都远远超出多层建筑。但是，从城市总体规划的角度来看却是非常经济的。世界上每年都会建造许多高层建筑，因此最高的高层建筑也是短暂的、相对的，表 11－1 给出了世界高层建筑典型实例。

表 11－1　世界高层建筑典型实例

建筑名称	城市	建成年份	层数	高度/m	结构材料	用途
哈利法塔	迪拜	2010	160	828	组合	多用途
深圳平安金融中心	深圳	2015	128	660	组合	多用途
上海中心大厦	上海	2016	118	632	组合	多用途
天津高银 117 大厦	天津	2015	117	597	组合	多用途
世界贸易中心一号楼	纽约	2013	102	541	组合	多用途
中国樽	北京	2016	108	528	组合	多用途
广州珠江新城东塔	广州	2015	107	530	组合	多用途
台北国际金融中心	台北	2004	101	508	组合	多用途
上海环球金融中心	上海	2008	102	492	组合	多用途
石油大厦	吉隆坡	1996	88	452	组合	多用途
西尔斯大楼	芝加哥	1974	110	443	钢	办公
广州珠江新城西塔	广州	2013	94	432	组合	多用途
金茂大厦	上海	1998	88	421	组合	多用途

续表

建筑名称	城市	建成年份	层数	高度/m	结构材料	用途
国际金融中心二期	香港	2012	87	420	组合	多用途
世界贸易中心 1	纽约	1972	110	417	钢	办公
世界贸易中心 2	纽约	1973	110	415	钢	办公
帝国大厦	纽约	1931	102	381	钢	办公

从受力上来看，多层和高层建筑结构都要抵抗竖向和水平荷载作用。多层的建筑由竖向荷载产生的内力占主导地位，水平荷载的影响较小。但是随着建筑高度的增加，水平荷载效应逐渐增大，在高层建筑结构中弯矩与高度的二次方成正比，侧移与高度的四次方成正比，水平荷载产生的内力一般占主导地位，竖向荷载的影响相对较小，侧移验算不可忽视。因此，在高层建筑结构设计中，不仅要确保结构有足够的强度，还要求有足够的刚度，以使结构在水平荷载作用下产生的总侧移值及各层间的相对侧移值控制在容许范围之内，从而保证建筑结构的正常使用和安全。

目前我国高层建筑的主要特点有：①高度越来越高，一栋建筑甚至一个城市是否有名，建筑高度是标志性因素之一，因此争高度是高层建筑无休止的主题；②超限、复杂的高层建筑越来越多，所谓超限是指高度超过规范规定的最大高度的建筑，复杂建筑包括连体、带转换层、带加强层、错层及竖向体型收进建筑，这些建筑国内外研究还不充分；③高强混凝土及高强钢筋广泛使用；④钢-混凝土组合构件发展迅速，大大提高了构件的抗震能力和变形能力；⑤框架-核心筒结构广泛使用，在 200 m 高的高层结构中，绝大多数采用此结构形式，它具有抗侧力强，空间布置灵活的优点。

典型案例如上海金茂大厦[见图 11－1(a)]，位于上海市浦东新区陆家嘴金融贸易区，上海金茂大厦高 420.5 m，建筑面积 29 万 m^2，占地 2.3 万 m^2，从 1994 年 7 月开工到 1998 年末竣工，历时 4 年，是当时国内第一高楼，世界第三高楼，也是当时世界最高的型钢和钢筋混凝土组合结构建筑。金茂大厦地下 3 层，地上主体 88 层，其中 1～2 层为门厅大堂，3～50 层为办公区，51～52 层为机电设备层，53～87 层为酒店，88 层为观光层，89～94 层为设备层。大楼平面为八角形，外观上因有横线条而呈 13 层高状，每隔若干层（下面层数多，上面层数少）逐渐收进，很像中国的古塔，具有独特的民族风格和文化气息。金茂大厦经国际招标，由曾设计西尔斯大厦的美国芝加哥 SOM 设计事务所中标设计，日本及法国提供一些设备，大厦的施工由上海建工集团总承包。在建设中，创下许多建筑施工的纪录，高 420.5 m 的大厦施工垂直误差只有 12 mm；泵送混凝土一次泵送高度达 382.2 m；基础大体积混凝土整体浇筑等许多成果都达到了世界先进水平。

上海金茂大厦的主要抗侧力体系[见图 11－1(b)(c)]是用一个正八角形厚壁型钢混凝土筒体与外伸钢桁架和四边外侧正中处的 8 个巨型钢-混凝土组合柱相联结所形成的组合结构体系，也是一种核心筒外伸桁架结构体系。该体系有着较大的有效宽度来抵抗侧向荷载产生的倾覆力矩。核心筒内有正交的井字墙肋（46 cm 厚，实质上为 9 格束筒），但只是在 53 层以下的办公楼层中有，在53层以上的住宅楼层中核心筒内是开敞的，形成一个通向尖顶的总高约206 m的天井（实质上为单筒，升到337.3 m）。外伸钢桁架位于第24～26、51～53、85～87层间，在这些层间各有8个由筒壁内伸出的桁架和8个巨型立柱相连。这些桁架的跨度短，却有两层高，因而刚度很大，它们和巨型立柱联合后起到限制混凝土核心筒在侧向荷载作用下的侧移和转角的作用，同时也用来传递核心筒和巨型立柱间的侧向作用力，加大主体结构的有效宽度，是典型的框架-核心筒-伸臂结构体系。第87层以上为三维的空间钢框架结构系统，直至顶层，用来架设屋顶的钢塔架和承受屋顶设备层的重力荷载，这意味着上海金茂大厦也属于一种竖向混合结构体系。巨型组合柱在基础处的截面为1.5 m×5.0 m，混凝土用C60，至第89层处的截面为0.9 m×3.5 m，以适应逐渐收进的外形，混凝土用C35。楼盖构件为44 m中至中间距的钢梁，钢梁间架设截面为76 cm高的压型钢板，上铺8.25 cm厚的普通混凝土面层的楼板。

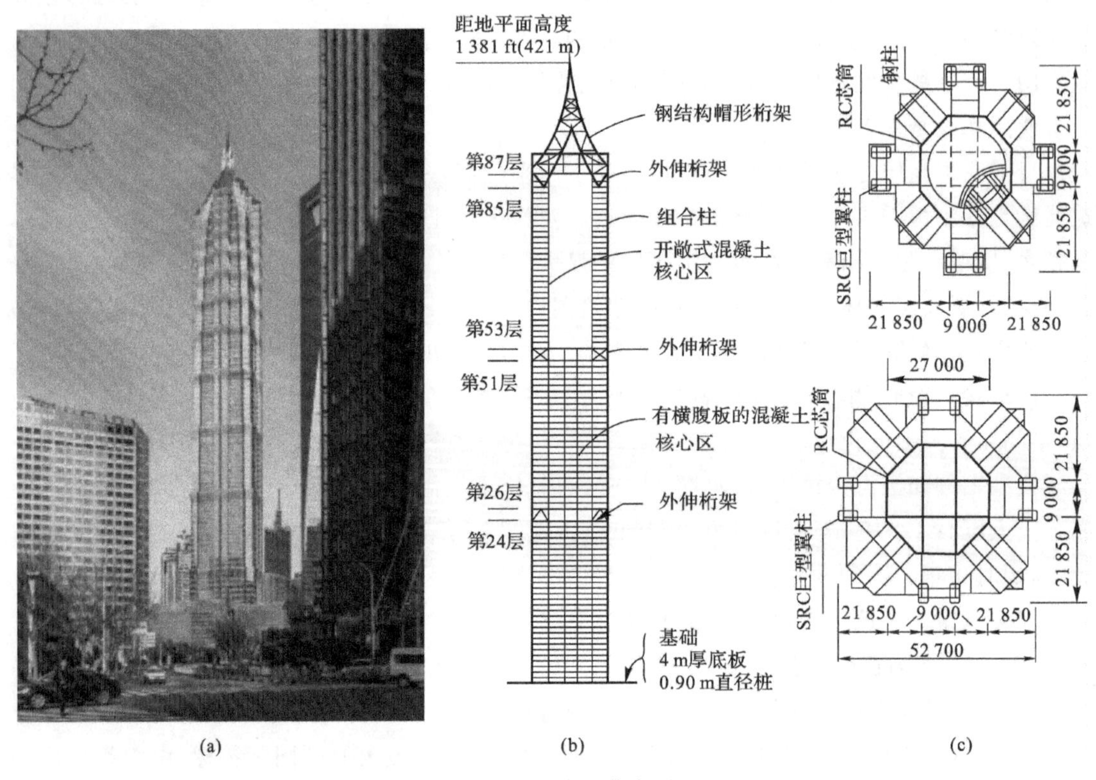

图 11-1 上海金茂大厦

(a)大厦全景；(b)大厦立面；(c)厦结构平面构件大样

上海市地下淤泥层很深，地基条件较差，金茂大厦采用钢管桩基础，由直径0.9 m、2.2 cm厚的钢管桩组成，钢管桩的间距一般为2.75 m，桩深打入地下84 m深处的密实砂土层内，地下整体桩承台尺寸为64 m×64 m×4 m，C50混凝土用量达13 500 m，为提高基础整体性，采用整体一次浇筑，单桩设计承载力约为7 340 kN。

上海金茂大厦这个在上海软土地基上建造的超高层建筑结构，在它的结构概念设计中考虑了下列重大的设计和施工问题：

（1）主要抗侧力结构体系采用厚壁混凝土筒体和巨型组合柱的核心筒外伸桁架体系，还是一个竖向混合结构体系，这是目前超高层建筑结构较为有效的结构体系；

（2）抗侧力结构所用材料及其结构形式采用型钢、高强混凝土以及由它们组成的钢-混凝土组合结构；

（3）该楼结构设计中的控制因素是由风力作用下的动力性能控制，并不为它的承载力、顶点位移或层间位移所控制。

11.2　高层建筑结构体系与结构布置

11.2.1　结构体系

结构体系是结构的具体化，它是承受竖向荷载、抵抗水平荷载作用的骨架，此骨架由水平构件及竖向构件组成，有时还有起支撑作用的斜向构件。高层建筑结构体系主要包括竖向结构体系和水平结构体系。竖向结构体系也称为抗侧力结构体系，因为侧向力对结构内力及变形的影响较大，所以竖向承重结构体系不仅要承受与传递竖向荷载，还要抵抗侧向力的作用。

水平构件主要包括梁及楼板，竖向构件主要包括柱、剪力墙（或电梯井）。竖向荷载主要是结构及设备自重、活荷载，水平荷载主要是风荷载及地震作用。在荷载的传递路线上，作用在楼板上的竖向荷载（恒载和活荷载）通过楼板传递至梁，梁传递给柱（剪力墙）或斜向支撑，最后传递至基础和地基。作用在结构上的水平荷载通过围护结构墙（或剪力墙）传递到水平构件或竖向构件，再由水平构件传递到竖向构件，最后传递到基础和地基。根据各种骨架结构承受竖向荷载和水平荷载时的受力和变形特点，常用的高层建筑结构体系有框架结构体系、剪力墙结构体系、框架-剪力墙结构体系、筒体结构体系及巨型结构体系等，各结构体系有其不同的适用高度。本节就框架结构和剪力墙结构作一介绍。

11.2.2　结构布置

结构布置包括结构平面布置和竖向布置。结构布置与建筑平立面设计密切相关，建筑功能确定后，平立面就可以确定了，结构工程师须在满足建筑要求基础上，尽最大可能做出性价比高的结构布置。因此，合理优化结构布置是结构设计成功的关键和前提。

1. 结构平面布置

结构选型好，布置合理，不仅使用方便，而且受力性能良好，此外施工简便，造价也低。在进行结构布置时，应满足下面的一般原则：

（1）平面长度 L 不宜过长，突出部分长度 l 不宜过大，如图 11－2 所示。L、B、l 等值应满足表 11－2 要求。

（2）平面应尽可能简单、规则、均匀、对称，结构质量重心与刚度中心重合，减少扭转。

（3）控制楼板开洞面积大小及洞边至建筑外边缘的距离。

（4）妥善处理温度、地基不均匀沉降以及地震等因素对建筑的影响。

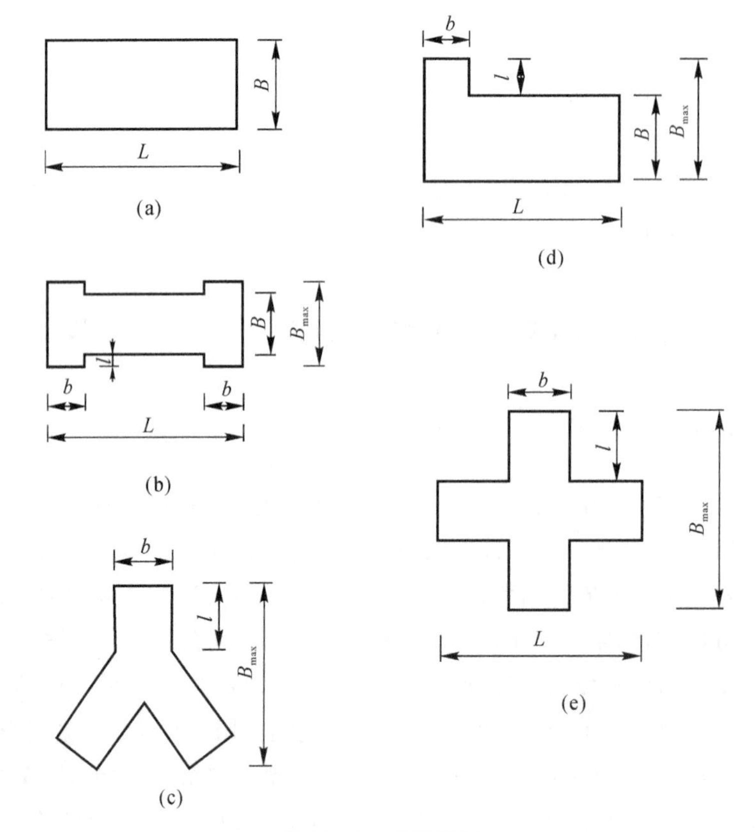

图 11-2　建筑平面

表 11-2　L、B、l 的限值

设防烈度	L/B	l/B_{max}	l/b
6、7 度	<6.0	<0.35	<2.0
8、9 度	<5.0	<0.30	<1.5

2. 结构竖向布置

高层建筑的竖向布置尽可能规则、均匀，避免过大的外挑和内收。结构的侧向刚度宜下大上小，逐渐均匀变化，避免侧向刚度不规则和楼层承载力突变，尽可能少采用转换结构。为保证高层建筑有良好的抗震性能，宜设置地下室。为了使房屋具有必要的抗侧移刚度、整体稳定、承载能力和经济合理，房屋的高宽比不宜过大，应满足一定的要求。

11.2.3　框架结构

针对框架结构布置灵活，但抗侧移刚度小，而剪力墙结构布置空间狭小，但抗侧移刚度大的特点，以及前者以剪切变形为主，后者以弯曲变形为主的特点。将二者合理布置在同一结构中，形成框架和剪力墙共同承受竖向荷载和水平力，称为框架-剪力墙结构。框架-剪力墙结构的剪力墙布置比较灵活，剪力墙的端部可以有框架柱，也可以没有框架柱，剪力墙也可以围成井筒。剪力墙有端柱时，墙体在楼盖位置宜设置暗梁。

在水平力作用下，框架和剪力墙的变形曲线分别呈剪切型和弯曲型。由于楼板的作用，框架和剪力墙的侧向位移必须协调。在结构的底部，框架的侧移减小，在结构的上部，剪力墙的侧移减小，侧移曲线的形状呈弯剪型，200 层间位移沿建筑高度比较均匀，改善了框架结构及剪力墙结构的抗震性能，也减小了地震作用下非结构构件的破坏。

框架-剪力墙结构布置的关键是剪力墙的数量和位置。一般来讲，多设抗震墙可以提高建筑物的抗震性能，减轻震害。但是，随着抗震墙的增加，结构刚度也会随之增大，周期缩短，作用于结构的地震作用也加大。这样，必有一个合理的抗震墙数量，能兼顾抗震性能和经济性两方面的要求。基于国内的设计经验，表 11－3 列出了底层结构截面面积（即抗震墙截面面积 A_w 和柱截面面积 A_c 之和）与楼面面积 A_f 之比、抗震墙截面面积 A_w 与楼面面积 A_f 之比的合理范围。

表 11－3　底层结构截面面积与楼面面积之比

设计条件	$\frac{A_w+A_c}{A_f}$	$\frac{A_w}{A_f}$
7 度，2 类场地	3%～5%	2%～3%
8 度，2 类场地	4%～6%	3%～4%

剪力墙的布置还要尽可能符合下列要求：

（1）抗震设计时，剪力墙的布置宜使结构各主轴方向的侧向刚度接近。

（2）平面形状凹凸较大时，宜在凸出部分的端部附近布置剪力墙。

（3）剪力墙的间距不宜过大。若剪力墙间距过大，在水平力作用下，两道墙之间的楼板可能在其自身平面内产生弯曲变形，过大的变形对框架柱产生不利影响。因此，限制剪力墙的间距不超过表 11－4 要求。

（4）房屋较长时，刚度较大的纵向剪力墙不宜布置在房屋的端开间，以避免由于端部剪力墙的约束作用造成楼盖梁板开裂。

表 11－4　剪力墙间距（取较小值）　　单位：m

楼、屋盖类型	非抗震设计	设防烈度		
		6 度、7 度	8 度	9 度
现浇	5.0B，60	4.0B，50	3.0B，40	2.0B，30
装配整体式	3.5B，50	3.0B，40	2.5B，30	—

注：1. B 为剪力墙之间的楼盖宽度，单位为 m；

2. 现浇层厚度大于 60 mm 的叠合楼板可以作为现浇板考虑。

11.2.4　剪力墙结构

利用建筑物墙体构成的承受水平作用和竖向作用的结构称为剪力墙结构。剪力墙一般沿横向、纵向双向布置。它的特点是比框架结构具有更强的侧向和竖向刚度，抵抗水平作用能力强，空间整体性好。历次地震中，剪力墙结构都表现了良好的抗震性能。

1.受力特点

剪力墙结构体系的内力和位移性能与墙体洞口大小、形状和位置有关，根据剪力墙结构的受力特点可将剪力墙分类如下：

(1)整体墙。无洞口或洞口面积不超过墙面面积15%，且孔洞间净距及洞口至墙边距离均大于洞口边长尺寸时，可忽略洞口影响，墙作为整体墙来考虑，因而截面应力可按材料力学公式计算，变形属弯曲型。

(2)开口整体墙。当洞口稍大时，通过洞口横截面上的正应力分布已不再成一直线，而是在洞口两侧的部分横截面上，其正应力分布各成直线。这说明除了整个墙截面产生整体弯矩外，每个墙肢还出现局部弯矩，局部弯矩不超过水平荷载的整体弯矩的15%，大部分楼层上墙肢没有反弯点，可以认为剪力墙截面变形大体上仍符合平面假定，且内力和变形仍按材料力学计算，然后适当修正。

(3)双肢、多肢剪力墙。洞口开得比较大，截面的整体性已经破坏。连梁的刚度比墙肢刚度小得多，连梁中部有反弯点，各墙肢单独弯曲作用较为显著，个别或少数层内墙肢出现反弯点。这种剪力墙可视为由连梁把墙肢联结起来的结构体系，故称为联肢剪力墙。其中，由一列连梁把两个墙肢联结起来的称为双肢剪力墙，由两列以上的连梁把三个以上的墙肢联结起来的称为多肢剪力墙。

(4)壁式框架。洞口更大，墙肢与连梁的刚度比较接近，墙肢明显出现局部弯矩，在许多楼层内有反弯点。剪力墙的内力分布接近框架。壁式框架实质是介于剪力墙和框架之间的一种过渡形式，它的变形已很接近框架。只不过壁柱和壁梁都较宽，因而在梁柱交接区形成不产生变形的刚域。

(5)框支剪力墙。当底层需要大空间时，采用框架结构支承上部剪力墙，这种结构称为框支剪力墙结构，典型首层及标准层平面如图11-3所示。

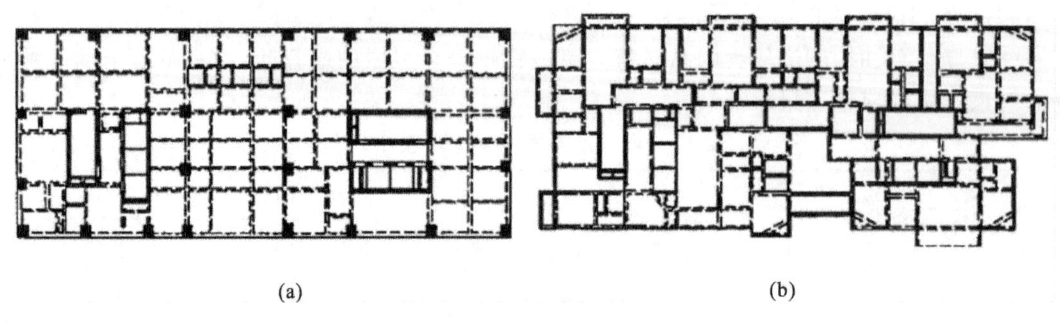

图11-3　框支墙平面

(a)首层平面；(b)标准层平面

2.结构布置

剪力墙结构的布置，除应满足前述一般要求外，还应符合以下要求：

(1)沿建筑物整个高度，剪力墙应贯通，上下不错层、不中断，门窗洞口应对齐，做到规则、统一，避免在地震作用下产生应力集中和出现薄弱层，电梯井尽量与抗侧力结构结合布置。

(2)为增大剪力墙的平面外刚度，剪力墙端部宜有翼缘(与其垂直的剪力墙)，布置成T形、L形和工字形结构，此外还可提高剪力墙平面内抗弯延性。剪力墙应纵横两方向双向布置，且纵横两方向的刚度宜接近。

(3)震区剪力墙高宽比宜设计成 H/B 较大的高墙或中高墙，因为矮墙延性不好。如果墙长度太长时，宜将墙分段，以提高弯曲变形能力。

(4)框支剪力墙结构上部各层采用剪力墙结构，结构底部一层或几层采用框-剪结构或框架-筒体结构，故属于双重结构体系(见图11-4)。框支剪力墙结构在地震中破坏严重。在震区落地剪力墙数量不应小于总量的50%，且落地剪力墙间距不宜过大，墙厚宜增大。

图11-4　框支剪力墙结构

(5)剪力墙结构中剪力墙应沿结构平面主要轴线方向布置。一般情况下，当结构平面采用矩形、L形、T形平面时，剪力墙沿主轴方向布置。对三角形及Y形平面，剪力墙可沿三个方向布置。对采用正多边形、圆形和弧形平面，则可沿径向及环向布置。

近年来，一种称为短肢剪力墙的墙体在住宅建筑中被采用。短肢剪力墙是指墙截面厚度不大于300 mm、剪力墙各墙肢截面长度与厚度之比的最大值在4～8之间的剪力墙。短肢墙墙肢沿建筑高度可能在较多楼层出现反弯点，受力性能不如普通剪力墙。在短肢墙较多的剪力墙结构中短肢墙承担的底部地震倾覆力矩不宜大于结构底部地震总倾覆力的50%，房屋的最大适用高宽比比普通剪力墙结构低，短肢墙的抗震设计要求比普通剪力墙高。

11.3　高层建筑结构的破坏分析

11.3.1　高层钢筋混凝土结构震害分析

由于高层建筑的结构特点，目前高层建筑大部分采用钢筋混凝土材料。相对其他材料建造的建筑而言，钢筋混凝土结构的建筑具有较好的抗震性能。但如果建筑结构设计不合理，施工质量把控不严，钢筋混凝土结构房屋也会出现严重震害。

1. 变形缝设置不当

地震时，在变形缝两侧的结构单元各自的振动特性不同，地震时会产生不同形式的震动，如果防震缝构造不当或宽度不够，地震时变形缝两侧建筑物相互碰撞，会造成墙体、屋面和檐口破坏、装修塌落。比如，在北京凡是设置伸缩缝或沉降缝的高层建筑(一般缝宽都很小)，在唐山地震时都有不同程度的碰撞破坏。在一些设置防震缝的建筑物中,也有轻微的损坏。变形缝两侧建筑物的震害与结构伸缩缝或沉降缝宽未按抗震要求设置有关,破坏程度与结构地基情况及地震时上部结构的变形大小有关。地基较好,刚度较大的高层结构房屋变形较小,伸缩缝两侧的建筑碰撞较轻。

2. 结构竖向强度、刚度不均匀

当沿结构高度方向的刚度或强度突然发生突变时(比如:①建筑物顶部内收形成塔楼、楼层外挑内收等结构的竖向体型突变;②剪力墙结构底部大空间需要,底层或底部若干层剪力墙不落地,产生结构竖向刚度突变;中部部分楼层剪力墙中断;顶部楼层设置空旷大空间,取消部分内柱或剪力墙等结构体系变化),会在刚度或强度较小的楼层形成薄弱层。在地震力作用下,整个结构的变形都将集中在该楼层,会导致结构在该层发生严重破坏甚至结构倒塌。

3. 框架柱破坏

一般框架长柱的地震破坏发生在框架柱的上下端,特别是柱顶。破坏特点是在轴力、弯矩和剪力的复合作用下,柱顶周围产生水平裂缝或交叉斜裂缝,破坏严重时会发生混凝土压碎,箍筋崩开或拉断,纵向钢筋受压屈曲外鼓成灯笼状。

框架短柱刚度较大,剪跨比较小,地震中分担的地震剪力较大,易发生脆性剪切破坏。

角柱处于双向偏压状态,受力状态较复杂,其受结构整体扭转影响较大,受横梁约束的作用又相对较弱,因此角柱震害一般重于内柱。

4. 框架梁破坏

框架梁的震害一般发生在梁端。在地震和竖向荷载作用下,梁端承受弯矩与剪力的反复作用,框架梁出现垂直裂缝和交叉斜裂缝。破坏程度主要取决于梁中钢筋的配置,当抗剪钢筋配置不足时发生脆性剪切破坏。当抗弯钢筋配置不足时发生弯曲破坏。当梁主筋在节点内锚固不足时发生锚固失效破坏。

5. 框架梁柱节点破坏

框架梁柱节点破坏在地面运动的反复作用下,框架节点的受力机理十分复杂,在地震下的破坏特点为节点核心区抗剪强度不足引起的脆性剪切破坏,破坏时,核心区出现斜向对角的贯通裂缝,节点区内箍筋屈服、外鼓甚至崩断。当节点区剪压荷载比较大时,可能在箍筋屈服前,混凝土先被剪压酥碎成块而发生破坏。"强柱弱梁"机制的构造措施和设计方法在历次震害中表明,钢筋混凝土框架结构的薄弱部位一般为框架柱与填充墙,框架柱端的震害最严重,而梁一般很少发生破坏。一般严重破坏或倒塌的房屋主要是因为某层(多见于底层)较多柱端破坏,使得框架结构层间位移角过大,大量震害表明结构属于"强梁弱柱"。而现行设计理念所倡导的"强柱弱梁"式延性破坏机制极少实现。

6. 剪力墙破坏

框架-剪力墙结构中,剪力墙的抗侧刚度远大于框架的抗侧刚度。据震害资料显示,同一地区的框架剪力墙结构的框架与纯框架结构在受到地震作用时,前者的震害情况明显比后者更轻微,或前者基本完好,所以说剪力墙的抗震性能的优劣直接决定了整个剪力墙结构或者框架剪力墙结构建筑物的抗震性能。底层剪力墙作为结构中最接近地表和基础的构件一般是结构的第一道抗震防线,在地震中吸收了绝大部分的能量,从而可能最早被破坏。钢筋混凝土剪力墙常见的基本破坏形式有：剪力墙开洞的洞口上部一般出现交叉裂缝、剪力墙的墙底下部混凝土出现脆性剪切破坏、结构底层剪力墙底部一般出现较多的斜向裂缝。剪力墙破坏程度与楼层的高度成负相关关系，随着楼层高度的增加而破坏减轻。

7. 围护结构和填充墙破坏

地震中，建筑物的围护结构和框架结构的填充墙会发生明显的震害。建筑物围护结构一般为砌体结构，地震中会产生裂缝或发生倒塌。填充墙一般产生水平或竖向墙体-框架界面裂缝、斜裂缝、交叉斜裂缝以及墙体由于缺乏可靠的联结而出现错位甚至倒塌。框架剪力墙结构的填充墙整体性较差，在地震中墙体整体的破坏程度取决于填充墙与框架柱之间的拉筋设置密度、拉筋本身的质量以及施工质量。据震害资料可知，地震中，框架剪力墙填充墙的破坏较大，墙体根部的砌块尤其是空心砌块一般容易被压碎，且在地震剪切作用下，墙体易出现斜裂缝。尽管这些部位的破坏一般不影响主体结构的使用，但一般也会造成很大的财产损失，有时会对人员的安全产生威胁。

8. 屋顶突出物破坏

由于鞭梢效应，房屋屋顶局部突出部位在地震时易遭受比其他部位更严重的破坏，如屋顶突出的楼梯间、电梯间、女儿墙、屋顶附属塔架等。

9. 楼梯破坏

地震发生时，楼梯是高层建筑中人员逃生的唯一通道，但是2008年汶川地震中，框架结构中的楼梯出现了不同程度的破坏现象。楼梯轻微破坏情况是楼梯平台梁板出现剪切裂缝，楼梯板出现多条水平裂缝。震害严重时，楼梯板被完全拉断，楼梯梁在跨中两端出现明显破坏，混凝土保护层压碎、剥落，钢筋裸露。在以往的结构设计时仅对楼梯进行静力分析和设计，将楼梯作为荷载加到主体结构上，然后对主体结构进行抗震计算分析，没有对楼梯考虑抗震计算。震害表明，正常设计、施工、使用的钢筋混凝土高层建筑，达到了我国现行抗震规范的设防目标，一般在遭遇多遇地震时基本完好。在遭遇设防烈度地震时，仅出现只需简单维修就可正常使用的破坏。城市地区的新修房屋有的甚至在遭遇设防烈度地震时，保持基本完好，在遭遇罕遇地震或更大地震的地区（如极震区），严重破坏的比例较高，个别倒塌。当结构存在先天抗震缺陷时，如未进行抗震设计或设计不合理，或结构抗震设计合格但未按图施工，如果施工过程中存在较严重弊病使得结构容易出现薄弱环节，结构就容易遭受更严重的破坏。

11.3.2　高层钢结构震害分析

与钢筋混凝土结构相比，钢结构具有强度高、塑性、韧性好、质量轻以及材质均匀、密闭性好等优点，总体上其抗震性能较好。但是由于联结（焊接、铆钉联结、螺栓联结）、冷加工等工艺技术以及环境的影响，钢结构的优点会受到影响。如果钢结构在设计、施工、维护等方面出现问题，在地震时就会造成建筑物或构件损害或破坏。

1. 结构倒塌

造成结构倒塌的主要原因是出现薄弱层。薄弱层的形成与楼层屈服强度系数沿高度分布不均匀，$p-\Delta$ 效应较大，竖向压力较大等有关。

2. 支撑构件破坏

在钢结构震害中支撑构件的破坏和失稳出现较多。主要原因是支撑构件为结构提供了较大的侧向刚度,当地震作用较大时,支撑构件承受的轴向力将增加,如果支撑长度、局部加劲板构造与主体结构的联结构造等出现问题,就会出现构件失稳或破坏。

3. 节点破坏

一般刚性联结的结构构件,采用铆钉或焊接形式联结。由于节点构造复杂、传力集中、施工难度较大,容易造成节点应力集中、强度不均衡现象。另外还有焊缝和构造可能出现的缺陷,更容易出现节点联结破坏。因而梁柱节点可能出现的破坏现象有焊接部位拉脱、铆接断裂、加劲板断裂、屈曲、腹板断裂等。

4. 基础锚固破坏

钢结构与基础的联结锚固破坏主要有螺栓拉断、联结板断裂、混凝土锚固失效。这主要是设计构造、材料质量、施工质量等方面出现问题所致。

5. 构件破坏

钢结构框架梁的破坏形式主要有腹板屈曲、腹板开裂、翼缘屈曲与梁扭转屈曲等。框架柱的破坏主要有翼缘屈曲、翼缘撕裂、柱子受拉断裂、失稳等。柱子拉断的原因是地震造成的倾覆拉力较大、动应变速率较高、钢材材性变脆。钢结构出现震害的原因主要可归为结构设计与计算、结构构造、施工质量、材料质量、维护情况等五方面。为减小局部破坏、避免出现整体倒塌失稳的情况,高层钢结构抗震设计必须遵循有关的结构设计与施工规定,才能尽可能减小或避免地震造成的生命财产的损失、降低震后修复的费用。

11.3.3 复杂高层建筑结构震害分析

根据震害资料显示,在强震作用下,结构不规则将直接或间接导致结构发生破坏甚至倒塌。如1995年阪神下地震中部分复杂高层建筑的中间层倒塌;1999年台湾集地震中部分体型特别复杂的高层建筑倒塌;2008年汶川大地震中部分高层建筑的结构构件发生严重破坏。2010年智利康塞普西翁地震中,立面收进高层建筑结构及连体连廊高层建筑结构的破坏情况中,某一立面收进结构,共21层,立面收进层位于11层。在地震动作用下,其立面收进层发生整层破坏以及立面收进层以上高位连体楼层发生破坏。另一高层连体结构,共31层,地上22层,地下9层,该结构正处于施工阶段,两侧塔楼通过连廊联系在一起。为了消除两侧塔楼相互振动对连体结构的危害,采用了隔震技术、预留间隙以及后张预应力技术。然而智利地震后,该结构连梁与塔楼联结部位出现了通长裂缝带。根据上述震害可以看出,在高层建筑结构设计中应加强复杂高层建筑的抗震研究,结构的竖向布置和平面布置应尽量选择有利于地震的形式,避免竖向刚度不均匀以及平面布置不合理引起的结构扭转等。

大量震害资料显示,复杂而不规则的高层建筑结构体系,在地震作用下容易出现薄弱部位,因结构薄弱部位的弹塑性变形集中而导致结构的严重破坏甚至倒塌,造成巨大的经济损失和严重的人员伤亡。在近期的历次地震中,复杂高层建筑的震害都有发生。提高复杂高层建筑的抗震性能,一方面应改善结构自身的抗震性能,开发高效的高性能抗震部件及高层建筑结构新体系;另一方面,在施工过程中,应严格控制关键部位的施工质量。

11.3.4 带隔震和消能减震的高层建筑结构震害分析

隔震和消能减震技术是近几十年来应用最多的抗震和减震技术。不同于传统的依靠结构自身的抵抗能力来抗震策略，隔震和消能减震是在建筑物上部结构和基础之间设置隔震消能装置或在结构抗侧力构件中设置消能器，吸收部分地震能量，减轻结构地震作用，达到预期抗震设防目标。隔震和消能减震体系能够减轻结构受到的水平地震作用，减轻建筑物结构和非结构构件的地震损坏，提高人员在地震时的安全性。一般带隔震和消能减震的建筑物在震后损坏很小，或者主体构件未发生破坏，经修复可继续使用，增加了建筑物的经济性。在 2010 年智利地震中，位于智利首都圣地亚哥的 Titanium Tower，该高层建筑结构为钢筋混凝土框架-核心筒结构体系，该结构地上 52 层，地上结构高度 181 mm，地下 7 层，楼面为预制板加混凝土整浇层，结构横向支撑交叉位置设置了消能减震装置。在此次地震中，Titanium Tower 仅在结构横向 40 层处出现玻璃幕墙脱落，未见其他任何结构性裂缝及破坏。可以看出，该高层结构结构体系设计合理，消能减震装置可以有效的消耗地震动能量，保护主体结构在强震时不发生破坏。

结构消能减震技术是在结构的抗侧力结构中设置消能部件，这些部位通常由阻尼器、耗能支撑等组成。当结构受到地震作用时，消能部件将产生弹塑性滞回变形，吸收并消耗地震作用在结构中产生的能量，以减少主体结构的地震响应，从而避免结构发生破坏或倒塌，达到效能减震的目的。从历次震害中可以看出，带有消能减震装置的高层建筑，震害一般比较轻。因而利用结构抗震控制的思想，发展适用于高层建筑的消能减震新技术，主动应对地震灾害。

钢-混凝土组合结构体现了钢结构与混凝土结构的优点，具有强度高、延性好的特点，能承受较大的地震作用，作为最有发展前途的高层建筑结构形式，尤其适用于多发地震区域的高层建筑。但是由于目前现存的钢-混凝土组合结构高层建筑经历的地震较少，缺乏有效全面的震害资料。对于钢-混凝土组合结构的抗震性能研究仅限于计算机模型分析和振动台试验，需要在以后的高层建筑中不断发展和完善。

11.3.5　高层组合结构的震害分析

型钢混凝土组合结构是以型钢为钢骨，在型钢周围配置钢筋并浇注混凝土的埋入式组合结构体系，型钢混凝土组合结构可以发挥钢材与混凝土各自的优点，因而具有刚度大、节省钢材、造价低、抗震性能好、施工方便等一系列优点。目前在工程中应用较多的组合结构为组合板、组合梁、钢管混凝土柱以及钢-混凝土结构体系等。

1. 钢板剪力墙及钢板-混凝土组合剪力墙高层结构

钢筋混凝土剪力墙结构刚度大，在地震作用下承受较大的水平力，较早产生裂缝，震后不易修复。当钢筋混凝土剪力墙与钢框架或组合框架一起使用时，由于钢筋混凝土剪力墙在水平剪力的作用下延性和耗能能力相对较差，框剪结构体系和层间位移角取值较为严格，此时钢框架或组合框架的优越抗震性能不能得以充分发挥；同时钢筋混凝土剪力墙结构因其自重较大，导致地震荷载作用增加，基础造价和结构造价明显增加。此外，由于钢筋混凝土剪力墙的尺寸较大，随着建筑物的高度增加，剪力墙的墙厚过大，使得建筑物的自重过大。从而发展出了钢板剪力墙以及钢板-混凝土组合剪力墙新型的剪力墙结构体系。至今采用不同种类钢板剪力墙的建筑已达几十幢，主要分布于日本和北美等地震高烈度区。在 1995 年阪神大地震中，35 层的日本神户城市大厦(高 129.4 mm)，经受了此次地震考验，该高层采用钢框架-钢板剪力墙双重抗侧力体系，地下三层和地上二层为钢筋混凝土剪力墙，地上第二层以上采用加劲板剪力墙。在震后调查发现，该结构除第 26 层的加劲钢板发生局部屈曲外，结构整体并未发生明显破坏，而与其相邻的8层钢筋混凝土建筑却首层完全垮塌。目前已知的采用钢板-混凝土组合剪力墙结构的建筑较少，大部分为混合结构，均没有经过实际地震考验。所以现有国内外对钢板混凝土组合剪力墙的已有震害实例基本处于空白状态。

2.其他型钢-混凝土组合结构

高层建筑的组合构件中，梁可采用型钢混凝土结构梁或钢-混凝土组合梁。柱可采用钢管混凝土柱或型钢混凝土柱。楼板可采用压型钢板与混凝土组合楼板等。在当今高层建筑中，尤其是超高层建筑，型钢-混凝土组合结构的应用越来越多。在1995年的阪神地震中，一些旧式的钢骨-钢筋混凝土结构柱遭到破坏，旧式的钢骨-钢筋混凝土结构一般主要以角钢焊接成格栅式柱，外绑扎钢筋并浇筑混凝土，因而变形能力较差。而近现代的钢骨-钢筋混凝土结构利用宽翼缘H型钢作为骨架所形成钢骨混凝土结构，具有很强的变形能力，在此次地震中未见有破坏的例子。目前，国内外已应用型钢混凝土构建了大量的高层、超高层建筑。国内外最高的十大建筑可以看出，超高层建筑大部分为型钢混凝土组合结构。

思 考 题

1. 多层建筑与高层建筑是什么划分的?
2. 高层建筑的结构体系有哪些?
3. 简述高层建筑结构布置的一般原则。
4. 简述高层建筑结构的特点。
5. 简述高层钢筋混凝土结构地震的破坏特点。
6. 简述高层钢结构地震的破坏特点。

第 12 章　工业厂房结构

工业厂房是指直接用于生产或为生产配套的各种房屋，包括主要车间、辅助用房及附属设施用房。工业厂房除了用于生产的车间，还包括其附属建筑物。凡工业、交通运输、商业、建筑业以及科研、学校等单位中的厂房都包括在内。

多层工业建筑的厂房绝大多数见于轻工、电子、仪表、通信、医药等行业，此类厂房楼层一般不是很高，其照明设计与常见的科研实验楼等相似，多采用荧光灯照明方案。机械加工、冶金、纺织等行业的生产厂房一般为单层工业建筑，根据生产的需要，更多的是多跨度单层工业厂房，即紧挨着平行布置的多跨度厂房，各跨度视需要可相同或不同。

单层厂房在满足一定建筑模数要求的基础上视工艺需要确定其建筑宽度(跨度)、长度和高度。厂房的跨度一般为 6 m、9 m、12 m、15 m、18 m、21 m、24 m、27 m、30 m、36 m、…；长度少则几十米，多则数百米；高度低的一般 5～6 m，高的可达 30～40 m，甚至更高。另外，根据工业生产连续性及工段间产品运输的需要，多数工业厂房内设有吊车，其起重量轻的可为 3～5 t，大的可达数百吨(目前机械行业单台吊车起重量最大可达 800 t)。

12.1　工业企业的分布状况

影响工业企业在城市中布局的因素：一是该企业的工艺及其生产特征。不同部门的工业企业，生产工艺有着很大的美异，对在城市中的配置有着完全不同的要求。某些企业是以体积大、重量大的材料为原料，要求接近原料产地，如采矿、造纸工业等；另有些企业规模大，占地多，需要城市提供比较大的用地，如大型机械制造工业、冶炼工业等。二是企业对城市环境污染的程度。某些工业在生产中经常伴有污染源，破坏生态平衡，造成公害，危害城市环境，如有害气体和物质、噪声以及放射等污染。对于这类企业在城市中的配置，必须防止由于规划不当，酿成后患，危害居民身心健康。三是企业生产所需的运输量及运输方式。某些企业货运量大或者需要铁路运输，布局在城市中可能干扰居民的正常生活。四是工业企业用地规模的大小。城市中占地面积很大的企业可能会受到一定限制。

我国工业企业分布特点是在东部沿海工业中心密集，集中了主要的工业基地；中部地区，工业中心较多；西部地区，工业中心较少，分布稀疏，具体见表 12－1。

表 12-1　工业分布的特点

工业部门	工业基地	分布特点
能源工业	山西、内蒙古、陕西等煤炭能源基地，大庆油田、长庆油田、胜利油田等石油工业基地，龙羊峡、小浪底、三峡等水电站	集中分布在煤炭、石油、水能等能源富集的地区
钢铁工业	东部地区的鞍山、唐山、邯郸、莱芜、张家港、上海，中部地区的太原、武汉、湘潭、新余、马鞍山，西部地区稀疏地区的包头、攀枝花	东部地区密集，西部地区稀疏
机械工业	辽中南、京津唐、山东半岛、长江三角洲、珠江三角洲、武汉、重庆	东部地区密集，西部地区稀疏
纺织工业	上海、天津、青岛、石家庄、郑州、西安、武汉等棉纺织工业基地	东部地区密集，西部地区稀疏

12.2　单层工业厂房

12.2.1　单层工业厂房结构形式

单层工业厂房依据承重结构的材料类型可分为混合结构、混凝土结构和钢结构。对于无吊车或吊车吨位不超过 5 t，跨度小于 15 m，柱顶标高小于 8 m，且无特殊工艺要求的小型厂房，通常采用混合结构，包括承重砖柱、钢筋混凝土屋架、木屋架或轻钢屋架。当吊车吨位在 250 t 以上，跨度大于 36 m 的大型厂房或有特殊要求的厂房，通常采用钢屋架、混凝土柱或全钢结构。除上述情况以外无特殊要求的单层工业厂房，一般采用混凝土结构或装配式钢筋混凝土结构。

单层工业厂房依据承重结构形式又可分为排架结构和刚架结构。

刚架结构由横梁、柱和基础组成。柱与横梁之间刚性联结，柱与基础之间一般为铰接(有时也刚接)。门式刚架按其横梁形式的不同，分为人字形门式刚架[见图 12-1(a)(b)]和弧形门式刚架[见图 12-1(c)(d)]；按其顶节点的联结方式不同，又分为三铰门式刚架[见图 12-1(a)]和两铰门式刚架[见图 12-1(b)]。

门式刚架常用于跨度不超过 18 m，檐口高度不超过 10 m，无吊车或吨位不超过 10 t 的仓库或车间建筑中。有些公共性建筑(如食堂、礼堂、体育馆)也可以采用门式刚架，其跨度还可大些。

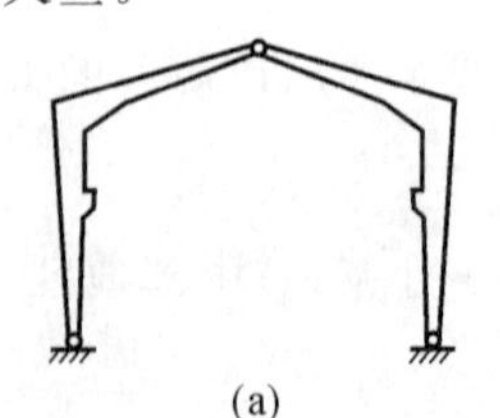
(a)

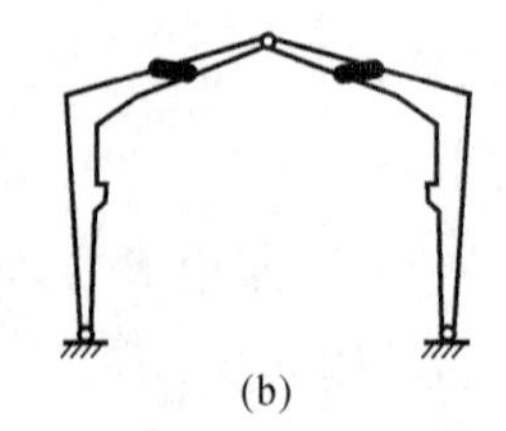
(b)

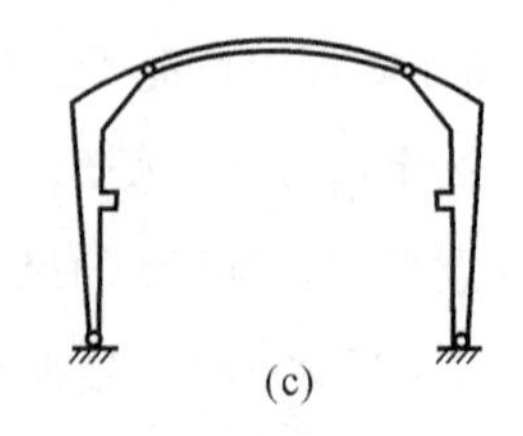
(c)

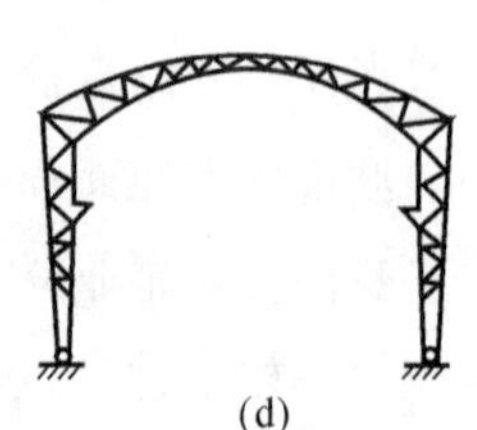
(d)

图 12-1　门式刚架结构

排架结构由屋架(或屋面梁)、柱和基础组成。柱与屋架之间铰接,柱与基础之间刚接。根据生产工艺和使用要求,排架结构可设计成等高或不等高、单跨或多跨等多种形式,如图 12-2 所示。钢筋混凝土排架结构的跨度可超过 30 m,高度可达 20～30 m 或更大,吊车吨位可达 150 t,甚至更大。排架结构传力明确,构造简单,施工方便。

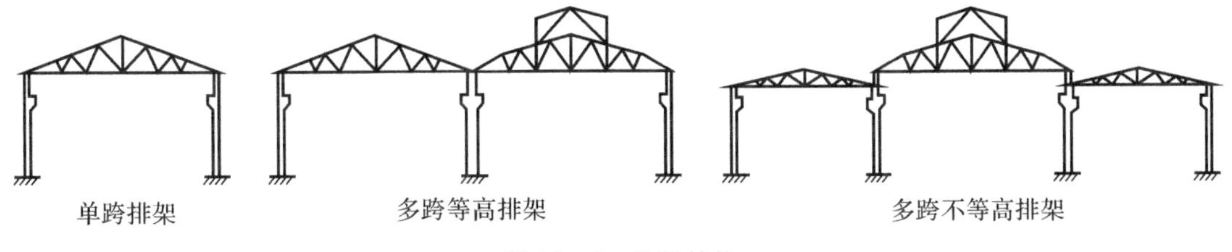

图 12-2　排架结构

12.2.2　排架的结构形式

通常情况下排架式厂房的构件形状比较规则,尺寸比较长,可预制后进行装配。装配式钢筋混凝土单层厂房主要是由屋面板、屋架、吊车梁、连系梁、柱和基础等多种构件组成的空间整体(见图 12-3),根据组成构件的作用功能不同,可将单层厂房结构的组成构件分为屋盖结构、纵横向平面排架结构和围护结构。

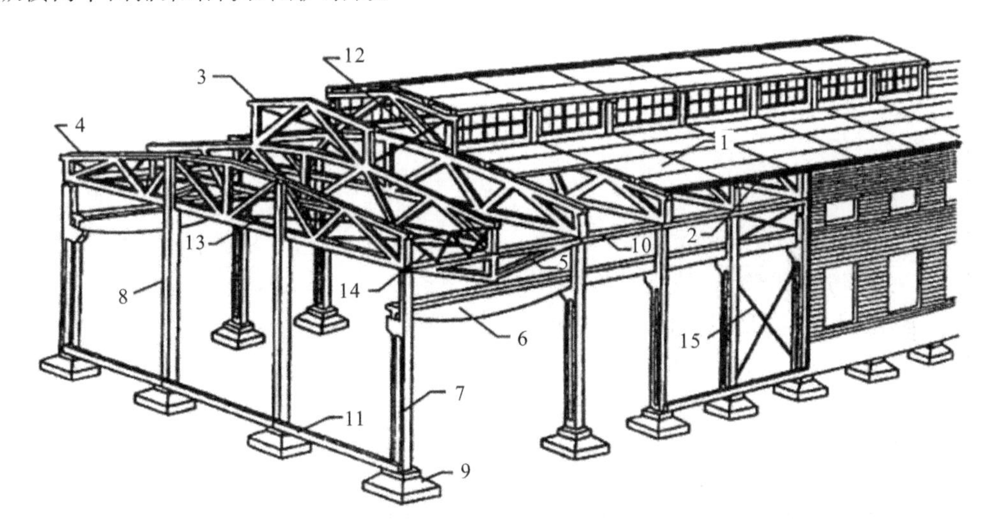

图 12-3　单层厂房结构

1—屋面板；　2—天沟板；　3—天窗架；　4—屋架；　5 托架；　6—吊车梁；　7—排架柱；　8—抗风柱；
9—基础；　10—连系梁；　11—基础梁；　12—天窗架垂直支撑；　13—屋架下弦横向水平支撑；
14—屋架端部垂直支撑；　15—柱间支撑

屋盖结构可分有檩体系和无檩体系。无檩体系是单层厂房中应用较广的一种结构形式,其主要由大型屋面板、屋架或屋面梁及屋盖支撑组成。有檩体系则主要由小型屋面板、檩条、屋架及屋盖支撑组成,适用于中、小型厂房。

横向平面排架由横梁(屋架或屋面梁)和横向柱列、基础组成,是厂房的基本承重体系。厂房承受的竖向荷载(包括结构自重、屋面荷载、雪载和吊车竖向荷载等)及横向水平荷载(包括风荷载、水平横向制动力和横向水平地震作用等）主要通过横向平面排架传至基础及地基。

纵向平面排架由连系梁、吊车梁、纵向柱列（包括基础）和柱间支撑等组成，其作用是保证厂房结构的纵向稳定性和刚度，承受吊车纵向水平荷载、纵向水平地震作用、温度应力以及作用在山墙及天窗架端壁并通过屋盖结构传来的纵向风荷载等。

围护结构包括纵墙、横墙（山墙）、抗风柱、连系梁、基础梁等构件。这些构件所承受的荷载主要是墙体和构件的自重以及作用在墙面上的风荷载。

12.2.3 单层工业厂房的特点

工业厂房按层数可分为单层工业厂房和多层工业厂房。厂房往往设有重型设备，生产的产品重、体积大，因而大多采用单层厂房。单层厂房占地面积较大，对设备轻或设备较重但产品小而轻的车间，为节约用地和满足生产工艺上的要求，宜采用多层厂房。

单层厂房与多层厂房或民用建筑相比较，具有以下特点：

(1)单层厂房结构的跨度大、高度大、承受的荷载大，可以构成较大的空间布置大型设备、生产重型产品。

(2)厂房内有水平运输设备，如桥式、梁式吊车。因此，在进行结构设计时，须考虑动力荷载的影响。

(3)单层厂房结构便于定型设计，使构配件标准化、系列化，因而可提高构配件生产工业化和现场施工机械化的程度，缩短设计和施工时间。

12.3 多层工业厂房

随着科学技术的进步和工业发展的需要，近年来多层工业厂房数量出现了明显的增长。促使多层工业厂房不断发展的原因有多方面。一是，节约用地的要求。将 2～14 层的各类多层厂房和单层厂房相比较，一般能够节约用地 25%～80%。二是，现代化生产发展的需要。一些旧的工业企业，为满足现代化生产发展，在土地面积受限的情况下，就要将单层工业厂房改建成多层工业厂房。三是，国家对部分行业的支持。国家大力发展无线电电子工业、精密仪表工业、轻工业、食品工业等，这类工业企业都适宜采用多层厂房。四是，现代科学技术的发展和成就为多层厂房的应用开拓了广阔的前景。

12.3.1 多层工业厂房与民用建筑的区别

多层工业厂房与多数民用建筑有很多共同之点，但是它作为生产性建筑与民用建筑又有一些区别。

(1)在功能上，民用建筑是满足人们生活上的需要，而工业建筑则是满足生产上的需要。在工业建筑中，产品加工过程各个工序之间的衔接，对建筑的布局有着重要影响。由于工业生产类别非常多，涉及经济建设的各个部门，即使在同一部门中，由于工艺不同，生产纲领不同，对厂房的要求也有所不同。所以设计中必须有工艺设计人员密切配合，共同协作。即便是统建的商品性多层厂房，也应适当考虑市场信息与未来租（购）者的需要。

(2)在技术上，工业建筑比一般民用建筑复杂，在设计中它除了满足复杂的工艺要求外，在厂房中一般都配有各种动力管道以及各种运输设施。有时为了保证产品质量，还需要提供一定的生产环境，如防尘、防震、恒温恒湿等，这些都为工业建筑的设计和建造带来了复杂性。

12.3.2　多层工业厂房结构形式

1. 多层工业厂房的结构体系

目前多层工业厂房结构体系主要有框-排架结构体系、纯框架结构体系和钢架加支撑的混合体系等。

(1)框-排架结构体系。框-排架结构体系厂房横向为刚接框架结构，纵向为排架结构，纵向设置柱间支撑抵抗水平荷载。这种结构形式的厂房横向较短，纵向较长，并采用设置结构缝的方式，增大厂房的纵向长度，但柱间支撑可能会对工艺布置造成影响。

(2)纯框架结构体系。把厂房纵横向两个方向都设计成刚接框架，不设置柱间支撑。这种结构形式的使用空间不受影响，但柱子在两个方向的截面惯性矩要求基本相同(如箱型柱)，增大钢材用量。

(3)钢架加支撑的混合体系。钢架加支撑的混合体系不同于第一种形式，它将纵向设计成钢架加支撑混合的形式，凭借混合支撑来抵抗水平荷载。这种结构形式能避免柱的纵向弯矩，但楼面的刚度必须符合设计要求，否则柱子间会出现不协调的变形，柱子的支撑作用也会受到影响。

2. 多层工业厂房的基本特征

(1)平面结构布置和柱网布置。多层工业厂房在平面布置中，通常为了满足工艺要求，使结构布局不规整，柱网不规则，梁不整齐，甚至有工艺要求在主要受力构件上开孔。同时厂房内部一般空间比较大，柱距多为 6～12 m，局部有抽柱设计的，柱距会增大到 18 m 以上。这使得结构传力复杂，受力不明确，设计中容易产生应力集中。

(2)竖向结构布置和层高。多层工业长发的层数较高，能达到 4～8 m，竖向布置经常出现错层和夹层，楼板开洞大，这使得楼板无法提供足够的平面内刚度，结构有效质量沿竖向分布不均匀。在地震作用下，结构可能产生“短柱效应”，使得局部柱段水平剪力成为截面设计的控制要素。

(3)各种类型的荷载。工业厂房的集中荷载主要包括设备自重，有时还要考虑设备的震动扰力，根据规范要求进行动力计算。悬挂荷载主要包括管道荷载、吊车荷载，有时管道还产生水平荷载及弯矩。板面荷载主要根据生产工艺要求，在不同的生产楼地面有不同的活荷载取值，但这种活荷载一般均大于民用建筑中的活荷载。

(4)楼面及基础形式。工业厂房楼面一般采用现浇钢筋混凝土楼面，但由于工艺所需设备荷载要求，楼板或出现开洞，或出现局部厚度变化。

(5)轻型围护结构。工业厂房的围护结构一般不作为承重体系，通常采用轻质材料，屋盖结构多采用钢架、桁架、檩条体系加铺轻质保温层。此轻型围护材料有利于减轻结构自重，减少地震反应。

12.3.3　多层工业厂房的特点

多层厂房与单层厂房相比较，具有下列特点：

(1)占地面积小，可以节约用地。缩短了工艺流程和各种工程管线的长度，降低基础和屋顶的工程量,节约投资和维护管理费用。

(2)生产可在不同标高的楼层进行。各层间不仅有水平运输,还有竖向的垂直交通运输,人货流组织都比单层厂房复杂,而且增加了交通辅助面积。

(3)外围护结构面积小。同样面积的厂房,随着层数的增加,单位面积的外围护结构面积随之均衡减少。农北方地区,可以减少冬季采暖费用,在空调房间则可以减少空调费用且容易保证恒温恒湿的要求,从而获得节能的效果。

(4)屋盖构造简单,施工管理也比单层厂房方便。多层厂房宽度一般都比单层的小,可以利用侧面采光,不设天窗。因而简化了屋面构造,清理积雪及排除雨雪水都比较方便。

(5)柱网尺寸小,工艺布置灵活性受到一定限制。由于柱子多,结构所占面积大,所以而生产面积使用率较单层的低。

(6)厂房的通用性低,梁板结构对大荷载、大设备、大振动的适应性差。

12.4 工业厂房结构的破坏分析

(1)从结构抗倒塌能力来看,钢结构厂房抗震性能良好,严重破坏的情况主要出现在10度及10度以上地震烈度区。钢筋混凝土排架柱厂房在高烈度区震害严重。

(2)从受损构件破坏程度来看,钢结构厂房的震害主要在围护结构、支撑系统等部位。钢筋混凝土排架柱厂房中,围护结构、屋面体系和支撑系统发生破坏现象较普遍。

(3)与轻型屋面相比,采用混凝土大型屋面板的工业厂房破坏严重,屋架的塌落主要是因屋面板坠落或被高跨构件砸落。

(4)与砖围护墙相比,轻型围护结构震害较轻,人员伤亡和设备损失较小,但砖墙顶部外闪、破坏和倒塌现象较为普遍。

(5)厂房支撑被拉断或压屈的破坏比较普遍,并且很多支撑只发生节点破坏,支撑本身没有充分发挥其耗能作用。

(6)钢柱和钢筋混凝土柱大都不会先于屋面体系和围护结构发生破坏。钢筋混凝土排架柱的破坏主要集中在上柱柱顶及上柱底部等刚度突变部位。

(7)部分厂房主体结构虽然震害不严重,但由于非结构构件的破坏坠落可能破坏许多内部设备,所以也会造成严重的经济损失。

思　考　题

1. 工业厂房有什么特点?
2. 单层厂房有哪些结构类型?分别有哪些特点?
3. 简述排架的结构组成。
4. 简述多层工业厂房的结构体系。
5. 简述多层工业厂房的基本结构特征。
6. 简述工业厂房破坏的主要特点。

参考文献

[1] 刘立新. 砌体结构[M]. 武汉:武汉理工大学出版社,2007.

[2] 王崇革. 建筑力学[M]. 武汉:华中科技大学出版社,2008.

[3] 陆歆弘,蔡跃. 房屋建筑力学与结构基础[M]. 北京:中国建筑工业出版社,2007.

[4] 姜艳. 工程力学[M]. 北京:中国水利水电出版社,2013.

[5] 蒋玉川,阎慧群,徐双武,等. 结构力学教程[M]. 北京:化学工业出版社,2014.

[6] 刘丽华. 建筑力学与建筑结构[M]. 北京:中国电力出版社,2008.

[7] 徐建,裘民川,刘大海,等. 单层工业厂房抗震设计[M]. 北京:地震出版社,2004.

[8] 施楚贤. 砌体结构[M]. 北京:中国建筑工业出版社,2012.

[9] 哈尔滨建筑工程学院. 工业建筑设计原理[M]. 北京:中国建筑工业出版社,1988.

[10] 刘立新,杨万庆. 混凝土结构原理[M]. 武汉:武汉理工大学出版社,2018.

[11] 戴国欣. 钢结构[M]. 武汉:武汉理工大学出版社,2019.

[12] 邓广,何益斌. 建筑结构[M]. 北京:中国建筑工业出版社,2017.

[13] 尹维新. 混凝土与砌体结构[M]. 北京:中国电力出版社,2015.

[14] 罗福午,张惠英,杨军. 建筑结构概念设计及案例[M]. 北京:清华大学出版社,2003.

[15] 刘洋. 钢结构[M]. 北京:北京理工大学出版社,2018.

[16] 顾祥,林林峰. 建筑与工程结构抗倒塌研究新进展[M]. 北京:中国建筑工业出版社,2013.